稚魚
生残と変態の生理生態学

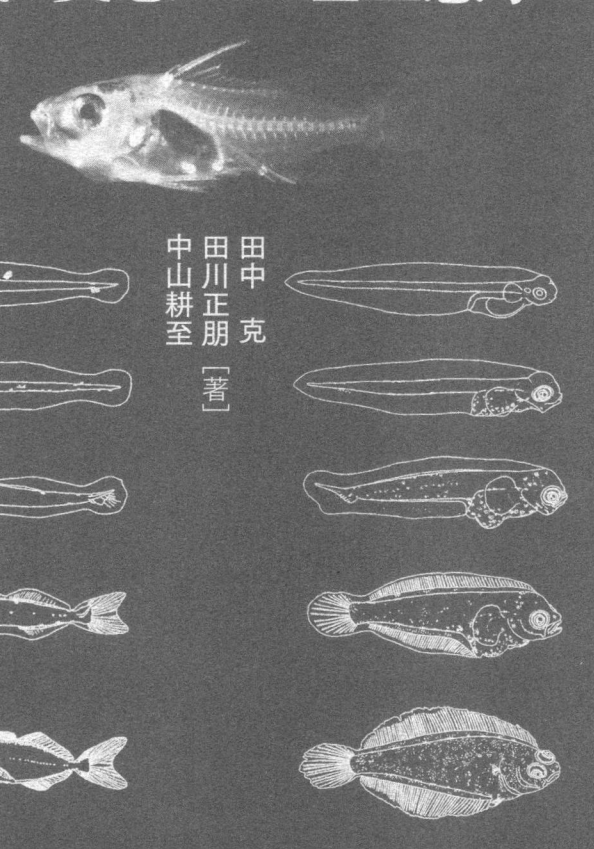

田中 克
田川正朋
中山耕至
[著]

京都大学
学術出版会

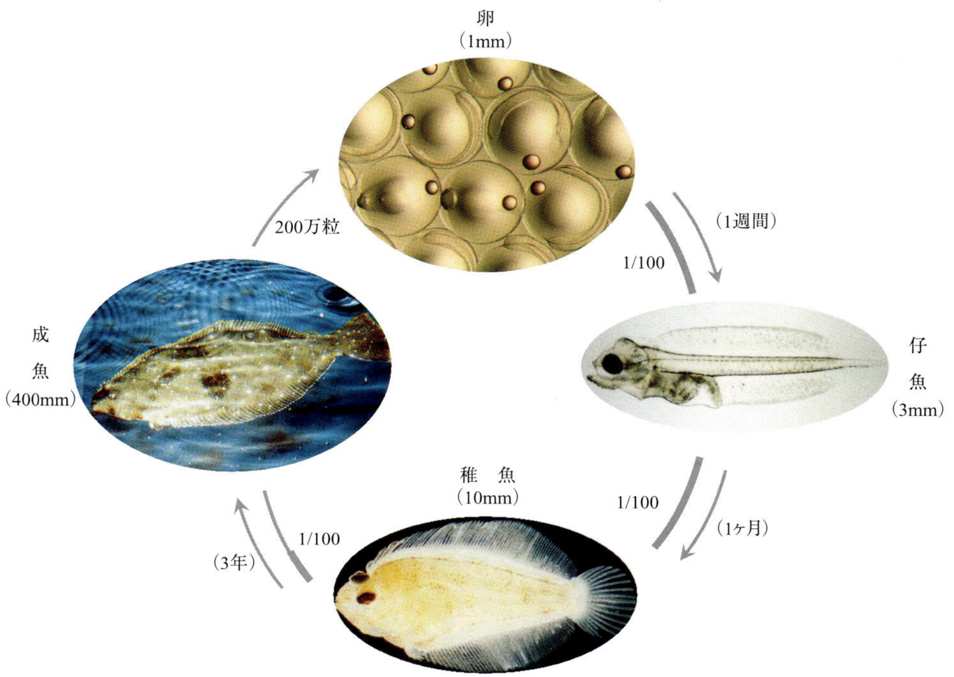

口絵1 ヒラメをモデルにした魚の生活環.

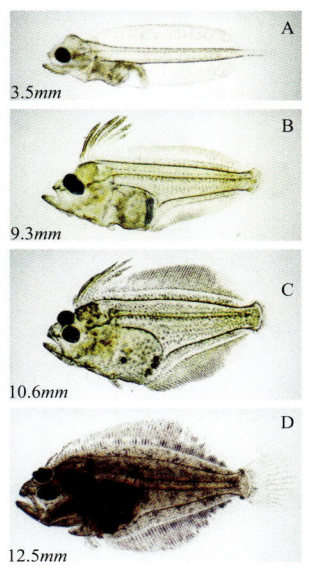

口絵2 ヒラメの変態過程.
A：前変態仔魚（生後1週間，体長約4mm） B：変態前期仔魚（生後3週間，体長約9mm） C：変態最盛期仔魚（生後4週間，体長約11mm） D：変態完了着底稚魚（生後5週間，体長約13mm）

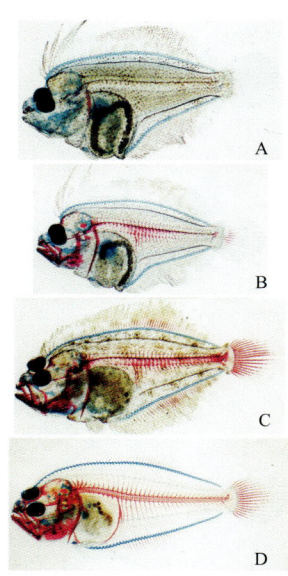

口絵3 ヒラメの変態期における化骨過程（硬軟骨二重染色）.
A：変態初期 B：変態中期 C：変態後期 D：変態完了期

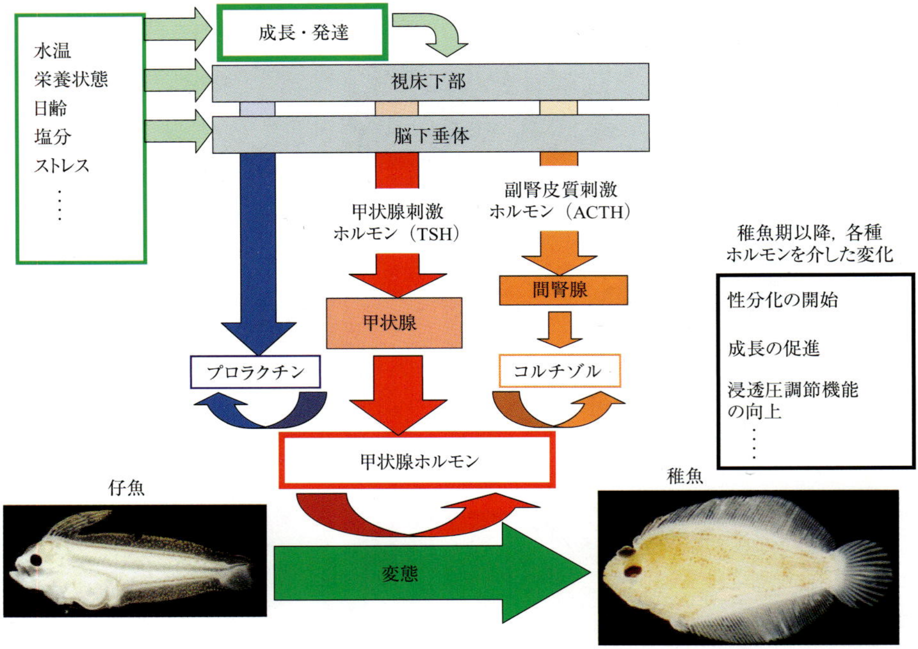

口絵4 ヒラメをモデルとして明らかとなった魚類変態の内分泌調節機構（一部，推測を含む）．
仔魚期の発達や成長は水温などによって調節され，視床下部によって情報が集約され，変態開始の判断が下される．変態を引き起こす中心は甲状腺ホルモンである．性分化や急激な成長などは，稚魚になった後にはじめて，各種のホルモンによって引き起こされる．

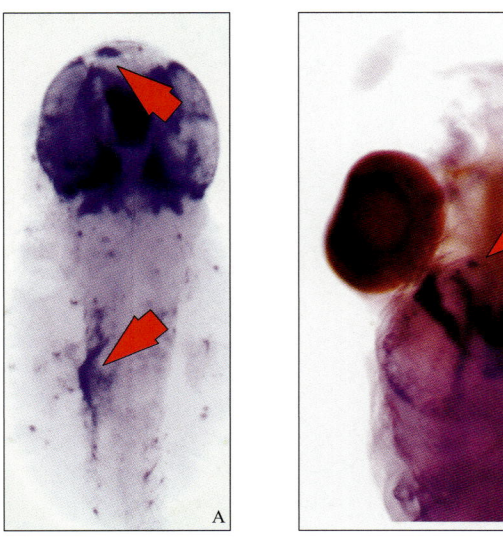

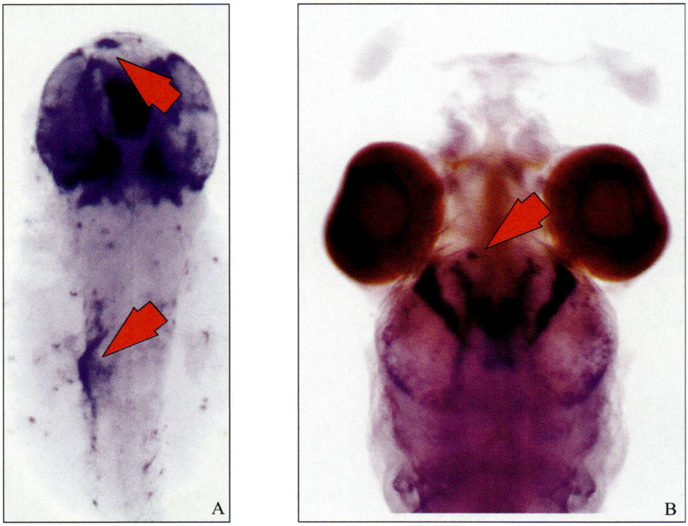

口絵5 ヒラメにおける左右軸決定遺伝子 *pitx2* のホールマウント *in situ* hybridization 法による検出（矢印）．背面から撮影．
A）孵化直後　B）Eステージ　通常はごく初期に一度のみ発現する *pitx2* が，ヒラメでは変態直前のEステージにも左手綱核において再発現し，変態期の左右非対称形成との関連が示唆されている（写真は東北大学鈴木徹氏の好意による）．

口絵6　代表的稚魚成育場としてのサンゴ礁.
（沖縄県石垣島伊土名沿岸：高知大学中村洋平氏提供）.

口絵7　代表的稚魚成育場としてのアマモ場（群れているのはアイゴ類の稚魚）
（沖縄県石垣島伊土名沿岸：高知大学中村洋平氏提供）

口絵 8 代表的稚魚成育場としてのガラモ場.
(長崎県:(独)水産総合研究センター西海区水産研究所八谷光介氏提供)

口絵 9 代表的稚魚成育場としてのマングローブ河口域.
(マレーシアマタング:国際農林水産業研究センター田中勝久氏提供)

口絵 10 淡水域の代表的稚魚成育場としてのヨシ群落.
(琵琶湖:滋賀県水産課藤原公一氏提供)

はじめに：稚魚研究の最先端国，日本

　稚魚というと読者の皆さんは，どんなイメージをお持ちだろうか．魚の子供のことをさすことは，多分想像されると思われるが，成魚といったいどこが違うのかと訊ねられても，答えに困ってしまうのではないかと思われる．このように，一般にはあまり目にすることのない稚魚であるが，魚の研究のみならず，生物界全体から見ても，大変興味深い存在なのである．
　多くの海の魚は，生まれてから1ヶ月ほどの間は，親とは似ても似つかない大きさや姿形をして，プランクトンのように海流に漂いながら生活している．厳密にはこの時期は"仔魚"と呼ばれる．その後，時間の経過とともに仔魚は形を大きく変えて，親の魚のように背鰭や尾鰭などの鰭が形成され，外部からは見えないが，体の中心には脊髄を支える背骨が完成して，どの種類の子供かということが判るようになる．学問的にはこの時期からが"稚魚"と呼ばれ，それは最初に成熟するまでの時期をさす．たとえば，カタクチイワシを例に取ると，ちりめんじゃこは仔魚に，だしじゃこ（煮干し）は稚魚に相当する．しかし，本書のタイトルでは，広い一般的な意味で捉え，仔魚と稚魚期の初期をまとめて「稚魚」と名付けている．これらの時期は，魚の一生のうち，時間的には100分の1ぐらいの短い期間だが，初期生活史（期）と呼ばれ，特別の関心が払われている．
　一つには，この短い期間の間に，生まれた仔魚の数は千分の1から時には1万分の1ぐらいに激減するからである．この現象は【初期減耗】と呼ばれ，20世紀の初めから海洋生物学者や水産生物学者を魅了し続けてきた．なぜこのように著しく数が減るのか，逆にいえば，そのわずかの"選ばれた"稚魚たちはどのようにして生き残ることができたのか，そしてそのことはどのように資源の変動と関わるのかが大きな疑問として研究の対象とされてき

た．わが国では養殖漁業や栽培漁業の基礎として，1970年代の初めころからこの大量減耗期を人工条件下に置いて数を減らさずに育てる技術が発達し，多様な魚種について多くの基礎的知見が蓄積されてきた．その点では，わが国は世界で一番多様な稚魚に関する知見が集積されている国といっても間違いない．稚魚研究者の側からいえば，極めて好適な研究条件に恵まれているといえる．

　一方，見方を変えると，仔稚魚は海や湖，川などで生まれ育ち，仔稚魚の生き様を捉えるには，自然界での調査や研究が不可欠である（田中，2005；北海道大学北方生物圏フィールド科学センター編，2006）．この20年間にわが国では，二つの大きな研究の進展がみられた．その一つは，昨今世間の注目を集めているウナギの初期生活史である．日本で最も設備の整備された海洋調査船"白鳳丸"による東京大学海洋研究所の塚本勝巳を中心とする研究グループが，それまで謎に包まれていたニホンウナギ（正式の和名はウナギ）の初期生活史の概要を明らかにしたのである．もう一つは，独立行政法人水産総合研究センターを中心とするマイワシ資源の変動機構の解明に関する総合研究の成果である．この研究のなかでは，東京大学海洋研究所渡邉良朗のグループを中心に，画期的な成果があげられている．しかし，皮肉なことに，それらの初期生活史が解明されたときには，ウナギの場合，産卵場から半年近くをかけて日本や中国の沿岸にたどり着いた稚魚（シラスウナギ）は養殖用の種苗として乱獲され，初春に河口域に現れるシラスウナギの量は激減してしまったのである．その結果，ヨーロッパウナギのシラスを大量に輸入して中国で養殖されたウナギの日本への輸入量が激増し，いろいろな波紋を呼ぶことになってしまった．一方，マイワシについては，地球規模の周期的な気候変動により50年から70年ぐらいの長い周期の大資源変動を生み出す機構が解明されたが，資源が減少すると価格が上昇し，競い合っての乱獲が生じ，資源再生の機会を逃してしまったことが問題にされている．

　この間の飼育研究で特筆すべきことは，ウナギのフィールド研究の進展と

ほぼ同じ時期に，（独）水産総合研究センター養殖研究所の田中秀樹を中心とする研究グループが，世界で初めて仔魚から変態を経てシラスウナギに至るウナギ類の飼育に成功したことである．また近畿大学水産研究所で，実験的レベルながら，こちらも世界で初めてクロマグロの完全養殖（卵から育てた稚魚が成魚となって産卵し，その卵から稚魚を育てる）に成功したのも特筆に値する．

　これらの画期的な成果の背景には，わが国における大学，国立水産研究所，各都道府県の水産試験場，栽培漁業センター，民間会社など様々な試験研究機関で，多様な基礎的ならびに応用的研究の蓄積がある．本書では，筆者らが所属している京都大学大学院農学研究科海洋生物増殖学研究室や京都大学フィールド科学教育研究センター舞鶴水産実験所で得られた研究成果を中心に，世界の研究の進展も参考にしながら，稚魚の生理生態学の焦点になる生き残り戦略に焦点を当て，その概要を描いて見たいと考えている．本書は，筆者らが編者となって昨年出版したいわば稚魚研究の各論編的な本である『稚魚学：多様な生理生態を探る』（生物研究社）に続く総論編的なものとして，生残と変態に焦点を当てて，まとめたものである．近年の生物学的研究分野では分子生物学的研究が主流となっているが，本書では，それらの成果も参考にしつつ，あくまでも自然界で生きる最小単位としての個体およびそれ以上の単位の生物学を大事にしながら，今後このマクロ生物学の分野で活躍してくれる人材が一人でも増えるようにとの願いを込めてまとめたものである．

平成 21 年 3 月

著者一同

目　次

はじめに：稚魚研究の最先端国，日本　i

第 I 部　試練を越えて稚魚へと"変態"

第 1 章　【初期減耗】（死亡）とライフサイクル ───── 3

1　産卵様式と【初期減耗】　3／2　親による卵の保護と【初期減耗】　9／3　孵化時間と【初期減耗】　12／4　孵化酵素の役割　15／5　魚卵の採集方法　17／6　卵黄仔魚と【初期減耗】　18／7　プランクトンとしての仔魚　21／8　仔魚の採集方法　24／9　発育の2型：直接発生と間接発生　26／10　初期成長と【初期減耗】　29／11　耳石を用いた成長履歴の解析　32／12　【初期減耗】研究の重要性　35／13　Critical Period Hypothesis の100年　38／column 1　魚の托卵　41

第 2 章　姿・形を変える：変態と幼形成熟 ───── 43

1　発育段階と変態　44／2　形の作り換えとしての変態　48／3　行動の変化を伴う変態　52／4　変態の生態的側面　55／5　変態は新しい生活への適応　58／6　変態の内分泌機構　61／7　異体類変態の分子機構　63／column 2　ホルモン分析のための仔稚魚の保存方法　64／8　形態異常を伴う変態　68／9　着底減耗　71／10　幼形成熟と変態　74／11　稚魚の採集方法　75／column 3　研究と海や飼育の現場との接点を　77

第3章 稚魚のゆりかご：成育場 ——————— 81

1　成育場とは　81　／　2　河口・干潟域の成育場機能　83　／　3　砂浜海岸域も成育場？　85　／　4　海の草原アマモ場はゆりかごか？　89　／　5　海の森林：ガラモ場　94　／　6　マングローブ河口域　97　／　7　サンゴ礁域の特異な成育場機能　101　／　8　ヨシ群落はなぜ重要なのか　104

第4章 仔稚魚は"回遊"するか？ ——————————107

1　通し回遊　108　／　2　輸送の功罪　110　／　3　死滅回遊　113　／　4　鉛直移動の役割　115　／　5　接岸回遊一般論　117　／　6　サンゴ礁魚類の接岸着底機構　124　／　7　成育に伴う生息場の移動　126　／　column 4　レプトケファルス　132

第Ⅱ部　食べて食べられ……：摂食と被食の間の生き残り

第5章 食べる（摂食） ————————————————137

1　食性の一般性と多様性　137　／　2　【初回摂餌】の生き残り上の意味　144　／　3　栄養要求　148　／　4　"変態"する消化系　152　／　5　激しく変動する消化酵素活性　158　／　6　消化管ホルモンとは　162　／　7　栄養状態の評価法　164　／　8　なわばり行動　167

第6章 食べられる（被食） ——————————————171

1　仔魚を捕食する生き物　171　／　2　稚魚の捕食者：稚魚の天敵　176　／　3　共食いの発生と生き残り上の意味　179　／　4　摂食と被食の関連　184　／　column 5　チリメンモンスター　187

第7章 学習し適応する ————————————————189

1　水温への適応　189　／　2　塩分への適応　194　／　3　捕食・被食への適応　197　／　4　極限環境に生きる適応　202　／　5　仔魚には個性がある：個性と適応　205　／　6　仔稚魚も学習する　207

／7　日周リズム　210

第8章　分子分析手法と仔稚魚研究 ―――213

1　DNAによる種同定・種判別　213 ／ 2　生態研究への応用　216 ／ 3　DNA手法の問題点　218 ／ 4　栽培漁業と種内の個体群構造　219 ／ 5　遺伝的多様性の減少と絶滅危惧　220 ／ **column 6**　意外な親子関係　222

第9章　生死のドラマの背後の多様な連環 ―――225

1　仔魚の生存を保障する食物連鎖　226 ／ 2　阿蘇山が生かす有明海のスズキ稚魚　227 ／ 3　琵琶湖と水田　229 ／ 4　クラゲが提起する問題　232 ／ 5　連環を解きほぐす安定同位体比　234

第10章　変動する ―――239

1　【初期減耗】と資源変動　240 ／ 2　Stable Ocean 説　242 ／ 3　被食による【初期減耗】　245 ／ 4　マイワシに見る資源大変動　248 ／ 5　魚種交替と【初期減耗】　252

第11章　限りがある：環境収容力 ―――257

1　志々伎湾におけるマダイ稚魚の例　257 ／ 2　放流による環境収容力推定の試み　262 ／ 3　サケ稚魚放流と環境収容力　266

第Ⅲ部　人の暮らしと稚魚の叫び

第12章　魚を増やそう ―――273

1　養殖漁業の発展　274 ／ 2　栽培漁業の新たな展開　280 ／ 3　環境修復：モ場や干潟の造成　284 ／ **column 7**　ボウズガレイに魅せられて　290

第13章　天然魚と飼育魚は似て非なるもの？────────293

　　1　仔魚の摂食量と飼育水温　293／2　大きく異なる行動特性　295／3　形態や質の異なる天然魚と人工飼育魚　298

第14章　地球温暖化と稚魚研究────────305

　　1　水温上昇の実際とその影響　305／2　ユーラシア大陸に見る陸─海系　309／3　異体類の生態に見る　311

第15章　稚魚たちの叫び────────315

　　1　砂浜の消失に戸惑う稚魚たち　315／2　マングローブ河口域の荒廃　319／3　稚魚たちの警告　320

第16章　稚魚研究に学ぶ────────323

　　1　比較の重要性　323／2　長期的視点：腰を落ち着けて研究しよう　325／3　広域的視点：分布の縁辺に注目しよう　327／4　総合的視点：横断的視野を養おう　329／column 8　漁師のひと言　332

第17章　仔稚魚研究と森里海連環学────────335

　　1　森の豊かな恵みの重要性　335／2　森里海連環学から見た新たな課題　339／3　マングローブ林再生の教訓　343／column 9　マングローブ林が取り持つ不思議な縁　345

あとがき　347
参照文献　351

I

試練を越えて稚魚へと"変態"

第1章 【初期減耗】(死亡)とライフサイクル

　魚類はあらゆる水界に生息し，その種の数は研究者によって大きく異なり1万7000種から4万種とされている（岩井，2005）が，一般には現在知られている種で約2万8000種とされている（Nelson, 2006）．外洋を大回遊するマグロ類，数十年以上の周期で資源の大変動を繰り返すマイワシ類，沿岸域の高い生物生産性を利用して暮らすカタクチイワシ *Engraulis japonicus* など多くの浮魚類，岸辺の岩礁域に定着して生息するメバル類やハタ類，川と海を往復するサケ・マス類やウナギ類など，かれらは多様な生活史や生態を持つ．もちろん，海だけではなく，河川や湖にも多くの魚類が生息している．このうち，初期生活史が解明されている魚種はどれくらい存在するのであろうか．正確に調べられたことはないと思われるが，100〜200種程度にとどまるのではないだろうか．成魚の生理生態に比べて，生活史初期の生理や生態については，一般にはほとんど知られていないと思われる．本章では，これらの魚種のなかから代表的な魚を例として取り上げ，産卵・孵化・発育・成長・摂餌・被食・回遊など多様な生理生態的側面を，生き残りやその裏返しとしての減耗（死亡：初期減耗）と関連づけて述べてみよう．

1 産卵様式と【初期減耗】

　魚類の産卵様式は，最近では大きくは卵生と胎生に分けられている．胎生の最も顕著な例は，6500万年前に絶滅したとされながらも1938年に現生

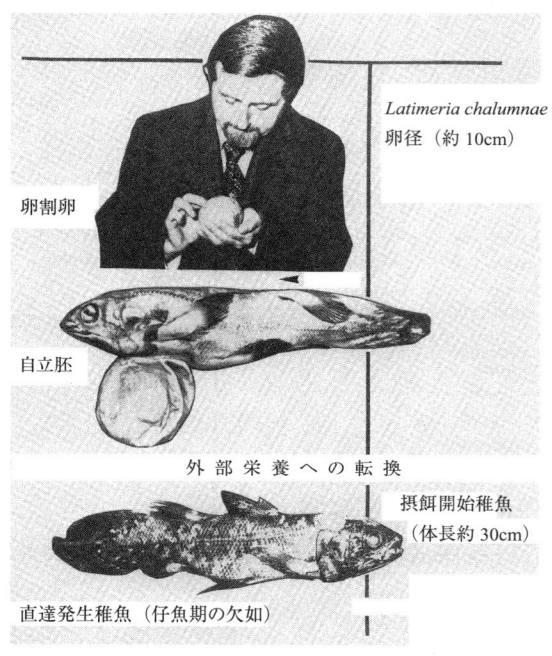

図1-1 シーラカンスの卵（上），卵黄を抱えた胚（中），母体より産出直後の成魚と同形の稚魚（下）(Balon ed. 1985). 多くの海産魚とは全く異なる繁殖様式を保持する．

種が発見され，それ以来4億年の歴史を持つ"生きた化石"として知られる"シーラカンス"*Latimeria chalumnae* であろう（図1-1：Balon ed. 1985）．この属は当初マダガスカル島近海のコモロ諸島周辺にしか生息していないと考えられていたが，近年ではインドネシア近海，南アフリカのタンザニア近海にも生息が確認されている．この属はソフトボールを少し小さくしたような魚類としては超巨大な卵を少数産み，それらは母体の中で母親からもらった大量の卵黄をエネルギー源として，体長30cmほどに発育し，親と全く同じ形をして生まれてくる（図1-1）．大卵少産の最も典型な事例である．身近な魚では，ウミタナゴ類，メバル *Sebastes inermis*，カサゴ *Sebastiscus marmoratus*，クロソイ *Sebastes schlegeli* なども胎生であり，生まれた仔魚は直ぐに餌を食べ始めることができるまでに発育が進んでいる．

一方，多くの魚類は卵生であり，0.5mm 程度のものからサケ・マス類のように 7mm ぐらいまでの大きさの卵を産むが，大半は，卵径 1mm 以下である．その数は卵の大きさや親のサイズによって，10 数個から 1 億個を超えるまで極めて大きな幅がある．卵の種類は，環境水より比重の小さい水に浮く卵（浮性卵）とそれより比重の大きい水に沈む卵（沈性卵）に大別される．海産魚類の大半は相対的に小型の浮性卵を大量に産むのに対して，淡水魚のほとんどは比較的大型の沈性卵を相対的に少数産む．

海産魚類の多くは，海の小さな餌生物が分散的に広く分布する海洋環境に適応して，多量の小さな浮性卵をかなり長期間にわたって産み続け，仔魚が生き残れる偶然性を空間的にも時間的にも高める初期生残戦略をとる．たとえば，ヒラメ *Paralichthys olivaceus* では，体重 1kg の雌は 1 産卵期に 300 万から 400 万粒の卵を約 2 ヶ月間近くにわたって産み続けることが，実験条件下で確認されている（山本，1995）．生後 10 年，体重 5kg のヒラメでは，ひとシーズンに最大 2000 万粒の卵を産むことになる．このことは何を意味しているのであろうか．それは，体長数 mm 程度の小さく未熟な仔魚が生まれること，そして生まれたばかりの未熟な仔魚にとって海の環境は極めて厳しく，生き残れる個体はほんの一握りの数に限られることの裏返しといえる．

これに対して，淡水魚の多くは，海産魚よりは大き目の卵をその分少数産卵する．これらが沈性卵（水に沈んで底の砂礫や水草などに付着するものが多い）であるということは，卵の大きさだけでなく，卵内により高密度の卵黄が詰まっていることを意味する．したがって，生まれてくる仔魚は通常海産魚よりかなり大きく，また発育も相対的に進んだ状態にある場合が多い（図 1-2：Tanaka, 1973）．最も典型的な例は，サケ・マス類に見られる．彼らは，卵径 5mm を超えるような大きな卵を数千個産み，砂礫の中で孵化した仔魚は未だ大量の卵黄や油球を保持している．それらをエネルギー源にして，通

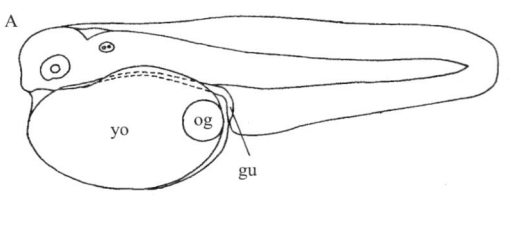
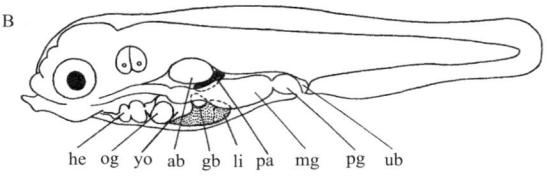

A：クロダイ，B：シマハゼ　ab：鰾，gb：胆のう，gu：腸管，he：心臓，li：肝臓，mg：中腸（腸），og：油球，pa：膵臓，pg：後腸（直腸），ub：膀胱，yo：卵黄

図1-2　分離浮性卵（A）ならびに沈性粘着卵（B）より生まれた孵化直後の仔魚の器官分化状態の比較（Tanaka, 1973）．沈性卵に比べて浮性卵から生まれる仔魚は著しく未熟である．

常の仔魚が自ら餌を求め，外敵からの捕食を免れ，1ヶ月前後を要してわずか0.1％前後の確率で生き残る稚魚になるまでの仔魚に相当する時期を，すべて卵黄と油球でまかない，稚魚へと変態する．そして変態後に砂礫の中から水中に出て，自ら餌をとるようになる．このように，産卵後の生活様式は，産卵様式，魚種，産卵する場所の特性などによって大きく異なる．

　野外における魚の産卵時刻に関する知見は，比較的浅海域ではダイバーによる産卵行動の観察から得られることが多い．これらの場合には観察は通常昼間に行われるため，夜間の情報は少ないが，飼育条件下での観察では夕方から前夜半にかけて産卵を行うことが，マダイ *Pagrus major*，ヒラメ，シロギス *Sillago japonica*，スズキ *Lateorabrax japonicus*，クロマグロ *Thunnus orientalis* その他多くの魚種で知られている．しかも，それらは季節の進行とともに少しずつ変化するようである．一方，淡水魚では観察が容易である

ため，自然界でもコイ類やナマズ類が日没後に産卵することがよく観察されている．日没前後から前夜半にかけて産卵が行われるのは，プランクトンフィーダーなど主に昼間に摂餌を行う捕食者からの被食防衛策と考えられる．同様のことはサンゴ礁魚類においても知られている（中村，2007）．

　大半の魚種は，植物プランクトンのブルームに引き続いて動物プランクトンが増殖する春季から初夏にかけて産卵するが，中には秋季や冬季に産卵する魚種も見られる．産卵期は，その種の起源（たとえば，冷水性の魚種か，暖水性の魚種かなど）によっても異なり，また，餌生物が多い代わりに競合種や捕食者も多い春季を避けて，餌は少ないが捕食者も少ない冬季を選んで産卵する魚種も当然存在する．多くの場合，産卵に最も大きな影響を与える環境因子は水温であり，ヒラメのように九州南部では1月下旬には産卵が始まり，桜前線が北上するように北に行くほど産卵期は遅れ，北海道西部では7月となるような魚種も見られる（図1-3：Tanaka et al., 1997）．一方，スズキのように地域によって産卵期はあまり変動せず，12月から1月を中心に産卵する魚種も存在する．このような魚種では，水温よりも日長がより強く産卵期を規定しているのであろう．一方，季節性のほとんどない熱帯域の魚類では，産卵は月周期的に行われることが多い（佐野ほか，1995；征矢野，2005）．

　前述のように魚類の生残戦略の特徴の一つは多産多死である．これは脊椎動物のなかで見ると顕著な特徴であるが，海産動物のなかではかなり普遍的なものである．大きな卵を少数産むことは個々の卵あるいは仔魚の高い生残率につながる．一方，小さな卵を多数産むことは，個々の卵や仔魚の生残可能性は低くなる．すなわち，どちらの戦略を採用したとしても最終的な生残率を高くできる可能性があり，どちらが有利ということは，それぞれの種がどのような初期生活史をおくるかに大きく関わるため一概には決められない．それにもかかわらず，多くの魚類やほとんどの海産無脊椎動物は，小さな卵を多数産む多産多死の戦略を選んでいる．小さな卵のメリットは何なのであろうか．広く認識されているメリットは，親のかけるコストが一定の場

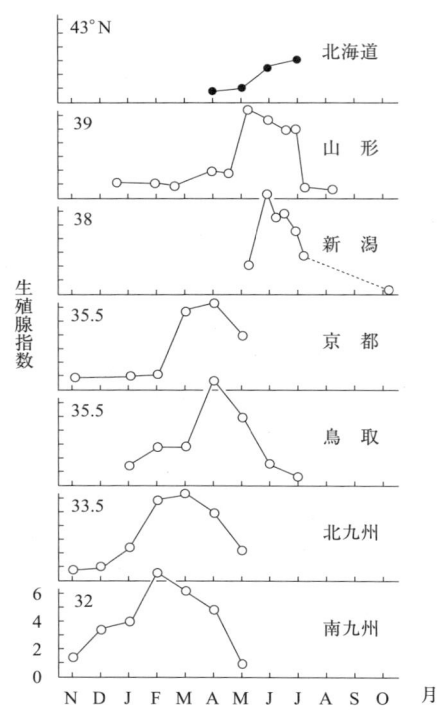

図1-3 生殖腺指数を指標にした日本海各地におけるヒラメ産卵期の地理的変異（北海道のみ別の指標を使用）(Tanaka et al., 1997). 南で早く北で遅く，その差は半年近くに及ぶ.

合, 卵の数を増やせることである．仔魚の側から生理学的に見た場合のメリット・デメリットの可能性を指摘してみよう．

同じ形で体長が異なる場合を仮定し，体積と表面積の関係を考えてみると，どのような形であったとしても，体積は体長の3乗に比例して大きくなり，表面積は体長の2乗に比例して大きくなる．つまり，表面積／体積の比は体長に反比例し，体長が小さければ小さいほど単位体積当たりの表面積は大きくなる．このことを念頭に置いたうえで呼吸を例に考えてみよう．酸素を必要とする量は，細胞の数におおよそ比例するはずであり，細胞の数は体

積におおよそ比例する．一方，酸素の供給は，鰓が形成される前の卵や仔魚では体表からの浸透のみであるため，供給量は表面積に比例する．すなわち，体が小さいほど酸素の供給は需要よりも大きくなる．体の小さな動物には鰓のような呼吸のための器官を持たないものも多い．体が小さければ，急いで鰓を作る必要はなく，眼や消化系など摂餌に必要な器官の形成を優先させることが可能となる．

　逆に，浸透圧調節においてはこのような表面積／体積の関係が不利に働くと考えられる．体積が大きいほど，もともと持っている液体量は多い．また表面積が小さいほど塩や水の受動的な移動量は少ない．すなわち，体が小さく表面積／体積の比が大きくなればなるほど，浸透圧調節には不利になると推定される．多くの海産無脊椎動物では体液浸透圧は海水と同程度であるため，問題はない．しかし硬骨魚類では，後述するように，卵であっても浸透圧は海水の3分の1程度であり，何らかの対策を講じている．卵膜自体は，特に塩類や水の透過性が低いわけではない（Kaneko et al., 1996）．発生初期の鰓の形成は，酸素の吸収よりも，塩類の調節を目的としている可能性があるとする総説も発表されている（Rombough, 2007）．

2 親による卵の保護と【初期減耗】

　多くの海産魚では小さな分離浮性卵を大量に海水中に放卵し，親魚が卵を保護することはない．しかし，海産魚の一部にも，サンマ *Cololabis saira*，サヨリ *Hemiramphus sajori*，トビウオ類のように大型の卵を比較的数少なく海藻類などに産みつけたり，アイナメ *Hexagrammos otakii* のように岩礁域の適当な隙間に卵塊として産みつけたり，石の裏や貝殻などの内側に産みつける魚種も見られる．一方，海水に対して比重の小さい淡水域で浮性卵を産む魚種はほとんど知られていないが，溯河回遊魚のストライプドバス *Morone* saxatilis や有明海のエツ Coilia nasus などは大きな油球を持った卵を水中に放出し，それらは流れに攪拌されながら川底に沈むことなく水中に浮遊している．同様の卵は一部の淡水魚，たとえばホワイトパーチ Morone americana やハクレン Hypophthalmichthys molitrix でも見られる．しかし，淡水魚の大半は，沈性卵を水草やヨシ，砂礫中や石の裏側などに産みつける．なかにはタナゴ類のように生きた貝類の殻の中に産みつける魚種も存在する．これらのほとんどは沈性卵であると同時に粘着卵でもあるが，サケ・マス類のように粘着性のない卵を砂礫の中に産みつけて，卵の被食と流下を防ぐ魚種も見られる．

このように，魚類はそれぞれの生息環境に適応していろいろな大きさや性質の異なった卵を，多様な方法で産み出す．それは，基本的には，産卵後の卵を保護しないことを前提に，卵や孵化した仔魚の生き残りができるだけ高まるように産卵する戦略と考えられる．しかし，多くの魚類が産み放しで卵を保護しないなかで，産卵後親が卵を保護する例も知られている．たとえば，多くのハゼ類は，浮き石の裏側の上面に雌が卵を重ならないように綺麗に一面に産みつけ，それらを雄親が護り，胸鰭をうちわのように前後に動かして，新鮮な水を送り続ける（図1-4）．同様の卵保護行動はカジカ類にも見られ，雄親は冬季の厳しい環境の中で1ないし2ヶ月間にもわたって卵を保護し続ける．

親による卵の保護には上記のほかにもいろいろなタイプが見られ，トゲウオ類のように水草などで巣を作り，その中で卵を保護する魚種もいる．タツノオトシゴ Hippocampus coronatus やヨウジウオ Syngnathus schlegeli の仲間では，雌が雄親の腹部にある袋の中に卵を産み落とし，雄親は卵から仔魚が孵化して親とほとんど同じ形態の稚魚になるまで保護し続け，充分発育が進んだ段階で水中に放出する．外来魚として漁業者や自然保護者から嫌われ者のブラックバス（オオクチバス Micropterus salmoides，コクチバス Micropterus dolomieu）は岸近くの砂地に産卵床を作り，その中に卵を産み，雌雄の親魚

図1-4 コンクリートブロックの裏側（上面）に産み付けられた卵を護るマーブルゴビの雄親（マレーシアサバ大学瀬尾重治氏提供）．常に大きな胸鰭を動かして卵に新鮮な水を送り続ける．

が卵を見張り，ダイバーが近づいて行くと果敢に追い払おうと攻撃してくるという．そうした隙を見て卵を失敬するのが，同じく外来魚のブルーギル *Lepomis macrochirus* である．

親による卵保護の極めつけは，カワスズメ類（ティラピアの仲間）であろう．雌親が卵を口内で保護し，孵化した仔魚もしばらくは親の近くにいて危険を感じるといっせいに親の口の中に逃げ込む．同じような親による卵の口内保育は海産魚のネンブツダイ *Apogon semilineatus* の仲間でも見られる．さらに，驚くべきことに，鳥類のホトトギスなどで見られる托卵現象もタンガニーカ湖のナマズの仲間で確認されている（Sato, 1986）（章末のコラムも参照）．

以上のように，魚類に見られる親魚による卵の保護は，全体としては稀な例ではあるが，いずれも被食圧の厳しい環境の中で如何に個体発生初期の減耗を低減し生き残りの確率を高めるか，そのために発達させてきた生存戦略

と考えられる．魚類の間には，未だ，私たちが知らない多様な卵保護の様式があるに違いない．

3 孵化時間と【初期減耗】

　卵の表面に一つある卵門（平井，2003）を通って1個の精子が卵内に進入すると，受精が行われ，胚盤が形成される．胚盤は時間の経過とともに2分割（2細胞期），4分割（4細胞期），8分割（8細胞期）と進行し，小さな個々の細胞の集まりが桑の実状に見える桑実胚期に至る．さらに分割が進行すると，胞胚期・嚢胚期を経て原口が閉鎖するとともに，胚体が形成される．やがて，胚体には眼の原基（眼胞）や内耳の原基（耳胞）が分化し，尾部が伸長して胚体から離れるとともに，卵膜内で胚体が動き始める（図1-5）．

　尾部の先端近くにはクッパー氏胞と呼ばれる球形の小体が現れる．これまで，その働きについては全く分かっていなかったが，最近この部位が発生上極めて重要な役割を果たしていることが明らかにされ，注目されている．クッパー氏胞は左右性決定遺伝子発現の固定化に関する重要な役割りになっていることが明らかにされている（Essner et al., 2005；Hashimoto et al., 2004；2007）．そのころ，頭部の前面には孵化酵素腺が分化し，ここから分泌される孵化酵素（蛋白質分解酵素の一種）と胚体の動きの相乗作用として，卵膜が破れ孵化が行われる（図1-5）．

　孵化までに要する時間は，卵の種類，魚種，水温，塩分，酸素濃度など多くの要因によって著しく異なる．このうち，卵自身に関わる要因としては卵の種類が最も大きく関係する．一般的には，浮性卵では発生の早期に孵化が生じるのに対し，沈性卵では孵化までにより長い時間を要する傾向にある．たとえば，4月や5月に浮性卵を産むヒラメやマダイでは，孵化までに要する時間は2日から3日程度であるのに対し，同時期に沈性卵から産まれるク

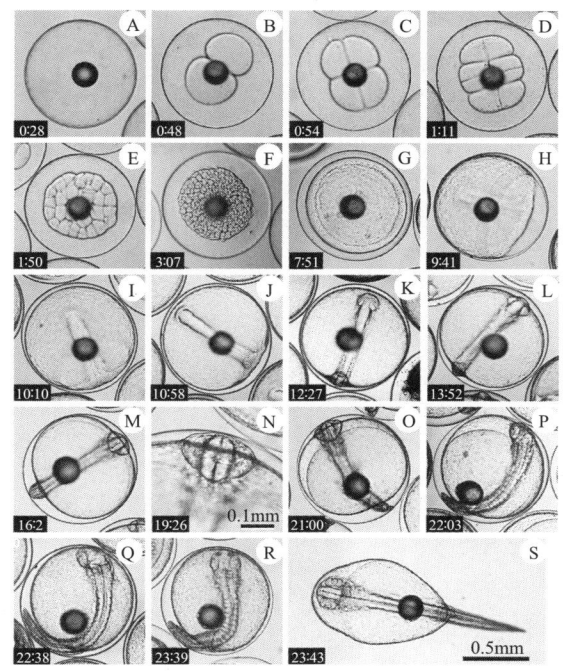

図1-5 サラサハタの受精から孵化までの卵発生過程（マレーシアサバ大学瀬尾重治氏提供）Sが孵化直後の仔魚．水温28℃では受精から孵化まで約24時間．

サフグ *Takifugu niphobles* では，孵化までに約2週間を要する．このこととも関わって，一般的には浮性卵から生まれる孵化仔魚の発育状態は未熟であるのに対し，沈性卵から生まれる魚種では，多くの場合眼はすでに黒化（網膜の黒色素層が形成）し，魚種によっては口も形成されている（図1-2参照）．ただし，二枚貝類の貝殻の中に沈性卵を産卵する淡水魚のように，特殊な産卵生態を持つ場合には，未熟な状態で孵化する魚種も見られる．

海産魚類に一般的に見られる分離浮性卵では，なぜ孵化が発生の相対的に早い段階で生じるのであろうか．摂餌が可能になる直前まで卵内にとどまり

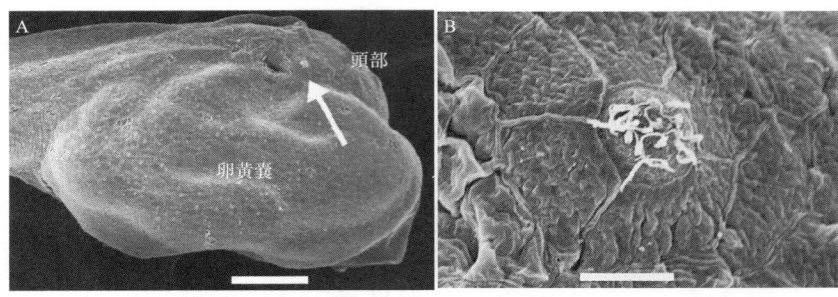

図1-6 バラマンディー孵化仔魚の頭部に分化した遊離感丘の走査型電子顕微鏡像. A：遊離感丘の位置を矢印で示す（スケールは100 μm）. B：Aの拡大図（スケールは10 μm）(Mukai et al., 2007)

孵化しないのであろうか. 卵発生の進行に伴い比重が大きくなり, 発生の進んだ卵は沈下する傾向にあると考えられる. 沈降は孵化仔魚の餌環境の不適な水深への移動をもたらすことになる. このことに対する補償作用として, 相対的に早い段階で孵化することにより, 仔魚膜（膜鰭）と呼ばれる膜状の構造物に頭部を除く体全体を包まれた仔魚は, 膜鰭と胚体との間に十分な水分を含み, 比重が小さくなり, 沈降が抑制されるためではないかと推定される. また, 卵は全く動くことができないのに対し, 仔魚になると孵化直後から機械的刺激に反応する遊離感丘が頭部を中心とする体表面に分化し（図1-6；Mukai et al., 2007), 外敵の接近などに対処可能になることも関係するのではないかと考えられる.

　孵化に要する時間に関係する外的環境要素として, 最も直接的な影響を与えるのは水温である. 浮性卵の場合, 28から30℃前後で卵発生が進む熱帯性の魚類では, 孵化は通常24時間以内に生じるが, 13から18℃前後で卵発生が進む温帯性の魚類では, 孵化までに要する時間は2日から4日程度である. 一方, 水温10℃以下で卵発生が進む亜寒帯性の魚類では, 孵化までに1週間から10日前後を必要とする. これらは浮性卵の場合であるが, わが国周辺でかなり大きな沈性卵を冬季に産むハタハタ *Arctoscopus japonicus* や

アイナメ・クジメ *Hexagrammos agrammus* などでは，孵化までに1から2ヶ月を要する．また，南極海に生息するノトセニア類のダルマノト *Notothenia coriiceps* では，水温0.5℃下で，150日前後を要する（平野ほか，2005）．極めつけは，北米カリフォルニア海域に生息するエゾハタハタ *Trichodon trichodon* であり，水温は8から13℃と比較的高温であるにもかかわらず，産卵から孵化までに1年を必要とするという特異性を示す（Okiyama, 1990）．

浮性卵を産む海産魚類では，孵化の時間帯は飼育条件下でもあまりよく観察されていないが，相対的に大卵少産型の沈性卵を産む魚種では，孵化時間帯はその後の生き残りにより深く関わると考えられ，日没後数時間以内に起こることが多い．たとえば，両側回遊魚の代表であるアユ *Plecoglossus altivelis altivelis* は，秋から冬の初めにかけて河川の下流域で産卵を行い，水温条件は産卵された時期によってかなり異なるにもかかわらず，孵化は決まって日没後の数時間以内に行われる．孵化した仔魚はそのまま流れにのって，翌朝には河口域にたどり着く．孵化は，海産魚では比較的短期間内に生じるが，卵径が大きく孵化までに要する時間の長い沈性卵（特に卵塊状の卵）では，孵化が同時的に生じる場合と個々の卵ごとに条件が整った卵から順次生じる場合が認められている．このような孵化時間の制御はどのように行われているのであろうか．

4 孵化酵素の役割

脊椎動物の卵膜は，魚類ではコリオン（chorion），両生類や鳥類では卵黄膜（vitelline membrane）などと動物群ごとに異なった呼び名がある．孵化酵素は先に述べたように，卵内で胚体が活発に動きだすころ，頭部の前面にそれを分泌する孵化酵素腺が現れ，そこから分泌され卵膜のタンパク質を分解して孵化を助ける役割を果たす．魚類における孵化酵素の存在は1900年に肺魚

類の *Lepidosiren paradoxa* に存在することが示唆されたのが最初である (Kerr, 1900). その後, メダカ *Oryzias latipes* を実験材料としていろいろな角度から孵化酵素腺の構造や機能が調べられてきた. 大西洋産ニシン属仔魚などの海産魚類でもその存在が観察されている.

当然のことながら孵化のタイミングは発達ステージに依存している. しかし, いつ孵化するかを短い時間スケールで見た場合には, 呼吸運動が重要な関与をしていることが知られている. いわゆる酸欠状態に置くなど, 呼吸運動を活発化させることにより孵化酵素の分泌開始は早まる. 逆に酸素を吹き込むなど, 活発な呼吸運動が不要な状態では分泌開始は遅くなる. 光条件や内分泌系 (特にプロラクチンとコルチコステロイド) も分泌開始に影響を与えることが知られているが, これらも呼吸運動を介している可能性が考えられている (安増ほか, 1990).

孵化酵素には複数存在することが知られているが, 主には HCE と LCE と呼ばれる二つの異なる酵素があり, 近年では, メダカ, ゼブラフィッシュ *Danio rerio*, アマゴ *Oncorhynchus masou ishikawae*, ウナギ *Anguilla japonica* などで孵化酵素の遺伝子が明らかにされている. 系統学的に分岐の古いウナギの孵化酵素遺伝子は LCE 遺伝子のみである (Hiroi et al., 2004) が, メダカではさらに HCE 遺伝子を持つ. メダカでは, この2種の金属プロテアーゼは協調して働き, まず HCE が卵膜を膨潤させ, 次に LCE により分解されることが明らかにされてきた.

同様の機構が他魚種にも存在するかを確認するため, 汽水域で孵化するカダヤシ目の *Fundulus* と胎生魚のクロソイについても遺伝子解析が行われた. その結果, HCE は他種の卵膜をよく分解して膨潤させることから, 種特異性は低いことが明らかにされた (Kawaguchi et al., 2006). 一方, クロソイの卵巣腔液中には HCE が存在し, 薄く脆弱な卵膜は分解されること, その LCE 遺伝子は, 転写されているものの, 機能的なタンパク質 (LCE) を合成できない偽遺伝子であることが示唆されている (川口, 2008).

5　魚卵の採集方法

　海産魚では水に浮く小さな卵を大量に放出し，それらは潮流や海流その他の流れによって水平的にも鉛直的にも広く分散する．通常，魚卵の採集にはノルパックネットと呼ばれる口径45cm，長さ190cm，目合い0.33mmのプランクトンネットを水深150mまで沈め，そこから海面まで引き上げることにより行われる．このプランクトンネットの網口には濾過した水量を計るための濾水計（あるいは流量計と呼ばれる）が取り付けられる．水深150mというのは，資源増大期のマイワシなど外海に分散して分布する魚卵の場合であり，沿岸性の魚類の卵を採集する場合には，その海域にどれくらいの密度で分布するかを調べるだけであれば，海底近くから海水面までの鉛直曳きや斜め曳きが用いられる．

　魚卵の調査は，出現期や分布状態の把握にとどまらず，採集が出現期のほぼ全期にわたり，また，出現域のほぼ全域で行われた場合には，漁獲情報だけでは正確な把握が困難な資源量の推定が可能になる．その最も典型的な事例は，農林水産系生態秩序と最適制御に関する総合研究（バイオコスモス計画）のなかで実施された極めて広域的で組織的な定点調査である．マイワシ *Sardinops melanostictus* 1尾の平均産卵量を求めておき，プランクトンネットで採集された卵をもとに総産卵量を推定することにより，親魚量が推定可能となる．このようにして求められた20世紀後半の資源増大期のマイワシ資源量は，太平洋系群だけでも，3800万tに達すると試算されている（渡邊，1998）．

　一方，海の中では魚卵といえども全くランダムに分布するわけではなく，また発生の進行に伴って比重の増加などで分布水深を変化させることがある．このような鉛直的な分布状態を調べる場合には，プランクトンネットの水平曳きが行われる．曳網するワイヤーあるいはロープの長さやおもりなど

により目的とする分布水深にネットを沈め，水平に一定の距離を曳網する．この際には，実際に曳網した水深を知るために，あるいは船上で曳網水深をモニターしながら調節するために，深度計をネットに装着する．

　このようにして，採集された魚卵を含むプランクトン生物は通常採集直後に10％海水ホルマリン液に固定保存される．魚卵の形態的識別は特殊な場合を除き通常困難であるため，第8章で述べるように，最近ではDNA分析による同定が行われ始めており，その場合には，エタノールに保存される．これらの魚卵は，研究室に持ち帰り，シャーレに取り分けてスポイドなどを用いて1個ずつ吸い取り，他のプランクトン生物やゴミから選別する作業が待っている．カタクチイワシや冬季のスズキのように形状やサイズに特色があり種の同定が可能な魚種では，卵の発生段階を，初期，中期，後期などに分けて，発生に伴う分布水深や水平的な広がりの違いなどを調べることができる．

6　卵黄仔魚と【初期減耗】

　孵化後，ほとんどの魚種では仔魚は一定期間摂餌を始めることはなく（摂餌を始める体の体制が未だ出来上がっていない），親から与えられた卵黄や油球の栄養に依存して，急速に器官形成を進行させる．この時期の個体は卵黄仔魚（yolk-sac larva）と呼ばれる．この卵黄の中には，卵形成中に母体からいろいろな栄養物質やホルモン，mRNAなどが送り込まれ，諸器官が未発達な卵黄仔魚期の発育や成長を支えていると考えられている（Brooks et al., 1997）．

　たとえば，魚類の未受精卵には甲状腺ホルモンや各種のステロイドホルモンが含まれていることがサケ科魚類をはじめとして多くの魚類で明らかにされている（Tagawa, 1996）．卵へホルモンが取り込まれる機構は，これまでの

ところ，コルチゾルと甲状腺ホルモンについては明らかにされており，血中のホルモンレベルに応じて，卵細胞中に浸透していくことが示唆されている．母親魚に甲状腺ホルモンを注射して卵中に甲状腺ホルモンを多量に取り込ませると，その卵から孵化した仔魚の生残率が大きく上昇することが，ストライプドバスやヒラマサ *Seriola lalandi* などで示され（Brown et al., 1988；Tachihara et al., 1997），多くの研究者の興味を集めた．この初期生残率の向上効果について数多くの追試がなされているが，魚種により結果は異なる．メダカでは実験的に卵中の甲状腺ホルモン濃度を10分の1以下に下げても，仔魚の生残率や発達には影響が無い（Tagawa and Hirano, 1991）．以上のことから考えると，卵中の甲状腺ホルモンは，何か特別な条件が揃うと生残率の向上に寄与する可能性があるものの，生理的な役割はまだ明らかではない．

　卵黄仔魚期の外観的な顕著な変化としては，浮性卵では，卵黄の吸収とともに眼の黒化，両顎の形成（開口），消化管各部位の分化，肛門の開口などが挙げられる．体全体は仔魚膜で覆われ，胸鰭を除いてどの鰭も分化していない．唯一形成されている胸鰭も，成魚のように鰭条を備えたものではなく，膜状であり，うちわ状の形をしている．多くの仔魚では，飼育環境下では初期には卵黄や油球の存在する腹部を上にして水面直下に浮いていることが多いが，諸器官の分化に応じて次第に頭部を下にして水中に懸垂状態になり，さらに緩やかに沈降するとしばらくして急に浮上するような行動を繰り返しながら，各器官の分化がほぼ終わるころには，水平に体位を保つようになる．

　孵化から卵黄吸収までに要する時間は，魚種，卵径，卵の種類などの内的要因，水温，塩分，酸素濃度その他の環境要因によって大きく異なるが，マダイやヒラメなどの温帯性魚類では，卵発生に要する時間とほぼ同じかわずかに長いぐらいの時間である．しかし，大西洋産オヒョウ属の一種 *Hippoglossus hippoglossus* のように深海で極めて低い水温下でこの時期を経過する魚種では，1ヶ月以上を要するという特異な例も知られている（Blaxter et al., 1983）．一方，熱帯あるいは亜熱帯性の魚種では，1日から2日前後と

極めて短い．近年，養殖用種苗生産のためにハタ類で同属間あるいは異なった属間での交雑が行われているが，それらの卵発生を詳しく観察した例では，いずれも卵発生は同種間受精卵より早く進むことが明らかにされている（Koh et al., 2008；Chong and Senoo, 2008）．

多くの魚種では，卵黄を完全に吸収する前に摂餌開始に必要な最低限度の諸器官が分化し，その後に摂餌を開始する．したがって，できるだけ多くの卵黄を保有しながら摂餌を開始できる仔魚ほど生き残れる可能性が高く，逆の場合には死亡の可能性が高まるといえる．この摂餌猶予期間は，古くは PNR（Point of No Return）と呼ばれ，初期の減耗を左右するキー要素として注目された（Blaxter and Hempel, 1963）．ハタ科魚類のように，卵径が小さく熱帯あるいは亜熱帯性の魚種では，この時間が極めて短く，スジアラ *Plectropomus leopardus* のように 6 時間前後であるという魚種も見られる（Yoseda et al., 2008）．この期間は当然水温によって著しく異なるが温帯性魚類のヒラメでは 2 日程度と見積もられいる（Dou et al., 2005）．一方，冬季に産卵される沈性卵のイカナゴ *Ammodytes personatus* のように，実際上この PNR が存在しない魚種も存在する（Yamashita and Aoyama, 1986）．

この PNR は水温が低いほど長くなる可能性があるので，生き残るうえでは適水温の範囲では，低いほど生き残りに都合が良いと見なせるが，自然界では，なるべく短期間に外敵に対してほとんど無防備な時期を経過する（早く成長する）ことが最大の生残戦略となるので，単純に PNR の長短のみで生残に有利か不利かを論じることはできない．産卵時期，産卵時刻，孵化時刻，卵黄仔魚期間，摂餌開始可能時刻その他多くの水温などの環境要因によって大きく左右されることが総合的に関連して，外部環境に適応して生き残れる可能性を高める工夫が全体としてなされているのであろう．

7 プランクトンとしての仔魚

　海産魚類の大部分を占める浮性卵から生まれた卵黄仔魚は，孵化後数日以内に卵黄を吸収すると，エネルギー源を内部栄養（卵黄・油球）から外部栄養へと転換する．自然界で採集された卵黄吸収直後の仔魚の消化管から見い出される餌と思われる生物は，カイアシ類（コペポーダ）幼生・繊毛虫類・貝類など底生動物の幼生・植物プランクトンなど様々な微小な生物であるが，最も普遍的な餌生物はカイアシ類のノープリウス幼生である（Last, 1980）．一方，飼育条件下では，1950年代から1960年代にかけていろいろな微小プランクトン生物の投与が試みられたが，伊藤（1960）によって大量培養法開発への道が開かれたシオミズツボワムシ *Brachionus plicatilis* が最適な初期餌料として広く利用されるようになり，今では世界中で，ほとんどの魚種に用いられている．飼育する仔魚の口の大きさに応じて，S-型やL-型，さらにはタイで見つけられたSS-型ワムシなどが用いられている．これらは，まず植物プランクトンを高密度で培養し，それらを餌として大量培養が行われる．初期の発育や成長には高度不飽和脂肪酸であるDHA（Docosahexanoeic acid）やEPA（Eicosapentanoeic acid）が不可欠であるため，投与前にこれらを含んだオイルなどを培養水中に添加して，栄養強化が行われる．これらの高度不飽和脂肪酸は魚自身では合成できないため，卵黄仔魚期には母体から油球の中に添加されたものが用いられるが，外部栄養に転換した後には，餌生物から摂取しなければならない．

　卵黄仔魚が内部栄養から外部栄養にエネルギー源を転換する時期から，仔魚（larva）と呼ばれ，遊泳力が未発達なため，海流や潮流に身を任せたプランクトン（浮遊）生活を経過する．この仔魚期は，温帯性魚類では通常およそ1ヶ月程度であるが，熱帯性魚類ではそれより短く，一方，亜寒帯や寒帯性の冷水性魚類でははるかに長い期間を要する．この時期には生きていくう

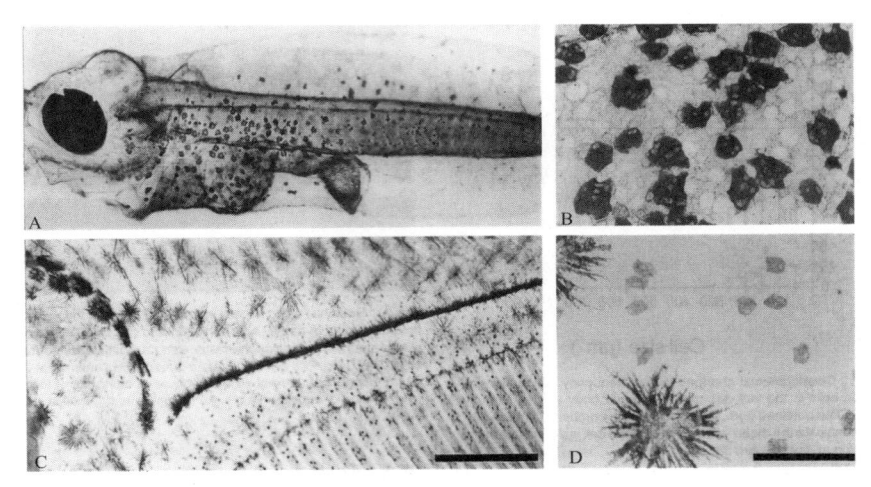

図 1-7　ヒラメ仔魚の体表に分布する塩類細胞と発育に伴う変化（Hiroi et al., 1998 を改変）.
　　　　A, B：孵化後 8 日の前変態期仔魚　C, D：孵化後 24 日の変態期仔魚．A（拡大図 B）には多数の塩類細胞が認められるが，C（拡大図 D）にはほとんど見られない．スケールは A・C 500 μm, B・D 100 μm. D の左下に見られる大きな房状の塊は仔魚型の黒色素胞．

えで不可欠な最小限度の諸器官が形成されている（Tanaka, 1973）.

　仔魚の発育に必要ないろいろな物質は卵黄仔魚期には親から卵黄中に送り込まれた物質でまかなわれるが，仔魚になるとそれらを合成する器官が分化し，自ら作ることができるようになる（Tanaka et al., 1995）．しかし，呼吸器官として必要な機能的な鰓は，初期には未発達であり，仔魚は皮膚を通じて呼吸をしていると考えられている．また，浸透圧調節に不可欠な塩類細胞は，発育の進んだ仔魚（鰓が分化した仔魚）では鰓の鰓弁上に存在するが，鰓が未分化な初期には体表上に存在する（図 1-7：Hiroi et al., 1998）．これらについては，後にさらに詳しく説明する．仔魚の形態学上の最も大きな特徴は，魚は脊椎動物であるにもかかわらず，仔魚期には脊椎はなく，体軸に沿って頭部から尾部に延びる脊髄を支えるのは脊索である．つまり，仔魚はいわば"無

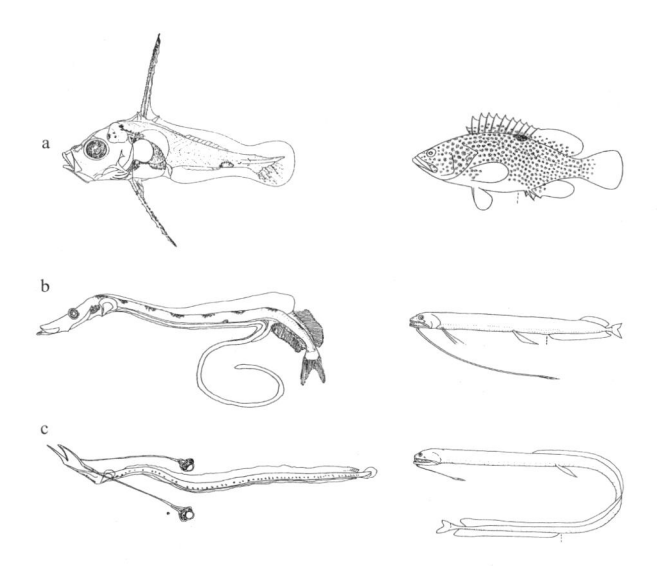

図 1-8 仔魚の特殊な形態の例．左側が仔魚，右側が成魚．a) キジハタ 5.7mmTL b) ダイニチホシエソ属 31.8mmSL c) ミツマタヤリウオ属 13.5mmSL．数字は仔魚の大きさを示す（SL: 標準体長，TL: 全長）．仔魚の図は沖山編（1998），成魚は中坊編（2000）による．

脊椎動物"状態なのである．

　一方，成魚とは全く異なるプランクトン生活に適応するため，仔魚期には様々な浮遊適応器官や組織が存在する．鰭の一部が極端に伸長したり，棘状に伸びたり，体形がうちわ状に平たくなったり，腸管が著しく外部に飛び出したり，その様相は様々である（図 1-8）．これらの形態的特化は，多くの場合浮遊性の確保や外敵からの捕食に対する防御に関連していると考えられているが，確証はされていない．これらの浮遊適応形質は，仔魚が稚魚へと移行するとともに消失する．たとえば，ヒラメの伸長背鰭条や膜状の胸鰭は吸収され，消失する．

8 仔魚の採集方法

　基本的には魚卵の場合と同様であるが，分布密度が魚卵よりかなり低いことやある程度遊泳力を持つため，用いられるネットはより大型で目詰まりを防ぐために，網目も 0.3 あるいは 0.5mm 前後とやや粗めである．また，水平曳きや斜め曳きなどにより，濾水量を多くする工夫がなされる．わが国における卵稚仔調査では，以前には長らく口径 1.3m で前半部の目合いが大きく，後半部が細かい円錐型の稚魚ネット（丸稚ネットと呼称）で，2 ノット 10 分間の水面直下の水平曳きを昼間に行うことが定法として用いられてきた．しかし，この方法には，いくつもの欠陥があることが次第に明らかにされ，今では，ほとんど用いられなくなった．

　その欠点とは，まずネットの構造上の問題であり，円錐型では濾水面積が少なく目詰まりが起きやすいこと，網目の異なる目合いの網地の組み合わせでは，つなぎ目部分の直前からの仔魚の逸出が生じやすいことなどが明らかにされた．次に，魚卵や仔魚の分布層，特に仔魚の分布層は昼間では海表面近くではなく，亜表層（海表面より下の層：沿岸浅海域では中底層）であることが分かり，表層曳きでは特殊なニューストンと呼ばれる表層性の仔稚魚以外はあまり入網しないことが明らかにされている．仔魚側から見れば，体表，特に背中側に黒色素を持たないために紫外線には極めて敏感であり（Fukunishi et al., 2006），したがって仔魚はその影響のない亜表層に分布する必要があると考えられるのである．この方法でも日没後になると採集物の種類が増え，採集される仔魚の大きさも増大する傾向が見られる．

　今では，仔魚の採集には前半部が円筒形（この部分が曳網中に震動することにより目詰まりが軽減される），後半部は円錐型の稚魚ネットが用いられている．前半部の円筒形の長さは，沿岸域のようにプランクトン生物や縣濁物が多い場所では長く，外海域では短めに設計される．また，稚魚網を曳航する

ロープやワイヤーに取り付けるブライドルと呼ばれる3本のワイヤーが仔魚の入網の妨げになる（ブライドル効果）との実験結果から，同じ大きさ（通常口径60cm）の2個の網を金具でつなぎ，曳航ワイヤーはその金具の中央に取り付け，網の前に障害物が無い工夫がされたネット（その形からボンゴネットと呼ばれている）が常用されている．このネットを使用してそこに生息する仔魚の量を調べる場合には，船を走らせながらある水深（およそ50m）までネットを沈めた後，曳航ワイヤーを巻き上げる斜め曳きが用いられることが多い．

最近では，大型調査船の場合には，モクネスネットというセンサー付き多段開閉稚魚ネットが用いられ，曳網したい所定の水深になると網口が開き，所定の距離を曳き終えると閉鎖し，次の水深帯では次のネットが開くという仕掛けで，多層の仔魚の分布状態（鉛直分布）が調べられる．しかし，一般に沿岸で調査行う場合には，漁船をチャーターして人力により仔稚魚採集を行うことが多く，目的に応じた大きさや網目の稚魚ネットを錘や浮きで調整し，また曳航ロープの長さを調節して所定の層を曳くなど，現場での工夫や苦労が付き物である．時にはこれらの調節がうまく行かずに海底の砂泥を大量にかき取り，網が揚がらなくなり，浅海の場合には誰かが冷たい海に入って網を切り裂いて泥を出すようなこともしばしば起きる．

仔魚は発育に伴って分布水深を変える（一般には昼間の分布は中底層であり，日没後に上層に浮上する傾向が現れる）ため，2ないし3時間間隔で稚魚ネットの水平曳きを繰り返し，日周鉛直分布を調べる調査がよく行われる．著者は寒冷期の雨の日の24時間調査をしばしば経験したが，採集の合間は雨の中でカッパを着たまま身を丸くして，ひたすら我慢するのである．近代的な調査船で，観測の合間には夜食や熱いコーヒーを飲みながら，甲板員の人たちが稚魚ネットの操作をしてくれる24時間調査とは全く異なった「思い出深い」調査となる．

これら以外にも面白い採集具が開発された．たとえば，ネットアボイダン

ス（仔魚の逃避）を解決するために，ロケット型の鋼鉄製の高速サンプラーが開発されている．また，プランクトンネットでは，曳網中のどこでどれだけの仔魚やプランクトンが採れたかが明らかでない．それを改善する工夫を加えた採集具も作られた．ネット最後部に回転式の布を設置し，曳航中に採集された仔魚などがそこに張り付き，後にその位置を確かめると採集中の分布の様子が分かるようになっている，というものだが，作業などが繁雑なためか実用的ではなく，その後用いられていないようである．

　一方，沈性卵を産む淡水魚では，産卵状態をプランクトンネットで把握することは不可能であるが，孵化仔魚については，たとえば，日没とともに孵化が始まるアユでは，産卵床の下流にプランクトンネットを定置し一定間隔でネットを取り替えて採集を繰り返すことにより，孵化仔魚量や孵化時間が把握できる．これらの長期連続的な調査による降下仔魚量と，翌春の若鮎の遡上量（これを正確に把握することはなかなか困難であるが）との関係を調べると，海での半年間の生き残り率が推定できることになる．同様のことは，河口近くの下流域の浮き石の下に卵を産みつけるハゼ科魚類でも言える．しかし，ハゼ科の孵化仔魚の同定は極めて難しいため，実際には産卵範囲を調べ，一定区画に卵を護る親魚数を調べるなどの方法により，産卵量あるいは孵化仔魚量を推定することになる．

9　発育の2型：直接発生と間接発生

　仔魚は，外部栄養（餌生物）に恵まれ，また外敵からの捕食を免れると，形態や機能を発達させながら次第に大きくなる．これらの変化には，諸器官の分化や形態上の大きな変化などの質的変化と，体長の伸長や体重の増加など量的変化の側面が見られる．前者の質的変化は「発育」と呼ばれ，後者の量的変化は「成長」と呼ぶことができる．個体発生（産まれてから死ぬまでの

一生の過程）はこれらの発育と成長が組み合わさって進行するものであるが，中でも顕著な「発育」は個体発生の初期に集中するといえる．それは，多くの海産魚類に見られる小卵多産の繁殖戦略と不可分に結びついている．先に述べたシーラカンスでは，魚にしては超巨大な卵から仔魚は母体内で孵化し，さらに初期の発育をすべて完了して，親と全く変わらない姿で生まれてくる．人間など哺乳類の多くもシーラカンスと同じように，基本的な体の仕組みの形成はすべて母体内で完了してから生まれてくる．しかしほとんどの魚種では，これとは全く対照的に，基本的な発育はすべて孵化後の仔魚期とそれに引き続く稚魚期の初期に集中する．このことは，海産魚類のみならず，他の多くの海産無脊椎動物の場合にも共通しており，陸上に比べて広く安定的な海では，陸の生き物とは全く異なる個体発生様式が一般化したものと考えられる．

　これらのことを別な形で整理すると，個体発生様式には二つのタイプがあるといえる．一つは直接発生（直達発生）であり，生まれたときには基本的な発育はほぼ終了していて，その後は体のプロポーションなどは変化するものの，生まれたときの形を維持したまま大きくなる個体発生様式である．もう一つは間接発生であり，体の形や内部の器官形成が生後のある時期に大きく変わりながら成長する個体発生様式である．魚類の大部分では，ほとんどの種が小卵多産の繁殖様式を取るため，間接発生を基本とする個体発生を経過することになる．すなわち，孵化した仔魚は初期の数日以内に急激に器官形成が進行し，外部栄養への依存を可能にする体制が出来上がる．仔魚期の前半には大きな形態的変化は生じないが，その後半には内部的には鰓の形成，機能的な胃の形成，脊椎の骨化が進行するとともに，外部形態的には背鰭，尾鰭，臀鰭，腹鰭そして最後に胸鰭が分化し，魚としての基本構造が出来上がる（図1-9：Fukuhara, 1986）．

　これらの変化過程が"仔魚から稚魚への移行"であり，魚類の個体発生のなかでも最も顕著な変化が生じる発育期といえる．後に述べるように，これ

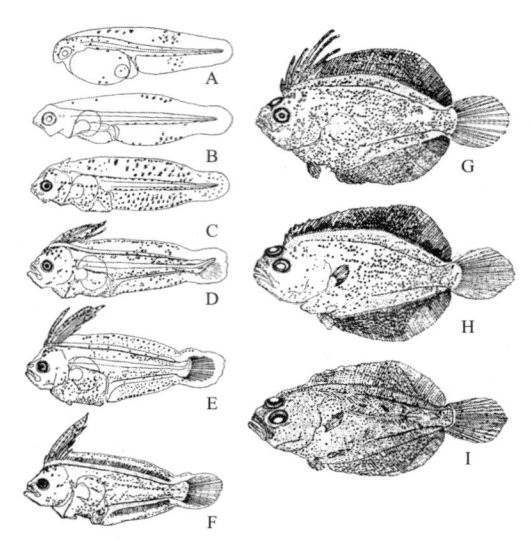

図1-9 飼育したヒラメ仔魚の形態発育史（Fukuhara, 1986）.
Aは孵化仔魚，Iは変態完了着底稚魚.

らの変化が短期間に劇的に生じる場合，それを魚類においても"変態"と呼ぶ．このように，魚類の個体発生過程は一般には連続的ではなく，いくつかの"節目"を経過し，不連続的（段階的）に進行することを基本とする．

　発育は基本的には，遺伝的プログラムに従って進行するものであり，著しく環境要因の影響を受けることは少ない．しかし，発育の進行が生活様式の変化（生態的変化）にうまく対応できない場合には，それをある程度調節することもみられる．たとえば，カレイやヒラメなどの異体類では，外海で産卵が行われ，仔魚は広く沿岸域や沖合域に分散して浮遊生活をしているが，その後稚魚への移行が近づくと，次第に生息場所を岸寄りに移し，稚魚への移行とともに浅海域に着底するものが多い．しかし，初期の遊泳力や浅海域への接岸能力が未発達な時期に沖合に流されて，稚魚への移行期に未だ岸から離れた海域に浮遊することを余儀なくされた個体は，稚魚への移行を遅らせ── 言い換えれば発育の進行を抑えて ── 大半のエネルギーを成長に振り

向ける結果，体長の大きな仔魚になる．このような現象は，魚だけでなく，プランクトン生活期を持つ多くの無脊椎動物でも見られる．一般に浮遊生活期を著しく延ばして巨大な仔魚となる場合，それらは"ジャイアントラーバ"と呼ばれるが，前述のヒラメ仔魚のようなケースがこれと相同のものかどうかについては検討の余地がある．

10 初期成長と【初期減耗】

　成長はいうまでもなく，体長の伸びや体重の増加として現れる．タンパク質の合成が盛んに行われ，成長が進行する．微小な仔魚の成長は生き残り上極めて重要な意味を持つ．いうまでもなく，小さければ小さいほど捕食圧をより強く受け，生き残りの可能性は低いからである．そのため，仔魚期の生き残り戦略は，多少の捕食リスクをおかしても，より多くの餌を食べ速やかに成長することを基本にしていると考えられる．自然界ではそのような環境（場所や時期）を遊泳力に乏しい仔魚自らが選択することは基本的にはできないので，偶然的要素に左右されることになり，生残率は極めて低いうえに変動性が著しい．一方，飼育環境下では初期から自然界とは比べものにならないような高密度の餌生物を与えられ，すべての個体が飢餓に陥らないように管理されるため，自然界ではありえないような高い生残率が保障される．

　成長に大きく影響する物理化学環境要因の第一は水温である．たとえば，ヒラメ仔魚を水温13℃，16℃および19℃で飼育すると，それぞれ，稚魚になるまで約65日，35日および20日前後と，水温によって成長は著しく異なる（図1-10：Seikai et al., 1986）．これは，高水温ほどより多くの餌をとり，より活発にタンパク質の合成が進むためと考えられる．同様の傾向は，これまで調べられた多くの魚種で認められている．しかし，前述のヒラメ仔魚の飼育実験に用いられた水温は，ヒラメにとっては適正水温の範囲内であるが，

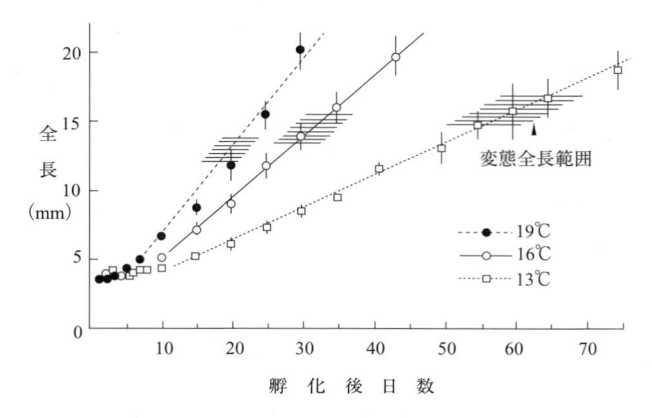

図1-10 異なった水温下でのヒラメ仔魚の成長比較．横線で示した部分は各水温下における変態最終期の仔魚の全長範囲を示す（Seikai et al., 1986を改変）．水温により成長は著しく異なるとともに変態サイズも異なる．

さらに高温下で飼育すると，逆に成長が劣ることが生じる．これは，高水温下では代謝活性が著しく上がり，体を維持するのに多くのエネルギーが使われ，成長に振り当てられるエネルギーが少なくなるためといえる（図1-11：Fonds et al., 1995）．このこととも関連して，ヒラメの変態サイズは，高水温下ほど小さくなる（図1-12：Minami and Tanaka, 1993）．

　仔魚の成長に影響を及ぼす他の主要な要因は塩分である．海産魚のほとんどは30ppt以上の塩分環境下で産卵する．生まれた仔魚も沿岸域から外海域に広く分散して高塩分下で成育する．しかし，いろいろな種の仔魚を，希釈した塩分環境下で飼育すると，海水で飼育するより成長や生残が良いことが，飼育現場ではよく知られている．好適な塩分はそれぞれの種によって異なるが，海水より塩分が低いということは，環境水の浸透圧が体液の浸透圧により近いことを意味し，諸器官の未発達な仔魚では低塩分下の方が浸透圧調節に必要とするエネルギーが少なく，その分成長が促進される場合があると推定される．

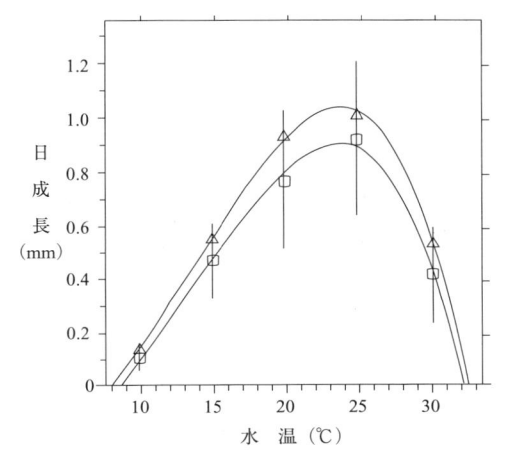

図1-11　異なった水温下におけるヒラメ稚魚の日成長．2本の曲線は異なった餌による実験結果を示す（Fonds et al., 1995）．日本よりオランダにヒラメ稚魚を輸送し，実験を行った．

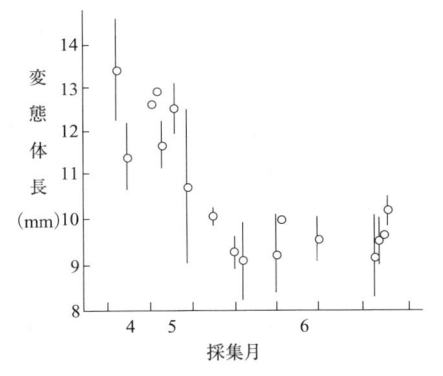

図1-12　若狭湾西部海域由良浜に着底するヒラメの変態サイズの季節的変化（Minami and Tanaka, 1993）．4月下旬の13mm台から6月上旬の9mm台まで小型化する．

11 耳石を用いた成長履歴の解析

　飼育条件下で育てられた仔魚の場合には，孵化日が分かっているので生後の成長を知ることができるが，天然仔魚には生後の成長を知る方法があるのだろうか．かつては，天然海域と同じような条件下で飼育を行い，そこで得られたデータをもとに仔魚の成長を推定していたが，第13章でも述べるように，最近の知見では天然仔稚魚と飼育仔稚魚では成長がかなり異なることが知られている．天然仔稚魚の日齢を知るうえで，1970年代前半に画期的な方法が見つけられ（Pannela, 1971），1980年代に入ると天然仔稚魚の成長やその履歴の解析に盛んに使われるようになった．それは，内耳の中にある主として炭酸カルシウムで出来た耳石と呼ばれる小さな硬組織（平衡感覚に関わる）を用いる方法である．体長3mmのマダイ仔魚の平衡石（3種類ある耳石の中で一番大きなもの）は直径20ミクロン前後と極めて微小な組織である．この耳石を実体顕微鏡下で，先をできるだけ細くとがらせた解剖針を用いて摘出し，スライドグラスに乗せ，適当な封入材を滴下してカバーグラスをかぶせる．そして，封入した耳石を生物顕微鏡で観察してみると，同心円上の微細な輪紋が多数見える．これらがその個体の成長履歴や誕生日を知ることのできる日周輪なのである（図1-13）．

　この微細な輪紋が実際に日周輪なのかどうか，そして孵化後何時から形成されるかは，飼育実験やその他の方法で種ごとに確認することが必要であるが，基本的には耳石日周輪はすべての魚種に存在していると考えられている．浮性卵から孵化する魚種では，摂餌開始期に第一輪が形成されることが多いが，沈性卵では卵内発生中から形成され，特に孵化時には顕著な輪紋（孵化輪）が形成されるので，孵化後日数の計数には都合が良い．耳石日周輪は単に孵化日や孵化後の採集時までの平均的な成長を教えてくれるばかりでなく，輪紋幅は基本的には体成長と相関するので，過去に溯って輪紋幅を計測

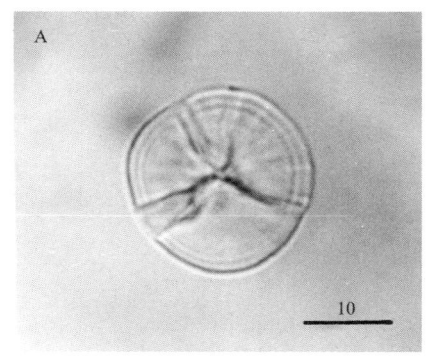

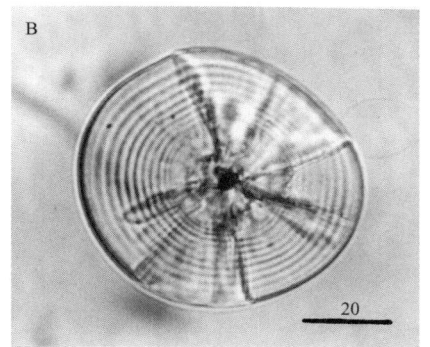

図 1-13　マダイ飼育仔魚と天然仔魚の耳石日周輪.
　　　　A：孵化後 6 日の飼育仔魚（2 輪が形成）　B：体長 4.9mm の天然仔魚（11 輪が計数されているので，孵化後 15 日の仔魚と推定できる）．スケールはいずれも μm.

すると，個体ごとの成長履歴（成長過程）が分かるのである．さらに，後に述べるように特殊な方法を用いて耳石断面の微量元素を調べると，その個体がどのような環境で育ってきたかが推定できる可能性を有した優れた方法である．今では，仔稚魚研究の最も重要な基本手法の一つとして広く活用されている．とりわけ，仔稚魚の生き残り過程を解析する際にはなくてはならないツールとなっている．

　たとえば，初期の成長が稚魚期までの生残にどのような影響を与えているかを，耳石日周輪を用いて推定することができる．まず，天然海域で摂餌後あまり時間を経過していない仔魚の耳石日周輪の輪紋間隔を調べる．次に，それらのコホート（同時発生群）が発育成長して稚魚になった段階の個体の日周輪の輪紋間隔を調べ，両者の同時期の輪紋間隔に差が無いかどうかを比較する．仔魚期の初期の成長が悪い個体は一般には捕食圧をより強く受けると考えられ，生き残った個体の同期の輪紋間隔の方が大きければ，初期の成長がその後の生残に大きな影響を与えたと判断できる．その代表的な一例は図 1-14 に示すように瀬戸内海のサワラ仔稚魚に見られる（Shoji and Tanaka,

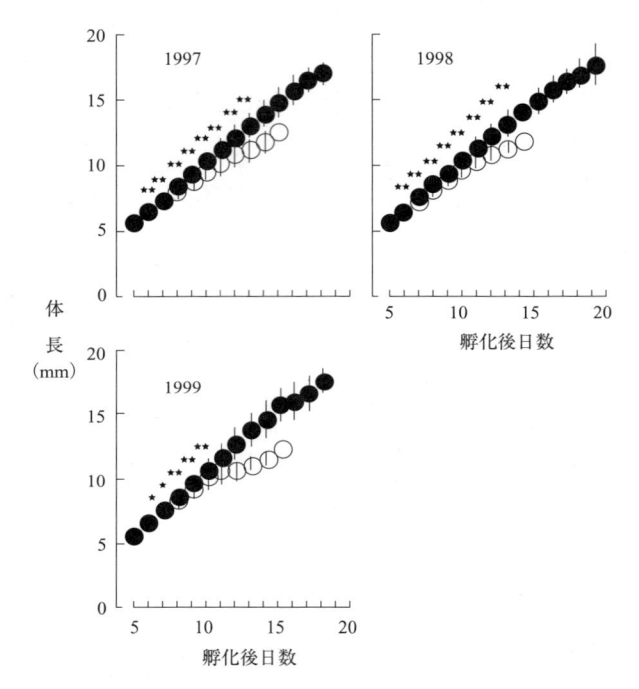

図1-14 サワラ仔魚の初期に採集された個体（○）の耳石輪紋より推定した平均成長と，ある大きさまで生き残った個体（●）の成長の比較（Shoji and Tanaka, 2006a）．いずれの年においても初期に成長の良い個体が生き残っていることが分かる．

2006a）．一方，同様の手法を用いながら Takasuka et al. (2003) はそれまでのサイズ選択的被食ではなく，成長（速度）選択的被食（同じサイズでも成長率の低い個体ほど捕食され易い）という事実を相模湾のカタクチイワシ仔魚で見いだしている．

耳石の形状は魚種によって異なり，また輪紋の鮮明度も種間で著しく異なる．たとえばカタクチイワシ・アユやスズキなどでは鮮明に見えるが，異体類では総じて不鮮明であり，また同じカタクチイワシ科である有明海産特産種（わが国では有明海にしか生息しない種）のエツの日周輪は著しく判読しづ

らい．こうした魚種についても，耳石を樹脂などに包埋後表面を丹念に平らにし，塩酸などを用いてエッチング後に走査型電子顕微鏡を用いて観察可能になることが示されている（前田，2002）．

12　【初期減耗】研究の重要性

　これまで述べてきたように，小卵多産の繁殖戦略は必然的に，遊泳力のない卵期や微小で未熟な仔魚期には摂餌の不成功（飢餓），被食，不適環境への輸送など様々な要因により，初期生活期に個体数は著しく減少する．たとえば，カタクチイワシの近縁種であるカリフォルニア産の *Engraulis mordax* では餌不足と無縁の卵期や卵黄仔魚期においても，産卵後1週間の間に個体数は10分の1弱にまでに減少する（Smith, 1981）．これは，魚類をはじめ多くの無脊椎動物による捕食の結果と考えられる．さらに，摂餌を開始する時期には，好適な餌に恵まれるかどうかが生残を直接左右する．成魚は長い進化の歴史のなかで，全体としては生まれてきた仔魚が生き残れる可能性の高い場所や時期に産卵をするように適応していると考えられるが，毎年の気象や気候変動を予測することまでできるわけはなく，年々の環境変動に仔魚の生残は委ねられている．

　仔魚の期間は，通常の温帯域の沿岸性海産魚類では，約1ヶ月前後であることが多い．この間に仔魚は餌をとる能力を高め，また捕食者からの逃避能力を発達（学習）させながら，成長を進行させ，稚魚期へと近づく．この時期の仔魚には，鰭が形成され，脊椎が分化し，遊泳力に直接関連する体側筋も著しく発達する（Matsuoka, 1987）．このころより，沿岸性魚類の多くは，分散的な浮遊生活から次第に岸方向に移動を始め（接岸回遊），仔魚期よりははるかに浅海域を稚魚の成育場とすることが多い（田中，1991）．また，浮魚類では，次第に群形成を発達させ，集団で生活するようになる（Grave,

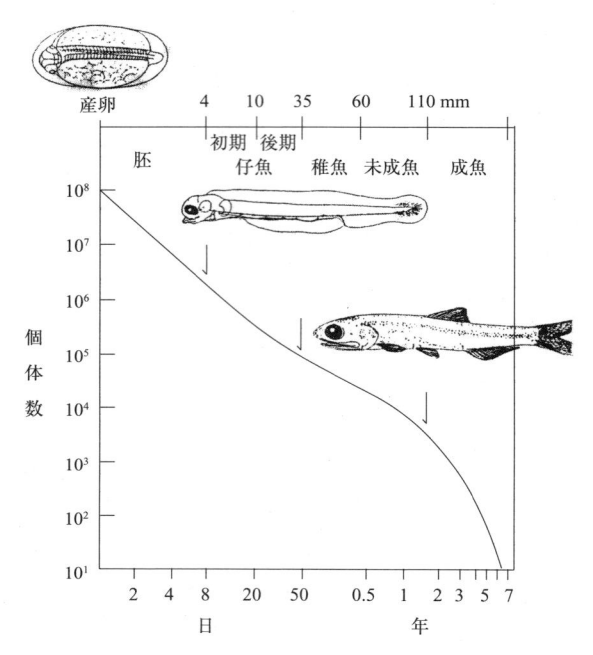

図1-15 カリフォルニア産カタクチイワシ属の生残曲線
（Smith, 1981 を改変）．生残曲線は複数年の平均値．

1981；Nakayama et al., 2007）．この稚魚期に到達するまでに，カリフォルニア産のカタクチイワシ属では個体数はさらに100分の1程度（産卵後では1000分の1程度）に減少する（図1-15）．

　この間の個体数の変化を種ごとに現場で求めるには，広い海域をカバーし，出現のほぼ全期にわたって卵・卵黄仔魚・仔魚・稚魚を採集する必要がある．また，年による変動を考慮すると，かなり長期にわたってデータを集める必要があり，実際には極めて難しいことである．わが国では，カリフォルニア海域に匹敵するような特定の種を対象にした数十年以上にわたる仔魚調査は行われていないが，限定的なモデル海域での一例として，長崎県平戸島志々伎湾におけるマダイ仔魚の結果を例示することができる．それによる

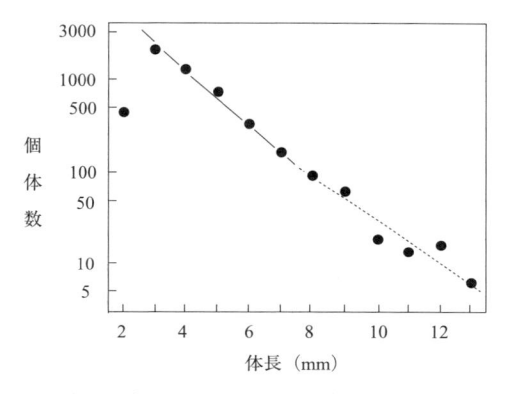

図1-16　平戸島志々伎湾において口径1.3mの稚魚網で採集された全てのマダイ仔稚魚の個体数．体長2mm台の個体数が少ないのは網目からの逸出と推定される．

と約10年にわたる調査において，摂餌開始期の仔魚約3000個体は，稚魚期の初期には10個体前後に減少し，この約1ヶ月の間に300分の1前後に減少している（図1-16：田中，未発表）．しかし，この調査では，仔魚の採集は夜も行っているとはいえ，採集に用いた口径1.3mの稚魚ネットでは，発育の進んだ仔魚や初期の稚魚のかなりの部分は逃避している可能性が高く，この間の減少率はかなり過大に評価されているものと考えられる．また，同時に摂餌開始期の仔魚では網目からの逸出が問題となる．

　このような初期減耗研究が"古くて新しい課題"として重要視されるのは，Hjort（1914）によって提出された"Critical Period Hypothesis"の影響による．このことに関しては，後に詳しく述べることになるが，わが国で浮魚類を対象に最も組織的な総合研究として取り組まれた「バイオコスモス計画」では，マイワシの資源変動機構に関する研究が，多くの研究者の協力のもとに多面的に行われた．その中心的役割を務めた東京大学海洋研究所の渡邉良朗の試算では，卵と卵黄仔魚，卵黄仔魚と摂餌開始期の仔魚との間には数的に相関が見られるが，摂餌開始期の仔魚と生後1年後の漁業資源に加入した1歳魚

の漁獲量との間には相関は認められず，摂餌開始後の特定の時期に死亡するというよりは，その間の累積的な死亡が1年魚の数を決めているとの結果を導いている (Watanabe et al., 1995).

　一方，瀬戸内海燧灘のサワラの仔稚魚の出現量と時期，餌となるイワシ類などの仔魚の出現量と時期，ならびに1歳魚（サゴシと呼ばれる）となって市場に水揚げされる量を連続した5年間にわたって調べた結果では，仔稚魚の出現時期と餌となる仔魚の出現時期が一致した年にはサゴシ量は多く，それらがずれた年にはサゴシ量は少ないことが確認されている (Shoji et al., 2005a). この結果は，サワラでは初期の摂餌条件，すなわち初期減耗がその年級群の大きさを決めていることを示唆している．この点については，後に詳しく紹介する．

　これらの例のように，卵や仔魚期，さらに稚魚期の初期における減耗が資源への加入に及ぼす影響は，魚種によってもかなり大きく異なる可能性を示唆している．サワラのような特異な摂食生態に特化した魚種では，初期減耗が資源への加入に影響することが顕在化しやすいのかも知れない．いずれにしても，この問題は，魚種によっても，海域によっても，また年によっても現れ方が異なる可能性があり，今後の多面的な研究の展開が期待される（図1–17）．

13　Critical Period Hypothesis の 100 年

　世界の【初期減耗】研究の20世紀における大きな流れをつくったHjort (1914) の "Critical Period Hypothesis" が提起されてもう100年近くが経過する．このことに関して昨年開催されたNAFO-ICES-PICESシンポジウムにおいて基調講演をした米国メリーランド大学チェサピーク生物学研究所のHoudeは，Hjortの偉大な貢献に敬意を払いながらも，この間の資源変動と

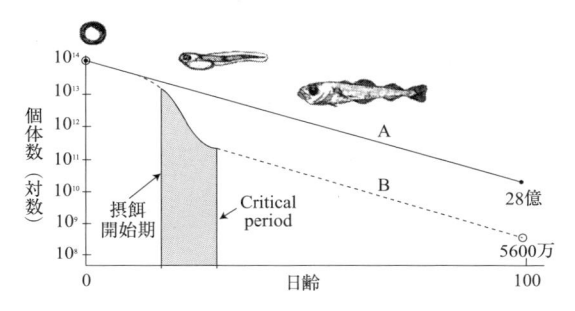

図1-17　Hjort の Critical period が存在する場合（B：破線）と存在しない場合（A：実線）の減耗曲線の違いを示した模式図（Houde, 2008）．

加入機構の著しい研究の発展を総括し，極めて興味深いエッセーを発表している（Houde, 2008）．そのタイトルは，"Hjort の幻影からの脱却"とでも訳すべき"Emerging from Hjort's Shadow"である．

　彼の結論は，Hjort の仮説は20世紀の後半まで色濃く影を落としていたが，1980年代以降に次々と実用化が進んだ新たな分析のツール（例えば，耳石日周輪解析，耳石微化学分析，核酸比分析，コンピューターの導入によるモデリングなど）やより総合的な考察とも関係して，資源への加入変動の機構は初期の餌不足による減耗や生き残りに不適な海域への輸送による減耗といった単純なシナリオではもはや説明しきれない，空間的にも時間的にも生物過程と海洋物理過程が複雑に複合あるいは統合した過程であるとしている（図1-17）．彼は，この間に提出された加入変動に関する諸説を図1-18のように整理しているが，後にも詳しく紹介する Cushing のマッチ－ミスマッチ説や Lasker の Stable Ocean 説に代表される1970年代に提出された考えは，明らかに Hjort の系譜を強く汲むものであると述べている．その後，仔稚魚期を通じて最も主要な減耗要因は被食であるとの考えが一般的になるに伴い，"Integrated Process (Stage Duration)説"やサンゴ礁性魚類で提起された"Lottery 説"は完全に Hjort の影響から独立した，近年の流れの中心をなす

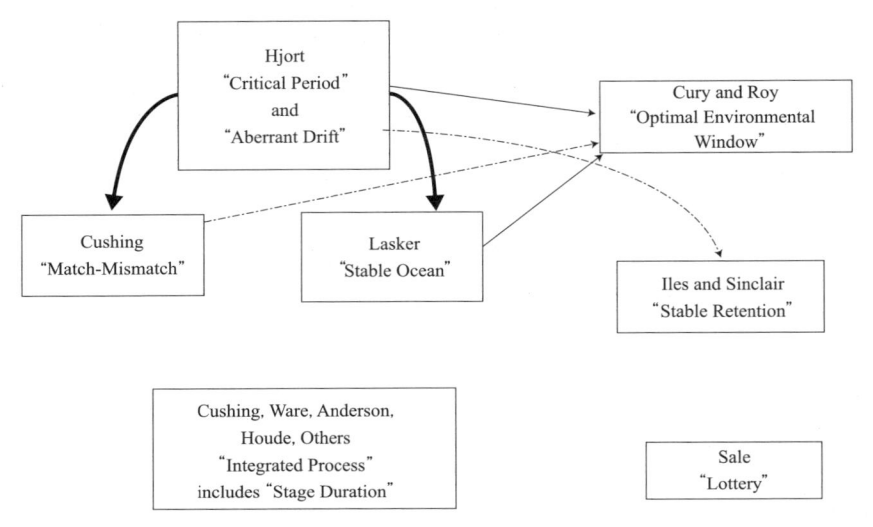

図1-18 加入変動機構に関する主な説とHjortのCritical Period Hypothesisとのつながりの度合を示す図 (Houde, 2008). 太線は強い関連を, 一点鎖線は弱い関連を, 細線はそれらの中間的関連を示す.

ものであると言う.

さらに，今後の研究の展開も展望してHoudeは，加入に直接関わる要因として水温・物理過程・餌・捕食者・速い成長の五つをあげると共に，気候変動や統合過程（生物と非生物過程の）についても言及している．特に資源への加入に最も大きく関わる時期は魚種，年，海域などによって多様に異なるとした上で，Hjortの個体発生極初期の限られた時期だけでなく，前加入期の稚魚の少しの成長や生き残りの違いが加入量に大きく関わることを強調している．そして，今進行中の地球規模の気候や環境変動の中で，長期的にデータを蓄積する必要性にも注意を喚起している点は筆者も全く同感である．いずれにしてもHoudeが総述したように，Hjortの仮説は"終焉"を迎えたことは明らかであるが，筆者には20世紀の大半にわたり，多くの研究者を魅了し続けた点は特筆に値すべきことであると思われる．

column 1

魚の托卵

　生き物の世界にはいかに自分の子孫を残すか，様々な興味深い現象が存在する．その代表的な例のひとつに「托卵」という現象がある．『生物学辞典』(岩波書店）によると，造巣・抱卵・育雛をせずに，そのいっさいを他の種に託す「鳥」の習性と書かれてある．鳥に興味をお持ちの方なら誰でも御存知と思われるが，ホトトギス科，ミツオシエ科，ハタオリドリ科，ムクドリモドキ科，ガンカモ科などの一部に見られる．ホトトギスなどでは，自分で子育てをせず，他の鳥の巣の中に卵を産み落とし，さらにその巣の卵を呑み込んだり，くちばしで巣の外に投げ出してしまうものもいる．また，托卵するものが少し大きめの卵を産み落とし，早く生まれたその雛が，まだ孵化していない本来の巣の鳥の卵を背中に乗せて巣の外に放り出すものもいるという．それとは知らない「親鳥」は一生懸命餌を与え，1 羽だけになった他人の雛を育てるのである．生存競争とはいえ，なかなかすさまじい世界である．
　『生物学辞典』にあるように，この現象は鳥の世界に限られたものと考えられてきた．ところが，何と水中にも同じようなことをする"知恵もの"がいることが明らかにされたのである．その舞台はアフリカのタンガニーカ湖である．この湖では，シクリッド類（カワスズメ科魚類：より一般的にはティラピアとして知られている）が餌を微妙に変え沿岸の多様な生活空間を独自の方法で利用し，200 種近くにも種分化している．そのため進化の謎を解

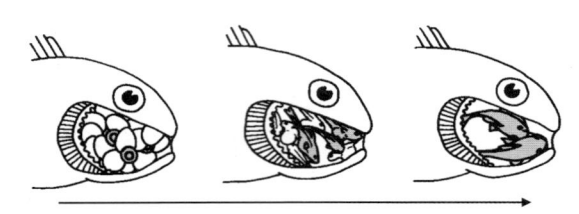

カッコウナマズに托卵されたシクリッドの口内の模式図．白は宿主シクリッドの卵・仔魚，網掛けがナマズの卵・仔魚．孵化したナマズの子は宿主仔魚を食べて成長し，最後には成長したナマズのみが残る（佐藤，1993）

く格好の研究対象とされているのだが，このシクリッドの中にはマウスブルーダーと呼ばれ，主に雌親が口内で卵を保護し，生まれた子供（仔魚）も生後自立するまでは，親の側で動物プランクトンを食べ，危険を察知すると一斉に"さっと"親の口の中に避難するものがいる．この習性を自ら子孫を維持するために巧みに利用することを"思いついた"のが，ナマズの一種 *Synodontis multipunctatus* である（Sato, 1986）．

このナマズの稚魚を口の中に入れていたシクリッド成魚は6種に及んだ．野外観察や飼育実験の結果から，口内保育中にシクリッド成魚の口の中にこのナマズの仔魚が入り込むのではなく，シクリッドの雌親が卵を口内に入れる際にこのナマズ成魚が卵を混入させることは間違いないと考えられた．そして，鳥の場合と同様に，早く孵化したナマズの仔魚は後から孵化してくるホスト（育ての親）の仔魚を食べ尽くし，しばらくの間，危険を察知すると育ての親の口の中に逃げ込み初期の生き残りを図っているという．多くの人の興味をかきたてる新発見であり，このナマズはカッコウナマズと呼ばれるようになっている．その後，日本においても，西日本の河川で見られるコイ科のムギツク *Pungtungia herzi* が，オヤニラミ *Coreoperca kawamebari* やドンコ *Odontobutis obscura* など雄親が卵を保護する魚の巣に托卵することが報告され，詳細な研究が行われている（馬場，1997）．

私たち人間の目から見ると，他人の子供とは知らずにせっせと子育てに励む親は本当に可哀想と思えるが，動物たちにとって，厳しい自然の生存競争を生き抜くためには，托卵魚のような生き残り戦略もやむを得ないというのも現実なのだろう．

第2章 姿・形を変える：変態と幼形成熟

　クロマグロのように体長3mを超えるような巨大な魚種においても，カタクチイワシのように体長10cmぐらいにしか成長しない魚種においても，摂餌開始期の体長は3から4mm程度であり，どちらも親とは似ても似つかぬ形態をしている．先に述べたように，これらの魚種はいずれも間接発生を経るため，個体発生のある時点で親の形の原型に変化することになる．それは一般には仔魚から稚魚への移行とともに生じるが，前述のマグロ類，イワシ類，さらにウナギ類や異体類などでは，その変化が劇的であるため，昆虫類や両生類の一部と同じように，"変態"（metamorphosis）と呼ばれてきた．内田（1963）によると，これらはサバ型変態，シラス型変態，ウナギ型変態ならびにカレイ型変態に分けられている（図2-1）．

　変態期には多くの生理機構が，仔魚型から成魚型，あるいは未分化から分化へと切り替わることが知られている．顕著な変態を行わない魚種でも多くの変化が起こる．そのため，変態という現象は特異的に起こる変化ではなく，変態を経る魚類では，卵から成魚への発達過程でいつかは起こるべき数多くの変化が，特にまとまって「変態期」に起こっていると理解した方がよいのかも知れない．

　本節では，個体発生のターニングポイントとしての仔魚から稚魚への移行期，すなわち広義の意味での変態について述べてみよう．併せて，変態過程を経ないで幼形のまま成熟する特異な例として，幼形成熟の機構についても述べることにする．

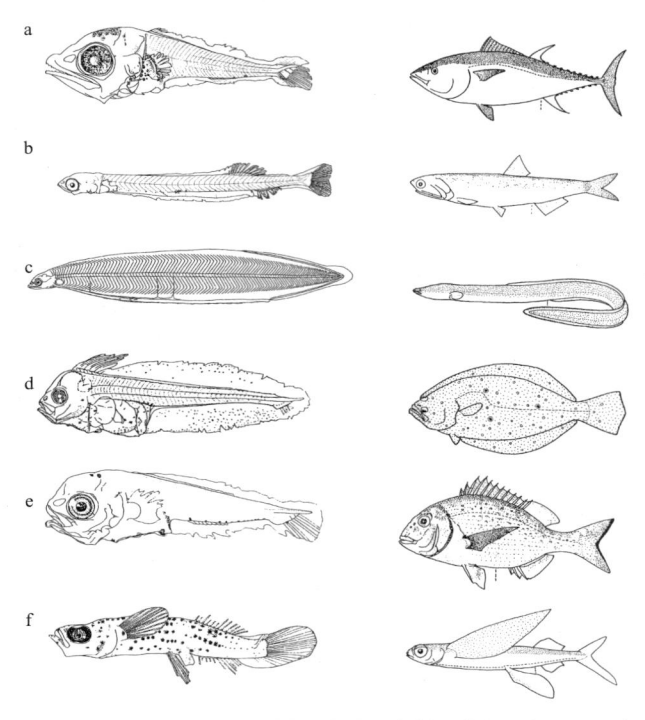

図 2-1　様々な変態の例．左側が仔魚，右側が成魚．a) クロマグロ（サバ型変態）5.7mmTL　b) カタクチイワシ（シラス型変態）10.1mmTL　c) ウナギ（ウナギ型変態）48.0mmTL　d) ヒラメ（カレイ型変態）7.6mmTL　e) マダイ 5.6mmSL　f) トビウオ（顕著な変態を経ない）4.7mmSL．数字は仔魚の大きさを示す（SL: 標準体長，TL: 全長）．仔魚の図は沖山編（1998），成魚は中坊編（2000）による．

1　発育段階と変態

多くの魚類は間接発生を行い，微小なプランクトン幼生（仔魚）から自立

的に生活する稚魚へと発育する．これらの魚種では，形態発育や生活様式が比較的同質ないくつかの段階を経て，稚魚へとたどり着く．基本的な魚類の発育段階は卵期，卵黄仔魚期，仔魚期，稚魚期，成魚期に分けられる（口絵1参照）．実際の初期生活史の解析に当たっては，これらの発育段階とは別に，それぞれの種に応じたさらに細かい段階区分が行われる．このような発育ステージと呼ばれる段階細区分は，南　卓志の一連の異体類の初期生活史研究（南，1982；ほか）を通じて，一般に行われるようになった．近年世界的に用いられている発育段階区分は，Kendall et al.（1984）により提案されたものであり，この区分では，仔魚期を脊索末端の屈曲状態に応じて，pre-flexion 期（前屈曲期），flexion 期（屈曲期），post-flexion 期（後屈曲期）に細区分されている（図2-2）．ここで使われる期に対するタームは phase が相応する．これに対して，基本的発育段階は period である．すなわち，時間的な長短からいえば，長い順に，period，phase，stage ということになる．

　魚類全体を見渡すと，様々な発育過程を経る魚種が見られ，それらをまとめて Youson（1988）は図2-3 のように発育様式を整理した．このなかで，直接発生（直達発生）を経るのは，タイプ I とタイプ II であり，前者はシーラカンスのように，生まれたときにはすでに親の形にまで発育している魚種が当てはまる．海産魚の身近な例としては，胎生のウミタナゴ類がこのタイプに当たる．タイプ II にはサケ・マス類が当てはまると考えられる．変態過程を伴う間接発生を経る魚種はタイプ III に属する．現時点では，この模式図が最もよく全体を概観していると思われるが，今後さらにいろいろな魚種についての研究が進めば，改良の余地はまだ残されていると思われる．なお，Youson（1988）は変態を "true metamorphosis"（first metamorphosis）と "second metamorphosis" に分け，いわゆる仔魚から稚魚への移行過程で生じる劇的な変化に対して前者を用いている．

　筆者らがこれまでにいろいろな仔稚魚で，甲状腺ホルモンの個体発生に伴う体内濃度の変化パターン（特にピーク形成期）と脊椎の骨化を指標にした仔

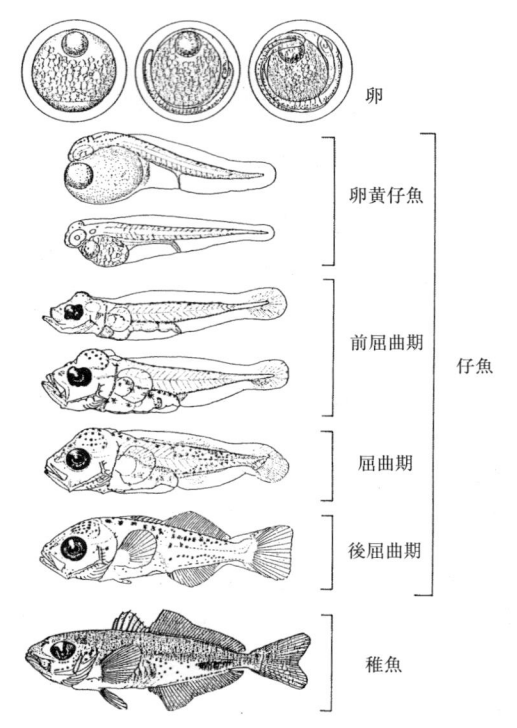

図 2-2 海産魚類の卵期,仔魚期及び稚魚期を基本とする発育段階区分 (Kendall et al., 1984) 現在世界的に最も広く使用されている区分であり,仔魚期を卵黄の有無と脊索の屈曲程度により4期に分けている.

魚から稚魚への移行期（すなわち変態期）の関係を調べたところ,多くの魚種では甲状腺ホルモンのサージ（一過性の濃度の上昇）は仔魚から稚魚への移行期とよく対応したが,アイナメ・クジメ・スジアラでは,外部形態的変化（各鰭の分化と脊椎の骨化）にかなり遅れてサージが認められた（図2-4）.そしてそれらが生じる時期は,稚魚が生活様式を水中遊泳生活あるいは表層ニューストン生活から底層での底生生活へ移す時期に一致するのである．こ

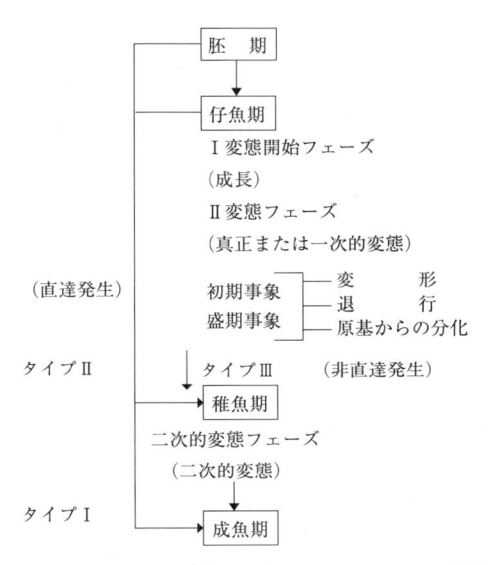

```
                    ┌─── 胚  期
                    │      │
                    │      ▼
                    └─── 仔魚期
                           │
                           Ⅰ 変態開始フェーズ
                           （成長）
                           Ⅱ 変態フェーズ
                           （真正または一次的変態）
                                         ┌── 変　　形
（直達発生）       初期事象               ├── 退　　行
                   盛期事象               └── 原基からの分化

タイプⅡ           ↓ タイプⅢ   （非直達発生）
          └─────► 稚魚期
                  二次的変態フェーズ
                  （二次的変態）
タイプⅠ
          └─────► 成魚期
```

図 2-3　魚類の発達過程のタイプ区分（Youson, 1988 を，沖山，2001 が和訳）．直達発生 2 タイプ（ⅠとⅡ）および非直達発生（間接発生）1 タイプに分けている（多くの海産魚類はタイプⅢに含まれる）．

のような魚種，すなわち，稚魚への形態的変化期に生態的変化を同調させることなく後者を遅らすことによって初期の生き残りを高めている魚種は，メバル類をはじめとする他魚種にも存在することが予想される．後に述べるが，スジアラで認められたように，サンゴ礁魚類の多くは同様ではないかと推定される．このような生態的変化期には，アイナメやクジメでは，体の背面が鮮やかな青緑色からほとんど瞬時にしてガラモ場と同じ褐色に変化する．スジアラでは，無色透明に近い体色から赤い斑点のついた体色に変化する．筆者らは，このような変化が第二次変態に相当するのではないかと考えている．そして，形態的稚魚への移行から生態的あるいは生活様式の変化までの時期が"浮遊稚魚"（pelagic juvenile）あるいは"前稚魚"（沖山，2001）と呼ばれるべきではないかと考えられる．

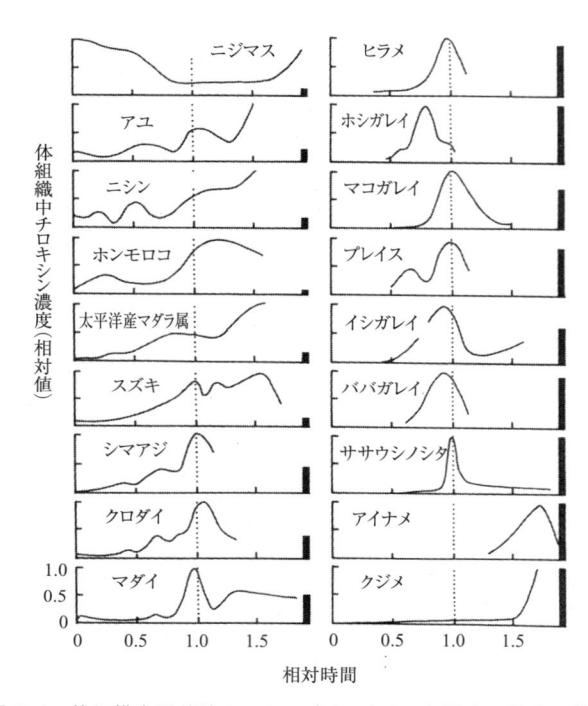

図 2-4　体組織中甲状腺ホルモン（チロキシン）濃度の発育に伴う変化．縦軸はそれぞれの種について最高値を 1.0 として相対的に表示．横軸は脊椎の化骨を指標にした変態完了期を 1.0 にした相対時間．各図右端のバーはアイナメの最高値を 1.0 とした時の各種の相対最高値を示す．

2　形の作り換えとしての変態

　変態期における外部形態的な最も顕著な変化は，各鰭の形成である．仔魚期の前半では体全体は膜状の構造物（仔魚膜）に覆われているが，脊索末端が上方に屈曲し始めると，その後方には尾鰭の原基が出現し始める．その後，体の尾部背側には背鰭の原基が，尾部腹側には臀鰭の原基が現れる．ほぼ同

時期に体躯幹部の腹側には腹鰭の原基も出現する．これらの鰭に鰭条が伸長し始めるとともに，仔魚膜は次第に消失する．各鰭に鰭条（魚種によっては，尾鰭を除く他の三つの鰭には前方の棘と後方の軟条を備える）がほぼ形成されても，胸鰭だけは未だ仔魚期の膜鰭のままであることが多々見られる．特に異体類では顕著であり，仔魚期の最終段階になって着底するとともに膜状の鰭は一度消失（吸収）し，その後に鰭条を備えた成魚型の胸鰭が現れる．魚種によっては，浮遊生活に適応して，また外敵による捕食への対抗策として，仔魚期に特異な鰭を持つものがいる．たとえば，ヒラメの最初の6，7本の軟条は，仔魚期の早い時期から特異的に伸びて，伸長鰭条として存在する．一方，ハタの仲間では仔魚期の初期から背鰭の第1棘と左右の腹鰭の第1棘が特異的に著しく伸びる．これらはいずれも浮遊適応形質として生き残り上重要な役割を果たしていると考えられている．したがって，これらは，底生生活への移行とともに，吸収されて消失する．

　魚類の多くは体表に鱗を備えるが，膜鰭で包まれた仔魚期には鱗はなく，変態を完了するころに，図2-5に示すように尾柄部の側線付近から初生鱗が出現し始め，次第に前方ならびに背腹方向に広がり，稚魚期の初期に体全体を覆うことになる（Fukuhara, 1986；Trijuno, 2000）．稚魚期になるとそれまでのほぼ透明な体にそれぞれの種に特有な模様が発現する．たとえば，マダイでは後に述べるように頭部に1本と体側に5本の褐色の顕著な横縞が発現する．この横縞は稚魚の成長とともに次第に不鮮明になるが，成長後も驚愕行動時には鮮明に発現する（内田ほか，1993；Yamaoka et al., 1994；Tsukamoto et al., 1997）．

　ヒラメでは仔魚はほとんど透明に見えるが，大型の仔魚型黒色素胞，白色素胞，および仔魚型黄色素胞が左右対称にまばらに存在している．変態後には，小型の成魚型黒色素胞と成魚型黄色素胞が有眼側にのみ新たに出現し，左右が非対称の色彩を呈するようになる．また，虹色素胞の出現はそれらよりも遅れ，少しの時期の違いはあるものの左右がほぼ同時期に出現し，成魚

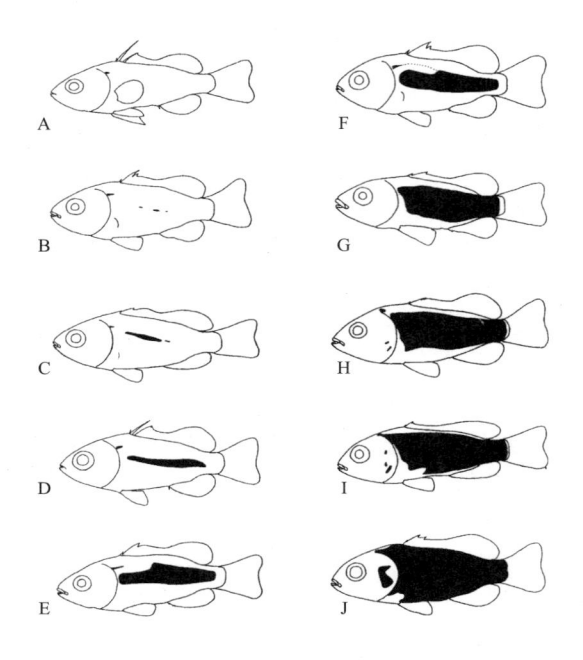

図 2-5　スジアラ稚魚をモデルにした初生鱗（黒色部分）の形成過程
（Trijuno, 2000）．初生鱗は稚魚期の初期に体軸中心部（側線上）
より拡大．

と同様の色彩を呈するようになる（中村，2008）．すなわち，変態を境にして新たな色素細胞群が出現し，成魚と同様の色彩を呈するように発達している．

　魚類には機械的刺激に反応して外敵からの逃避などに重要な役割を果たす側線が存在する．頭部では魚種によって側線は複雑に走っているが，体側には通常中心線に沿って頭部の直後から尾柄部までほぼ直線的に走っている．側線を形成する基本的な感覚器は遊離感丘と呼ばれ，仔魚期には頭部や体側部の体表上に裸出して存在する．稚魚への移行期にはこれらの遊離感丘は体表下に埋没し側線の中に一定の間隔をおいて配置されるようになる（Iwai, 1967a；向井，2008）．感覚器官の中で側線とともに顕著な発達が見られるの

は眼である．仔魚期には，網膜を構成する視細胞は明るいときに働く錐体のみであり，外界の明暗に対しても反応することはないが，変態とともに網膜には低照度下で働く桿体が新たに出現するとともに，より精度の高い双錐体も分化する．また，外界の明暗に応じて網膜の黒色素層や視細胞の伸縮（網膜運動反応）も可能となる（Blaxter, 1988；Evans and Fernald, 1990）．

　これらの外部器官の発達とともに，変態期には体の内部でもいろいろな変化が生じる．最も顕著な変化は椎体の形成であろう．仔魚期には，脊髄は脊索によって保護されているが，変態とともに椎体の形成が進行し，脊髄を保護する神経棘を備えた椎体は骨化して脊椎を形成する．脊椎の形成とともに頭部の主要な骨も骨化する．しかし，魚類の骨形成は稚魚への変態期にすべて完了するわけではなく，すべての骨要素が整うのは，稚魚期に入ってかなり時間を経過してからである（Matsuoka, 1987）．

　内部器官で脊椎の骨化とともに顕著な変化を示すのは消化系である．仔魚期には，食道と腸の間には扁平な上皮細胞で構成された短い部位が存在する．摂餌された餌生物は食道からこの部位を素通りして直接腸に入る．変態が始まる初期には，この部位が次第に後方に伸長するとともに背腹に膨れ始め，機能的な胃の形成が生じる．次第に厚さを増した粘膜の底部にはいくつかの細胞で構成された腺組織，すなわち胃腺が出現し，胃内のpHは塩酸の分泌により酸性となり（Rønnestad et al., 2000），免疫組織化学的にペプシノーゲンの産生とそのmRNAの発現が確認される（Srivastava et al., 2002）．このころより，体全体をすりつぶして測定したペプシン様酵素の活性も急激に上昇し始める（Tanaka et al., 1996a；ほか）．胃腺の形成に少し遅れて腸の最前部には指状の突起，すなわち幽門垂が外部に向かって伸び始める．異体類の一部には，仔魚期には浮遊生活に適応して鰾を持つ魚種（たとえば，ササウシノシタ *Heteromycteris japonica* やヨーロッパのターボット *Scophthalmus maximus*）などでは，変態とともに鰾組織は再吸収されて消失する．

　ヒラメでは筋肉の形態も変化することが明らかにされている．仔魚期には

空胞状の構造が筋肉中に観察されるが，稚魚へと変態すると空胞は消失し充実した筋肉となる．また，筋肉を構成するタンパク質のレベルでも，仔魚型から成魚型へとサブタイプの転換がある（山野，1997）．充実した筋肉組織は摂餌のための素早い運動を可能にする反面，空疎な筋肉よりも重いため浮遊生活には不利となるであろう．また，酸素の運搬に必須な赤血球にも大きな変化が見られる．ヒラメ仔魚の赤血球は円形であるが，変態後の稚魚になると楕円形になる．血色素であるヘモグロビンも仔魚と稚魚とでは電気泳動度が異なるため，分子レベルでも何らかの切り替えがあると推測されている（Miwa and Inui, 1991）．これらが酸素の運搬の効率にどのような効果を有しているのかはこれからの研究課題である．

3 行動の変化を伴う変態

　魚類の変態は，基本的には新しい環境への適応であり，そのためには体の構造と機能の転換に連動して行動面でも様々な変化が生じると考えられる．しかし，これまで変態と行動の変化との関係についての研究は少なく，群形成，攻撃行動の発現，着底行動などが限られた魚種について調べられ始めている段階である．

　異体類をはじめ多くの底魚類では，変態期には水中での遊泳生活から底生生活への移行に伴い，海底への着底が生じる．仔魚期から変態期にかけての夜間におけるヒラメ仔魚の行動を観察した結果（Zeng・田中，未発表）では，変態前の仔魚では日周期的に沈降と浮上を規則正しく繰り返し，その振幅は成長とともに次第に大きくなる．ところが，変態期になり右眼が移動を開始すると沈降は単純な降下ではなく，螺旋状に回転しながら降下することが観察された．特に変態後期にはその螺旋の半径は大きくなり実質上の降下速度は極めて緩やかになる（図2-6）．

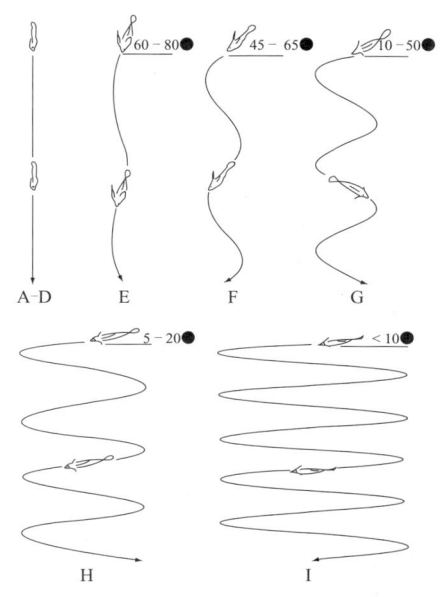

図2-6 ヒラメ仔稚魚の発育に伴う夜間における沈降様式の変化．A-G
は南（1982）による発育ステージ区分を示す．変態の進行（眼
の移動）とともにらせん状沈降がより顕著になる．

　このような行動は何を意味しているのか現時点では明確にはされていない
が，発育の進行とともに体比重は増大する（北島ほか，1994）ので，遊泳活動
が停止する夜間における沈降の緩和と関係している可能性がある．また着底
と関係がある行動かも知れない．異体類の接岸回遊は後に述べるように，仔
魚自身の潮汐に連動した鉛直移動による選択的潮汐輸送によると考えられて
いるが，接岸はできるが必ずしも適地に着底できるとは限らない．この時仔
魚は再び水中に浮上し，新たな場所への輸送を試みる可能性が知られている．
このような再輸送は，被食のリスクの大きい昼間を避け，夜間に行われる可
能性が推定される．変態最終期には鰭や脊椎骨などの化骨によって体の比重
が大きくなり，遊泳を継続しないと水中に体を維持できない．しかし，夜間
における遊泳は捕食者のターゲットになる可能性が高く，仔魚は眼の移動の

程度に応じて体を斜めに維持することにより静かにゆっくりと螺旋状に回転しながら徐々に輸送され，新たな着底場所にたどり着くことに関連した行動ではないかと考えられる．

一方，イワシ類，アジ類，サバ類などの浮魚類では，底魚とは異なり仔魚期を終えると遊泳生活に入る．この時単独での行動は被食の危険性が高いため，多くの浮魚類では群を形成して被食リスクを軽減する生き残り戦略をとることが知られている．たとえば，マサバ Scomber japonicus やサワラでは仔魚期の初期には全く個体ごとにばらばらの方向を向いて摂餌活動を行っているが，変態期になると個体どうしが併行して泳ぎ始め，群れ行動の初期の徴候が発現し，その後の本格的な群れ行動の原型が生じる（Masuda et al., 2003；Nakayama et al., 2003a；2007；中山慎，2008）．

仔稚魚の生き残りにとって，最も重要な外的要因は摂餌に恵まれることと被食を回避することである．これらのうち，後者に関連する行動としてマダイでは変態直前直後の体長 12mm から稚魚期の初期の 20mm 前後の間に，恐れを与えるような刺激に関する反応と考えられる横臥行動（内田ほか，1993；Yamaoka et al., 1994；Tsukamoto et al., 1997）が発現する．詳しい説明は後に述べるが，このような行動が変態直後に生じることは注目に値する．また，摂食や捕食からの逃避に関連する遊泳速度は，一例として図 2-7（Fukuhara, 1986）に示すように筋肉や骨格の発達とともに上昇する．

異体類の中で魚食性の強いヒラメでは着底期になると飼育条件下では着底スペースが限られるために，成長の遅れた後期着底群は先に着底していた個体から激しい攻撃（かみつき）を受ける（Dou et al., 2003）．本種の稚魚が示す共食い行動の前兆が変態完了とともに発現するといえる．

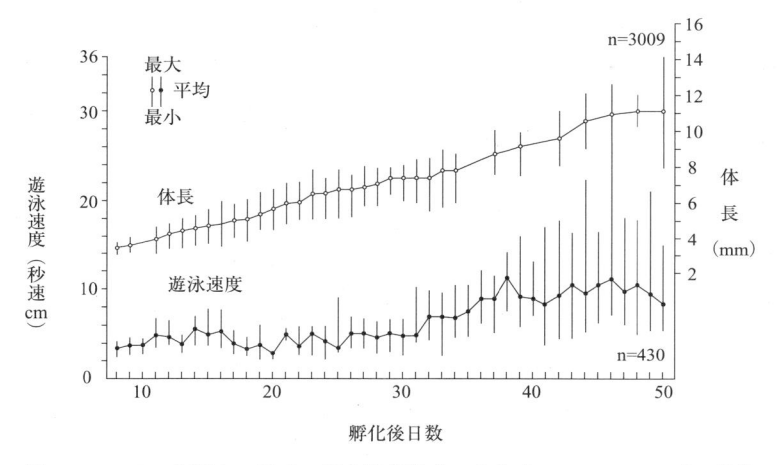

図 2-7　ヒラメ仔稚魚の発育に伴う巡行速度の変化（Fukuhara, 1986）. 遊泳速度は日中水面上より個体の動きを一定時間トレースしてその移動距離より求めた.

4　変態の生態的側面

　これまで，仔魚から稚魚への移行期に著しい形態的変化が，しかも比較的短期間に生じる場合を，厳密な意味での"変態"と称してきた（Youson, 1988）．しかし，どこまでが劇的な変化であり，どれくらいが短期間かということを線引きするのは極めて難しい．初期生活史の解明された魚種が増えるに伴い，中間的なタイプが増えつつあるからである．筆者らは，仔魚から稚魚への形態的変化のなかで，最も重要なものは脊椎の形成であると考えている．それは，脊椎動物としての最も基本的な体制が整ったことを示すからである．そしてこの変化はすべての魚種で起こることを考えると，広義の意味では，「"変態"は仔魚から稚魚への移行」をさすといっても，大きな問題は無いと考える．後にも詳しく述べるように，魚類の変態を制御する甲状腺

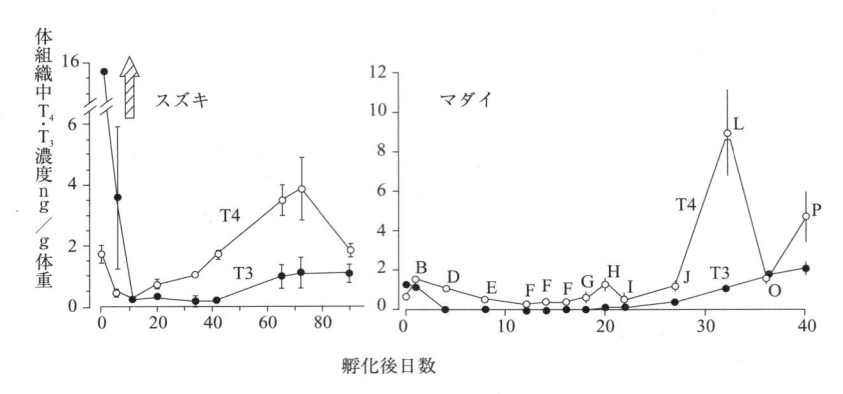

図2-8 スズキとマダイの仔魚期における体組織中甲状腺ホルモン濃度の発育成長に伴う変化（スズキ：Perez et al., 1999, マダイ：Kimura et al., 1992）.

　ホルモンの体内濃度は，異体類のように劇的に形態を変える魚種ばかりでなく，マダイやスズキのように外観的にはそれほど著しい形態的変化を経ない魚種においても，稚魚への移行期に顕著に上昇することが認められるのである（図2-8）.

　そもそも変態はなぜ起こるのであろうか．体の構造や機能を大きく転換するのは，新たな成育環境に適応して，プランクトン的生活とは異なる生活様式を可能にし，より生残の可能性を高めるためと考えられる．このことは，通常，変態には生息場所の顕著な移行や，生活様式の著しい変化が伴うことを意味している．底生魚類，たとえばヒラメ・カレイ類では水中浮遊生活から底生着底生活への変化が生じる．そして，この鉛直的な生息空間の変化は，通常同時に水平的な移動を伴う．つまり，相対的に沖合に分散して生息していた浮遊仔魚は，変態期になると次第に岸寄りへと生息場所を移し，浅海域において海底へと移行する．このような個体発生初期に生じる岸寄りへの移動は，受動的な輸送などによる偶然的なものではなく，仔稚魚自身の何らかの行動的変化を伴った能動的なものと考えられる．

　このような接岸回遊（田中，1991；田中・曽，1998）は，浮魚類でも生じる．

たとえば，沿岸性のコノシロ Konosirus punctatus は浮遊生活期を終えたあと，砂浜海岸の波打ち際に出現する．一方，カタクチイワシ仔魚はほぼ同時期に同じような場所に出現するのに，稚魚が汀線付近の渚域に現れることはほとんどない．同様のことは，クロダイ Acanthopagrus schlegeli とマダイの間にも見られ，前者は渚域に出現するのに対し，後者はそこまでは接岸せず，水深5から10m前後の砂底域に着底する．両者の間にみられる浮遊仔魚期の分布上の大きな違いはその鉛直分布にあり，クロダイはマダイより表層性が強く，このことが接岸の程度と関係しているものと考えられる（Kinoshita and Tanaka, 1990）．コノシロとカタクチイワシの間の違いについても同様の説明ができるのかどうかは不明であるが，稚魚への移行とともに群生活に移るような魚種では，接岸しないことが推定される．

　この接岸回遊や着底生活への移行による著しい生活型の変化は，通常摂餌生態の変化を伴う．最も顕著な例の一つはヒラメに見られる．着底前の浮遊仔魚期は尾虫類やカイアシ類を摂餌していたのに，着底とともに一時的な摂食休止のあと，底生無脊椎動物のアミ類へと食性を劇的に変化させる（図2-9）．多くの海産魚では仔魚期における摂餌時間帯は昼間であるが，変態とともに網膜により低照度で働く桿体が分化し，マコガレイ Pleuronectes yokohamae のように日没後も摂餌を行う魚種も存在する（山本ほか，2005）．また，多くの異体類では，変態着底とともに砂泥底に潜って外敵から身を隠す習性が現れる．一方，マダイ稚魚のように，変態期に底層への生活空間を移行させても引き続き浮遊性のカイアシ類を主食とし，空間的移動と摂餌生態の移行の時期をずらせることによってよりスムースな底生生活への移行を実現している魚種も見られる（首藤・田中，2008）．

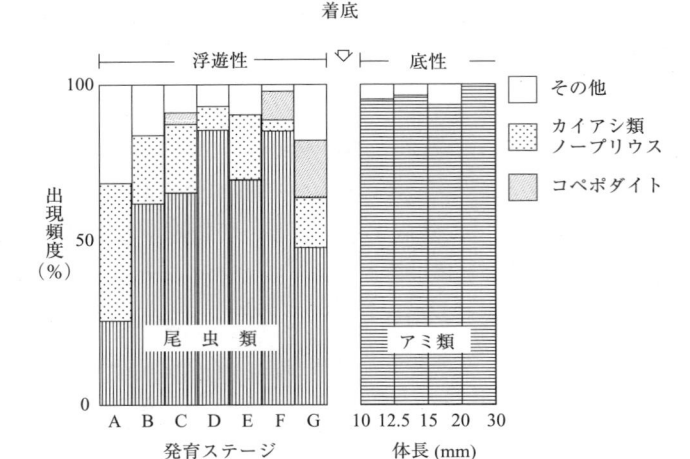

図 2-9 若狭湾西部海域由良浜で採集されたヒラメ仔稚魚の変態着底に伴う食性の変化（底生期は，種，1994，浮遊期は Ikewaki and Tanaka, 1993 より作図）．

5 変態は新しい生活への適応

　生物は，あるいは魚類は，なぜ変態するのであろうか．それは一言でいえば，新しい生息環境での新しい生活にふさわしい体の仕組み（構造と機能）を事前に準備するためといえる．つまり，重要な生き残り戦略の一つなのである．魚類の場合には，小卵多産の繁殖戦略と不可分に結びついており，浮遊生活に適応した仔魚期の体の仕組みを，魚類としての基本構造に転換する必要があるためと考えられる．新しい生活においては，通常浮遊仔魚期の生活空間（生息場所）と大きく異なる，それぞれの種に固有の生息場所（成育場）を選択することになり，その場所で新たな生活様式を始めることによって，生き残りの可能性を高めるものと考えられる．そのためには，それにふさわしい形態・生理・生態・行動など，総合的な体と機能の作り替えが必要とな

る.

　多くの魚類は1mm以下の卵から孵化し,体長2〜3mmの大きさで一生(個体発生)をスタートする．一方,成魚の大きさは種による違いが極めて大きく，20mm以下のゴマハゼ類から3mを超えるようなクロマグロまで様々である．ここで取り上げたいのは,体長が20〜30cm程度の,「普通の大きさ」の魚である．孵化直後の2〜3mmから成魚の20〜30cmまでになるには,体長で100倍大きくなる必要がある．これは体積で考えると100万倍のオーダーである．陸上で生きる動物では,体長で100倍にも成長する生物は思いつかない．世間一般では,魚の稚魚というものは成魚の形を小さくしただけのものと考えておられる人がほとんどであろうが,親と比べて100分の1の大きさしかないとすると,親とは全く異なった生き方をする必要があるのだ．

　単純な思考実験をしてみよう．我々がよく目にするイシガメは大体20〜30cmであろうか．イシガメの卵は長径が3〜4cmほどあり,孵化時には2〜3cm程度の甲長を持つ．したがって,親になるまでには約10倍の成長をすれば事足りる．もし,親の体長の100分の1で孵化するとすれば,カメはわずか3mmで孵化することになる．体長3mmのカメは,親と同じ餌を食べ,親と同じように捕食者から身を守ることができるだろうか？　カメの生まれたときの体の形と大きさは,親からせいぜい10分の1程度の体長範囲までしか,効果的でないように筆者には思える．まず餌の問題からいうと,親が食べる餌のうち小さいものを選んで食べるとしても,同質の餌で100分の1の大きさのものは考えにくい．親の100分の1の体長では,全く異なる性質の餌を食べなければならないことは容易に想像できる．また捕食者,たとえば小型哺乳類やヘビ類,鳥類に対しては,親と同じ大きさであれば甲羅は効果的な防御となるが,体長が3mmしかないとすると,ひと呑みされれば何の役にも立たない．何より「3mmのカメ」を体の大きな動物がわざわざ狙って食べるとは思えない．おそらく別の動物が「3mmのカメ」の捕食者であろう．すなわち,食う食われるの関係においても,全く異なったニッチを占め

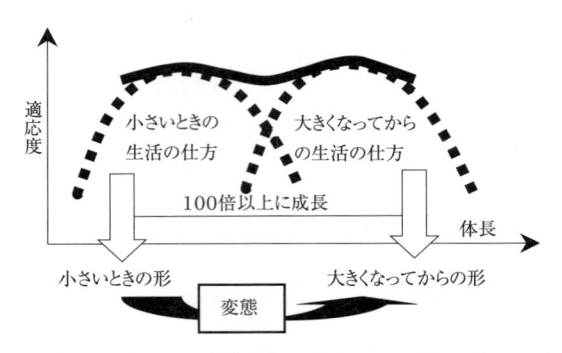

図2-10　一般的に魚類は、孵化後から成魚までの間に、極めて広い体長範囲にわたって成長する。その間を通じて高い適応度を維持するため、小さいときに適した形と大きいときに適した形を変態によって切り替える。

ることになるだろう．親のカメとは全く異なった生き方をするときに，甲羅を持ったあのカメの形が最も適した形である可能性はむしろ低いはずである．動物（あるいは全生物）にとって，一つの生き方には，その生き方に適した形がいくつか決まってくる．一方，それぞれの形にとっては，適した生き方がおそらく一つだけ決まる．そして，形と生き方のペアには，その生き方が対応できる大きさの範囲がおそらくこれまた一つだけ決まるのではないだろうか．

　小さいときには小さい体に適した生き方と形をとる必要がある．そう考えると，体長にして100倍の成長をするためには，一つの生き方ではカバーしきれず，基本的には複数の生き方を乗り継ぐ必要があるのではなかろうか．そうすると小さいときの生き方に適した形は大きくなってからの生き方に適した形とは異なるものとなろう．すなわち，成長の過程で形を変えることにより，複数の生き方を乗り継いでより広い体長範囲をうまく生き抜くことが可能となっていると捉えることができる（図2-10）．

　「変態は新しい生活への適応」という本節のタイトルは，外海で生まれプランクトン幼生（浮遊期仔魚）として漂流生活をした後，変態期になると潮汐

に反応した行動が発現して，最終的に浅海砂浜域に着底して底生生活へ移行する種に代表される．このような仔魚から稚魚への移行あるいは変態に連動した生息場所の移行は"接岸回遊"と呼ばれ，第4章で詳しく述べる．

6　変態の内分泌機構

　歴史的に内分泌系（ホルモン）の研究は，カイコの変態や脱皮，オタマジャクシからカエルへの変態を除けば，ほとんどは成体について行われたものである．幼体は未熟・未発達なもの，不完全なものと捉えられていたため，研究の対象と考えなかった人も多いと推測される．また，それ以上に，研究するための材料が入手できなかったことが大きい．主に水産系の仔稚魚の研究者にとっては，海で試料を採集してきて分析することは困難ではない．また，現在の日本では，（独）水産総合研究センター栽培漁業センターや県の栽培漁業センターなど，放流種苗や養殖種苗を大量生産するための機関が数多くあり，多くの魚種について生きた仔稚魚を実験に用いることが可能となっている．しかし，これまで生理学的研究の大きな部分を担ってきた理学系・医学系の研究者あるいは海外の研究者にとっては，試料の入手が困難なため，研究に手を出せなかったという事情がある．このため筆者らは，仔稚魚の生理学的研究こそ，日本の水産系研究者にとって非常に有利なバックグラウンドが整っている，挑戦しがいのある研究分野ではないかと考えている．

　現在では，脊椎動物に限っても100種以上の物質がホルモンとして知られている．一般的には，脊椎動物であれば同様のホルモンを持つと予想できるので，魚類仔稚魚であってもおそらくこれらすべてのホルモンを有し，それらが生理現象に関係していると捉えるべきかもしれない．しかし現時点では，特に仔稚魚期にホルモンが重要な関与をしていると分かっている現象は少ない．そのなかで関与が明確なのが，まさにここで述べる変態なのである．

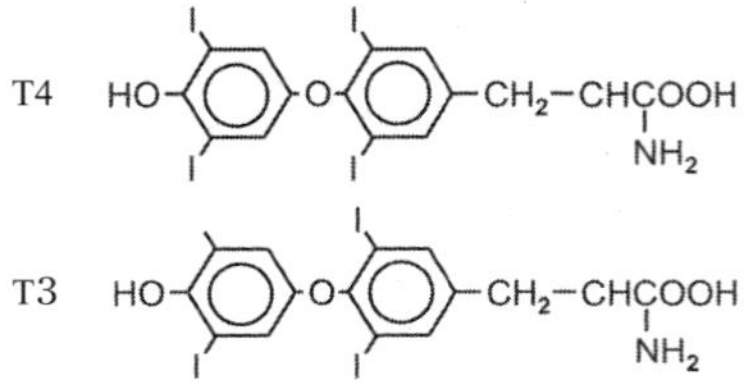

T4 の構造式: HO-(I,I置換フェニル)-O-(I置換フェニル)-CH₂-CHCOOH(NH₂)

T3 の構造式: HO-(I置換フェニル)-O-(I,I置換フェニル)-CH₂-CHCOOH(NH₂)

図 2-11 甲状腺ホルモン．四つのヨード (I) を持つチロキシン (T_4, thyroxine) と，三つのヨードを持つ 3,5,3'-トリヨードチロニン (T_3,3,5,3'-triiodo-L-thyronine)．甲状腺ホルモンとしての活性は T_3 が T_4 よりも数倍強い．

　魚類では，両生類の変態と同様に甲状腺ホルモン（図 2-11）が中心的な役割を果たす．甲状腺ホルモンにはチロキシン（thyroxine, T4）と 3,5,3'-トリヨードチロニン（3,5,3'-triiodo-L-thyronine, T3）の 2 種の活性分子種がある．ヒラメをモデルとした乾　靖夫らの一連の研究（乾，2006）により魚類変態の内分泌調節機構の概要が明らかにされた．変態前であるヒラメ仔魚に T4 あるいは T3 を与えると早期に変態を行って着底する．甲状腺ホルモンの合成阻害剤のチオウレア（thiourea, TU）を与えると変態が阻害され大きな仔魚となるが，チオウレアに加えて T4 あるいは T3 を与えると変態を行う．このことから，チオウレアが甲状腺ホルモンの合成を阻害していたために変態が起こらなかったことが分かる．また，体全体から甲状腺ホルモンを抽出して測定すると，変態期の後期には T4，T3 ともに濃度が顕著に上昇している．すなわち，1) 甲状腺ホルモン与えると変態する．2) 甲状腺ホルモンが無いと変態しない．3) 変態中には甲状腺ホルモン濃度が高くなっている，の 3 点が確認されており，少なくともヒラメの変態に関しては，甲状腺ホルモンが中心的・必須の役割を果たしていることは確実である．ヒラメのほかにも，甲状腺ホルモンの投与で変態が起こることが知られている魚種，あるいは変態期に甲状腺ホルモン濃度が上昇していることが知られている魚種も数多い（図 2-3 参照）．したがって，魚類の変態あるいは仔魚から稚魚への形態変化に，

普遍的に甲状腺ホルモンが重要な関与をしている可能性は極めて高い．

一方，他のホルモンの効果を調べるためにホルモン浸漬を行った実験はほとんど無い．しかし，ヒラメの伸長鰭条を切り出して培養した実験 (de Jesus et al., 1993) では，糖質コルチコイドのコルチゾルについて，単独では効果が無いが，甲状腺ホルモンと同時に与えることで甲状腺ホルモンの作用を強化する，すなわち，促進的に働くことが示されている．コルチゾルは魚類の海水適応に重要とされるホルモンである．また，脊椎動物一般でストレスがかかると血液中に大量に分泌されるストレス応答ホルモンとしてもよく知られている．魚類の変態においても，甲状腺ホルモン濃度の上昇がみられるよりも先にコルチゾルの濃度の上昇することが，ヒラメ，クロアナゴ *Conger japonicus*，スズキ，ホシガレイ *Verasper variegatus* などの魚種では知られており，変態の開始にも何らかの関与をしている可能性がある．

一方，魚類の淡水適応に重要とされるプロラクチンは，甲状腺ホルモンの作用を弱める，すなわち抑制的に作用することが上記の培養系で明らかにされている．オタマジャクシの尾びれの培養実験でも，糖質コルチコイドのコルチコステロンが促進的，プロラクチンが抑制的に働くことが知られている．ヒラメの変態には，両生類の変態に非常によく似たホルモン調節機構が働いていると考えて間違いない．

7 異体類変態の分子機構

近年の分子生物学的手法の長足の進歩により，仔稚魚研究においても遺伝子レベルの研究が盛んに行われるようになってきた．ヒラメをモデルとして変態期の甲状腺ホルモン受容体の分布と動態が明らかにされている．甲状腺ホルモンの受容体には α 型と β 型のあることが知られているが，ヒラメでもこの 2 種の存在が確認されている．変態前の仔魚の時期から両方の受容体

column 2

ホルモン分析のための仔稚魚の保存方法

　それぞれの分析方法および分析の目的によって，サンプルの量や保存方法は異なってくる．実際には分析を行う研究室と事前に相談した上で，サンプルを採取する必要がある．しかし，以下に挙げるのがおおよその目安である．
　まず，その群を代表できるような個体群をサンプリングする．すなわち，体の大きさや形にばらつきがある場合には，特定の大きさや形の個体のみを選んでサンプリングしてはならない．種苗生産の飼育水槽のように，多くの個体から選んで取ることのできる場合には，十分に攪拌されていることを確認して無作為にサンプリングする．正常魚と形態異常魚のように明らかに異なるものが混在する場合には，これらを混ぜて測定してしまうと得られる平均値に意味がない場合もある．目的にもよるが，それぞれを区別したサンプリングが必要となる．
　成魚ではホルモンの測定に血液を用いることが多いが，体の小さな仔稚魚ではほぼ不可能である．そのため，体全体からホルモンを抽出して測定する方法が，甲状腺ホルモンと各種のステロイドホルモンについては開発されている．この際にサンプルとして必要なものは，湿重量にして100〜300mg程度の魚体である．同じものを3パック程度取っておくと測定の誤差を小さく

できる．また，個体間のばらつきを考慮して，少なくとも6尾以上が一点の測定に用いられるようにする．採集には可能な限りストレスの少ない方法を用い，可能な限り水を除いた上で，速やかに冷凍する．用いたサンプルの正確な重量が必要となるため，サンプルを入れる前の容器の重さをあらかじめ測定しておくとよい．船上などで凍結が困難な時間は，十分に氷冷して陸まで運ぶようにする．保存は家庭用冷凍庫でもおそらく大丈夫であるが，できれば−40℃以下が望ましい．

　一方，成長ホルモンやプロラクチンといったペプチドホルモンでは抽出方法が確立されていないため，仔稚魚では組織切片を顕微鏡で観察する方法を用いることが多い．サンプルを採集後，速やかに固定液に浸漬する．1尾ずつの観察が可能であるが，個体のばらつきを考慮して，同一グループから最低6尾をサンプルとして取っておく．固定液はその後の染色方法によって決まってくるため，事前に分析を行う研究室と相談が必要である．しかし，0.1Mリン酸緩衝液（pH7.4）で作成した4％パラホルムアルデヒド液（あるいは市販の中性緩衝ホルマリン液で代用）で固定したサンプルは，比較的多くの染色方法に用いることができる．固定後にアルコールに置換して保存する場合は別であるが，水性の固定液に入ったままで冷凍庫にいれてはならない．細胞が破壊されてしまい，美しい組織像が得られないためである．仔稚魚は小さく鱗の形成も不完全なことが多いため，魚体をまるのまま固定してもかまわない．しかし，ある程度大きくなった稚魚を固定する場合には，目的とする部分が露出するように切開した上で固定する必要がある．

mRNAが発現しており，変態の最盛期（クライマックス期）に一時的に急上昇する．興味深いのは両者の分布の差異である．α型受容体は体側筋に分布しているが，β型は軟骨細胞・骨芽細胞・皮下・結合組織などに多く分布している．このβ型受容体の発現が見られている組織は，変態の過程で異常の見られることの多い組織と一致しており，後述する変態の異常との関連性が示唆されている（山野，1997）．

ヒラメの変態では体の左右が大きく異なった色や形に再構成されるが，甲状腺ホルモンの受容体の分布には，左右に違いは認められていない．また，甲状腺ホルモンは血流によって体の左右に区別なく運ばれる．では，変態期には体の左右はどのようにして異なった形に分化してゆくのだろうか．様々な知見を総合すると，甲状腺ホルモンは変態期には無眼側の色や形を作ると推測されている．また，前述のホシガレイでみられる形態異常を実験系として利用し，甲状腺ホルモンを与える時期を変えることにより，白化や両面有色の比率が変化することが明らかとなった．この現象を詳しく分析すると，「無眼側を作らせるための甲状腺ホルモン感受性」が体の左右では異なった時期に発現しており，片側のみに感受性のある時期に甲状腺ホルモンを与えたときにのみ正常な変態が起こると考えると，うまく説明できることが分かった（図2-12；田川，2005）．この考え方はその後，ババガレイ *Microstomus achne* とヌマガレイ *Platichthys stellatus* についても矛盾なく成り立つことが確認されている．

甲状腺ホルモンによるアプローチとは独立に，左右分化の遺伝子シグナルの方面から，ヒラメやカレイ類の左右分化の仕組みに迫る研究も進みつつある．脊椎動物一般に，体の左右性，たとえば内臓の左右非対称性，は *nodal* という遺伝子の発現が開始点となり，最終的に *pitx2* という分子の発現していた側が左側の特徴を示す．脳，心臓，腸などの部位は左右非対称性を示すが，まさにそれらの器官に分化する部位で，左側にのみ *pitx2* が発現する．通常，これらの分子の発現は孵化前にすべてが完了する．

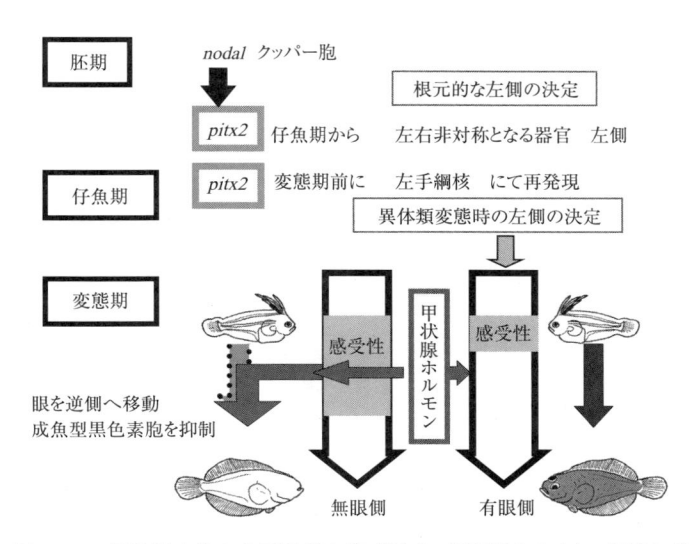

図2-12 異体類変態の分子機構の模式図（一部推測を含む）．胚期に発現する nodal に起因して第一義的な左右が決まる．異体類では再び変態後に pitx2 が発現して左右が異なった性格を有するように分化し，甲状腺ホルモン感受性の長短が決まると推測される．その後甲状腺ホルモンが分泌され，分泌時期が適切ならば無眼側の形質が片側のみに発現する．

しかし，興味深いことにヒラメでは，変態開始直前の時期にも pitx2 が間脳上部左側においてのみ再発現することが明らかにされている．異体類以外の魚種では見つかっていない．ヒラメでは逆位個体は通常ほとんど出現しないが，この間脳上部の pitx2 の再発現もすべての個体で左側であるという．一方，左右性の異常が多く出現するホシガレイでは，pitx2 の再発現が過半数の個体に見られない．すなわち，2回目の pitx2 の間脳上部での発現が，それぞれの種の左側を正しく形成させるために必要である可能性が推定されている（図2-12；鈴木ほか，2007）．甲状腺ホルモンの系と pitx2 の系の関係が明らかになれば，どのようにして左右が異なった形に作られていくのかが分子レベルで理解できるようになるのではないかと期待される．

8 形態異常を伴う変態

　変態とは内部形態・外部形態・生理機構ともに，ある意味では別種の生物に生まれ変わるほどの大きな変化である．飼育魚では，後述する異体類をはじめとして，様々なタイプの形態異常魚が出現し，種苗生産上の大きな問題となっている．一方，天然では形態異常魚は非常に稀である．そのため，飼育下で出現する形態異常は，餌や水温あるいはその他の飼育環境など，不適切な飼育方法によると広く考えられてきた．しかし，そう断定するためには，天然海域では形態異常魚には生き残るチャンスがほとんど無いことも併せて考える必要があろう．

　カレイ類では，体の両面ともに白い「白化」と呼ばれる形態異常や，逆に体の両面とも色の付いた「両面有色」と呼ばれる形態異常が，多いときには80％以上も出現し問題となっている．正常魚では眼のある側（いわゆる表，有眼側と呼ぶ）と眼のない側（いわゆる裏，無眼側と呼ぶ），いずれの側でも，体色だけではなく，眼の位置，歯の形，鱗など，多くが正常魚とは異なる．有瀧（1995）によると，白化では体色だけでなく鱗の形状や歯の形なども無眼側の形となっている．また，両眼とも上方に移動した個体もかなりの頻度でみられる．逆に両面有色では，両眼とも移動が不十分であったり，鱗の形状や歯の形なども有眼側の形となっている（図2-13）．つまり，白化や両面有色は，本当ならば体の片側にだけ作られなければならない有眼側や無眼側の形が，何らかの不具合によって体の両側に出来てしまったものと考えられる．これらは典型的な例であるが，部分的に白化した個体や，部分的に着色した個体など，形態異常にも様々な程度のあることが知られている．

　ヒラメの白化についてはこれまで多くの知見が得られている（青海，1997）．天然で得られるカイアシ類（コペポーダ）を餌とした場合には全く白

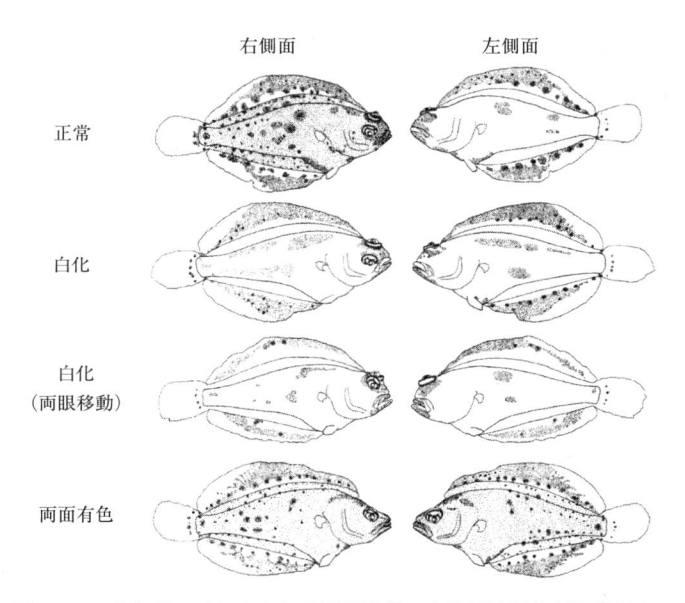

図2-13　ホシガレイにみられる形態異常．白化には眼位が正常のものと，両眼が上方に移動したものがあるが，ともに本来の無眼側の形質が有眼側に現れたものとみなせる．逆に両面有色は本来の有眼側の形質が無眼側に現れたものとみなせる．有瀧ほか（2004）より改図．

化は見られないため，餌が原因と考えられている．現在では餌のシオミズツボワムシやアルテミアに DHA などを栄養強化することにより，ヒラメの白化の出現比率は大きく減少した．しかし，未だに完全には出現をおさえることができない．栽培漁業センターのような高い飼育技術を持った施設においても数十％もの個体が白化することもある．

　また，ヒラメでは，変態完了後に無眼側が黒く着色する現象が知られている．これは特に二次黒化と呼ばれており，変態完了後は飼育水槽に底に砂を敷くことなどで出現が抑制できることが青海（1991）によって報告されている．

白化個体は，放流されても捕食者から発見されやすいと考えられるため，放流前に1尾1尾選別され除外されている．一方，軽微な両面有色や二次黒化は，天然海域での生き残りには特に影響が無いと考えられる．漁獲されるヒラメに放流個体がどの程度含まれているかを判断するため，本来は白いはずの無眼側の一部分が黒くなっている個体を放流個体と考えて回収率を求めることも行われている．

　これらのうち，二次黒化以外の形態異常は，飼育水温によって出現比率が大きく変わってくることが示されている（有瀧，2008）．興味深いのは，天然で正常に育った個体とほぼ同じ期間（孵化後日数）に変態・着底を行った試験区が，最も正常個体の比率が高かったことである．これまで，早く大きく育てることが良い飼育結果につながると考えられてきたが，少なくとも異体類については天然環境と同じ速度で発育成長するようにすることにより，形態異常の少ない良い飼育成績につながる可能性がある．

　また，軽微な形態異常ではあるが多くの魚種に見られるものとして，鼻孔隔皮欠損という現象がある（松岡，2004）．多くの魚種では本来，前鼻孔と後鼻孔の二つの開口部を持つ管の中に嗅上皮があり，そのなかを通る水中の化学物質のにおいを感知する構造になっている．しかし，飼育魚ではこの二つの開口部を区切る隔皮が欠損しているため，嗅上皮が浅いくぼみの底に存在する形となっている個体が見られる．通常この部分は，上下から皮が伸長してきて，嗅上皮の外側に壁を作るようにして出来ると考えられているが，この上下の皮の伸長に何らかの不具合が起きた結果であろう（松岡，2001）．飼育水温が鼻孔隔皮欠損に大きな影響を与えることも知られており，異体類の形態異常との類似性がある．この鼻孔隔皮欠損を利用して天然魚と放流魚を区別することも行われている．

9 着底減耗

　沿岸性魚類の多くは変態とともに接岸し，それぞれの種に固有の成育場において稚魚期の初期を過ごす．特に底生魚類ではこの"接岸回遊"は着底（広義）を伴う．この着底は基本的には新たな生息場において新しい生活様式への移行により，一段と安定した生き残りを確保するための初期生活史上最も大きな出来事と考えられる．しかし，同時にそれは餌生物や捕食者関係において新たな段階に移行することになり，場合によっては危機的状況に陥ることにもなる．たとえば，後にも述べる長崎県平戸島志々伎湾では，ヒラメ変態期仔魚は主として大潮時に輸送され湾奥部の砂浜海岸に着底する．この着底場において 1984 年 4 月 19 日から 5 月 28 日まで 41 日間にわたって連続して採集したヒラメ仔稚魚 927 個体について調べたところ，個体数は体長 10〜10.5mm の着底直後の仔魚をピークにその後急激に減り，体長 14mm 台では，個体数は 10 分の 1 前後に減少している（図 2-14）．耳石日周輪による分析では，この間は約 1 週間に相当し，志々伎湾奥部の田ノ浦では著しい着底減耗が着底後の 1 週間に顕在していることが分かる．

　この着底減耗が顕在化する生理生態的背景は何であろうか．若狭湾西部海域由良浜では着底直後には摂食活動を一時的に停止することが確認されている（図 2-15 左図：種，1994）．また，生理的にはこの着底時には膵臓および胃からの分泌活動（図 2-15 右図：Tanaka et al., 1996a）や成長（Hossain et al., 2003）が顕著に低下している．着底は新しい環境への適応であり，同時に変態の最終段階（変態の総仕上げの時期）に相当し，生き残る上ではしばらく（1〜2 日と推定される）静止していることが外敵による捕食から身を護る最善の策であろう．にもかかわらずなぜ図 2-14 に示すような急激な個体数の減少が生じるのであろうか．その第一は，この渚周辺には河川の流入が無く，ヒ

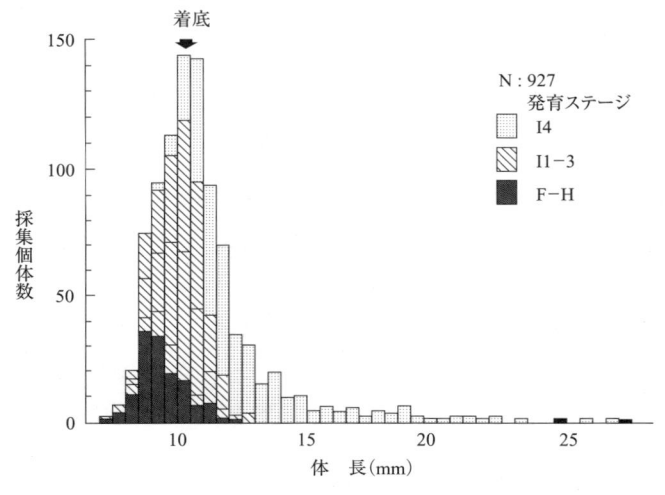

図 2-14　平戸島志々伎湾田ノ浦に着底したヒラメ仔稚魚の成長に伴う個体数の減少（後藤ほか，1989 より作図）．この浜では著しい着底減耗が顕在化している．

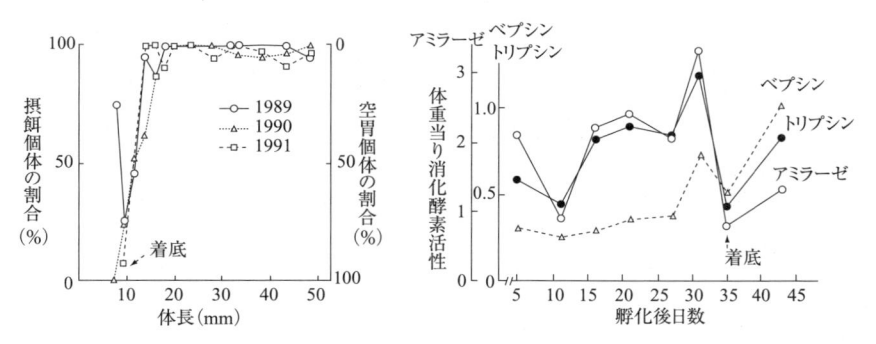

図 2-15　ヒラメ仔稚魚の着底時における摂食の休止（左）と着底時における消化酵素活性の顕著な低下（種，1994 および Tanaka et al., 1996a）．左の着底時摂食休止は若狭湾西部海域由良浜における観察．

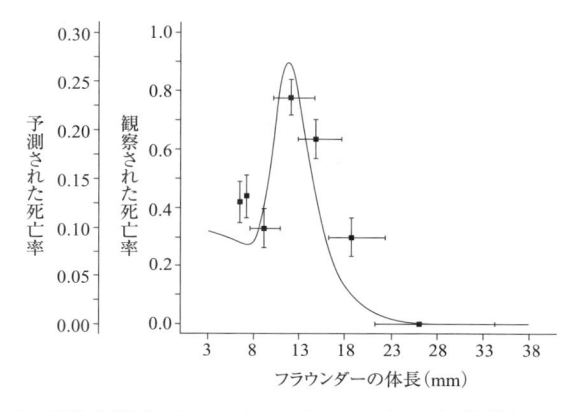

図2-16 実験条件下におけるウィンターフラウンダー仔稚魚のセブンスパインエビジャコによる被食死亡率の変化（Witting and Able, 1995）．■は実測値を，曲線は予測値を示す．

ラメ稚魚になくてはならないアミ類の現存量が著しく少ないことにある．第二は田ノ浦の沖側には濃密なアマモ場とガラモ場が繁茂し，夜間にそこからやってくる夜行性の甲殻類，特にエビ類などによる捕食圧が強いためと考えられる．第一については胃内容物組成によく反映され，稚魚期の主要な餌であるアミ類の割合は低く，浮遊性カイアシ類・多毛類・魚類など多様な組成を示している．

一方，第二の被食減耗の可能性については，オランダワッデン海でのエビジャコ類による異体類稚魚の捕食研究（van der Veer and Bergman, 1987）以来よく調べられていて，それが参考になる．北米産のウインターフラウンダー *Pseudopleuronectes americanus* を被食者にセブンスパインエビジャコ *Crangon septemspinosa* を捕食者にして被食者サイズの影響を調べたものだが，その結果は図2-16に示すように，体長11mm前後，着底後1週間ほどの稚魚の被食が著しく高く，体長20mm以降はほとんど捕食されていない（Witting and Able, 1993；1995）．

このように着底減耗は新しい成育場における被食―捕食関係の発生によ

り，その年あるいはその場所の餌生物の豊度と捕食者の多寡によって，顕在化する場合とそうでない場合が生じる．この着底減耗が資源への加入にどのような影響を及ぼすかは大変興味深い課題である．

10 幼形成熟と変態

　変態に関係する現象として幼形成熟（ネオテニー，neoteny）がある．性的に成熟した，すなわち大人となっているにもかかわらず，子供の形質を残している現象である．広く知られている例では，メキシコサンショウウオ *Ambystoma mexicanum* の幼形成熟個体，いわゆるアホロートルである．通常のサンショウウオでは外鰓は幼生期のみに存在するが，性的に成熟した後も外鰓を有する個体があり，これがアホロートルと呼ばれる幼形成熟個体である．サンショウウオの変態も甲状腺ホルモンが中心的な役割を果たしており，アホロートルに甲状腺ホルモンを与えると外鰓が消失し，通常のサンショウウオの形態となる．一方，マッドパピーはホライモリ科サンショウウオ *Necturus maculosus* の幼形成熟個体であり，同様に成体になっても外鰓を有するが，こちらは甲状腺ホルモンを与えても外鰓は消失しない．すなわち，両生類の幼形成熟で外鰓が残る原因としては，甲状腺ホルモン分泌が低く抑えられていること（アホロートル）と，もともと外鰓が甲状腺ホルモン感受性を欠くこと（マッドパピー）の二つのタイプがあると考えられている．

　魚類にも幼形成熟と考えられている種がいくつかある．代表的なものがシラウオ *Salangichthys microdon* とシロウオ *Leucopsarion petersi* である．両者は混同されやすいが，シラウオはアユに近縁なキュウリウオ目魚類であり，シロウオはハゼ亜目魚類である．シラウオの成魚は近縁とされるアユのシラス幼生によく似た形をしており，シロウオの成魚はハゼの仔魚とよく似た形をしている．すなわち，大人になっても幼生の形，あるいは一部の幼生の形

態を有していると見なせる．さらに詳しく観察すると，シラウオでは仔魚から形態変化を経て稚魚になっている．しかし，仔魚の特徴である透明な体を有しているため，狭義のネオテニーに入る．一方，シロウオは，仔魚からほとんど形態変化を経ずに成熟し，成熟自体が早まったとも考えることができるため，狭義のネオテニーではなく，プロジェネシス（幼形進化）と捉えるべきかもしれない．

シロウオとシラウオでは，甲状腺濾胞および脳下垂体中の甲状腺刺激ホルモン産生細胞の発達が，それぞれの近縁種よりも遅れていることが明らかにされている（原田，2008）．シロウオに甲状腺ホルモンを投与しても変態は起こらない．しかし，底層を遊泳する行動や体色がアメ色に変化するなど性成熟が急速に進行する．これらのことから，甲状腺ホルモンへの感受性は部分的には有するものの，特に変態に関与する経路については甲状腺ホルモンの感受性を失っている可能性が高い．シラウオをはじめとする他の幼形成熟性魚類については，今後の検討が必要な研究分野の一つであろう．

11 稚魚の採集方法

遊泳力の付いた稚魚を効率的に採集することは今でも大きな問題として残されている．たとえば，外洋を遊泳しながら成長するクロマグロの場合には，大規模な中層トロールが開発されてかなりまとまった稚魚（体長10から20cm前後）が採集できるようになっているが，体長10cm以下10mm以上の稚魚の採集は今も困難な状態にある．定量的ではないが，カタクチイワシのシラスを目的にした船曳網（パッチ網）ではそれ以外にもいろいろな魚種の稚魚が混獲されるので，それらのなかから目的の稚魚を探し出すことも時には有効な方法となる．

有明海では各種の伝統的漁法が未だわずかに残っており，簗網，アンコウ

網，竹羽瀬など速い潮流を利用した伝統漁法により目的のいろいろな稚魚が採集でき，調査を進めるには大変好都合である．しかし，こうした漁業も有明海の生物生産性の急激な低下により漁獲量が低下したことから衰退傾向が強まり，近い将来消失するのではないかと危惧される．波打ち際は，稚魚の重要な成育場であることが明らかになって以来，サーフネットと呼ばれる小型曳き網が遊泳性の稚魚の採集に用いられる（千田ほか編，1998）．一方，底生性の稚魚には小型桁網が用いられる．また，アマモ場や砂浜などでは，小型の地引き網が用いられることもある．

これらはいずれも強制的に稚魚を網の中に追い込む採集方法であるが，稚魚を誘引して採集する方法もある．その最も代表的なものは，夜間における集魚灯を用いた方法である．この方法では，特に変態直前直後の仔稚魚がよく集まり，それらをすくい取るのである．すくい取り方を工夫すれば，生きた状態での採捕が可能であり，飼育実験や現場放流行動観察実験にも用いることができる．商業的にこの方法が用いられているのが，早春のウナギシラス漁である．光に集まる習性を利用したライトトラップで採集した生きた変態最終段階の仔魚を，着底場所となるサンゴ礁域の沖で放流し，ダイバーがその後の移動を追跡してサンゴ礁への接近や着底の様相を観察する研究が行われている（Leis and Carson-Ewart, 2003）．

各地の臨海施設でモニタリング調査が継続的に実施されていれば，長期的で広域的な仔稚魚相の比較や，今日問題になっている地球温暖化による影響などの傾向が読みとれると期待される．陸域では LTER (Long Term Ecological Research) の観測点が全国各地に配置され，長期のデータ収集が世界的に行われている．しかし，海産の仔稚魚関係ではまだそのようなサイトがようやく定め始められたばかりであり，組織的な長期モニタリング調査は行われていない．今となって，その重要性が改めて認識される．

column 3

研究と海や飼育の現場との接点を

　本文中でも少しふれているが，魚類，特に浮性卵を産む海産魚では，これまで仔魚や稚魚についての生理学的研究は世界的に見てもほとんど行われてこなかった．これはひとえに「生きた」仔魚がある程度豊富に，かつ，計画的に入手できなかったためである．その状況が改善されたのは日本において種苗生産のための技術開発が行われた賜(たまもの)である．世界におけるこの優位性は未だ揺らいでいない．仔稚魚には，まだまだワクワクするような新しい現象が，それこそ手つかずで残されている．どんな面白い現象が残されているかは，あえて秘密にしておこう．ただ，ヒントとして現場との接点を持つことの重要性を指摘しておきたい．

　天然海域で仔稚魚の調査をしている方や種苗生産現場で海産生物を飼育している方は，是非とも，「自分にとっては」当たり前のことが，本当に当たり前のことなのかを，もう一度考えて欲しい．生き物を見ている時間の長い人でなければ，ユニークな研究のネタは決して見つけられない．海から離れた京都で過ごしていて研究上で一番つらいことは，自然に生きている魚を見ていられる時間が極端に少なく，新しいアイデアが得にくいことなのである．このようなときに頼りになるのが，実際に魚をよく見ている人とワイワイやりながら，半分冗談で研究の話をすることである．幸いなことに私たちには，実に面白い研究ネタを持っている現場の友人が数多くいる．単に楽し

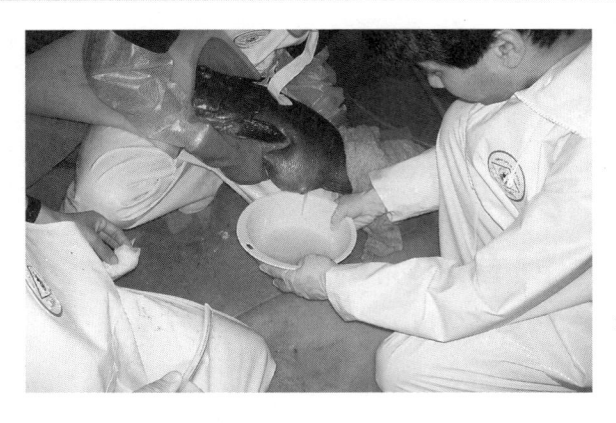

マハタの採卵（三重県尾鷲栽培漁業センター）．このあと研究情報の収集活動を行った．

く酒を飲んで二日酔いを残すだけのことも数知れずある．しかし魚のことをあまり見ていない者にとって貴重な情報が得られることも多い．貴重な情報とは，彼らにとっては「困ったこと」や「当たり前のこと」であるが，今まで私たちが持っていた常識では説明できない現象である．説明できないことは説明してみたい．研究のための研究ではなく，明確な目的や素直な疑問からスタートできる研究のネタは，やはり魚をよく見ている人にはかなわないと痛感している．生き物をよく知っている現場の人と相互にメリットのある共同研究を組めることを，研究を発展させる上で得難いチャンスと感じる大学の研究者は少なくないと思う．

　一般的に，小さな生き物，飼育が難しい生き物の研究は進んでいない．プランクトン期の仔魚や変態期仔稚魚では，本書に述べられているように生理学的な研究も進みつつある．一方，海産無脊椎動物ではどうであろうか．日本ではエビ・カニなどの甲殻類やナマコなどの棘皮動物，アワビなどの軟体動物についても種苗生産技術が開発されている．発生過程の教科書的な記載はもちろん過去に行われているが，幼生期にどのようにして脱皮や変態の調節がなされているかを，実験的に明らかにした研究は多くない．これもひとえに理学部・医学部のいわゆる動物学研究者と，水産の現場には接点がなかったためである．既に研究のノウハウを有している無脊椎動物の発生学や内分泌学，生理学の研究者にとっては，無脊椎動物の幼生を多量に飼育できるという環境は，おそらく垂涎ものの研究環境であろう．無脊椎動物の発生

ヌマガレイの飼育実験（水産総合研究センター栽培漁業センター宮古事業場）．このあと研究情報の収集活動を活発に行った．

初期の生理学もまた，日本が世界に先駆けて開拓できる広大な研究分野ではないかと思う．

　現場と研究，それぞれの人の接点として，もっと利用して良いのは学会である．たとえば水産学会のような規模の大きな学会は，発表される演題も多岐にわたっている．即ち，異なった研究分野の人と知りあうためにとても良いチャンスとなる．自分とは少し異なる専門分野の発表をあらかじめプログラムで下調べをしておき，コンタクトをとりたい人を物色する．その人の発表を聞き，顔を覚え，できれば質問もする．その上で，休憩室などでその人を捕まえて丁寧に自己紹介すれば，よほどのことがない限り話を聞いてもらえるはずである．特に若い人は積極的にこの方法を使うことをお勧めする．今はどんな大先生・飼育のプロであっても，もとは例外なく一介の学生としてこの業界に入ったはずである．尻込みする必要など全くない．

　魚類をはじめとする海産生物の幼生・変態期の研究は，天然海域での生態学的な知見，それに基づいた栽培漁業，および，発生学・内分泌学など生物学の多くの研究分野は純粋な科学として，あるいは問題解決のツールとしての科学として，それぞれが互いにプラスの影響を及ぼしあって発展すべき境界領域の学問である．すでに硬くなってしまったアタマには困難であるが，看板に囚われた縦割りの発想を捨てることこそ，海産生物の幼生や変態期の理解を進める原動力になると思う．

第3章 稚魚のゆりかご：成育場

1 成育場とは

　1から2ヶ月前後の浮遊生活期を経過して，稚魚に変態すると，それぞれの種に応じて固有の生息場所を選択し，また，浮魚類では群を形成して稚魚期の初期を過ごす．このような場所は成育場（nursery ground）と呼ばれる．成育場が備える基本的条件には，餌が豊富に存在する，捕食者が少ない，餌を巡る競合者が少ない，外敵から隠れる場所が存在するなどが挙げられる．捕食者側から見れば，稚魚が成育場として利用する場所は，格好の摂餌場にもなりうる．餌は豊富だが外敵も多いような場所でも稚魚は成育場として利用するのであろうか．両者は，いわばトレードオフ関係にあるが，稚魚の成育場としては，豊富に餌が存在することがより基本的な条件と考えられる．なぜなら，稚魚はできるだけ早く成長して外敵に捕食される危険性を速やかに軽減することを，基本的な生残戦略としていると考えられるからである．近年，世界的な重要資源生物の減少とも関連して，稚魚成育場の保全や管理，ならびに成魚の生息場との関連性などについての検討も進められている（Beck et al., 2001；Gillanders et al., 2003；Dahlgren et al., 2006）．

　稚魚として，新しい成育場での生息を始めるときの体の大きさは，種によって様々である．海産魚類の多くに見られる浮性卵から生まれる沿岸性の魚では，通常10から20mm程度である．しかし，アイナメ・クジメ類では，

稚魚への移行後も沿岸から外海の海面直下でニューストン生活を続け，体長30数mmになると海岸近くのガラモ場に来遊し，表層生活を終え，底生生活へと移行する．さらに著しい例はダルマガレイ類であり，変態を完了しても直ぐには着底せず，長い浮遊生活を続け，魚種によっては体長80mmを超えて初めて着底するものも見られる（Amaoka, 1970ほか）．一方，ササウシノシタのように浮遊期間が短く，体長6mm前後で成魚の産卵場に近い場所に着底する魚種も存在する．稚魚期の初期を過ごす成育場は，ここで取り上げた沿岸性魚類の場合には汀線近くの沿岸浅海域が多いが，外海の深海性魚類の場合には，成育場もかなり深い水深帯に形成される．また，クロマグロや資源増大期のマイワシのように外海で産卵して黒潮などに輸送されながら成育する魚種では，特定の地理的に固定した成育場を形成することはない．これらの魚種では，黒潮流域そのものあるいはその内側域そのものが成育場なのであろう．

　沿岸性魚類の多くは，産卵場よりはかなり浅い場所に成育場を形成する傾向にある．それらは，河口・干潟域，砂浜海岸域，アマモ場，ガラモ場，マングローブ河口域，サンゴ礁域など多様である．また，湖ではヨシ群落が同様の重要な役割を果たしている（藤原ほか, 1998）．これらの浅海域が好適な成育場になるのは，河川・地下水あるいは直接に陸域から流入する淡水が豊富な栄養塩や微量元素をもたらし，光合成活動が活発に行われることによる．多くの稚魚の初期の餌はカイアシ類や底生無脊椎動物であり，これらの餌生物が直接・間接に植物プランクトンや海草類，海藻類，ヨシ群落などに依存しているからである．たとえば，平戸島志々伎湾の水深10m前後の砂底域に生息するマダイ稚魚は，体長3cm前後までは，海底直上に高密度に集群する特定のカイアシ類を主食とするが，その後主食をヨコエビ類に変える（首藤, 1998）．ヨコエビ類の多くは濾過食者であり，生きた植物プランクトンだけでなく，より浅海のアマモ *Zostera marina* が枯死脱落して，様々な微生物や底生無脊椎動物に分解されてデトリタスとなり，ヨコエビ類の生産を

支えるような関連が推定される．その意味では，志々伎湾のマダイ稚魚は，通常アマモ場を直接の成育場として利用することはないが，このような過程を経てアマモ場と間接的に深く結びついていると考えられる．

　成育場のもう一つの重要な条件として，強力な捕食者が少ないことが挙げられる．多くの魚類は，成長とともにより好適な餌を求めて沖方向に移動する傾向があり，浅海域を昼間に潜水観察しても，砂泥底域や砂底域において強力な潜在的捕食者となりうる生物の存在を確認することはほとんどない．しかし，夜間になると様相は一変する．夜行性の魚類捕食者（たとえば，アナゴ類やスズキなど）や甲殻類（カニ類やエビ類）が餌を求めて動き回る．夜間における成育場の捕食―被食関係は，これまでほとんど解明されてこなかった．今後に残された大きな課題と考えられる．

2　河口・干潟域の成育場機能

　多くの河口・干潟域は多様な稚魚の成育場になることが多い．その理由の一つは極めて基礎生産性が高いからにほかならない．陸域からの多様で豊富な栄養塩類や微量元素類の補給は植物プランクトンの生産を促進し，それらに引き続いてカイアシ類など動物プランクトンの二次生産が進む．河口域は濁度が高いことが多く，視覚による捕食者からの被食リスクも軽減されると推定される．有明海を一般的なモデルにするには，あまりに環境が特異ではあるが，高濁度水がある種のカイアシ類の増産を促し，また被食圧の低減に効果的である．干満差の大きい海域の河口域には，干潟が形成される（図3-1）が，干潮時には多くのタイドプールが形成され北海に多く生息するツノガレイ属の一種であるプレイス *Pleuronectes platessa* や有明海西岸の湾口近くに生息するホシガレイなどは，このような場所を有効に利用している（van der Veer and Bergman 1987；Wada et al., 2006）．

図 3-1 有明海筑後川河口域に広がる広大な干潟（学生実習のひとこま）．春季の大潮期には河口から 5〜6km 沖まで干潟が広がる．

　一方，生理的な特性から見ると，未だ十分には浸透圧調節器官が完成していない仔魚期の初期には，体液の浸透圧により近い低塩分域（汽水域）では，浸透圧調節に必要なエネルギーを節約してその分を成長に回すことにより，生き残りの確率を高めることができると推定される．一方，成長してある特定の塩分範囲（多くは河口域より高塩分域）に適応した捕食者となりうる幼魚や未成魚は，河口域から離れ，稚魚にとって低塩分域は好適な成育場になりうるといえる．

　河口域への稚魚の来遊は季節によってもかなり異なり，多くの有明海特産種のみが低塩分汽水域を成育場にする春季に対して，夏季にはヒイラギ *Leiognathus nuchalis* やナシフグ *Takifugu vermicularis* などかなりの種類の非特産種の稚魚が河口域上流部のほぼ淡水域にまで進出するのが観察される

(日比野，2007)．このことは，一般に熱帯域ほど海産魚が河川の低塩分域に進入する事実とよく符合する．浸透圧調節と水温との間には密接な関係があるのであろう．

地球史的に見ると，海で誕生した魚類の一部は，その後陸水域の形成や安定化とともに淡水域へと進出した歴史を持つ（カール・ジンマー，2000）．多くの稚魚が河口域に成育場を形成するのはそのような魚類のたどってきた歴史と関係があるのであろうか．いずれにしても，稚魚の河口域への進出は，生理生態的に極めて興味深い課題であり，今後のいっそうの研究の発展が期待される．

河口・干潟域が稚魚の生残，その結果として生じる資源への加入に果たす役割について，定量的に評価した研究も進められている．その代表的な例は仙台湾におけるイシガレイ稚魚期の生き残りの研究である（Yamashita et al., 2000）．仙台湾におけるイシガレイ稚魚は水深10m以浅の砂浜海岸に分布するとともに，蒲生干潟などいくつかの河口・干潟域にも生息している．この二つの異なった成育場のどちらが再生産に貢献するかを評価するために，成魚の耳石を取り出し，稚魚期に相当する時期のストロンチウムとカルシウムの比を調べた．その結果，面積的にはわずか5%にしか過ぎない河口・干潟域で稚魚期を過ごした個体がイシガレイ成魚に占める割合は50%にも達したのである．各地で河口域や干潟域の埋め立てが進行するなかで，この研究結果は，如何にこれらの浅海域が稚魚成育場として重要な役割を果たしているかを実証した研究として高く評価される．

③ 砂浜海岸域も成育場？

わが国の海岸線は，通常砂浜海岸と岩礁海岸の組み合わせで構成されている．一般に砂浜海岸は河川の流入域に多く形成される．これは，河川を通じ

図 3-2　ヒラメ稚魚の成育場．上：長崎県加津佐（沖から浜を見る）　下：鹿児島県飛松（浜から沖を見る）．いずれも"白砂青松"の砂浜域である．

て絶えず砂が流入してくる結果を反映している．このような砂浜海岸は渚域とも呼ばれ，夏季には海水浴など憩いの場所としても古くより人々に親しまれてきた．また，遠浅の砂浜海岸では，岸近くで波頭が崩れることから砕波帯とも呼ばれる．

　Senta and Kinoshita（1985）が砕波帯は多くの仔稚魚の生息場となっているという研究を発表して以来，砂浜海岸（図 3-2）を成育場とする魚類について多くの研究者によって全国各地で同様の調査が行われ，その多面的な機能がまとめられている（千田ほか編，1998）．これらのなかで対照的な魚種を挙げるとすれば，マダイとヒラメであろう．両種はほぼ同じ時期に産卵し，孵

化した仔魚は沿岸域一帯に広く分散して浮遊生活期を経過した後，体長10から12mm前後で接岸し，浅海砂浜域に着底する．両者はいずれも底魚類に入るが，着底状態には本質的な違いがある．ヒラメは摂餌のために水中に浮上するとき以外は完全に海底の砂の中に潜り，通常は眼だけを出して静止している．一方，マダイ稚魚は，海底から10cm前後の海底直上帯を泳ぎながら，餌を見つけると海底表層を突っつく行動を繰り返す．しかし本種も，完全な底生生活期になると，夜間には海底のわずかなくぼみに腹鰭を左右に広げて鎮座する形で着底して睡眠をとる．

　両種はこのように，ほぼ同じ時期に砂浜海岸に着底して底生生活に入るが，同じ網に同じぐらいの大きさの両種の稚魚が同時に採集されることは極めて稀である．それは，両種の生息水深帯が異なることによる．すなわち，ヒラメの着底水深はマダイに比べてかなり浅いのである．波のない日であれば，膝下ぐらいの水深でヒラメの着底して間もない稚魚が見られるほどである．一方，マダイの稚魚の初期の分布水深帯は10m前後である．海水浴シーズンには，人々は先住者のヒラメの生息場所を無断で荒らし回っていることになる．

　両種稚魚のもう一つの顕著な生態的違いはその食性に見られる．ヒラメは沿岸性稚魚のなかでも特異的にアミ類に食性を特化させている．アミ類が多い新潟県五十嵐浜などの海域では，着底後体長10cmを超えるまで専らアミ類のみを摂食して成長する．このような食性は他の異体類稚魚には見られない特徴である．多くの異体類稚魚は海底直上あるいは海底中の底生無脊椎動物を摂食するのに対して，ヒラメは常に海底面ではなく上方を向き，水中にいるアミ類を待ち伏せ，至近距離にくると飛びついて捕食し，瞬時に元の場所近くに戻り，潜砂する．このような摂餌様式に対応してヒラメの両顎は水中捕食に適した向きをしている．これに対して，多くの他の異体類では両顎は下向きについている．

　しかし，ヒラメの成育場には常にアミ類が豊富にいるとは限らない．その

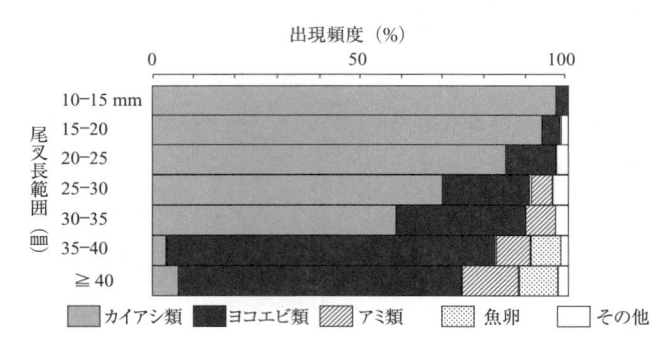

```
                    出現頻度（％）
                  0      50      100
         10-15 mm ▓▓▓▓▓▓▓▓▓▓▓▓▓▓▓▓
    尾   15-20   ▓▓▓▓▓▓▓▓▓▓▓▓▓▓▓▓
    叉   20-25   ▓▓▓▓▓▓▓▓▓▓▓▓▓▓▓▓
    長   25-30   ▓▓▓▓▓▓▓▓▓▓▓▓▓▓▓▓
    範   30-35   ▓▓▓▓▓▓▓▓▓▓▓▓▓▓▓▓
    囲   35-40   ▓▓▓▓▓▓▓▓▓▓▓▓▓▓▓▓
   (mm)  ≧40    ▓▓▓▓▓▓▓▓▓▓▓▓▓▓▓▓
         ■ カイアシ類 ■ ヨコエビ類 ▨ アミ類 ⁙ 魚卵 □ その他
```

図3-3 平戸島志々伎湾で採集されたマダイ初期稚魚の胃内容物組成（個体数％）．尾叉長は頭部前端から尾鰭の二叉状になったくびれまでの長さ．

とき，ヒラメ稚魚は何を食べるのであろうか．通常ヒラメ稚魚はアミ類が豊富な場所では先述のように体長10cm前後までアミ類を専食するが，それ以降はカタクチイワシシラスなど魚食性へと転換する．したがって，早くアミ類が減少した場合には，早期から魚食性となる．しかし，適当な餌になる稚魚もいないようなときには，ヒラメ稚魚はどのようにするのであろうか．生き延びるためには何らかの餌を食べざるをえない状態に追い込まれたヒラメ稚魚は，微小なカイアシ類や食べにくい海底上のヨコエビ類などの餌を食べることになる．その結果，成長はアミ類が豊富な環境のヒラメ稚魚に比べて4分の1前後にまで低下することになり，共食いもしばしば見られるようになる（Tanaka et al., 2009a）．おそらく，このような状態ではその後の生き残りは極めて厳しいであろう．

これに対して，全く逆の摂食戦略を取るのがマダイ稚魚である．たとえば平戸島志々伎湾では，マダイ稚魚はヨコエビ類を主食とし，その他補助的餌としてアミ類，多毛類，クモヒトデ類などを摂餌する（図3-3）．一方，開放的な砂浜海岸である玄界灘の新宮地先海域の砂浜域では，マダイ稚魚の主食はアミ類である（図3-4）．その他の補助的餌としてヨコエビ類や多毛類が食べられている（大内，1986）．ヒラメが食性を特化させているのに対し，マダ

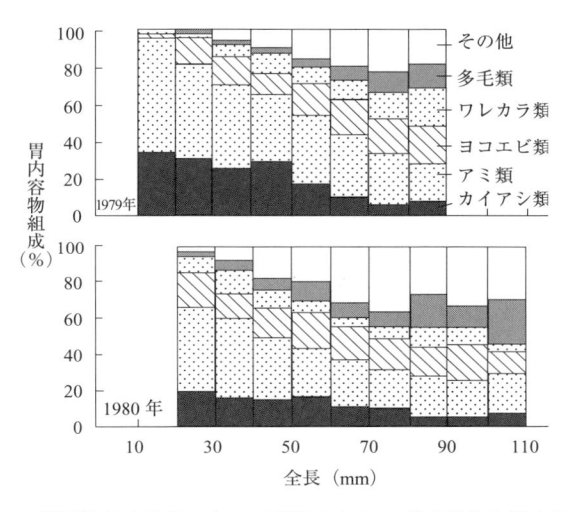

図 3-4 福岡県新宮地先において採集されたマダイ稚魚の胃内容物組成（個体数％）（大内，1986）．2年ともアミ類（他の餌生物より大きい）が数の上でも優占する．

イはその場の環境中に最も多く存在する餌生物を選り好みせず摂食する柔軟性を発達させている．沿岸浅海域でヒラメやマダイと同時に採集されるクロダイやスズキをはじめとする大部分の稚魚は，マダイと同様な柔軟な食性を示す．どちらが生き残っていくうえで有利な生残戦略なのかは，成育場の選択，競合種との食いわけ，餌の転換効率など多くの生理生態的要素が関係し，簡単に結論を出すことは難しい．限られた浅海成育場をそれぞれの種が有効に活用するために発達させてきた生き残り戦略の多様性を示す例であることには違いない．

4 海の草原アマモ場はゆりかごか？

日本周辺の浅海域には2種類のモ場が存在する．岩礁域に発達するホン

図 3-5　瀬戸内海のアマモ場（広島大学小路　淳氏提供）．キュウセンが見られる．

ダワラ類 Sargassum，コンブ類 Laminaria，アラメ Eisenia bicyclis，ワカメ Undaria pinnatifida など食用有用種を含む海藻類が形成するいわゆる"ガラモ場"と，陸上の顕花植物と同じ仲間の海草より構成されるいわゆる"アマモ場"（図 3-5）である．わが国でアマモ場を構成する植物種には5種以上の種が知られている．アマモ場は，平坦な砂泥底に発達する．わが国のアマモ場は，厚岸湖のように湾全域がほぼアマモで覆われるような例も見られるが，今では小群落なものがほとんどである．しかし，海外には，オーストラリア西部のシャーク湾には4千km^2にもおよぶ広大な草原状のアマモ場が広がり，それを餌として1万数千頭のジュゴン Dugong dugon が生息しているような例も見られる．アマモ類は高い生物生産性と，海洋中の二酸化炭素吸収能を有している．アマモ場は先の砂浜海岸の一部に形成されるものであり，両者間には密接なつながりがあるものと考えられる．世界的にもアマモ場の多面

的機能，とりわけ稚魚の成育場機能が注目され，その評価が進められている（Jackson et al., 2001；Heck et al., 2003 ほか）．

　アマモ場が古来魚たちの"ゆりかご"とされ，テレビ番組などでも稚魚の成育場や有用魚種の産卵場としてなくてはならないとしばしば説明される．筆者らがマダイの仔稚魚の生態研究を行った平戸島志々伎湾でも漁師たちは，当初マダイが湾奥のモ場（アマモ場とガラモ場を併せて）で産卵すると信じて疑わなかった．もちろん，マダイは外海で産卵し，幸運にも生き残った仔魚が接岸して湾内の成育場に着底する．このような認識があるのは，モ場についての本格的な研究が十分には行われないままに，大事な存在であるに違いないと信じられてきた結果でもある．一方，瀬戸内海などではマダイ稚魚はアマモ場の主要な住人と考えられてきたが，定量的に評価されたものではなく，その成育場としての位置づけにはまだまだ問題が残されている（佐野ほか，2008）．今，瀬戸内海では原点に立ち帰って，本格的にアマモ場の生態的機能を生産量という定量的評価をもとに，可能であれば生態系サービスの経済的評価まで目指した研究が行われ始めている（小路，2009）．

　アマモ場の機能は，それがどのような周りの環境の中に位置するかによっても大きく変わる可能性がある．瀬戸内海などにおける過去の調査では，マダイ稚魚はアマモ場を主要な成育場とするとされてきた．一方，平戸島志々伎湾にもアマモ場は存在するが，マダイ稚魚は通常の年にはアマモ場には生息していない．それらが繁茂する場所よりかなり深い水深10m前後の砂底域を主な成育場としている．マダイ稚魚がアマモ場を利用するのは，この湾では稚魚の発生量が著しく多くなり，いわば"一等地"の水深10m域が過密状態になったときにのみ，やむを得ず利用されるようである．また，マダイ稚魚の大量種苗生産技術が発達しておらず，ほとんどの養殖用種苗が天然稚魚でまかなわれていた1970年代に，その最も主要な供給基地になっていた福岡県新宮地先においても，初期のマダイの生息域は水深5から10m前後の広大な砂底域であった（大内，1986）．

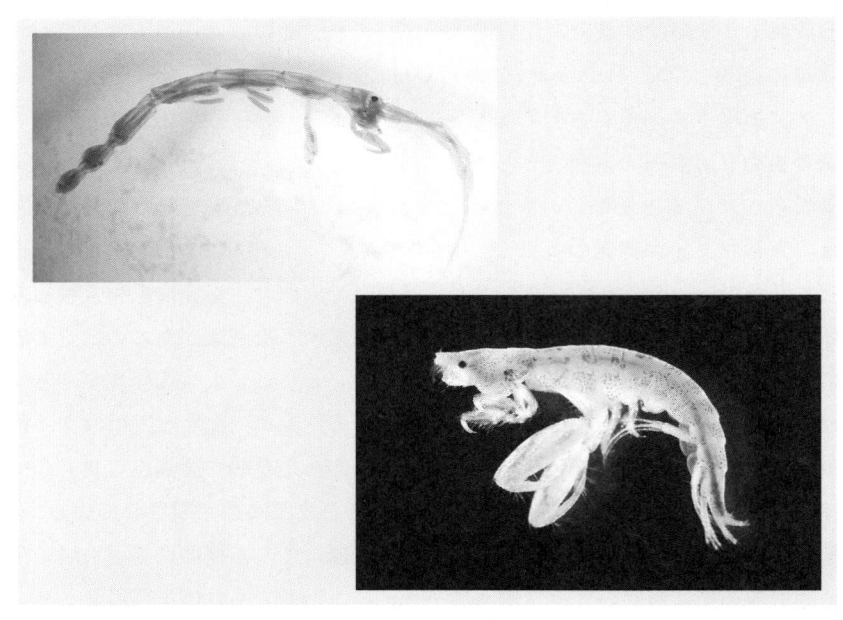

図3-6 アマモ場の葉上動物―稚魚の重要な餌となる．ワレカラ（上）およびヨコエビ（下）（(独) 水産総合研究センター瀬戸内海区水産研究所首藤宏幸氏ならびに山田勝雅氏提供）．ワレカラ：オオワレカラ，ヨコエビ：カマキリヨコエビ属の一種．

　これまでのアマモ場のゆりかご機能を調査した研究（大島，1954）では，マダイ，クロダイ，スズキ，メバルなど有用魚の稚魚が採集されている．これらの稚魚はアマモ場を隠れ家にするとともに，摂餌場としていると考えられている．最近，室内実験的にアマモの存在がマダイ稚魚にとって捕食者（ここではスズキが用いられた）からの逃避上重要な役割をもつことが示されている（Shoji et al., 2007）．一方，摂餌場としては，アマモの葉の表面に付着している多くの葉上動物が重要であり，それらの多くはアマモの葉の上に増殖する付着珪藻などを餌としている．それらのなかで，稚魚の餌として特に重要な付着動物はヨコエビ類とワレカラ類である（図3-6）．

また，アマモ場のあちこちの空間には，ある種のカイアシ類が高密度に団子状の集団（スオーム）を形成し，稚魚にとっては好適な餌資源となっている．アマモ場という限られた空間の中で，付着珪藻—葉上動物—稚魚（ハオコゼ *Hypodytes rubripinnis* に代表される）と植物プランクトン—カイアシ類—稚魚（メバル稚魚に代表される）という食物連鎖が形成されている（小路，2009）．このような連鎖があるということは，当然それらの稚魚を捕食する魚類や無脊椎動物（特にカニ類）も生息していると思われる．アマモ場を成育場とする稚魚たちはそれらの捕食者に対してどのような防御策を発達させているのであろうか．昼間と夜間のアマモ場の構成魚種は大きく異なることが知られている．稚魚たちは，夜間にはアマモ場の周辺域にねぐらを移動させているのであろうか．

　アマモの近縁種で，コアマモ *Zostera japonica* という種がある．それらはアマモ場よりはさらに内湾的な汽水性の砂泥底に海草モ場を形成する．わが国の川の中で，おそらくは最も有名な高知県西部を流れる四万十川河口域のコアマモ場を，"幻の怪魚"として知られるアカメ *Lates japonicus* の仔稚魚が成育場にしていることが，Kinoshita et al.（1988）により初めて報告され，その後，仔稚魚期の生態の一端が明らかにされている（内田，2005；2008）．本種は東南アジアからオーストラリア北部に広く生息するバラマンディー *Lates calcarifer* と近縁種である．アカメでは，コアマモの葉が流れによって斜めにたなびくのとほぼ並行に頭を下にして倒立状態で静止している様子が潜水観察されている（木下，2001）が，バラマンディー稚魚も同じ倒立状のポーズをとることが報告されている．しかし，アカメの個体群サイズは極めて小さく，絶滅する前にその保全に不可欠な産卵場の特定をはじめまだまだ解明すべき多くの課題が残されている．

　以上のように，アマモ場の効用，"ゆりかご"機能についても，単純ではなく，その周辺の環境の多様性やそこに生息する構成種によっても多様であり，あるアマモ場では餌場としての機能が優先するのに対し，他のアマモ場

では隠れ家的機能が優先する．また，直接的な効用（餌場や隠れ場）とともにデトリタス食物連鎖を通じて間接的効用がより顕在化する場合も存在する．

5 海の森林：ガラモ場

　上記のアマモ場に対して，岩礁域や転石帯に発達するのがガラモ場（図3-7）である．世界的に有名なカリフォルニア海域やタスマニア島沿岸域のジャイアントケルプ *Macrocystis pyrifera* は長さ50mにも達し，メバル類をはじめとする多くの魚類の生息場となっているばかりでなく，ラッコやアザラシ類などの海棲哺乳類にとっても不可欠の生息場となっている．我が国周辺の北海道などでは，コンブ類などが広大な海中林を形成する．一方，温帯域ではホンダワラ類やアラメ・カジメ類が海中林を形成する．これらの海中林は，アマモ場とは異なり，それを構成する海藻類が多種多様であり，また複雑な岩礁構造のため，より多くの魚類の成育場として機能するばかりでなく，魚類や頭足類の産卵基質としても重要な役割を果たしている．ニシン *Clupea pallasi*，ハタハタ，アイナメ，サヨリなどはガラモに粘着性の沈性卵や卵塊を産みつける．また，ホンダワラ類は海底基質から切れて，海面近くを浮遊する流れ藻となり，トビウオ類やサンマなどの産卵基質ともなる．同時に，マアジ *Trachurus japonicus*，メダイ *Hyperoglyphe japonica*，ブリ *Seriola quinqueradiata*，イシダイ *Oplegnathus fasciatus*，メジナ *Girella punctata*，アイゴ *Siganus fuscescens*，アイナメ，カワハギ類，メバル類など多くの魚の稚魚期の成育場としても重要な役割を果たしている（池原，2001）．

　ガラモ場は稚魚にとって格好の隠れ家を提供するが，同時に隣接する砂泥底域の定住者を含め，アイナメ，カサゴ類，オニオコゼ *Inimicus japonicus*，アナゴ類，ヒラメ，スズキなどの捕食者になりうる魚類や無脊椎動物（エビ・カニ類，イカ・タコ類）も多く存在する（山下・朝日田，2005）．一体稚魚たち

図 3-7 若狭湾西部海域伊根町地先のガラモ場（京都大学フィールド科学教育研究センター益田玲爾氏提供）．多数のスズメダイ類がみられる．

はどのようにしてこのような捕食者から身を護っているのであろうか．

　かつては漁獲量 100 万 t を超えていた北海道のニシンは，20 世紀の前半にどんどん漁獲量が減少し，後半にはその資源が壊滅したのは，産卵基質となるガラモ場の消失と密接に関連しているのではないかと考えられた．そして，そのモ場の消失は，森林の大量伐採，すなわち森の荒廃と関連しているという（三浦，1971）．林業による水源域として重要な働きをしていた森林から多量の木の伐採が行われると同時に，大量のニシンから油を搾るための，そして燻製などにするための燃料として，漁民自身が沿岸の魚付き林として重要な役割を果たしてきた木を次々と切り出し，その結果裸地となった沿岸からは雨の度に濁水が流入してガラモ場を消失させてしまったことも指摘されている．

　一方，これとは逆に，砂漠化した陸域の緑化がコンブ類などの海中林を復

活させ，漁獲量を著しく増大させた典型的な例として，襟裳岬での取り組みを挙げることができる（稲本，2003）．明治時代に北海道へ入植した人々は森を開墾して農作地や牧場を作るとともに，長く厳しい冬を乗り越えるために，周辺の木を次々と切り，最後は木の根まで掘り起こして燃料として利用し尽くした．その結果，荒廃した陸域から大量の砂泥が海に流れ込み，海中林は壊滅し，漁獲量は激減した．この状況を何とか回復してかつての豊かな海を取り戻そうと，一人の漁師が立ち上がり，あらゆる苦難を克服し，半世紀をかけて砂漠をかつての緑の森に復活させた．その結果，陸上の緑の面積が増えるとともに，海中林は復活して漁獲量はどんどん上昇し，1950年代の数十tから1990年代には1500t台にまで回復した．このことは，陸域と連続して分布するガラモ場は単に海の中の生態系の仕組みのなかだけで存在するのではなく，陸域生態系と密接に関連した存在であることを端的に示している．

　ガラモ場の稚魚成育場機能はどうであろうか．アマモ場とは異なり定量的な採集が困難であるためまとまった知見は少ないが，メバル，カサゴ，クロソイ，アイナメ，ベラ類，キジハタ Epinephelus akaara，イシダイ，アイゴ，メジナなど多くの稚魚の成育場となっている．場所や年によっては，マダイ稚魚もガラモ場を利用することがある．彼らがガラモ場を成育場として利用するのもまた，豊富な餌に恵まれ，強い波浪の影響を避けることができ，捕食者からの隠れ家ともなるためと考えられる．たとえば，初夏からガラモ場に出現するキジハタ稚魚を採集し，その胃内容物を調べた結果によると，餌生物は，甲殻類（エビ・カニ類）を主食とし，端脚類（ヨコエビ類やワレカラ類）など多様な無脊椎動物が検出されている（田中，未発表）．しかし，この結果は，昼間の胃内容物組成であり，成長すると夜行性に変わる（松田，2006）本種の夜の食性や摂餌生態については，よく分かっていない．近年では，全国各地で深刻な"磯焼け"が進行し，海の砂漠化（図3-8）が広がっており，稚魚の重要な成育場の一つは今危機的な状態に陥っている．その原因の一つに

図 3-8 長崎県下で見られた典型的な磯やけ(多数のウニ類のみが見られる((独)水産総合研究センター西海区水産研究所八谷光介氏提供).

は,特に南西日本では海水温の上昇とともに南方性のアイゴ科,ニザダイ科,イスズミ科,ブダイ科などの草食性魚類が増加し,それらによる捕食も挙げられている.

6 マングローブ河口域

　マングローブ域は世界の熱帯・亜熱帯域に広く分布し,浅海河口域の生態系として大変重要な役割を果たしている(例えば,Kathiresan and Bingham, 2001).わが国では,亜熱帯域の西表島に代表される琉球列島の河口域にはマングローブ林が生育し,生物多様性の宝庫としてサンゴ礁域とともに特異

で貴重な生態系を形成している．マングローブ林は世界の亜熱帯や熱帯域に広く分布しているが，多くの島々からなる南アジアや東南アジア地域には世界のマングローブ林の40％以上が存在する．東南アジア各国では，マングローブ林は漁業資源を育成する極めて重要な役割を担っていることから各地で調査や研究が進められているが，本節では，わが国の国際農林水産業研究センター（JIRCAS）がマレーシア政府の研究機関と協力して研究を進めている，半島マレーシア西岸のマタングマングローブ域で解明されつつある研究成果を中心に稚魚成育場としての機能の一端を眺めてみよう．

ここで紹介するマタングマングローブ域は，国立公園に指定され，世界的にも非常に良く管理されたマングローブ林の一つとされている．マングローブ林を形成する樹種は多様であるが，ここでは主に *Rhizophora apiculata* よりなる．マングローブ林は豊富な栄養塩の提供，稚魚や稚エビの摂餌場ならびに隠れ家，さらには幼魚やエビ・カニ類などの生息場となり，マレーシアの漁業生産量の実に50％を支えていると試算されている（Chong, 2008）．マングローブ域が熱帯域の漁業生産にとって不可欠な存在であることは，以下の二つの説に基づいている．一つは，"Food supply"説であり，他方は，"Refuge"説である．前者は，マングローブ域は多様な微小プランクトンや底生動物の宝庫であり，多くの魚類や甲殻類の稚魚や幼生の餌場として極めて重要な役割を果たしているとの考えである．これに対して後者は，蛸足状に複雑に張り巡らされたマングローブの根，さらには干潟域に多数生えた稚樹などにより周辺の環境が極めて複雑であり（図3-9），捕食されやすい幼生たちにとっては格好の隠れ家になるとの考えである．

マングローブ域の生物生産性は極めて高い．常に更新する大量の落葉が微生物や底生無脊椎動物その他の生物により分解され，アンモニアやリンなど多様な栄養塩類が大量に水中に提供され，大潮時にはクロロフィル-a量は80 μg/l という著しく高い植物プランクトン生産性を示す（Tanaka and Choo, 2000）．このような高い基礎生産は，当然大量の動物プランクトンの生産に

図 3-9 マレーシアマタングのマングローブ汽水域(国際農林水産業研究センター田中勝久氏提供).満潮時にはこの複雑に張りめぐらされた根の部分が稚魚にとっては捕食者からの格好の隠れ場となる.

結びつき稚魚や無脊椎動物幼生の格好の餌生物となる(生食連鎖).一方,分解されたマングローブの葉の残渣はデトリタスとなり,デトリタス食性無脊椎動物,さらにはベントス食性魚類や甲殻類などにつながって行く(デトリタス連鎖).Hayase et al.(1999)の窒素・炭素安定同位体比分析によると,ヤエヤマアイノコイワシ *Stolephorus commersonnii* に代表的に見られるように,これまで考えていた以上にマングローブデトリタスは,直接ならびに間接(ベントス経由)に浮魚類にもよく利用されていることが示唆されている.

次に,マングローブ林の隠れ家機能を見てみよう.前述したように,マングローブは干潮時にはその蛸足状の複雑に四方に広がった根を張っている.この根の張り方や数は樹種によって異なり,より複雑に張った根を持つ木ほ

ど隠れ家としては好適である．また，川底に堆積した落葉も隠れ家に利用されるであろうし，特に，多くの生物が集まってくる大潮時には潮流により形成される高濁度水は，捕食者からの視覚による被食を避けるうえで効果があると考えられる．それぞれのマングローブが発達する河には大小様々なクリークが存在し，その程度が複雑なほど隠れ家効果は大きい．多くの捕食性生物が加入してくる大潮時には，稚エビや稚魚は，流心部を離れて岸際のバンクの周辺に集まり，大型魚などからの被食を避けている．

ほぼ周年にわたりマングローブ域に出現する仔魚の動態を調べた Ooi et al.（2007）によると，仔魚は 92〜1248 個体/100m^3 と年間を通して極めて高い密度であった．このうち，53% はハゼ科魚類，42% はカタクチイワシ科魚類で占められ，残りの 5% はアジ科，ギンポ科，イサキ科魚類など 14 種より構成された．マングローブ河口域にはこれらの仔魚が沖合に逸散しないように保持する機構が有りそうである．ここに挙げられたその他の 14 種の多くは仔魚期からマングローブ域に加入するというよりは，着底後あるいは稚魚への移行後に加入するものが大部分だと考えられている．

このように，東南アジアにおけるマングローブ河口域は，ここでは魚類に焦点を合わせて紹介したが，漁業生産上では対象となるすべてのエビ類にとってはなくてはならない成育場ならびに生息場であり，その重要性は極めて大きい．しかし，このような重要な役割を果たすマングローブ林にも人間の無策な管理や開発の手は伸び，非再生産的林業，不法伐採，農業用地造成，養殖池の造成，空港や港の建設，工業地化，都市化，埋め立て，廃棄物投棄，汚水の垂れ流しなどにより大きなダメージを受けており，半島マレーシアでは，1990 年からの 10 年間に 20% のマングローブ林が消失し，エビ類の漁獲量は，8 万 t 弱から 5 万 t 強にまで落ち込んでいるという（Chong, 2008）．2004 年末に生じたインドネシア沖地震による大津波の教訓が生かされ，マングローブ林の再生がはかられるとよいのだが．

7 サンゴ礁域の特異な成育場機能

　サンゴ礁域において潜水観察をした経験が数回しかない筆者にも，その驚くばかりの生物の多様性は容易にイメージできる．読者の多くも，もっと気軽に水中散歩ができるのなら一番に覗いてみたいと思われるのは，色とりどりの生き物たちが共存しているサンゴ礁域（図3-10）であろう．サンゴ礁域はこれまで述べてきた成育場とは異なり，主に稚魚だけが暮らす生息場ではない．スズメダイ類，ベラ類，チョウチョウオ類，ニザダイ類，ブダイ類，イソギンポ類，ハタ類，ハゼ類など多くの成魚を含むいろいろな成長段階の魚やその他の無脊椎動物たちの生息場となっている．

　サンゴ礁性魚類もスズメダイ科やアイゴ科，ハゼ科などを除く多くの種は小さな分離浮性卵を産卵し，仔魚はサンゴ礁域の外海においてある期間遊泳力の未発達な幼生として浮遊生活を送る．その期間は種によって異なる．多くは20日～30日程度であるが，中には3ヶ月以上の魚種もあり，浮遊距離は数kmから数千kmにも及ぶ（佐野，1995）．その後，幸運にも生き残った仔魚は変態期になると，サンゴ礁域に戻ってくるのである．その機構の一端は前述の接岸回遊の節で述べたとおりである．同種の稚魚をも捕食する成魚をはじめ，大小多くの潜在的捕食者がいる場所にどのようにして加入着底するのであろうか．

　着底はその後の稚魚期を生き残っていくうえで，一つの大きな試練と考えられる．他の温帯性魚類と同様に生まれた卵の1000分の1から時には1万分の1の生存者が簡単に被食を受けるような無防備な着底をするはずがないと考えられる．これまでの観察や稚魚の放流実験では着底は主に被食の危険性の少ない夜間に行われ，ほとんどの個体は着底時には場所や基質を識別し，かなり明瞭に特定の場所を選択して着底していることが明らかにされている．常識的には，着底稚魚数はそこにいる同種と似たようなニッチを占め

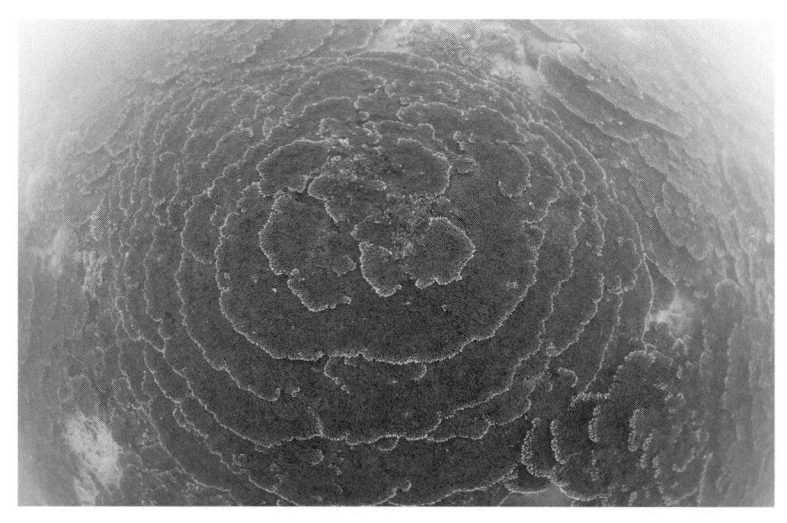

図 3-10　高知県須崎市「横浪林海実験所」地先の沿岸域に形成されたミドリイシサンゴ（愛媛県平田智法・しおり氏提供）．

る多種の成魚密度によって制約されると考えられるが，実際には浮遊稚魚はそれらに着底を妨げられないし，着底後も排除されることはないようである．それは，着底が夜間に行われることと，サンゴ礁域の着底環境は極めて構造的に複雑であり，稚魚は大きさに応じてふさわしい生息場所（成育した魚から捕食を受けないような）を見つけ出すことができるからと考えられる．そればかりか，逆にミスジリュウキュウスズメダイ $Dascyllus\ aruanus$ のように，浮遊稚魚は睡眠中の成魚から出る水溶性の化学物質を嗅覚で感知し，着底場所を探す魚種も知られている（佐野，1995）．

　着底に伴う死亡は，砂浜域に着底するヒラメなどの異体類の稚魚でも場所によっては顕著に発現することが知られているが，複雑な隠れ家が豊富にあるサンゴ礁域ではどうであろうか．Sale and Ferrell (1988) によれば，着底後の死亡率は，一般的には着底後数日から1週間の間に高く，多くの種で15％から25％程度になるが，その後は急速に低くなる（図3-11）．もちろん

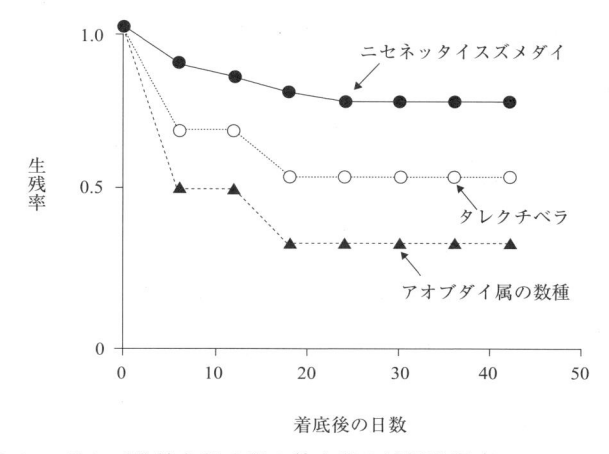

図3-11 サンゴ礁性魚類3種の着底後の減耗過程（Sale and Ferrell, 1988を佐野, 1995が改変）．いずれの魚種でも着底後20日前後で生残率は安定する．

この値は魚種によって変動し，一般的には動き回る稚魚で高い傾向が見られるという．夜間にヒラメやマダイの稚魚は海底に着底して静止状態でいるのは，被食圧を最小にする作戦なのであろう．

　サンゴ礁域に着底した稚魚は一体何を食べているのであろうか．サンゴの粘液にはタンパク質，多糖類，脂質などが多く含まれ，栄養価が高いことが知られている．これらの粘液やサンゴのポリプを餌にしている可能性が高い．高知県須崎市の外海に面した横浪半島には，2006年に京都大学，高知大学ならびに高知県水産試験場が共同で，「横浪林海実験所」を設置し，その前浜には20km以上にも及ぶ照葉樹の魚付き林に守られた海岸域に広大なイシサンゴ類の群落が広がっている．ここには多くの亜熱帯性のチョウチョウウオ科の稚魚が生息（図3-12）し，地元の池の浦漁業協同組合の協力のもとに，それらの生態が詳しく調べ始められている．その観察結果によると，多くの稚魚の主要な餌生物はサンゴのポリプであるという（山岡耕作氏，私信）．

図3-12　高知県須崎市「横浪林海実験所」地先に大規模に広がったミドリイシサンゴ群落とその手前を泳ぐチョウチョウウオ科魚類．左下はサンゴのポリプを食べる稚魚（愛媛県平田智法・しおり氏提供）．

　以上のように，サンゴ礁域は他の稚魚成育場とは様相を異にするが，サンゴ礁性の魚類の稚魚にとってはなくてはならない成育場として機能している．また，ここまでに紹介したアマモ場，マングローブ域の間には生物的なつながりがみられ，魚種によってはそれらを成育に伴って順次移動するものも知られている（Mumby et al., 2004；Nakamura and Tsuchiya, 2008 ほか）．

8　ヨシ群落はなぜ重要なのか

　わが国で最も大きな琵琶湖は，関西圏の水瓶として，"Mother Lake"と呼ばれている．琵琶湖は400万年の歴史を持つ世界の古代湖の一つであり，15

種前後の魚類固有種が分化している．しかし，1960年代から始まった琵琶湖総合開発による環境の著しい改変，人口の増加，オオクチバスやブルーギルなど外来魚の爆発的な増加などにより，固有種をはじめ琵琶湖の漁業資源はこの20数年間に著しく減少している．中でも湖国滋賀県の伝統的なれ鮨の一種である"フナ鮨"の素材として無くてはならないニゴロブナ *Carassius buergeri grandoculis* の資源量は10分の1と著しく減少し，食文化が消失しかねない状況に至った．そこで滋賀県では，1990年代前半よりニゴロブナの復活を目指した研究が取り組まれた．

藤原ほか（1998）は，まずニゴロブナ資源の減少は20世紀の後半に4分の1近くまで減少したヨシ群落に密接に関連するとの考えに基づき，モデルヨシ群落（沖だし50m，幅150m）を定め，そこに人工的に育てた孵化仔魚を放流した．本来なら，生態研究はまず現場の自然な状態から調べるのが鉄則であるが，自然界のニゴロブナは調査に耐えられないほど資源量が低下し，このような実験生態学的手法が取り入れられたのである．ヨシ群落の中央部に湖岸線に平行に放流して後日仔魚の再捕を行ったところ，大部分の仔魚はヨシ群落の奥部に移動し，沖側に移動した個体はほとんど見られなかった．なぜニゴロブナ仔魚はヨシ群落の奥部へ移動したかを明らかにするため，ヨシ群落内の餌となる動物プランクトン（カイアシ類や枝角類）の分布状態が調べられたところ，群落の奥部ほど密度が高く，最奥部では1ℓ当たり1000個体を上回るほどの高密度で集中分布していることが明らかになった．ちなみに沿岸や湖岸域のこれらの動物プランクトンの密度は高くてもせいぜい数十個体レベルである．ニゴロブナ仔魚のヨシ群落奥部への移動は，この高密度の餌生物の分布によることが判明した．

次に，ヨシ群落の無機的環境が調べられたが，中でも酸素濃度の分布状態には驚くべき結果が得られた．つまり，ヨシ群落の奥部ほど酸素濃度は低く，夜間には最奥部の酸素濃度はゼロになるのである．この極限状態にニゴロブナ仔魚は一体どのように対応しているのであろうか．一つには，夜間にはニ

ゴロブナ仔魚は酸素濃度が相対的に高いヨシ群落の沖側に移動している可能性も想定されたが，そうした動きは全く観察されなかった．そこで，藤原ほか (1998) は，ニゴロブナ仔魚が無酸素状態下でどのように対処しているかに関する飼育実験を行ったところ，仔魚は水面下に集まり，空気中からわずかに溶けてくる酸素を利用していたのである．こうした行動により琵琶湖のニゴロブナ仔魚は，餌が豊富で外敵がほとんどいない極限的な環境に適応して生き残ってきたことが実証された．

さらに，ニゴロブナにとってヨシ群落が不可欠の成育場であることを実証するために，体長 12mm から 2mm 間隔で 24mm までの初期稚魚にそれぞれを識別できる固有の蛍光標識を耳石に付け，砂浜，沖，ヨシ群落に放流した．そして，4ヶ月後に沖合の漁場に加入した当歳魚 (体長 8 から 10cm 前後) の生き残り状態を調べた結果，沖ならびに砂地放流群の生き残りは極めて低い値であったが，ヨシ群落放流群はそれらより 10 倍以上の高い生残率が得られた．

かつての琵琶湖周辺には，内湖が沢山あり，それらはヨシ群落に縁取られ，ニゴロブナ仔稚魚などの格好の成育場となっていた．それらの大半が埋め立てられ，湖岸は直線化され，立派な湖岸道路が走っているが，この陸域と湖域の境界こそ仔稚魚たちの成育場として不可欠の存在だったのである．

ここでは触れなかったが，富栄養化の著しい諏訪湖の浄化のために沿岸の浅い水域に沈水性あるいは抽水性草類を造成する試みが行われているが，これらの水草群落も多くの淡水魚の成育場となっていることが予想される．

第4章 仔稚魚は"回遊"するか？

　哺乳類，鳥類，昆虫類など多くの動物群では，繁殖や摂餌と関わって長距離の移動を行う例が多く知られている．魚類ではこのような長距離の移動は回遊として，古くから興味が持たれ多くの研究がなされてきた．わが国においては，魚の生物学は，主に漁業資源としての重要性から，水産生物学的に行われてきた．効率的に漁獲を行い，また資源を管理するうえで，魚の動きの把握は，最も重要なことの一つであったからと考えられる．中でも，母川に回帰するサケ類の回遊は，特によく研究され（帰山，2002；上田，2001ほか），また回帰してきたサケが産卵床を造成し，雌雄が寄り添って産卵する様子は，しばしばテレビなどでも紹介されることから，一般にもよく知られている．サケ類は産卵のために生まれた川に戻ってくる溯河回遊魚であるが，これとは逆に，産卵のために生まれた遠方の海に帰る降河回遊魚の代表的な魚種であるウナギの回遊の解明が近年大きく進み注目を浴びている（塚本，2008）．2008年夏季には水産庁の漁業調査船が，塚本勝巳らが明らかにした産卵場マリアナ海域で初めて産卵親魚を6尾採集し，大きな話題になった．サケの母川への回帰やウナギの産卵場への回帰は，成熟した成魚に見られる回遊現象である．

　このような回遊と呼ばれる現象が，諸器官や諸機能が未だ十分に発達していないと考えられる仔稚魚にも見られるのであろうか？

1　通し回遊

　魚類の大半は，一生を海で暮らすか，川や湖などの淡水域で暮らすかのどちらかである．しかし，中には先述のサケ類やウナギ類のように，一生の間に淡水域と海域を往復する魚種も存在する．身近な魚では，秋に川の下流域で産卵を行い，孵化後直ちに海に下った仔魚が，半年後には稚魚になって川に戻ってくるアユ，春の風物詩の一つにもなっている"躍り食い"で有名なシロウオなどハゼの仲間，有明海の特産種であるエツ（カタクチイワシの仲間），九頭竜川で"霰がこ"として知られるカマキリ *Cottus kazika* など，意外に多くの身近な魚が海と川を往復する生活史（通し回遊）を持っている．しかし，これまで世界中で知られている通し回遊魚は魚類全体の数の1％にも満たない．

　通し回遊魚は，通常三つのタイプに分けられる（図4-1）．一つは，サケ・マス類に見られる，仔魚は淡水（河川）で生まれ稚魚期に川を下って海に入り，北洋の生物生産性の高い豊かな海で動物プランクトン・小魚・イカ類などを食べ，数年後に体長70から80cmにも成長して，生まれた川（母川）に回帰するタイプであり，溯河回遊魚と呼ばれる．これに対して，ウナギ類は外洋の海で生まれ，半年から1年に及ぶ仔魚期を海流に身を委ね，陸近くの海域に到達するとシラスウナギに変態して河口域に集まり，川を溯上して淡水域で5年から10年ほどを過ごす．その後，成熟が始まると，海に下って生まれた遠方の産卵場へと回帰後，産卵を行って一生を終える．このような回遊は降河回遊と呼ばれる．

　これら二つの代表的な回遊に対して，アユやハゼ類の多くは，海から川への回帰や川から海への回帰が産卵には関係なく，成熟よりずっと早い段階でその後の成長のために行われる．こうした中間的タイプは両側回遊と呼ばれる．一般には，亜寒帯や寒帯域では，淡水域より海域の生物生産性が高いた

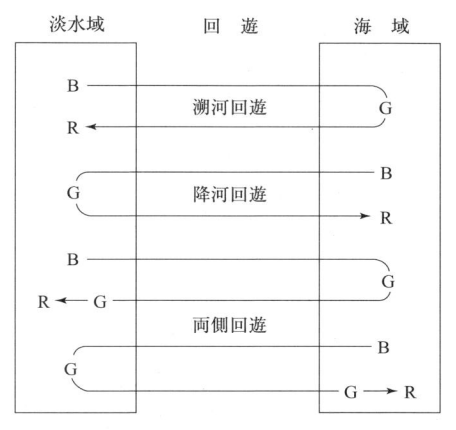

図 4-1 通し回遊の三つのタイプに関する模式図．B：孵化，G：成長，R：生殖（産卵）(Gross, 1987).

めに，稚魚は海に降りそこで充分に栄養を蓄えて成熟可能な段階に至ると生まれ故郷の川に戻ると考えられている．一方，亜熱帯や熱帯域では，海より川の生物生産性が高いため，稚魚は川で成長して，成熟可能になると川を下り，生まれた産卵場に回帰する．溯河回遊魚が北の地域に多く，降河回遊魚が南の地域に多いのはこのためである (Gross, 1987)．温帯域の有明海には，溯河回遊魚のエツやアリアケシラウオ *Salanx ariakensis* が分布するとともに，降河回遊魚のヤマノカミ *Trachidermus fasciatus* も生息している．

　一方，両側回遊魚はどのような位置づけなのであろうか．先述のように，両側回遊魚の最も代表的な例はアユであるが，それ以外にもハゼ科のチチブ *Tridentiger obscurus* やトウヨシノボリ *Rhinogobius* sp. などは，川の下流域の石の裏に卵を産みつけ，産卵後1週間ほどで孵化した仔魚は直ぐに流下して河口域に到達する．かれらはカイアシ類をはじめとする動物プランクトンなど餌生物の豊富な河口域で育ち，稚魚へと移行すると一斉に海から川へと溯上し，その後，川で育ち成熟する．これらとは反対に，有明海のスズキは海で生まれ，仔魚期を海で過ごし，それらの一部は稚魚への移行とともに河

川域に入りしばらく滞在した後，再び海あるいは汽水域に降下する．通し回遊の進化の過程から判断すると，前者は溯河回遊への進化の途中であり，一方，後者は降河回遊への進化の途中にあるのではないかと考えられている（Gross, 1987）．これらの例の多くで，いずれも稚魚への移行という初期生活史の一大転換期に生息場所を海から川へ移すことは興味深い．

2 輸送の功罪

　海産魚類の多くは小さな軽い卵期や遊泳力の乏しい仔魚期を過ごすため，産卵後のある期間の移動は受動的であり，海流や潮流の強い影響を受ける．長い進化の歴史のなかで，親魚は卵や仔魚が生き残りの可能性の高い所に輸送されるような場所や時期を選んで産卵を行っているものと考えられる．しかし，それは，ある程度長いタイムスパンで見た場合にはそのようにいえると考えられるものの，生物の生理生態の動態と，周りの無機環境，特に風をはじめとする気象や気候状態により変動する流動の動態とは全く次元の異なる機構で動くものである．つまり，産卵は，常にその後の生き残りに都合が良い時期に行われるとは限らない．初期減耗のバイブルであったHjort（1914）の"Critical Period Hypothesis"においても，貧栄養条件への輸送が致命的となると指摘されている．

　近年，海洋調査においても様々な技術的進歩が進み，卵や仔魚の輸送にも新たな知見が見いだされつつある．たとえば，クロマグロの主要な産卵場は琉球列島の南西沖であり，仔魚のパッチを漂流ブイで追跡したり（Satoh et al., 2008），クロマグロの産卵場に染料を流すことによりその移動や広がりを追跡する（北川貴士氏，私信）ことで，卵や仔魚が黒潮にのって北上する様子が想定されている．これらの推測は，現場で同時期に行われた稚魚ネットによるクロマグロ仔魚の採集結果（Tanaka et al., 2007）ともよく一致すること

が示されている．クロマグロ仔魚は黒潮に輸送されながら，成長してヨコワ（幼魚）となり，九州から四国沖を北上する．

　一般に，魚類では，同定が困難なために卵の輸送が追跡された例は少ない．有明海において産卵するスズキの場合には，卵径が比較的大きいことと冬季のため産卵する魚種が少なく，したがって同定が可能であり，卵期の移動の一部が報告されている（Hibino et al., 2007）．それによると，発生初期卵は主に表層に分布するが，発生の進行とともに分布の中心は中層に移り，しかも水平的には湾奥寄りの場所への移動が認められている．冬季の北西からの季節風による表層の南下流を補償するように，中底層の流れは北上するためと考えられている．このことは初期の仔魚についても同様であり，成長の進んだ仔魚ほど湾奥よりに分布が認められた．しかし，このようなことがどこでも起こっているとすれば，若狭湾のように有明海とは逆向きの湾では，卵は沖に流されることになる．実際の調査結果（大美，2002）では，若狭湾でも成長とともに中底層に分布の中心を移したスズキ仔魚は，次第に湾奥に接岸する．それぞれの海域で，輸送のされ方は多様なのであろう．

　孵化したばかりの卵黄仔魚の輸送については，有明海筑後川淡水感潮域を産卵場とするアリアケヒメシラウオ Neosalanx reganius とアリアケシラウオの対比が面白い．前者は一生涯を淡水感潮域で過ごすわが国固有の最も小型のシラウオであるのに対し，後者の生息域は河口域であり，産卵期にのみ淡水感潮域に遡上し，アリアケヒメシラウオとほぼ同じ場所で，川底の砂泥に粘着性の卵を産みつける．両種の卵径や孵化仔魚の大きさもほぼ同じであるのに，前者は遊泳力のほとんどない孵化後の卵黄仔魚期や仔魚の初期にも下流に流されることがないのに対し，後者は孵化後数日以内に淡水感潮域から姿を消し，下流へと流下する．両種の孵化後の塩分耐性が実験的に比較されたところ，アリアケヒメシラウオは高塩分に極めて弱いのに対し，アリアケシラウオは初期からかなりの高塩分に耐える能力を有している．次に，両種の仔魚の流れに対する反応が感潮域で調べられたところ，前者は流れの緩や

かな場所に集まるのに対し，後者は流れの急な場所に分布する傾向が見られ，このことがその後の両種の分布の違いとして現れるものと推定されている（飯野，2008）．

長期の仔魚期の輸送として，最も興味深いのはウナギ類である．大西洋に分布するヨーロッパウナギ Anguilla anguilla やアメリカウナギ A. rostrata の仔魚（レプトケファルスと呼ばれ，しだれ柳の葉に似た形で，体は透明である）の輸送過程は，20世紀の初期にデンマークの海洋生物学者であった Schmidt (1925) の度重なる調査航海を通じて得られた膨大な試料により明らかにされている（図 4-2）．一方，太平洋西部海域に生息するウナギのレプトケファルスの分布については，1980年代終わりまでは，極めて断片的な試料しか得られていなかったが，1980年代後半から東京大学海洋研究所の塚本勝巳グループによる頻度の高い精密な調査により，1990年代前半にはいろいろなサイズのレプトケファルスが大量に採集され，およその輸送ルートが明らかにされた (Tsukamoto, 1992)．その後，さらに調査は継続され，2005年には孵化後1日目と考えられる卵黄仔魚が採集され，ほぼ産卵場も特定されるに至った (Tsukamoto, 2006)．すなわち，マリアナ海溝近海の海山周辺が産卵場であり，卵や仔魚は北赤道海流から黒潮に乗り移り，およそ半年をかけて輸送され，日本近海では60mm前後の頭が少しウナギ型に細長くなった変態開始期のレプトケファルスまでは採集されている．しかし，シラスウナギへの変態過程やそれらが河口域に到達する過程については未だに謎に包まれたままである．

ところで，これまで主に温帯域や亜寒帯域で調べられてきた仔稚魚の成育場への接岸回遊は，ともすれば受動的プロセスとの考えに基盤をおいていたのに対し，主として1990年代から取り組まれたサンゴ礁魚類の接岸着底機構に関する研究は，サンゴ礁域への回帰は受動的な過程ではなく，より能動的に行われることが明らかにされている（Leis and McComick, 2002 ほか）．このことについては，後に詳しく紹介しよう．

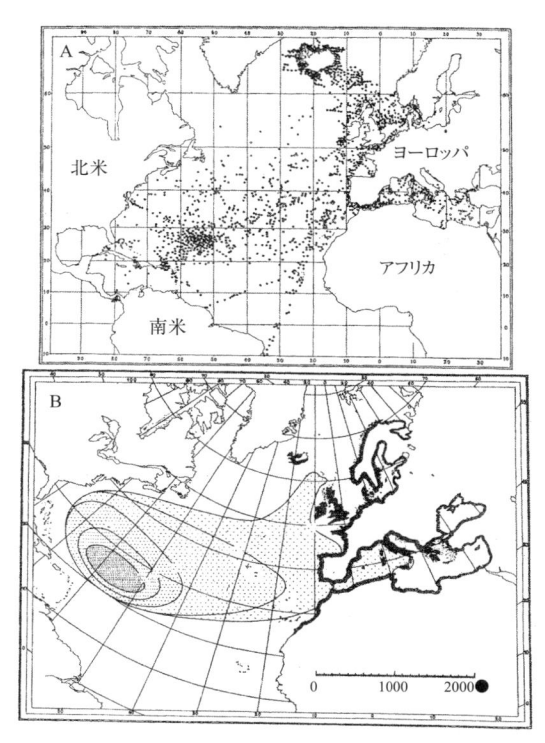

図 4-2 ヨーロッパウナギ幼生（レプトケファルス）の採集点．(A) と体長別分布範囲 (B)（Schmidt, 1925）．一番小さな楕円の中心付近が産卵場（サルガッソー海）．成長とともにヨーロッパに近づくことがわかる．

3 死滅回遊

　第1章などで述べたように，海産魚類のほとんどが小さな卵を大量に産む繁殖戦略を取るのは，生き残り戦略の一つと考えられる．多産により極めて高い初期減耗率を補償し，また，偶然に分布範囲を広げる可能性を保持した

戦略でもある．沿岸域から沖合域一帯に分散した卵や仔魚のなかには，たとえ餌に恵まれ，捕食を回避できたとしても，沿岸域の稚魚成育場には移動できない個体も多くいるものと考えられる．一体生き残った仔魚期後半の個体のうちどれくらいの割合が，それぞれの種に固有の稚魚成育場にたどり着けるのであろうか．このことを定量的に推定することは至難の業と思われる．先に，ヒラメの変態期の仔魚が着底不可能な水深帯に輸送された場合，ある程度の期間は変態の進行を遅らせて着底の可能性を探ることになることを紹介したが，ほとんどの場合には着底に成功せず，死亡するものと考えられる．また，北海道西部に生息するヒラメ仔魚は，対馬暖流にのって北東へ輸送され，宗谷岬を超えてオホーツク海まで至ることがあるが，そこで着底した個体は厳しい冬を乗り越えることができるのであろうか．

　日本列島は細長く，亜熱帯の琉球列島からはサンゴ礁性の仔魚が初夏から夏にかけて黒潮や対馬暖流に流され，太平洋沿岸域や日本海沿岸域の各地にたどり着く．これまでかれらは，秋までの高水温期には生存が可能であったが冬季の低水温には耐えられず，死滅してしまっていた．このような現象は，無効分散あるいは死滅回遊と呼ばれ，いろいろな生物群で知られている．しかし，最近の冬季の水温の上昇（地球温暖化と関係した可能性が高いと言われている）は，これらの"開拓者"の越冬を可能にし，それらのなかには日本周辺にとどまって再生産に成功する個体も出現し始めている．その結果，特に西日本では沿岸域の生態系にも深刻な影響が出始めていることも報告されている．たとえば，暖海性のアイゴやニザダイ *Prionurus scalprum* などが九州や四国の沿岸域では摂食活動を活発化させ，一部は南方海域からの加入の増加により，海藻類を大量に摂食し，磯焼けの主要な原因の一つになりつつある．特に，海藻類の繁殖期である冬季の水温上昇は夏季よりはるかに顕著な場合が多く，新芽がアイゴ類などに食べられてしまうと致命的な打撃を受けることになる．

　このような現象は，未だ充分には調べられていないだけで，いろいろな側

面で密かに進行しているものと考えられる．仔稚魚についても，地球的規模で生じる環境変化が，かれら自身の生理生態ならびにかれらが構成員となる生態系にどのような影響を与えるかといった視点からの継続的な調査や研究が求められる．

4 鉛直移動の役割

多くの海洋動植物が顕著な鉛直移動をすることが知られている．たとえば，ザトウクジラは1回1000mを超えるような潜水移動を行う．サケ・マス類，ヒラメ，マダイ，産卵回遊中のウナギ，クロマグロなども顕著な鉛直移動を示すことが，近年のバイオロギングの発達によりよく知られている．一方，これらの大型魚類（成魚）の鉛直移動に対して，微小な動物プランクトンも種類によっては数百mの鉛直移動を行う．この移動は日周期的な鉛直移動であり，昼間は数百mの暗黒の深海に分布し，日没時には海面近くに浮上して植物プランクトンを摂餌する．植物プランクトンのなかにも鞭毛を持った渦鞭毛藻類は移動力を持ち日周鉛直移動を行うものが存在する．

魚類の初期の仔魚にはまだ十分な遊泳器官や組織（鰭・体側筋・脊椎）が未発達なため，それほど顕著な鉛直移動は観察されていないが，通常の昼間の分布水深である水深数十mから，日没時から夜間にかけて全層に分散し，時には表層で最も密度が高くなることが観察されている（図4-3）．

鰾を保持しない異体類に対して，カタクチイワシなど，鰾を有している魚の一部は夜間に鰾を膨らませる（魚谷，1973）ことが明らかにされており，かれらはこれにより日周鉛直移動を行う．このことの生態的意義は必ずしも解明されているわけではないが，日没時の浮上とともに鰾を膨らませ，夜間は静かに緩やかに降下することにより，外敵に目立たない行動を取っているものと推定される．そして，このようにすると薄明時には表層から沈降するカ

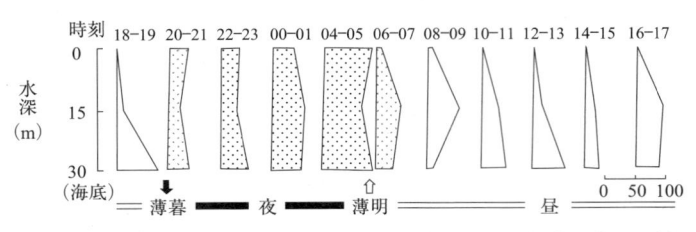

図 4-3 平戸島志々伎湾口部におけるヒラメ仔魚の日周鉛直分布の一例.

イアシ類群集との遭遇の機会が増え，摂食にも好適と考えられる．後にも述べるように，カリフォルニア産カタクチイワシ属の初期仔魚は，餌となる渦鞭毛藻類 *Gymnodinium splendens* が夜間には沈降し薄明時には浮上するのと必然的に遭遇することになり，仔魚の摂餌には好都合である．

　いずれにしても，仔魚が日周鉛直移動を行う生態的意義については，充分に明らかにされているとはいえない．しかし仔魚にとっては，遊泳力は未発達とはいえ，鉛直方向の数十mの移動は発育の進んだ個体では十分に可能であり，生き残り上重要な意味を持つ行動と考えられる．前述したような摂餌にとっての意義とともに，夜間に全層に分散することにより集中的な被食を避けるうえでも効果的であると考えられる．また，稚魚期になると群を形成する魚種では，発育が進むとともに日周鉛直移動がより顕著になり，日没時には表層付近に集中する．このことは，三次元的に分散していた状態から二次元的に分布が集中化することを意味し，個体どうしの遭遇の可能性が高まることになる．このことは，第2部で述べるように仔稚魚の共食いとも関連して重要であると考えられる．また，日周期的ではないが，発育に伴う鉛直移動能力の発達は，次に述べる接岸回遊という水平方向の移動にも密接に関わるのではないかと推定される．

5 接岸回遊一般論

　魚類において"接岸回遊"というタームが使われ出したのは何時頃であろうか．魚類の回遊を代表するサケ類が産卵のために母川に回帰するのも方向性からいえば外洋から河口域への回遊であるので，接岸回遊といっても間違いではないであろう．しかし，一般には，沖合や沿岸域に分散した幼生が個体発生初期のある発育期になると，産まれた浅海域へ戻る現象や，成育場として浅海域に来遊する（図4-4）現象に対して，接岸回遊という言葉が使われている（田中，1991；田中・曽，1998）．魚類でこの現象に最初に注目したのは，ヨーロッパウナギのシラスが河口域に集まりその後河川を遡上する機構を解明したオランダの Creutzberg（1961）であろう．その後，魚類の初期生活史研究が多くの種について行われ，次々と浮遊生活期の後に種に固有の成育場を形成し，沿岸性魚類の多くではそれらが浅海域である事実が解明されるに伴い，一般に接岸回遊というタームが使われるようになった．いずれにしろ，成魚になってからは定着性となる魚類においても，生活史の初期に浮遊分散生活という生死に関わる"大冒険"を経て厳しい難関を生き残り，選ばれたわずかな個体が接岸回遊に成功して成育場にたどり着くといえる．その意味では，この間に生じる初期減耗はその後の生き残りにとって極めて重要な意味を持つ過程といえる．

　接岸回遊に関わる要因は極めて多様である．表4-1に示すようにそれらは外部要因（環境要因）と内部要因（内的要因）に大別される（田中，1991）．接岸回遊を広義に捉えれば，卵期や仔魚期の初期の浮遊生活期も含まれなくはないが，回遊は生物自身の"意図的"あるいは"目的意識的"な行動と考えるべきであり，その意味では，初期の流動による受動的な輸送は接岸回遊とはいえなであろう．したがって，魚類の個体発生初期に発現する最初の回遊は，仔魚があるレベルに成育してからの過程で生じるものをさすと考えられる．

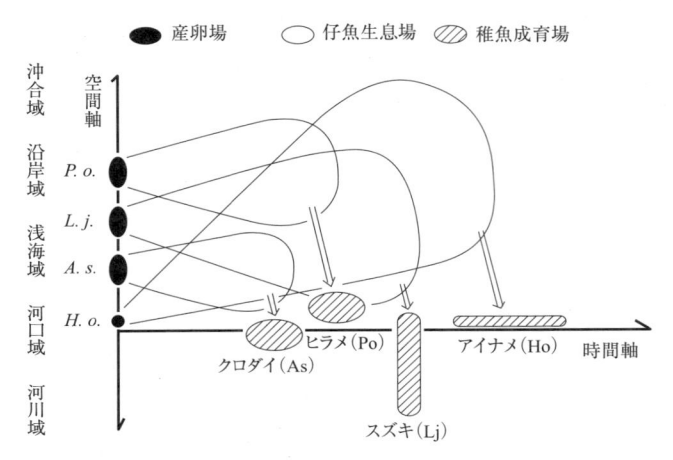

図 4-4　沿岸性魚類 4 種をモデルとした仔魚期の分散から稚魚への移行に発現する接岸移動に関する模式図．矢印は変態期に接岸して浅海域や河口域に集まることを示す．

表 4-1　沿岸性海産仔稚魚に見られる変態期の接岸回遊に関わる物理化学的ならびに生物学的諸要因（田中，1991）

外部要因 （環境要因）	物理・化学的要因 ― 海水流動　風　潮汐　光周期　月周期　水温　塩分　光　紫外線　濁度　化学物質
	生 物 学 的 要 因 ― 餌生物（分布・密度・組成）　捕食者　競合種
内部要因 （内的要因）	形 態 学 的 要 因 ― 運動器官（鰭・筋肉系・骨格系）　感覚器官（眼・側線系・嗅覚器・味蕾）
	生 理 学 的 要 因 ― 浸透圧調節機能　内分泌機能　消化吸収機能　生体防御機能
	行 動 学 的 要 因 ― 遊泳機能　鉛直移動

その"critical phase"はいつごろであろうか．岸向きへの方向性を持った移動には，遊泳器官（筋肉・鰭・脊椎など），感覚器官（視覚・聴覚・味覚・機械感覚・化学感覚など），浸透圧調節器官（鰓・腎臓・腸など），内分泌器官（脳下垂体・甲状腺・間腎腺など）などが関わると考えられ，そのためにはこれらの諸器官が司る諸機能があるレベル以上に高度化していることが必要であろう．

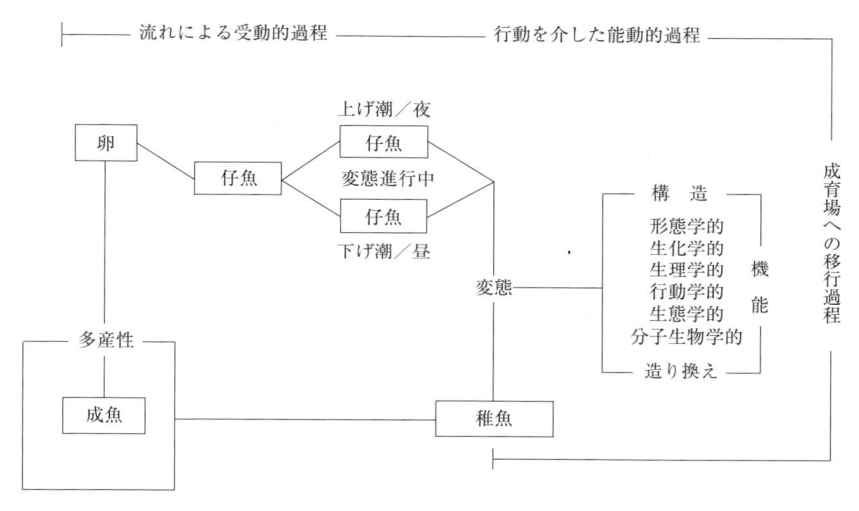

図 4-5 仔魚の輸送と稚魚成育場への移行過程に関する模式図.

その意味では，体の構造と機能が総合的に作り替えられる変態期は，接岸回遊の面でも"critical phase"と見なすことができる（図 4-5）.

しかし，これらの諸器官が次第に成魚の基本形に作り替えられるとはいえ，この時期の多くの仔魚の大きさは 10mm 未満である．数 km から時には数十 km の距離を自ら泳いで浅海域の成育場にたどり着くとは考えられない．流れをうまく利用するなど何らかの機構があるものと考えられてきた．中でもその先鞭を着けたのは，先述のヨーロッパウナギのシラスで実証された選択的潮汐輸送機構である．その後，この輸送機構はいろいろな魚種で検証され，たとえばヒラメでは潮流の発達した海域では，上げ潮時に変態期の仔魚は表層に浮上（図 4-6）し，向岸流にのって岸方向に運ばれ，一方下げ潮時には底層に沈み，相対的に流れの緩やかな下層で離岸流による沖方向への輸送を最小限にとどめ，徐々に接岸すると考えられている．このことを湾口部で確認した平戸島志々伎湾の湾奥では，4月から5月の41日間にわたり着底仔稚魚の採集が毎日連続的に行われた．その結果によると，この間に

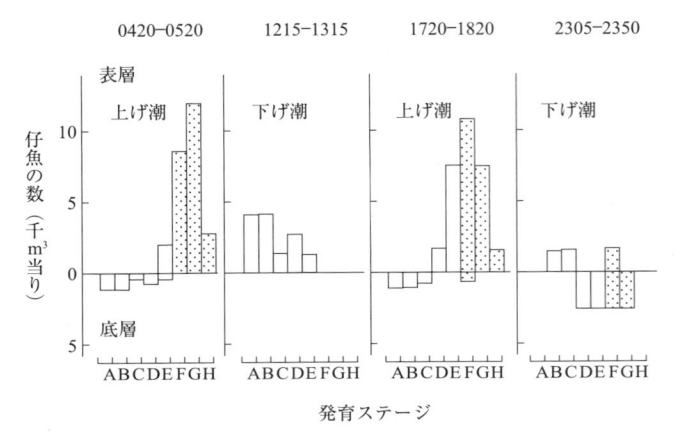

図 4-6 平戸島志々伎湾口部で上げ潮と下げ潮において採集されるヒラメ仔魚の発育ステージと個体数の変化 (Tanaka et al., 1989a). 網掛けは変態期を示す．湾口部の西寄りに錨置した調査船より上げ潮および下げ潮時に口径 2m の稚魚網を表層と底層に 1 時間設置し流入する仔魚を調べた．

3 回見られた大潮時に着底仔稚魚の採集量が増加することが明らかにされている（図 4-7：後藤ほか，1989；Tanaka et al., 1989a, 1989b)．

　しかし，このような選択的潮汐輸送は，同種でも場所や時期によって利用しているとの結果と利用していないとの結果が錯綜し，また，当然魚種によっても異なった結果が得られている（田中，1991：Burke et al., 1995)．さらに，現時点では，仔魚はどのようにして上げ潮と下げ潮を感知するのかも十分には解明されていない．おそらく，変態期の仔魚には潮汐周期に対応した内的リズムが発達していることに関連するであろうとの報告が Burke et al.（1998）によって行われている（図 4-8)．海岸近くの産卵場から沖合方向に分散したカニ類の幼生が，ある発育ステージになると，潮汐に対する浮上と沈降の反応が逆転し，初期の分散傾向（下げ潮時に浮上）に終止符を打ち，一転して海岸線方向への回帰（上げ潮時に浮上）に転化することが知られている（田中・曽，1998)．アイナメやメバルなど岩礁性の魚類が，初期には沖合方向に分

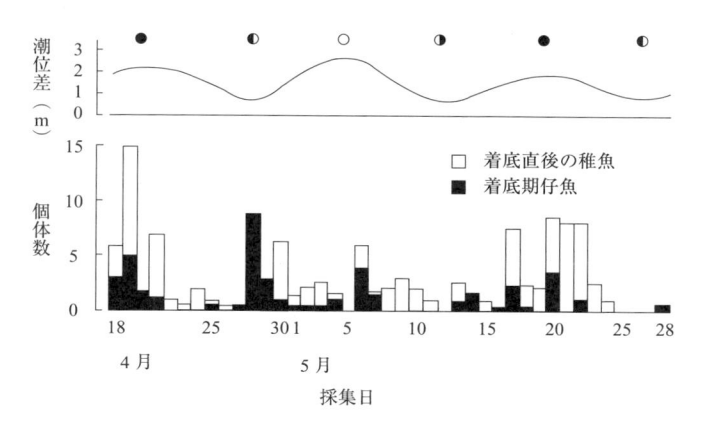

図4-7 平戸島湾奥部の田ノ浦砂浜域における41日間連続サンプリングで採集されたヒラメ着底仔魚と稚魚の個体数の変化（後藤ほか，1989を改変）．上の図は月齢と潮位差を示す．

散し，その後再び岩礁域に回帰するのには，このようなメカニズムがあるのかも知れない．今後の研究の展開が期待される．

　選択的潮汐輸送の関与については，まだまだ多くの問題が残されているが，仔魚期の後半になると，日周鉛直移動が顕在化することが何種類かの魚種で知られている．前述したように，水平方向の移動距離は，仔稚魚の遊泳力の範囲をはるかに超えたものであるが，鉛直的には変態期の仔魚であれば数十mの移動は可能と考えられ，環境諸条件に応じてこの鉛直的な分布層の変化が接岸回遊に深く関わっている可能性は高いと推定される．

　変態期の仔稚魚が接岸するうえで，流れのほかに重要な環境要素として，餌生物の分布が主要な役割を果たしているであろう．このことは，一般的にいっても沖合域より沿岸域，さらには浅海域ほど仔魚の主要な餌となるカイアシ類の分布密度が高いことから，妥当な見方と考えられる．このことを具体的に示した例は，平戸島志々伎湾におけるマダイ仔稚魚の湾口部から湾奥部への移動に見られる．志々伎湾は外海性の強い湾であり，マダイ仔稚魚の出現期には湾内に30種を超えるカイアシ類が生息しているが，平均密度は

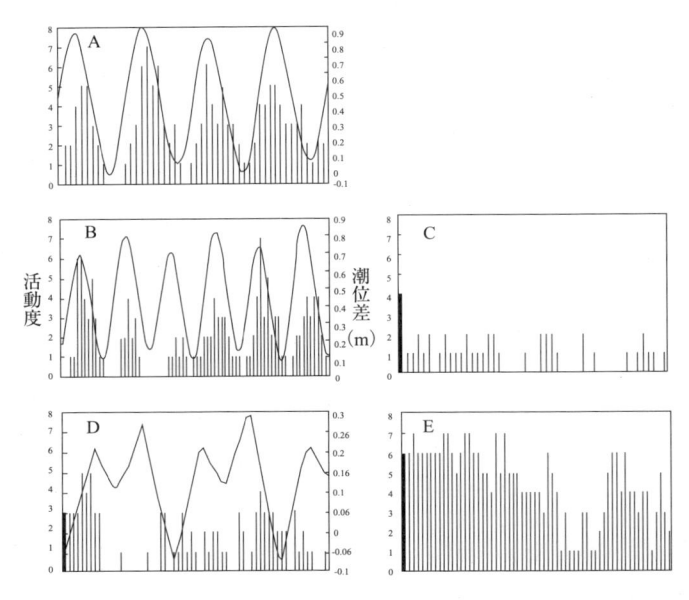

図4-8 ヒラメ属3種の着底期仔魚にみられる活動の日周変化．A：天然採集サザンフラウンダー *Paralichthys lethostigma*　B：天然採集サマーフラウンダー *P. dentatus*　C：飼育サマーフラウンダー　D：天然採集ヒラメ　E：飼育ヒラメ．
観察は全暗条件下で行われ，アメリカ産ヒラメ属2種の天然採集個体では，潮汐に連動した活動周期が認められる．潮位差の小さい日本海で採集されたヒラメ仔魚ではその様な活動周期はみられない．A，B，Dの曲線は潮位差変化を示す（Burke et al., 1998）

海水1ℓ当たり10個体を超えることはない．しかし，湾奥部に到達した着底直後の稚魚の胃の中からは100個体をはるかに超えるような多数のカイアシ類が検出され，しかもそれらは *Acartia steueri* や *A. omorii* など数種に限られているのである．このことがヒントになり，マダイ稚魚の摂餌時間帯である昼間に潜水観察によって海底直上層を詳しく観察してみると，霞がたなびくように20～30cmの厚さでカイアシ類が密集していることが明らかになった（Ueda et al., 1983）．そこで，湾口部から湾奥部にかけて，プランクトンネットを用いて表層，中間水深層，近底層を水平引きにより曳網してみると，水

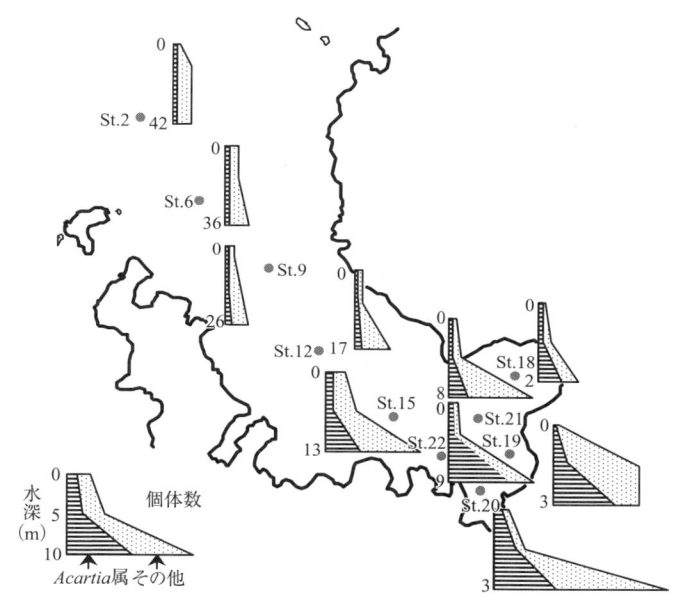

図4-9 平戸島志々伎湾におけるカイアシ類の鉛直・水平分布（Tanaka, 1985）．湾奥ほど底層に高密度に分布することを示す．

平的には湾奥ほど，そして鉛直的には近底層ほどカイアシ類の密度が明らかに高いことが判明した（図4-9）．したがって志々伎湾では，マダイ浮遊仔魚は湾口部に形成される環流域に集められ，変態の進行とともに分布層を次第に近底層に移し，カイアシ類の密度傾斜に伴って，湾奥部へ来遊するとの接岸過程が推定された（Tanaka, 1985；Tanaka et al., 1987a；1987b）．

次節で詳しく述べるように，近年，クマノミ類やハタ類などのサンゴ礁性魚類が，産卵後に一度外海域に分散して浮遊生活期を経過した後どのようにしてサンゴ礁に回帰するかについて興味深い現場実験が行われている（たとえば Leis and Carson-Ewart, 1999）．

以上のように，個体発生初期に最初に生じる接岸回遊には，いろいろな内的・外的要素が関係しているが，それは単に偶然的な結果として生じるので

はなく，変態過程と密接に関連した仔稚魚自身の潜在能力の発現に根拠をおくものといえる．いずれにしてもわずか10ないし20mm程度の稚魚が自らの成育場を選択していることは，驚くべきことである．体長わずか十数mmの稚魚が数十kmの旅をして接岸するのは，体長70から80cmのサケの成魚が北洋から数千kmの旅をして母川に回帰するのにも匹敵するような"大回遊"といえるのではなかろうか．

6　サンゴ礁魚類の接岸着底機構

　先に述べたように，これまでの温帯性魚類あるいは亜寒帯性魚類のニシン，マダラ，プレイスなどで調べられてきた接岸回遊や着底機構よりはるかに具体的で能動的回遊を示す知見が，サンゴ礁魚類で相次いで明らかにされつつある．ここでは，中村（2007）による総説「サンゴ礁魚類浮遊仔魚の着底場選択機構」を中心に概要を紹介しよう．

　サンゴ礁魚類の浮遊仔魚の生態に関する知見が飛躍的に増加した要因の一つは，Doherty（1987）による仔稚魚を効率的に採集できるライトトラップ法が開発されたことである．これがきっかけとなって，それまで浮遊仔魚は20から30日の浮遊期間にかなり遠方まで輸送されると考えられていたものが，産卵場付近に滞留している個体の存在が確認され，それ以来，これまでの"常識"の見直しが行われるようになったのである．特に着底直前の仔魚が大きな遊泳力を持つことや，着底場所の選択性を有していることなどが相次いで明らかにされつつある．

　世界で4000種ほどいるとされているサンゴ礁魚類のなかには，アイゴ科やスズメダイ科など一部に沈性卵を産む種が認められるが，他の圧倒的多数の種は分離浮性卵を産む．それらの親魚は卵が流されやすい場所や潮時を選んで産卵し，卵が分散して集中的な捕食を受けないようにしている．沖

への分散範囲は種や産卵期によって異なるが，およそ100km以内と推定されている．一方，イソギンチャクに共生するトウアカクマノミ *Amphiprion polymnus* は沈性卵を産み，10日間という極めて短い浮遊期を経た後，わずかに100mほど離れたイソギンチャクに着底した例が確認されている．その他，ベラ科の一種でテトラサイクリン標識を施した仔魚の放流と再捕実験などより，サンゴ礁から遠く分散する個体だけではなく，近くに滞留している個体もかなりいることが知られつつある．

沖合で着底サイズになると，サンゴ礁への回帰が起きる．接岸のタイミングは視覚や嗅覚の発達が終わるころ（Myrberg and Fuiman, 2002）であり，その頃に能動的接岸が発現することが明らかにされている．すなわち，この時期の遊泳力を89種について調べた結果（Fisher, 2005）によると，最大遊泳速度は毎秒5.5から100.8cm（平均37.3cm）に及び，一晩に数kmの移動が可能と推定されている（Leis, 2006）ことや夜間に着底する事実（Kingsford, 2001）から能動的に接岸していると考えられるのである．Leis (2006) によると，沖合にいる仔魚は昼間にはサンゴ礁の方向には近づかないが，夜間にはサンゴ礁の方向へ遊泳するという．しかもその距離は1km先から可能であるとされている．彼らは何を頼りにサンゴ礁の存在を認識するのであろうか．化学物質・音・波の方向・潮流・地磁気などがその候補と考えられている（Montogomery et al., 2001）．このうち，化学物質についてはテンジクダイ類の仔魚を用いて選択実験を行ったところ，サンゴ礁水を選択した（Mann et al., 2007；ほか）ことが報告されている．また，Simpson et al. (2004) は通常のライトトラップよりサンゴ礁の音を付けたライトトラップの方がより多くの仔魚が捕獲されることを確かめている．着底直前の仔魚は良く発達した聴覚や嗅覚を持つことが証明されている（Wright et al., 2005；ほか）が，音は化学物質より広範囲に伝わるので，まず音を頼りに接岸し，その後は化学物質への反応も加わって，着底場所の選択が行われるのであろう．その証拠に，ミスジスズメダイやクマノミ類はサンゴやイソギンチャクから出る化学物質によ

り，またハマフエフキ Lethrinus nebulosus は臭いで海草モ場を探索するといわれている．

このような種特異的な着底場の選択は，生得的なものとの見方が強い．すなわち，スズメダイ科の一種の Dascyllus albisella を孵化から稚魚まで飼育し複数のサンゴの臭いを選択させると，自然の着底場であるチリメンハナヤサイ Pocillopora meandrina を選択するなどの事実からそのように考えられている．

着底に成功して底生生活に移行すると，色素の沈着や形態変化が生じ「変態」すると考えられている (McCormick et al., 2002)．筆者自身は亜熱帯性あるいは熱帯性のサンゴ礁性魚類では，わずかにスジアラの個体発生を調べた経験しかないが，その際，変態（脊椎の分化と鰭の完成を基準にした）は体長 9mm 前後で生じるがその後も浮遊生活を継続し，この間に鱗が形成されるとともに体長二十数 mm 前後に体色が変化し着底行動が生じた．このことを基礎に考えると，他のサンゴ礁魚類でも着底までにすでに脊椎の骨化や鱗の形成が生じ，いわゆる仔魚から稚魚への移行は完了しており，サンゴ礁に接岸着底するのは，いわゆる"浮遊稚魚"ではないかと推定される．最近，マレーシアサバ大学海洋研究所の養殖部門で飼育されているハタ類（ほとんどは Epinephelus 属）の発育成長過程を観察していると，スジアラとほぼ同様な傾向が認められた．この点は魚類の変態の定義にも深く関わる大変重要なことであり，筆者自身も機会があればさらに詳しく調べてみたいと考えている．

7 成育に伴う生息場の移動

ガラモ場やサンゴ礁域を除くその他の成育場で成長した稚魚は，ある大きさあるいはある時期になると，成育場を離れて，相対的により水深の深い水域へと移動する傾向にある．たとえば，福岡県新宮地先のマダイ稚魚は，初

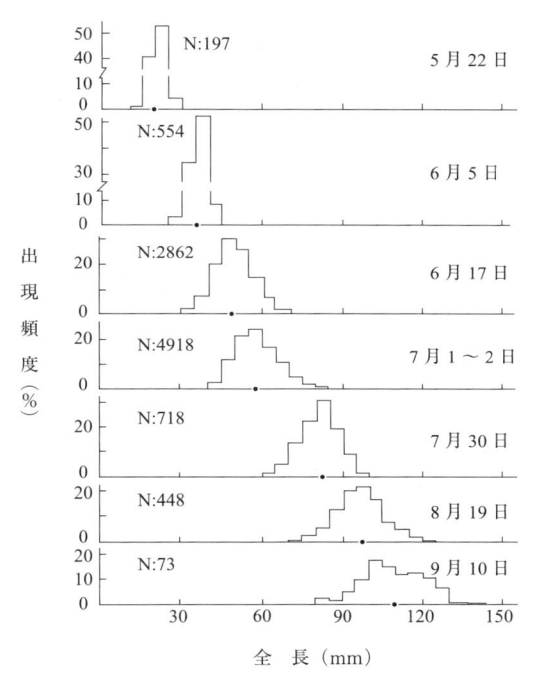

図 4-10 福岡県新宮地先において吾智網により採集されたマダイ稚魚の
体長組成の季節的変化（大内，1986）．●は平均全長を示す．

期には水深 5 ないし 10m 前後の水深帯を主要な生息場としているが，その
後成長（図 4-10）や季節の進行とともに主要な分布水深を次第に深みに移し，
9 月には平均体長 11cm 前後に成長して 40m 以深へと移動する（図 4-11）．
マダイ稚魚の場合には食性が柔軟であり，成長に伴って食べる餌のサイズや
餌の種類を変えながら移動すると考えられるが，マダイよりさらに岸辺近く
を成育場とするヒラメ稚魚の場合はどうであろうか．

　すでに述べたように，ヒラメ稚魚は食性をアミ類に特化させている．した
がって，環境中のアミ類現存量が豊富な地域や年には，体長 10cm 前後まで
浅海域にとどまってアミ類に依存して成長し，その後夏の終わりころに魚類

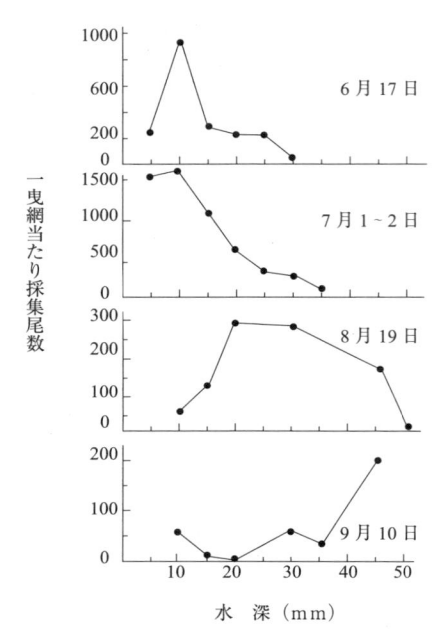

図4-11 福岡県新宮地先において吾智網により採集されたマダイ稚魚の分布水深の変化（大内，1986）．季節の進行ならびに成長（図4-10）とともに分布水深が深くなる．

へと食性を変えるとともに，マダイ稚魚と同様に次第に深所へと移動する（図4-12：古田1998）．したがって，アミ類が早期に減少する地域や年には，ヒラメ稚魚の深所への移動も早期に生じることになる．春季に産卵し，初夏から夏にかけて成育場で成長する魚種では，夏の終わりごろから水温の低下とも関連して，より沖合の深みへ移動するのが一般に認められるが，成長が遅れたヒラメの場合には，沖への移動を行わずに，浅海域で越冬する個体も存在する．それは，春先，その年に生まれた着底稚魚と同時に，1歳魚にしては成長が遅れた体長十数cm前後のヒラメが同時に採集されることから推定される．これらの1歳魚は着底稚魚にとっては捕食者となりうる．

このような成長に伴う生息場の移動は，一つには，それまでの成育場では，

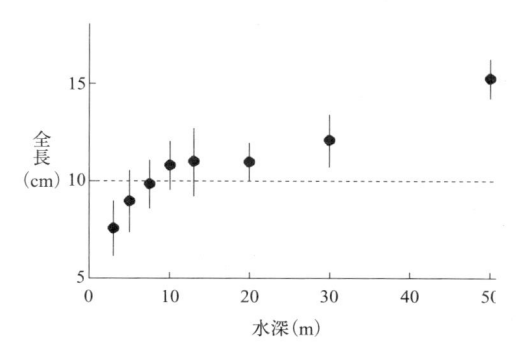

図4-12 鳥取県におけるヒラメ稚魚の成長に伴う生息水深の変化（古田，1998）．

成長した個体あるいは個体群にとっては餌環境が不適となり，体に見合ったエネルギーの確保がそこではできなくなるためと考えられる．同時に，浅海域では冬季には水温が著しく低下するため，より水温環境の安定した深みへと生息場を移して冬季を過ごすのではないかと考えられる．マダイやヒラメは，1歳魚となる春季には水温の上昇とともに，再び摂餌活動に適した浅海域に移動する季節的浅深移動を繰り返しながら，加齢とともに次第に中心的な分布水深を深所に移す．それとともに，日本海では，成魚に近づくと季節的浅深移動のほかに産卵場への回帰的な西方への移動が生じる（竹野ほか，2001）．

わが国の沿岸性異体類のなかで最も市場価格が高く，また資源が著しく減少して稀少性の高い種の一つにホシガレイが挙げられる．わが国では，長崎県大瀬戸町や熊本県の渚域で合計数十個体の稚魚が採集された（乃一ほか，2006）に過ぎなかったが，Wada et al.（2006）は長崎県島原半島干潟域において，着底直後の仔魚から体長30cmを超える1歳魚まで400尾を超える個体を周年（2003年3月から2004年6月）にわたって採集し，初めて本種の初期生活史の概要を明らかにした．すなわち，着底仔魚や着底後間もない稚魚は汀線付近の浅海域に分布しており，ヨコエビ類を主食としながら成長（図4-

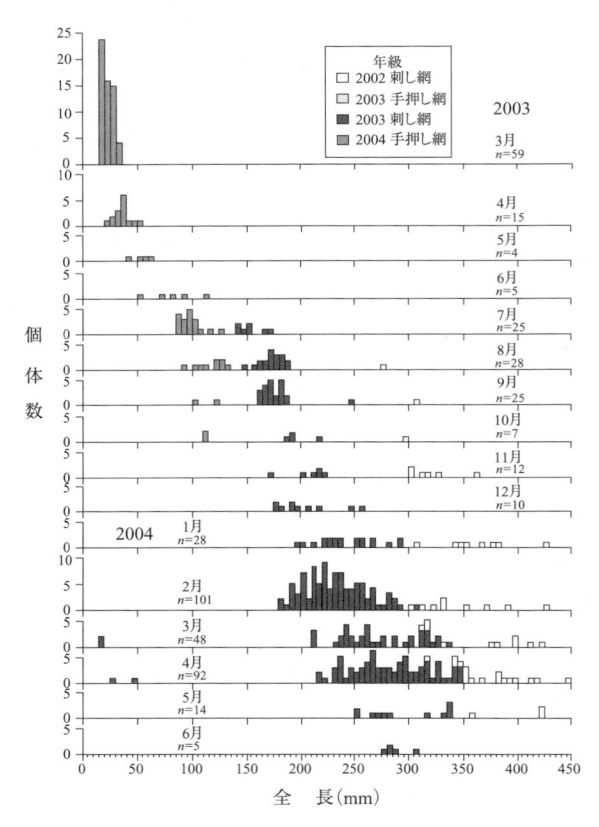

図4-13 長崎県島原半島浅海域で採集されたホシガレイの体長組成の季節的変化（Wada et al., 2006）．

13）とともに次第に渚域から潮間帯下部より深い水深帯に移動する．本種の稚魚については，その後も毎年継続して採集が試みられたが，2003年以外の年では着底仔稚魚が数個体採集されたに過ぎず，2003年は稀に見る卓越発生年であったことが明らかにされている．自然相手のフィールド調査には何時も付きものの，年による変動の典型的な事例としても捉えることができ

る.

　これらの浅深移動を基本とした比較的単純な成育に伴う生息場の変化に対して，亜熱帯域では，マングローブ域―海草モ場―サンゴ礁域など一連の異質な生息場のつながりのなかで，成長とともに順次生息場を移すような例も知られている（Nakamura et al., 2008; Shibuno et al., 2008）.

column 4

レプトケファルス

　ウナギ類は特異なしだれ柳の葉のような形をした幼生期（仔魚期）を経過する．そのため葉形幼生とも呼ばれる．ウナギ亜目，アナゴ亜目，ウツボ亜目魚類の幼生はグループや種によって形や大きさは異なるが，体全体は透明で細長い葉の形をしている共通点を持っている．19世紀にはこのような形をした生物はウナギ類などの仔魚であることが明らかにされていなかったために，レプトケファルス属という生物群にひとまとめにされていたという．

　わが国では，ウナギの他にマアナゴ・クロアナゴ，ハモなどについて研究が行われているが，ウナギ以外のいずれの種についても，その生活史（どこで生まれ，幼生はどこで過ごし，成熟した親はどこにある産卵場に戻るかなど）はほとんど不明なままである．

　高知県の土佐湾沿岸域ではイワシ類（カタクチイワシおよびマイワシ）仔魚を採集してちりめんじゃこにするために2艘の船が目の細かい網を曳いて採集する船曳網が盛んである．研究者が調査で用いる稚魚ネットとは比べものにならないほど大きな網を長時間曳網するため，イワシ類仔魚以外に多数の種類の仔稚魚が混獲される．沿岸性の稚魚を研究するものにとってはまさに"宝の山"的な存在であり，この中にかなりの量のレプトケファルス幼生が含まれている．

　特にウナギのレプトケファルスよりはかなり大型（8cm～13cm）のマアナゴ

左："ノレソレ"のポン酢あえ　右：寿司　いずれも『食材魚貝大百科』平凡社より

のレプトケファルスがまとまって漁獲されることが多い．日本人の食への好奇心はここでも発揮される．イワシ類の仔魚は生のまま柚子醤油などとともに食べる．これは土佐の名物料理として"ドロメ"と呼ばれるが，同じく船曳網採集物からレプトケファルス幼生を選び出し，生のまま酢味噌や酢醤油などをつけていただくのが"ノレソレ"である．ノレソレそのものにはほとんど味はないがその感触が珍重されるのであろう．これまでは土佐ならではのいわば郷土料理であったが，今では全国的に広がり，ノレソレを専門に取る漁業も生まれ，1kg当たり2000〜3000円という高値で取り引きされている．

　ウナギの生活史の概要はこの間ほぼ明らかにされたが，このアナゴの生活史はまったく謎につつまれたままであった．仙台湾，東京湾，大阪湾，瀬戸内海，土佐湾，八代海その他の産地で取れるマアナゴ成魚の中には全く成熟した（腹に卵や精子を持った）個体がいないのである．また，湾内で取れるノレソレほど大型であることなどより，産卵場は外海あるいは外洋であると考えられている．黒木・片山（2005）の研究では，東シナ海南部海域辺りが産卵場ではないかと推定されているが，本格的な産卵場探しはこれからの大きな課題である．

II

食べて食べられ……：摂食と被食の間の生き残り

第5章 食べる（摂食）

　魚類は個体発生初期のある時点で，親からもらった内部栄養源（卵黄・油球）から外部栄養源（餌生物）に切り換える．どのような餌に切り換えるかは，摂餌開始期の諸器官の発達程度に関わるが，浮性卵から生まれる多くの海産魚類では，最初の餌は微小なプランクトン生物である．しかし，中には初期から仔魚のみを摂食するように，食性を著しく特化させた魚種もわずかながら見られる．これらの違いは，摂餌開始期の摂餌器官や消化器官の発達状態と密接に関連する．ここでは，主として自然界で得られた摂餌，栄養状態，それらの初期減耗との関わりなどについて紹介する．

1 食性の一般性と多様性

　現在世界的に行われている，魚類を対象にした養殖漁業や栽培漁業のための大量種苗生産の現場では，ほとんどの魚種の初期餌料として，シオミズツボワムシが万能的に使用されている．仔魚がある程度の大きさに成長すると，通常はブラインシュリンプ *Artemia salina* のノープリウス幼生に切り換えられる．これらの動物プランクトンは，自然界では仔魚がほとんど摂餌することのない餌生物であるが，大量培養や高度不飽和脂肪酸などの添加が可能なため，種苗生産現場では世界的に常用されている．また，淡水魚の飼育には，枝角類のモイナ *Moina* sp. やダフニア *Daphnia* sp. などがよく用いられる．
　一方，天然仔魚が摂餌する餌生物の確認は，一般的には消化管内容物を顕

微鏡下で観察することによって行われる．その一例として，ヨーロッパの北海において行われた広域的な仔魚調査で採集された主要な 20 種の消化管内容物の結果を，表 5-1 (Last, 1980) に示す．この表から，多くの仔魚は主としてカイアシ類を餌にしていることが分かる．その他補助的な餌としては，繊毛虫類・無脊椎動物の卵，植物プランクトンなどが検出されている．しかし，これらの魚種のなかで，異体類 4 種（下部の 6 種の内 4 種）の主食はカイアシ類ではなく，原索動物の一種，尾虫類 *Oikopleura* spp. であるという特徴も見いだされている (Last, 1980)．同様の傾向は日本産のヒラメ仔魚 (Ikewaki and Tanaka, 1993) やその他の異体類でも認められており (Minami and Tanaka, 1993)，世界的に共通な現象として注目される．

筆者らは，当初，高等な無脊椎動物である尾虫類の体内には甲状腺ホルモン様物質が含まれ，それが外因性の甲状腺ホルモンとして働き，異体類の変態に貢献しているのではないかと考えた．しかし，最近の分析では，尾虫類にはそのような物質は含まれていず（山下ほか，未発表），異体類仔魚と尾虫類の密接な捕食—被食関係は未だ謎のままである．

仔魚が食べるカイアシ類の種類は多様であるが，いずれの魚種にも共通してよく食べられているのは沿岸性の *Paracalanus* 属である．これはその大きさ，コスモポリタン的な分布，高い分布密度，捕食に適した遊泳など，仔魚にとって捕食しやすい条件を備えているからと考えられる．カイアシ類が成長してコペポダイト期になると，遊泳力がつき摂餌開始直後の仔魚にとっては捕食が難しく，したがって遊泳力が未発達で適当なサイズのノープリウス幼生を好んで食べるのだと考えられる．

天然仔魚では 1 日の摂食量を試算することは簡単ではないが，表 5-1 に示したように，最も多くの餌生物個体数が見いだされるマアジの仲間においても，平均摂餌個体数は 8 個体であり，ほとんどの種では数個体以下と極めて少ない．一方，飼育条件下では，摂食開始間もない仔魚の消化管内には十数個体を超えるシオミズツボワムシが見いだされ，1 日の摂食量も初期には体

表 5-1　北海で採集された仔魚 20 種の消化管内容物分析結果（Last, 1980）．下段はカイアシ類の種類別の摂餌個体数を示している．

魚種名	航海 No.	体長範囲 (mm)	調査個体数	摂餌率 (%)	1尾当たりの餌の数（平均値）	餌の数全体に占める各餌生物の数					
						珪藻類	渦鞭毛藻類	繊毛虫類	無脊椎動物卵	カイアシ類幼生	枝角類
ニシン属	8-15	5.4-24.3	346	23.7	0.4			1.4	2.1	23.9	
ニシンの一種	4-12	3.7-25.0	780	26.0	0.4		3.7	0.9	2.4	22.6	0.3
マダラ属	3-7	2.2-14.6	611	54.7	4.7	2.5	8.5	61.8	0.7	16.9	
タラの一種	4-10	2.5-16.9	478	64.9	3.1	0.3	4.1	5.4	1.2	50.6	0.4
ヤマトヒゲダラ属の一種	8-13	1.4-13.8	340	85.0	5.0		0.8	3.4	10.7	52.5	0.3
マアジ属	11-12	1.9-15.8	109	100	8.3				0.2	30.8	4.9
イカナゴ属	3-7	3.0-21.9	925	40.3	1.3	2.0	10.2	16.5	6.4	27.2	
イカナゴの一種	10-12	3.5-27.0	348	42.0	1.0		9.8	18.1	3.4	27.2	
ミシマオコゼの一種	11-12	1.8-9.1	234	79.9	4.8		3.8	11.2	51.6	9.8	
ネズッポの一種	8-15	1.5-10.8	769	88.7	3.9		1.6	2.0	2.0	37.8	0.7
マサバ属	10-11	2.5-13.6	279	79.2	1.3		0.8		11.5	31.2	34.1
ニシキギンポ属の一種	4-7	9.5-25.1	50	78.0	2.0					12.1	
ハゼ類	10-15	1.5-20.5	719	75.9	2.0		1.3		1.7	22.6	1.9
クサウオ属の一種	4-8	2.8-12.8	119	66.3	2.5	4.0	0.3		0.7	24.3	
ナガダルマガレイ属の一種	11-12	2.9-14.1	280	32.9	0.4		1.0		1.0	9.9	
マコガレイの一種	4-13	2.4-14.0	1378	57.1	2.0	0.6	8.9	10.9	7.4	37.6	0.5
プレイス（ツノガレイ属の一種）	3-8	3.5-16.4	927	49.4	1.7	1.0	2.4	2.7	1.5	23.2	
ババガレイ	12-15	3.3-14.5	506	61.3	2.9				3.3	22.5	
ヒレグロ属の一種	13-15	9.8-27.1	53	49.1	1.5					15.6	
ウシノシタの一種	10-11	1.8-10.8	205	53.2	0.7		1.3	0.7	2.6	14.5	0.7

	餌の数全体に占める各餌生物の数										
	カイアシ類						二枚貝類幼生	多毛類幼生	尾虫類	その他
	Microsetella norvegica	Oithona helgolandica	Acartia longiremis	Centropages hamatus	Paracalanus parvus	Pseudocalanus minutus	Temora longicornis				
ニシン属		31.7	0.7	2.8	30.3		6.3				0.7
ニシンの一種	0.6	11.0	14.6	3.0	30.3	0.9	7.9	0.3			1.8
マダラ属			0.1		6.4	0.3	1.0	1.5		0.2	
タラの一種		2.3	1.2	0.1	23.5	3.8	4.0	1.0			0.9
ヤマトヒゲダラ属の一種	1.3	22.3	0.6	0.8	4.1		2.2				0.8
マアジ属	1.7	11.6	3.3	28.0	11.9	0.1	8.3				0.2
イカナゴ属	0.2	0.7			5.6	0.7	4.7	15.6	1.3	7.3	1.1
イカナゴの一種	0.3	0.6	1.7	5.7	22.9	0.3	6.2	0.3			3.4
ミシマオコゼの一種		2.2	0.7	1.2	4.7	0.4	8.6	2.5			0.5
ネズッポの一種	4.9	17.4	3.7	4.1	16.8	0.7	7.1	1.0			0.2
マサバ属	1.3	2.1	1.1	0.3	4.0	1.6	1.3	0.8		9.9	1.3
ニシキギンポ属の一種					21.2	14.1	45.5	1.0		2.0	4.0
ハゼ類	5.1	11.3	7.2	6.9	12.2	1.8	10.4	7.6	0.7	0.2	2.2
クサウオ属の一種	1.7	0.7	0.3		11.0	0.7	30.2	20.9	3.7	0.7	1.0
ナガダルマガレイ属の一種				2.0	4.0	5.9		1.0		72.3	2.9
マコガレイの一種	0.4	2.8	0.9	0.1	2.1	0.6	18.1	4.6		4.2	0.3
プレイス（ツノガレイ属の一種）	0.1	0.4			8.7	0.8	1.2	6.5	0.8	49.7	0.8
ババガレイ	0.5	18.5	0.5	3.3	8.5	0.3				39.6	0.5
ヒレグロ属の一種		7.8			1.3					75.3	
ウシノシタの一種	14.5		2.0		4.6		0.7	13.2	22.4	2.0	20.1

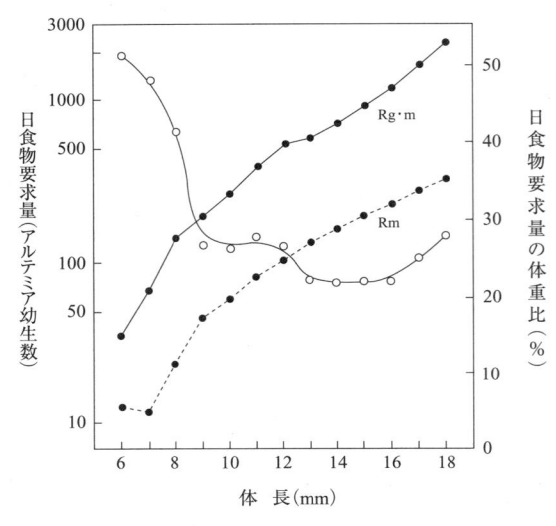

図 5-1 ヒラメの飼育条件下における酸素消費量を元に推定したアルテミア摂餌期の食物要求量（アルテミア個体数）とその体重に対する割合の変化．Rg.m：成長に必要な日摂食量，Rm：基礎代謝に必要な日摂食量，○：食物要求量の体重比．

重の50％を超える場合が常である（図5-1）．天然仔魚が少数の餌生物しか捕食していない（厳密には，少数の餌生物しか消化管内から見いだされない）ことは，他の多くの研究でも共通している．一般に仔魚の消化管の中から採集時に数個体しか餌生物が見いだされないとなると，エネルギー収支の計算から，とても体を維持し成長できるような状態ではないということになる．一体どうして飼育実験下と天然環境下でこのような大きな差がでるのであろうか．"天然魚では採集時に口から餌生物を吐き出してしまう"，"天然の餌生物は栄養価が高い"，"顕微鏡では見えない餌を摂取している"などいくつかの可能性が考えられるが，決定的な答えを得るには至っていない．

　消化管から見いだされる餌生物の数は少ないとはいえ，ほとんどの仔魚で餌生物が見いだされている．しかし，多くの調査が行われたにもかかわら

ず，未だに天然仔魚の食性が把握されていない魚種が存在する．それはレプトケファルス幼生期のウナギ仔魚の餌である．体の腹側には細い消化管が存在し，それらの構造は基本的には通常の仔魚と変わらない（Kurokawa and Pedersen, 2003）．しかし，自然界で採集されたレプトケファルスの消化管内からは餌らしい固形物は全く出現しないのである．ウナギと同じようにレプトケファルス期を持つマアナゴの消化管内からは，尾虫類のハウスと思われる物質やその他のゼラチン質無脊椎動物の痕跡が発見されており（Mochioka and Iwamizu, 1996；望岡, 2001），ウナギ仔魚においても同様の餌を食べている可能性が推定されている．また，食べた痕跡が極めて残りにくいデトリタスも餌の候補の一つと考えられるが，確たる証拠は未だ得られていない．

　ちなみに，独立行政法人水産総合研究センター養殖研究所において，田中秀樹らによって世界で初めて孵化から変態を完了して，シラスウナギまでの飼育に成功した実験条件下での餌は，天然海域では考えられないようなものであった．すなわち餌の栄養強化剤として用いられる乾燥サメ卵の粉末を水と混ぜてねり餌状にしたものを与えることによって，初めて摂餌に成功し，レプトケファルスの飼育に道を開いたのである（Tanaka et al., 2001）．それまでは，ウナギの初期仔魚はアユやイワシ類仔魚と同様に細長い体形をしているので，それらと同じく浮遊性の餌生物を視覚的に認知して至近距離に接近し，体をS字状に曲げてそれを瞬時に伸ばす反動により餌に飛びつき捕獲すると予想されていた．しかし，結果は全く予想に反し，親のウナギがねり餌に頭をつっこんで捕食するのと全く同じような摂餌行動をとったのである．自然界でもゼラチン質の餌の固まりに頭を突っ込むようにして餌をとっているのであろうか．

　自然界の餌生物の密度は決して高くはない．飼育環境下の餌生物の密度は1ℓ当たり5千個体，時には1万個体を超える．一方，自然界の平均的な餌の密度は，沿岸域の相対的に高密度な場所でも1ℓ当たり数十個体程度であり，百個体を超えることは稀である．当初は，この著しく低い餌密度が飢餓

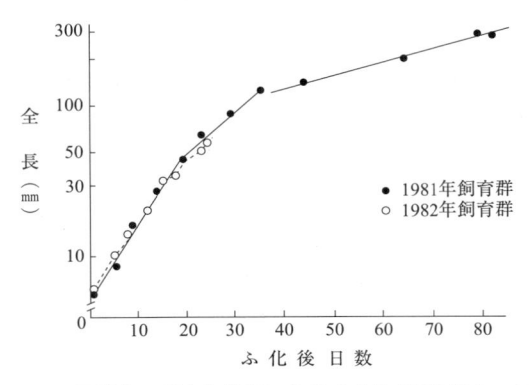

図5-2 サワラ仔稚魚の飼育条件下における成長（福永ほか，1982）．1か月で全長100mm近くになる驚異の成長を示す．

を引き起こす最大の原因と考えられたが，海の中では餌生物はランダムに分布しているのではなく，餌生物自身の再生産のための集中分布，流れの特性による餌生物の集合化，微細な乱流による仔魚と餌生物の遭遇機会の高まりなどにより，仔魚が餌生物に巡り会える機会は増えると考えられる．もちろん，親魚が餌生物（カイアシ類）のブルーミングにタイミングを合わせて産卵を行うことも仔魚が餌生物との遭遇の可能性を高める基本条件になっていることはいうまでもない．

　これまで述べてきたように，海産魚でも淡水魚でも，多くの仔魚で初期の餌生物は動物プランクトンである．しかし，中には，食性を著しく特化させている魚種も見られる．典型的な事例はサワラの仲間である．日本産のサワラ *Scomberomorus niphonius* 仔魚が摂餌開始期から仔魚だけしか食べないことは，福永ほか（1982）によってまず飼育条件下で明らかにされた．この飼育実験では，同時期に出現するマダイやカサゴなどの仔魚は生後の1ヶ月間に体長十数mm程度に成長するに過ぎないが，サワラは1ヶ月で100mm近くにまで成長するという驚異的な結果が得られている（図5-2）．そのことに興味を持った京都大学水産生物学講座の中山（陽子）は飼育実験で完全

な魚食性と高成長を再確認するとともに，初期からの魚食に不可欠な，大きな両顎，発達した両顎歯，機能的な胃などの存在を認めた（Tanaka et al., 1996b）．

一方，瀬戸内海燧灘で採集されたサワラ仔魚の胃内容物を体長別に調べた Shoji et al. (1997) は解剖した400個体あまりのサワラ仔魚のうち，わずかに十数個体のカイアシ類や植物プランクトンなどを極初期の仔魚で検出したが，それらは偶然に胃内に混入したか，餌生物の消化管から出てきたものと考えられた．食べられていた餌生物のうち，仔魚の占める割合は96％を超えた．捕食されていた仔魚のうち同定可能な仔魚の魚種中では，カタクチイワシが最も多く，それを含むニシン科仔魚が最も高い割合で出現した．飼育環境下で頻発する共食いはわずかに4例が見られたのみであった．

サワラが摂餌開始期から仔魚を摂餌できる条件の一つは，極めて大きな両顎を持っていることである．この特徴は，多くのサバ科魚類に共通しており，マグロ類ではさらに顕著である．特に，イソマグロ仔魚（図5-3）では両顎の長さは体長の40％以上を占め，外観的には体全体が巨大な頭部で占められている印象を受ける．一体イソマグロ仔魚は何を食べているのであろうか．一方，クロマグロやキハダは摂餌開始期の段階では通常の沿岸性の魚類とほぼ同様の体長であり，また両顎も未だそれほど大きくはない．相対的に餌になりうる仔魚が低密度な外洋で産卵することもあり，仔魚期の途中から巨大な両顎を持つようになるものの，仔魚期を通じて摂食している餌生物はカイアシ類である（魚谷ほか，1990）．後に消化系の発達の項で述べるが，マグロ類の機能的な胃の発達は通常の海産魚類よりかなり早く，摂餌開始後1週間もすれば，形態的には魚食性に転換できる段階に達していると考えられるが，自然界域での食性は環境中の餌条件を反映してカイアシ類なのである．

このような完全に魚食性に特化したサワラと比較して興味深い食性を示すのは，マサバである．外海で採集されるマサバ仔魚の食性はカイアシ類である（小沢ほか，1991）のに対し，瀬戸内海でサワラと同時に採集されるマサバ

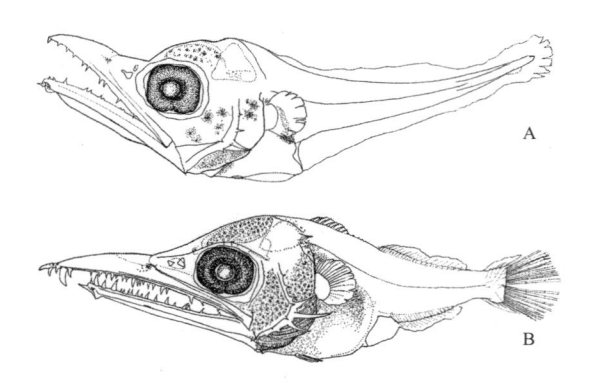

図5-3 イソマグロ天然仔魚の外部形態. A: 3.4mm　B: 9.1mm (沖山・上柳, 1977).

　仔魚では体長5〜6mmになると機能的な胃が分化するとともに魚食性を発現させ, サワラ同様に著しく速い成長を示す (小路, 2008). しかし, マサバがサワラと本質的に異なる点は, 本種では環境中に餌となる仔魚の密度が低くなれば, 食性をカイアシ類に転換させることが可能な点である. つまり, 食性を環境条件に合わせて転換させる柔軟性を保持しているのである. このようなサワラに見られる不可逆的な魚食性への特化とマサバが示す柔軟な食性の維持と, どちらが生残上有利なのであろうか.

2 【初回摂餌】の生き残り上の意味

　魚類の初期生活史において, 大きな生理生態的変化は変態とともに内部栄養から外部栄養への転換と考えられる. その時点で適当な餌に恵まれなければ, 仔魚はたちまち死亡することになる. 外部栄養への転換は, 孵化後卵黄や油球を栄養源として器官形成が進行し, 摂餌開始に必要最低限度の諸器官の分化が完了した時点から卵黄や油球を消費し尽くしてしまうまでの, かな

り短時間に生じる．その期間は水温依存性が高く，浮性卵を産む熱帯性海産魚では1日以内，温帯性魚類では長くて2〜3日以内と限られた時間である．一方，沈性粘着卵を産む魚種では，この"猶予期間"は相対的に長く，ほとんどの魚種では，体内にある程度卵黄や油球を残したまま外部栄養への転換が行われ，その分生き残りの可能性は高くなる（第1章6節も参照）．

　浮性卵を産む海産魚で，孵化から摂餌開始までの諸器官の発達過程を見ると，まず顕著な変化として，原基状態であった眼の網膜には次第に黒色素層が形成され，眼の黒化が生じる（すなわち，機能的となる）．口は開口して下顎は動かすことができるようになる．消化管は口咽頭腔・食道・胃の原基・腸・直腸に分化し，肛門が開く．体全体は膜状の構造物（仔魚膜と呼ばれる）で包まれており，鰭は持たないが，唯一膜状の胸鰭のみが分化する．それまで頭部を下にして，時折素早い浮上とゆっくりした沈降を繰り返していた仔魚は体位を水平に保つようになる．これらの条件が整うと仔魚は摂餌が可能となり，餌生物の動きに反応して，その周りを旋回するように近づき，射程距離に入ると飛びついて餌を捕獲する．このとき，仔魚は体をS字状あるいはJ字状に曲げ，それを瞬時に伸ばす反動を利用する．

　餌を食べだすころには，餌生物に狙いを定めて飛びついても必ずしも捕獲できるとは限らず，失敗することの方が多い．これは摂餌成功率と呼ばれ，ニシン仔魚のように沈性卵から生まれる比較的大きな仔魚でも，開始時には10%前後と極めて低い値であるが，その後仔魚は試行を繰り返すなかで精度を高め，この値は急速に上昇する．このことは，餌密度が天然よりはるかに高い飼育環境条件下での値であり，餌密度が低い天然環境下では，その摂餌成功の可否はその後の生き残りに著しい影響を与える可能性が高い．おそらく，最初に高密度の餌生物のパッチに遭遇した仔魚は，そのなかでトライアンドエラーを繰り返しながら，急速に摂餌成功率を高めるよう，学習するのであろう．

　仔魚の摂餌開始の猶予期間は，当初PNR（Point of No Return）と呼ばれ

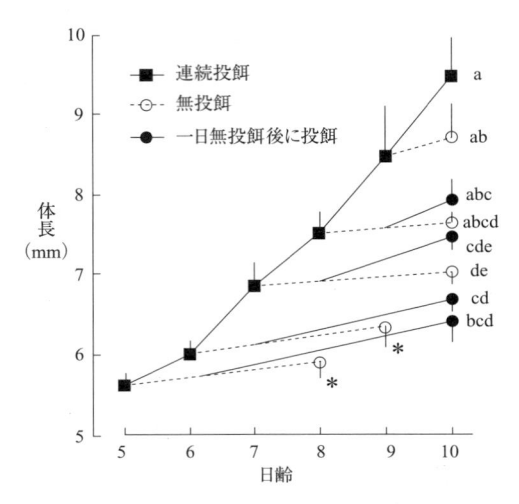

図 5-4 サワラ初期仔魚の 1 日の摂餌の開始や飢餓がその後の成長に及ぼす影響 (Shoji et al., 2002).

(Blaxter and Hempel, 1963), いろいろな魚種で調べられた. この期間は当然沈性卵で長く, また低水温下で長い傾向にある. この期間はいずれにしてもそう長くはないが, その間のどの時点ででも摂餌が開始できれば, 仔魚はその後生き残れるのであろうか. このことに関して, 特異な例ではあるがサワラ仔魚について面白い実験結果が得られている. 前述したように, 本種は摂餌開始期から魚の仔魚しか摂餌しない. 摂餌開始時の体長は 6mm 前後と通常の海産仔魚よりかなり大きく, 摂餌可能猶予期間は 2 日程度である. 図 5-4 に示すように, 1 日の摂餌開始の遅れはその後の成長に大きく影響し, どれだけ多く餌を与えても初日から摂餌を開始した仔魚の成長に追いつかないのである. このことは, 捕食圧のない飼育環境下では生き残れても, 自然界ではスタート時の成長の遅れは, 捕食される可能性を高め, 致命的となる可能性が十分にあることを示している (Shoji et al., 2002). 一方, ヒラメ仔魚について初回摂餌の遅れを調べた Dou et al. (2005) は PNR の範囲内であれば

その後の成長や生残に影響しないことを示している．

　小さな浮性卵を産む熱帯性あるいは亜熱帯性の魚種のなかには，初回摂餌の猶予期間がスジアラのようにわずか6時間という極めて短い魚種も見られる（Yoseda et al., 2008）．本種も摂餌開始期には視覚による昼間摂餌型の仔魚であるので，この6時間が夜の時間帯になれば，彼らは摂餌できずに餓死してしまうことになる．飼育環境下では夜間も点灯して何時でも摂餌が開始できるように調節ができるが，自然界ではどのようにして摂餌開始時を昼間の時間帯に合わせているのであろうか．産卵時刻や孵化時刻，さらには卵黄吸収期間などが総合的に組み合わさって，うまく調節されているものと考えられる．

　初回摂餌は餌の量と質の両面でその後の仔魚の生残に深く結びついている．卵黄仔魚期には，母体から卵黄に送り込まれた各種の栄養物質や発育成長に必要なホルモンなど様々な物質に依存して初期発育を進行させる．これらのなかでも，種苗生産過程で特に注目されたのは，油球の中に含まれていると考えられる高度不飽和酸のDHAやEPAである．特にDHAは脳の発達やそれに深く関わる仔稚魚行動の発達にとって不可欠であり（益田，2006ほか），種苗生産過程ではシオミズツボワムシやアルテミア幼生に添加してから投与されている．仔魚自身はこれらの脂肪酸を作ることはできない．自然界では植物プランクトンやバクテリアが合成したものがカイアシ類などの動物プランクトンに取り込まれ，それが仔魚の不可欠の供給源となっている．しかし，自然界で繁殖するカイアシ類の体内に含まれるDHAの量は，同種でも環境や時期によってかなり変動することが知られ（Davis and Olla, 1992），自然界での仔魚の生き残りに関連する可能性も推定される．

第5章　食べる（摂食）

3 栄養要求

　魚類の食性は一般に，クロマグロやヒラメなどに見られる肉食性，クロダイやコイなどに見られる雑食性，アユやアイゴなどに見られる草食性に大別される．しかし，ほとんどの魚類の仔魚期の食性は，最初から成魚のように三つのタイプに分かれるのではなく，カイアシ類の幼生を中心とする動物プランクトン食性であることは，これまで述べてきたとおりである．このことは，仔魚期には成魚とは別の栄養要求が存在することを示唆している．成魚の栄養要求については，養殖魚の育成と関連して多様な魚種でいろいろな側面から研究が行われているが，仔稚魚についてはまだ必ずしも十分な知見が得られているとはいえない．本節では，そのなかでも近年ヒラメ・マダイ・ブリなどの仔稚魚期の栄養要求を詳しく調べている東京海洋大学の竹内俊郎研究室で得られた知見を中心に，仔稚魚の栄養要求の特徴を述べてみたい．

　天然仔稚魚の栄養要求を調べるには，海の現場での囲い網試験区（エンクロージャーあるいはメソコズムと呼ばれる）で仔稚魚を育てながら適時試料を採取することが必要である．しかし，現実には分析に耐えるような量のサンプルを得ることは至難の業である．したがって，通常仔稚魚の栄養要求は，対象とする栄養に富んだ実験区とそれが欠如した実験区（対照区）を設けて，発育成長に伴う体内の栄養素の濃度や実験魚の生残・成長・健康度などを指標に判定することになる．タンパク質・炭水化物・脂質・ビタミン・ミネラルの五大栄養素のうち，タンパク質については，消化系が未発達な仔魚にとってジペプチドやトリペプチドが重要な意味を持つ．マダイ稚魚について無添加区（対照区）を含む10区においてペプチドを含有させた微粒子飼料で30日間の実験を行ったところ，6区で体長・体重ともに対照区を上回る結果が得られている（Kanazawa et al., 1990）．

表 5-2　仔稚魚に必須のアミノ酸と生理活性物質（竹内，2003）．

前駆アミノ酸	生成反応	生理活性物質
メチオニン・システイン	酸化	タウリン
トリプトファン	水酸化と脱炭酸	セロトニンおよびメラトニン
	酸化	ニコチンアミドおよびNAD
ヒスチジン	脱炭酸	ヒスタミン
リジン	脱炭酸	カダベリン
	メチル化	カルニチン
チロシン	ヨウ素化と重合	サイロキシン（チロキシン）
セリン	メチル化	コリン

　一方，タンパク質合成に関与するアミノ酸は20種であり，必須アミノ酸と呼ばれる．これらのなかには，体内でホルモンや神経伝達物質に誘導される生理活性物質が多い（表5-2：竹内，2003）．中でも注目されているのが，メチオニン・システインから生成されるタウリン，トリプトファンから生成されるセロトニン・メラトニン，リジンのメチル化によって誘導されるカルニチン，チロシンからヨウ素化と重合によって出来るチロキシンなどである．これらのうち，セロトニンとメラトニンは昼夜リズムに関与するホルモン，チロキシンは第1部第2章6節に述べたように変態に中心的な役割を果たすホルモンである．

　これらのなかで仔稚魚にとって特に重要な役割を果たしているのではないかと注目されているのが，タウリンである．この遊離アミノ酸が注目されたきっかけは，近年，魚粉を削減した配合飼料を与え続けると，ヒラメでは成長の停滞や異常な摂餌行動が発生し，ブリやマダイ成魚では成長の停止とともに肝臓が緑色に変化する緑肝症が観察されるに至ったことによる．このことは，成魚にとどまらず，仔稚魚の成長停滞をももたらすことが明らかにされ，ワムシ用のタウリン強化剤が開発された．さらに，ヒラメとマダイの稚魚についてタウリン要求量が調べられ，ヒラメでは天然魚が好んで食べるア

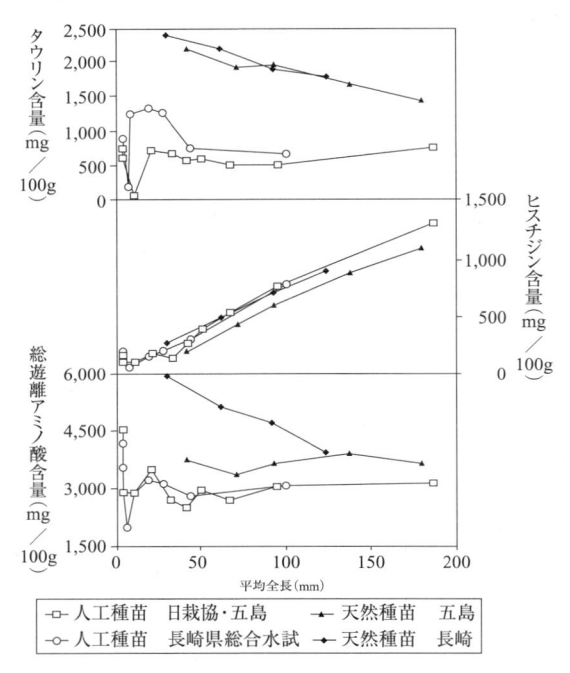

図 5-5 ブリの天然と人工飼育仔稚魚間に見られるタウリン含量（上），ヒスチジン含量（中）ならびに遊離アミノ酸含量（下）の違い（竹内，2003）．

ミ類の値に近い 1500 から 2000mg/100g を与えれば，最大の成長と飼料効果が得られることが明らかにされている（竹内，2002）．マダイ稚魚では，タウリン含有カゼイン精製飼料を与えたところ，タウリン添加量の増加に応じて，成長や飼料効率が改善され，500mg/100g（0.5％）以上で最大に達した．さらに摂餌活動もタウリン含有飼料で活発であり，体色も鮮やかなピンク色を呈した（Takeuchi, 2001; 竹内，2008）．またブリ仔稚魚では，天然産の仔魚には人工飼育の仔稚魚に比べてはるかに高いタウリン含有量が含まれていることが明らかにされている（図 5-5；竹内，2003）．

エネルギー生産の重要な源となる脂肪酸がミトコンドリア内で ATP を生

成する過程で,なくてはならない働きをするのが,カルニチンである.これに関して,マダイの卵発生過程および仔稚魚の成長に伴う,遊離および酸可溶性カルニチン含量の変化や,水温の違いによる含量が調べられた.その結果,卵発生過程中および全長 50mm までの仔稚魚では遊離型カルニチン含量に変化は無いが,酸可溶性カルニチン含量は全長 20mm 以降急激に増加した(竹内,2001).

後に仔稚魚の行動発現の節でも登場するが,海産魚は必須脂肪酸としてn-3HUFA(高度不飽和脂肪酸)を強く要求するが,中でも DHA の有効性が仔稚魚期に特に顕著である.仔稚魚は DHA が不足すると,遊泳異常や水膨れのような水症を発生するとともに,活力が著しく低下する.ブリ稚魚の場合には DHA と行動との間に密接な関係が認められている.天然産のブリは群をなして行動するが,その行動は通常 12mm 前後で発現する.この時期にOA,EPA および DHA を含むアルテミアで飼育すると,DHA で飼育したときのみに通常の群泳を示す.そこで,この時期に ^{14}C で標識した DHA を与えると,網膜,脳および脊索に蓄積し,DHA は脳神経系の中枢に関与することが明らかにされている(Masuda et al., 1998; 1999).

以上のほかにも,仔稚魚の多くはリン脂質を要求し,これが欠乏すると成長の低下や形態異常が観察される.仔稚魚期にはリン脂質を合成する能力が未発達なためと考えられている.また,カロテノイド,ビタミン,ミネラルなどについての知見も増えつつある(竹内,2002).特に,仔魚から稚魚への移行に際して生じる脊柱などの骨の形成("化骨"と呼ぶ)にはいろいろな栄養素が不可欠であり,リン脂質,高度不飽和脂肪酸,アミノ酸,ペプチド類,ビタミン A,ビタミン C などが適正な値で投与されることが,異常を防除するうえで必要なことが明らかにされている(Cahu et al., 2003).

ここまで述べてきた栄養要求は,基本的には,仔稚魚期にはそれらの物質を生合成する能力が未発達なのか,あるいは魚類は一般にそうした生合成の能力が無いのか,どちらかであると考えられることを示している.前者の場

合には，摂餌を開始するとともに餌生物からそれらを摂取するのであろうが，摂餌前の胚期には一体どうしているのであろうか．おそらく，親魚（雌）が成熟する過程で，卵黄中にそれらの初期発生に必須の栄養素を蓄積するのではないかと考えられる．たとえば，ブリ親魚を用いたタウリンの実験では，無添加魚粉飼料と2段階のタウリン添加した飼料で飼育した結果，添加量が700mg/100g以下では産卵しないことが判明した．また，卵中のタウリン含量は飼料中の濃度が異なってもほぼ同含量であったことから，ブリは選択的にタウリンを卵に移行させていると推定されている（竹内，2003）．マダイ親魚においても，アスタキサンチンを添加しない飼料で飼育すると，卵質が劣り正常な孵化仔魚が得られないことが示され（竹内，2002），親魚から卵への種々の栄養素の移行は，仔魚の初期生残や成長にとっても極めて重要と考えられる．

4 "変態"する消化系

外部栄養への転換にとって不可欠な器官系の一つは，消化系であることはいうまでもない．摂餌のために最小限必要な諸器官の分化が，卵黄吸収に先立って起きることが必須となる．摂餌開始期の仔魚の消化系と稚魚あるいは成魚の消化系との大きな違いの第一は，仔魚の初期には機能的な胃が存在しないことである（田中，1975）．多くの粘液細胞よりなる食道に続くのは，扁平な上皮細胞で構成され，わずかに背腹方向に膨らみを持つ短い部分である．これが将来機能的な胃に分化する胃の原基である．摂食された餌生物はこの部分を素通りして，それに続く腸まで送られる．腸の内面は細長い円柱上皮細胞で構成され，その最前部には膵管と胆管が並んで開口している．もう一つの特徴は，魚類に特有な消化器官である幽門垂が未分化なことである（図5-6）．腸と直腸の間には，顕著な弁（直腸弁）が存在し，両者は容易に区別

卵黄仔魚

仔魚

稚魚

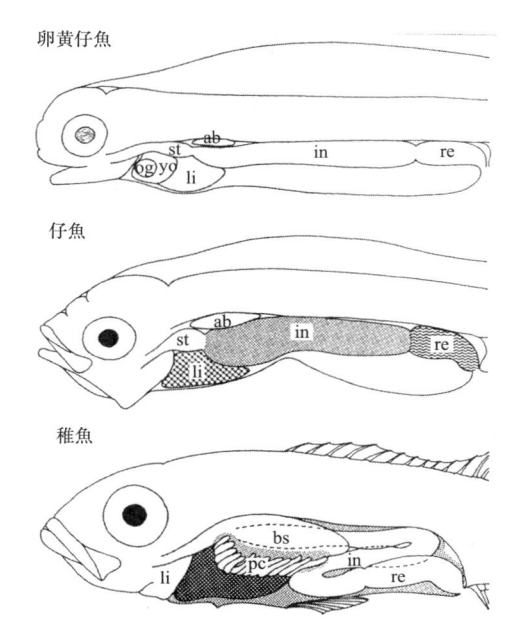

ab：鰾, bs：胃盲嚢, in：腸, li：肝臓, og：油球, pc：幽門垂, re：直腸

図5-6　スズキをモデルにした仔稚魚の消化系発達過程模式図（田中，1975）．

がつく．

　消化管が各部位に分化するのと平行して，肝臓・膵臓・胆嚢も分化し，膵臓の中の外分泌腺には，消化酵素の前駆体であるチモーゲン顆粒が準備され，それらはエオシンに赤く染まって観察される．稚魚になると，膵臓は血管系に沿った小組織として分散状態になる（Kurokawa and Suzuki, 1996）が，この時点では未だコンパクトな固まり状の器官である．免疫組織化学的に調べて見ると，チモーゲン顆粒はトリプシノーゲンなどであることが確認されている．ヒラメ仔魚では，これらは摂餌が始まる少なくとも1日以上前から準備されている（Kurokawa and Suzuki, 1995）．また Srivastava et al. (2002) によって，各種消化酵素前駆体の mRNA の存在が卵黄仔魚で確認されている（図5-7）．

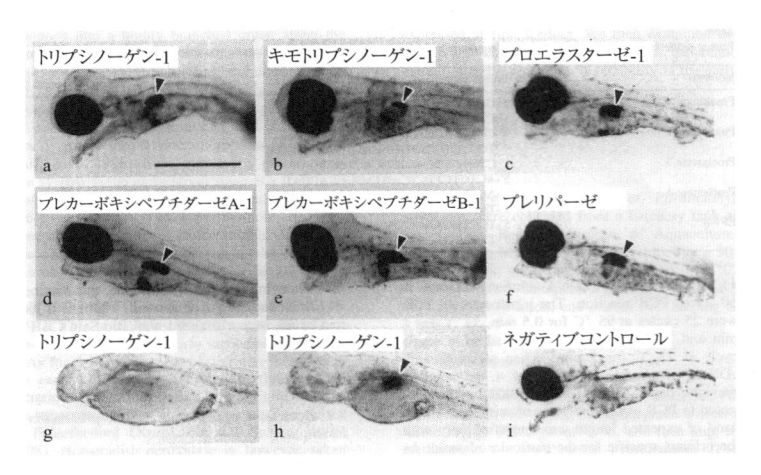

トリプシノーゲン-1	キモトリプシノーゲン-1	プロエラスターゼ-1
a	b	c
プレカーボキシペプチダーゼA-1	プレカーボキシペプチダーゼB-1	プレリパーゼ
d	e	f
トリプシノーゲン-1	トリプシノーゲン-1	ネガティブコントロール
g	h	i

図5-7 ヒラメ卵黄仔魚の膵臓における各種消化酵素のmRNA発現状態 (Srivastava et al., 2002). 矢印は膵臓の位置に反応があることを示す.

肝臓の組織像は摂餌開始前では肝細胞と微細な血管で構成され,脂肪やグリコーゲンなどの蓄積は見られない.肝臓中には袋状の胆嚢が観察される.両顎や咽頭部には,魚種(たとえば,サワラやマサバなど)によっては,摂餌開始時に顎歯や咽頭歯の分化が見られるが,多くの仔魚では通常これらは未分化である.

摂餌開始とともに,消化器官,特に腸や直腸には消化吸収と関わると考えられる変化が認められる.腸の上皮細胞の上半部には,通常の切片では多くの空胞が観察される.これらは透過型電子顕微鏡(TEM)や組織化学的方法で調べてみると,吸収された脂肪であることが明らかにされた(Iwai and Tanaka, 1968a;田中,1972a).一方,消化管最後部の直腸の上皮細胞の上半分にはエオシンに好染する大小様々な大きさの顆粒が観察された.これらは,TEMによる観察(Iwai and Tanaka, 1968b),組織化学的手法(田中,1972b)やホースラデイッシュperoxidaseを用いた手法(Watanabe, 1982, 1984)などにより,餌生物の水溶性タンパク質がアミノ酸にまで分解されることなく,高

分子状態で直腸上皮細胞に取り込まれた結果であることが解明された．その取り込みの機構は TEM により，上皮細胞の内面に微細な指状突起として存在する微絨毛（microvilli）の底部が細胞の内側に陥入し物質をのみこむ，飲作用（pinocytosis）によることが明らかにされている（Iwai, 1969；Watanabe, 1984）．腸管内で餌生物中のタンパク質がアミノ酸に分解された後に吸収されているかどうかは確認されていないが，少なくとも直腸では，消化吸収機構としてはより原始的な飲作用による栄養素の取り込み機構が個体発生初期に存在することは興味深い．

この飲作用による直腸部における水溶液性タンパク質の摂取は，稚魚への変態後に次第に不顕在化する．しかし，胃を持たないコイ科魚類のような無胃魚では，成魚においても飲作用が認められている．したがって，この飲作用の不顕在化は，後に述べるように変態に伴う機能的な胃の形成によるタンパク質分解機構の高度化に伴って，細胞内消化から成魚や脊椎動物一般に認められる細胞外消化へと変化する結果と見なすことができる．

仔魚期を通じての最も大きな消化系の変化は，その後期に生じる機能的な胃の分化である．仔魚期の後期になると，次第に後方へと伸長し始め，粘膜層も厚みを増す．厚みを増した粘膜層の底部には，ヘマトキシリンに強く染まる複数の細胞の固まりがいくつも生じる．これが胃腺である．胃は変態期に著しく大きくなり，魚種によっては噴門部と幽門部の間は後方に大きく膨らみ盲嚢部を形成する．胃腺は主として噴門部に多く分布し，通常の組織切片で観察されるのとほぼ同時期に免疫染色でペプシノーゲンが検出される．

この胃の形成がほぼ完了するころ，腸の最前部から指状の突起が外側に向かって膨出する．それぞれの内部の組織の特徴は腸と全く同様であり，円柱状の上皮細胞，粘膜組織，筋肉組織より構成される．この指状組織の数は魚種によって著しく異なる．これが魚類に特有な幽門垂である．このように，胃腺を備えた機能的な胃の分化と幽門垂の分化は，変態期に生じる共通した顕著な発育上の出来事であり，消化系も"変態する"といえるのである．特

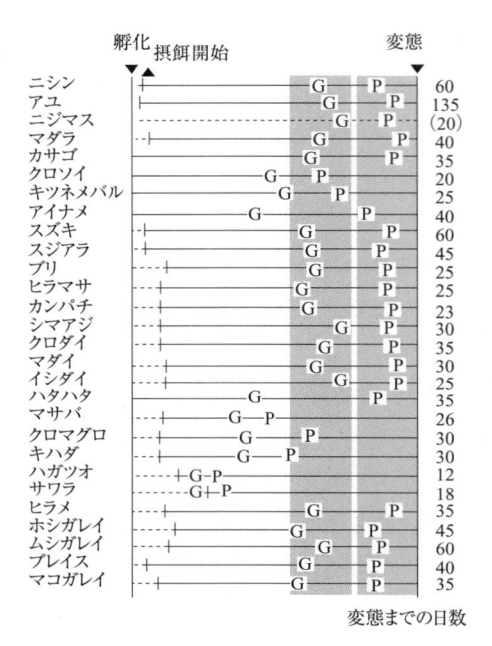

図 5-8　28 種の仔魚の消化系の発達過程の比較図．G は胃腺の分化時期を，P は幽門垂の分化時期を示す（孵化から変態完了までを同じ時間スケールにして相対的に表示）．

に，胃腺の分化には，魚類の変態を制御する甲状腺ホルモンが関与することが確認されている（Miwa et al., 1992）．

　以上が魚類一般に見られる胃の分化過程であるが，いろいろな魚種を調べていくと，その分化期には種による違いも見られる．これまで調べられたいろいろな分類群・卵のタイプ・生活史を持つ 28 種の魚種について，図 5-8 に胃腺が初めて検出される時期（G）と幽門垂が分化する時期（P）を表示した．それぞれの魚種により，孵化から変態を完了する（脊椎の骨化を指標とした）までの期間は著しく異なるために，ここではそれらを同じ長さにして，摂餌開始期，胃腺の分化期，幽門垂の形成期を表示している．全体的には，前述したように仔魚期の後期（変態開始期）に胃腺が分化し，仔魚期の最終期

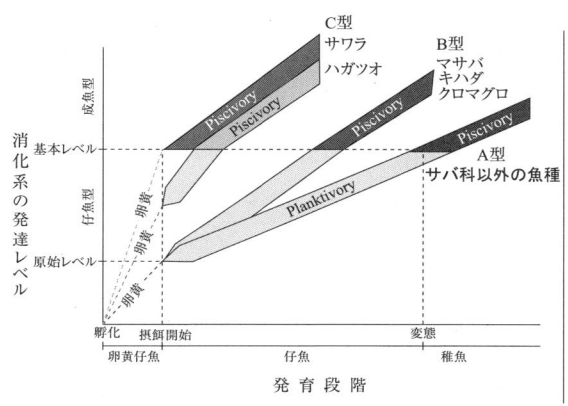

図 5-9 海産仔魚の消化系の発達過程にみられる3型（Tanaka et al., 1996b）.

(変態後期) に幽門垂が形成されることが分かる．しかし，同時にいくつかの例外も存在する．ハタハタのように大卵から直接発生的な発育過程を経過する魚種では，それらの分化は早く生じる傾向が見られる．さらに，マサバ・クロマグロ・キハダ Thunnus albacares・ハガツオ Sarda orientalis・サワラなどのサバ科魚類ではそれらの分化は著しく早いことが分かる．中でも，サワラは卵黄吸収前（摂餌開始前）に胃が形成されるという異例中の異例である．サワラについてはすでに紹介したが，後に述べるように，これらの魚種では早期から魚食性に変わるという共通点が見られる．

　魚類の基本的発育段階は，卵期・卵黄仔魚期・仔魚期・稚魚期・成魚期に分けられることはすでに紹介した．ここで，卵期と成魚期を除いて三つの発育段階を同じ時間スケールで横軸に示し，消化系の発達段階を分化期・原始的（仔魚的）レベル期・成魚的レベル期に分けて縦軸に示すと，魚類の消化系の発達様式は三つに大別される（図5-9）．最も基本的タイプは，サバ科魚類以外の多くの魚種に共通したA型であり，卵黄仔魚期に摂餌に最低必要な諸器官が分化した原始的レベルに到達する．その後カイアシ類などの動物性プランクトンを主食として成長し，消化系は変態完了時に成魚的レベルに

達する．魚種によっては，あるいは環境によってはこのころから魚食性を発現するものも見られる．一方，最も極端な（特異な）タイプはC型のサワラである．A型の魚種が孵化後稚魚に変態するまで1〜2ヶ月の時間をかけて到達する成魚的レベルの消化系に，孵化後5〜6日の卵黄仔魚期に到達してしまうのである．そして，動物プランクトン食性期をスキップして最初から魚食性を発現させる．これまで調べられた海産魚類のなかでは，ハガツオがこれに近いが，本種では，不思議なことに摂餌開始後の最初の1日のみは動物プランクトン食性なのである (Kaji et al., 2002)．これら二つの中間的なタイプはB型のマサバやマグロ類に見られる (Kaji et al., 1996; 1999)．成魚的なレベルへの到達が仔魚期の途中で生じ，飼育環境下ではその後魚食性へと転換する．

5 激しく変動する消化酵素活性

　仔魚の主要な消化酵素の産生器官は膵臓であり，すでに述べたように，卵黄仔魚期の後半には組織学的に分化が確認されている．従来は，消化酵素活性の分析にはかなりの個体数をまとめて分析する必要があったが，近年では個体ごとに分析することが可能となっている (Überscher, 1988)．また，主要な消化酵素のm-RNAの発現を調べることも可能になり (Srivastava et al., 2002)，より詳細な個体発生に伴う消化酵素活性の変化が把握されている．それによると，トリプシン，キモトリプシン，アミラーゼ，リパーゼ，カーボキシラーゼ，エステラーゼなどの諸酵素の合成は，前述のように，卵黄仔魚期の中期（摂餌開始の1日はあるいは2日前）に始まっていることが明らかにされている．トリプシン・アミラーゼ・リパーゼなどの活性は，摂餌開始前後では微弱であるが，その後仔魚の成長とともに上昇し，仔魚期の後半期には高いレベルを保つ．しかし，多くの魚種では仔魚から稚魚への移行期に

は，それらの消化酵素活性は図 5-10 に示すように低下する傾向にある．

仔魚の消化系の発達は，卵黄吸収期と仔魚から稚魚への移行期に顕著な質的転換が生じることを述べた．後者の変化の中心は機能的な胃の形成であり，消化酵素の面では，胃腺の分化とともに酸性条件下で働くペプシンの発現がみられ，仔魚から稚魚への移行とともに，その顕著な活性上昇が多くの魚種で認められている（図 5-10）．Rønnestad et al.（2000）は，生きた変態前後のヒラメ仔稚魚の口からマイクロピペットを胃まで挿入し，pH を測定した．胃腺の形成とともに胃内の pH は低下し，変態完了時には 2～3 と強い酸性状態を示した．一方，腸前部の pH は 8～9 とアルカリ性であった．前述のよ

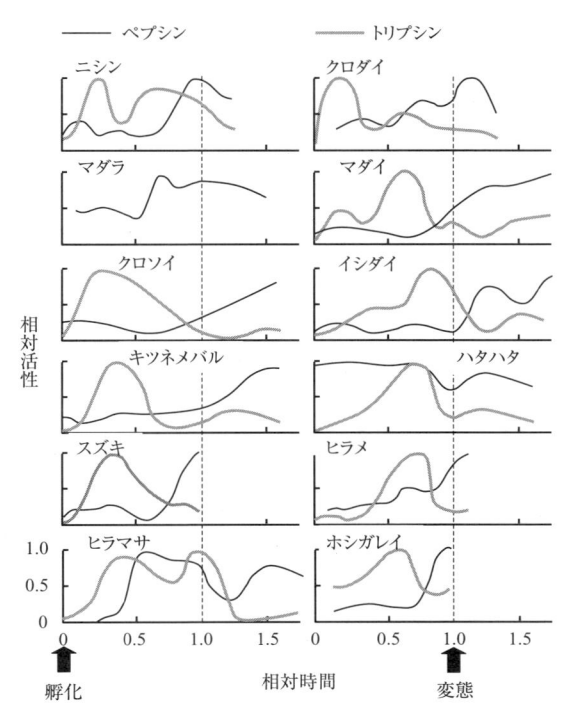

図 5-10 海産仔稚魚 12 種の発育に伴うペプシンとトリプシン活性の変化．横軸の 0 は孵化を 1.0 は変態を示す．

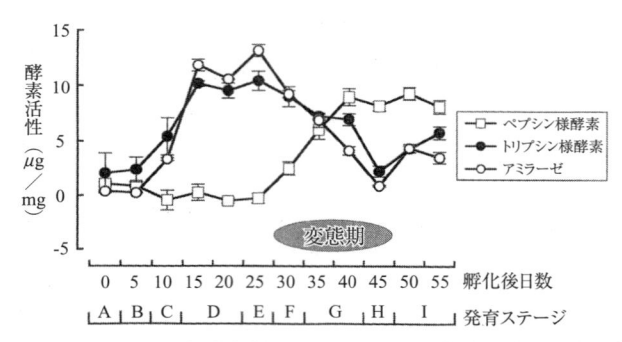

図5-11 ホシガレイ仔稚魚期における3種の消化酵素活性の動態（堀田ほか，2001a）．膵臓起源酵素と胃起源酵素の変化が対称的．

うに，仔魚から稚魚への移行期に膵臓から分泌される消化酵素活性が低下するのに対して，胃から分泌される消化酵素活性が上昇する傾向は，ホシガレイ仔稚魚で典型的に示されている（図5-11：堀田ほか，2001a）．また，この時期を境にしてタンパク質の消化吸収機構が細胞内消化から細胞外消化へと転換する．これらのことは，魚類では一般に仔魚から稚魚への移行に伴い，消化吸収機構が高次のレベルに転換することを示している．

消化系発達の特異な例として先にサワラを紹介したが，本種の消化酵素活性の変化はどのようになっているのであろうか．サワラ仔魚を孵化後6時間あるいは12時間間隔でサンプリングし，主要な消化酵素を調べた例では，多くの他魚種と同様に，トリプシン・アミラーゼ・リパーゼは卵黄仔魚期の中期に膵臓が分化するとともに発現した．一方，他魚種と大きな違いは，仔魚から稚魚への移行期に発現するペプシンが卵黄吸収期（摂餌開始期）の少なくとも1日前には発現（図5-12）し，消化酵素の発現の面でも，本種は他魚種が1ヶ月以上を要して獲得する成魚的レベルに，すでに摂餌開始期に到達していることが明らかにされている（Fujii et al., 2009）．

これまでに調べられたほとんどの海産魚の仔魚は，主として視覚により昼間に摂餌する"visual day feeder"である．このことに関連して，いろいろな

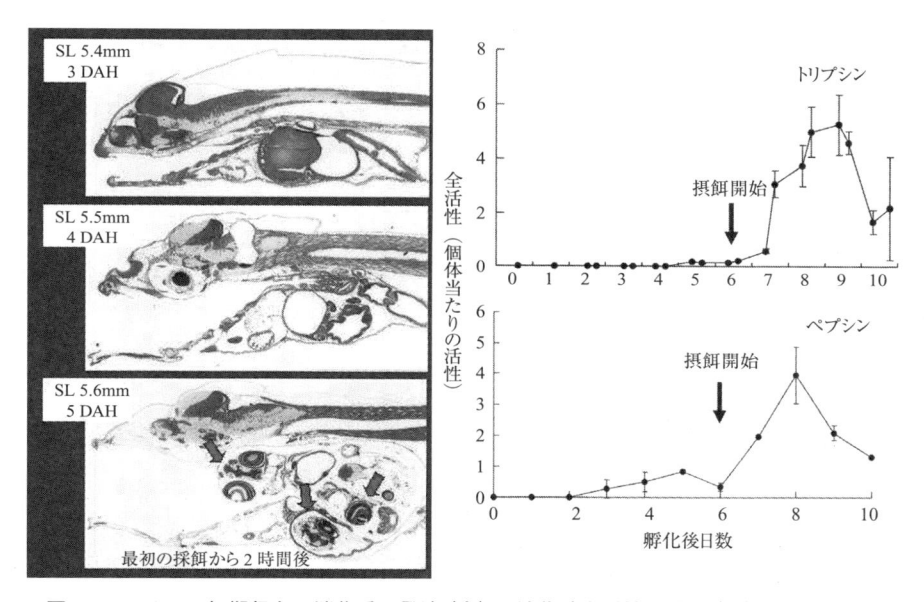

図5-12 サワラ初期仔魚の消化系の発達（左）と消化酵素活性の動態（右）．特に，ペプシンの摂餌開始前からの活性発現に注目（Fujii et al., 2009）．

種類の仔魚の消化酵素活性の日周変化を調べた川合（1995）によると，魚種，消化酵素の種類，摂餌の有無などによってその動態は大きく異なった．一般的な傾向としては，ペプシンは外的環境条件の影響は受けず，日周期的な変化を示さない．また，摂餌後には膵臓由来の酵素は共通して活性の上昇が認められた．代表的な魚種としてヒラメの消化酵素活性の変化を見ると，変態開始期まではリズムは見られなかったが，変態期になると昼間に活性は高く，日没後から夜明けまでの夜間には低くなる日周リズムが認められた（図5-13）．

　消化酵素活性に影響を与える外的環境条件としては，水温，塩分，照度，餌の種類と密度，酸素濃度，病気などの影響が調べられている．もちろん，病気や低酸素濃度が悪影響を与えることはいうまでもないが，魚種による違

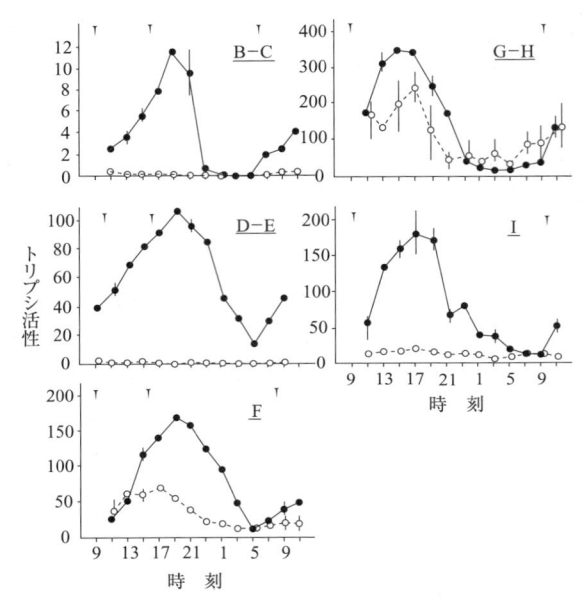

図 5-13　ヒラメ仔魚期におけるトリプシン活性の日周期変動．黒丸：投餌区（矢印は投餌時刻を示す），白丸：無投餌区（川合，1995）．変態期（F, G-H）には無投餌区においても活性がみられる．

いも大きく，全体としての傾向を読みとることは難しい．しかし，概して，高水温ほど，やや低塩分ほど，適当な照度ほど，そして餌密度が高いほど，その活性は高い傾向が見られる．これまでに調べられた消化酵素のうち，トリプシンは外的環境条件，特に栄養条件の影響を受けやすく，天然魚の栄養状態を評価する指標の一つとして用いられている（Übersher, 1988）．

6　消化管ホルモンとは

　消化管ホルモンは，膵臓や胃で産生される消化酵素の分泌やその制御を行

う．魚類の消化管ホルモンについては成魚ではいくらか研究されてきたが，仔稚魚期の動態については1990年代前半までほとんど解明されてこなかった．しかし，分子生物学的手法の発達により，1990年代後半には養殖研究所の黒川忠英や鈴木　徹により研究の扉が開かれた．初期の仔魚の主要な消化酵素産生源は膵臓であることから，それらの分泌を促すコレシストキニン（CCK）の分析がヒラメ仔魚で行われた（Kurokawa et al., 2000）．ヒラメのCCKに対する抗体を作り，それを組織切片上で処理することにより，腸上皮細胞の間に細長い円錐形の細胞が，摂餌開始期に検出された．これらの細胞は，餌の摂取が起こると，細胞基部からCCKを分泌する．CCKは一般的に胆のうから胆汁を，膵臓からは膵酵素を分泌させるとともに，中枢神経系に作用して摂食を抑制するシグナルとしても働くことが，哺乳類では知られている．

　この抗体を用いて，上坂裕子はクロマグロ，アユ，大西洋産オヒョウ属 *Hippoglossus hippoglossus*，大西洋産ニシン属 *Clupea harengus* 仔魚について検出を試みた．CCK細胞の腸における分布状態を調べた結果，摂餌開始初期から腸が回転しているクロマグロとオヒョウ属では，CCK細胞は腸前部の回転部の前半に集中して検出された（Kamisaka et al. 2001；2002）．このことは，これらの魚種では摂餌された餌が腸の前部に貯まることと密接に関係するものと考えられた．一方，腸管が直線状のアユやニシン属では，摂餌された餌生物は腸の前部にとどまることなく，腸の蠕動運動と繊毛を備えた細胞（Iwai, 1964；1967b）の働きにより，腸最後部の直腸弁の直前で止まり，次第に前方に餌が貯まっていく．これらの魚種では，CCK細胞は腸全域に広く分散して分布する（Kamisaka et al., 2002；2003）．

　Kamisaka et al.（2005）はこれら4種のなかで，大西洋産ニシン属仔魚についてCCKのクローニングを行い，ニシンCCKに対する免疫染色とm-RNAによるCCK細胞の検出に成功した．本種におけるCCK細胞の分布は，アユの場合と同様に局在することはなく，腸全体に分散して分布することを確

認した．CCK細胞の分化時期は，ヒラメ・クロマグロ・アユ，大西洋産ニシン属では摂餌開始直前であるが，卵黄仔魚期が著しく長い大西洋産オヒョウ属では，摂餌開始期よりかなり遅れて発現することが確認されている．

一方，胃のペプシンの分泌を促すガストリンの遺伝子では胃腺が形成される稚魚への移行期から産生されることも，Kurokawa et al.（2003）によって明らかにされている．これら以外の消化管ホルモンについて研究を進めたKurokawa and Suzuki（2002）は，それらの多くが哺乳類と同様に脳内でも検出され，脳腸ホルモンであることを確認している．

7 栄養状態の評価法

仔魚期の主要な死亡要因は，餌不足による飢餓と外敵による被食と考えられてきた．当初，これらのうち飢餓の方により強く関心が集まり，仔稚魚は実際に海の中でどれだけ飢餓に陥っているかが，いろいろな指標を用いて評価された．たとえば，O'Connell（1980）は体各部の相対比を，飢餓の場合にはそれらが低い値を示すであろうことを前提に組織学的手法を用いて詳しく調べた．さらに，Theilacker（1986）やOozeki et al.（1989）は，飼育条件下で飢餓を進行させて仔魚の組織学的変化の基準を作り，天然で採集した仔魚との比較を行い，摂餌に直接関係する消化管の上皮細胞の厚さなどが飢餓に敏感に反応することを見いだした．同様の観察は，飼育したヒラメ仔魚でも認められている（図5-14：Gwak et al., 1999）．しかし，これらの組織学的手法のみでは，天然仔魚の飢餓による減耗率を正確に定量評価することは困難であった．

そこで，登場したのが生化学的手法であり，体全体のRNA量とDNA量を測定し，核酸比（RNA/DNA比）を栄養状態の指標にする手法が開発された．基本的な考えは，DNA量は細胞の数によって決まるのに対し，RNA量

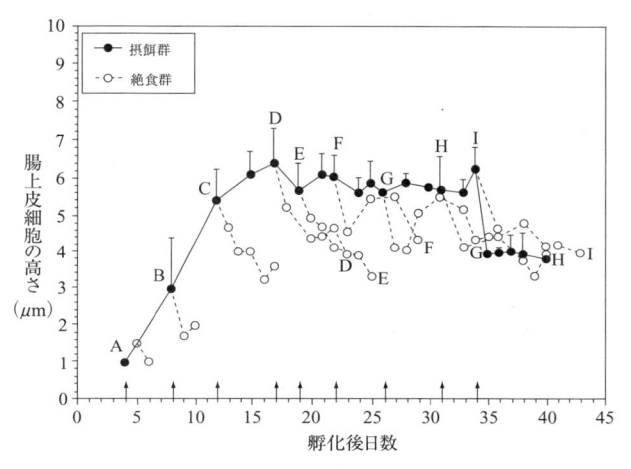

図 5-14 ヒラメ仔魚の飢餓（無投餌）による腸上皮細胞の高さの変化（Gwak et al., 1999）.

はタンパク質の合成能に関連するため，RNA/DNA 比は，成長あるいは栄養状態を反映するものと考えられる（Buckley, 1980）というものである．現在では，消化酵素の場合と同様に，1980 年代終わりごろには仔魚を個体ごとに測定する方法が確立され（Clemmesen, 1993），その後いろいろな魚種について核酸比の分析が盛んに行われ，天然仔魚の栄養状態が調べられている．たとえば，若狭湾西部海域に出現するヒラメ仔稚魚には，早期着底群と後期着底群があり，前者においては飢餓状態の個体はほとんど認められなかったが，後者では着底期の稚魚の 40% 近くが飢餓状態にあることが報告されている（Gwak et al., 2003）．有明海のスズキ仔稚魚の栄養状態に関する研究では，環境中のカイアシ類のバイオマスと核酸比には正の相関があることが見い出されている（Islam and Tanaka, 2005）．同様の傾向はクロマグロ仔魚でも認められ，1 日飢餓状態の仔魚が場所によって 4.4 〜 25.8% いることを見い出し，これらの仔魚は被食の可能性が高いことが示唆されている（Tanaka et al., 2008）さらに，外海域においても，マイワシの仔魚の核酸比による栄養状態評価がい

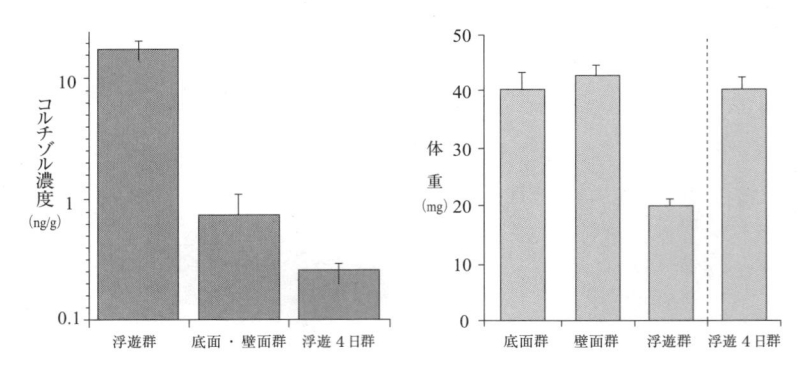

図 5-15 変態完了後のヒラメ稚魚の飼育水槽内における社会構造を反映したコルチゾル濃度（左）と体重（右）の差異．浮遊群のコルチゾルレベルが着底群に比べて著しく高い．浮遊群を新しい水槽に移すと 4 日後にはコルチゾル濃度は著しく低下し，体重も着底群に追いつく（Alvarez, 1998; Alvarez et al., 2006）

ろいろな段階の仔魚について行われているが，摂餌開始期の仔魚にもこの手法が導入されている（Kimura at al., 2000）．

 また，消化酵素の項でも述べたが，膵臓起源の消化酵素であるトリプシンなどは，摂餌状態をよく反映し，飢餓状態あるいは不健康な状態になるとその値が著しく低下するため，栄養状態の評価に用いることが提案されている（Überscher, 1988）．飼育条件下のヒラメ稚魚については，過密条件下では着底移行期になっても着底するスペースを成長のよい個体に占有され，表層付近で浮遊を余儀なくされた稚魚では著しいストレス状態のため極めて高いレベルのコルチゾル濃度を示すが，新たな水槽に移すと 4 日後には体重が一気に補償的に回復することが確認されている（図 5-15：Alvazez, 1998; Alvarez et al., 2006）．このような仔稚魚の社会構造と成長や生残との関係は興味深い課題である（Dou et al., 2004）．

 これらの手法による天然仔魚の栄養状態の分析結果の多くは，生き残って採集される仔魚の多くは栄養状態が良いことを示した．そのため，初期の死亡の主な要因は飢餓ではなく，最終的には被食によるものではないかとの考

えが次第に一般化した．しかし実際には，海の中では飢餓の進行が仔魚の遊泳力の低下や外敵からの逃避反応の低下を引き起こし，捕食を受けやすくなることは容易に予測され，両者を機械的に分けることはできないと考えられる．

8 なわばり行動

　魚のなわばり行動といえばアユやその性質を巧みに利用した世界に稀な友釣りが頭に浮かぶ．アユの場合には淡水域での行動であり，また初期生活期を終えた後の未成魚や成魚の行動である．こうした行動は海産魚の仔稚魚期にもあるのであろうか．海産魚の生息場所は淡水魚の生息場所に比べて広くまた構造的にも多様なため，なわばり行動はあまり知られていないが，空間的広がりが制約されるサンゴ礁域では，何種類もの魚がなわばりを形成することが知られている（佐野，1995）．

　サンゴ礁域に生息する魚種の大半も分離浮性卵を大量に産み，1ヶ月程度の浮遊生活期を持つため年によって来遊してくる着底仔魚量は100倍のオーダーで変動するといわれている．着底稚魚が大量に来遊したときには一体どのようなことが起こるのであろうか．最近の研究では，同種や他種の先住者が多い場所においても稚魚は着底場所を選択し，しかも多くの魚が休息している夜間に着底することにより，着底減耗を最小化しているという．サンゴ礁魚類の中でも樹枝状サンゴ礁域に生息してサンゴのポリプを食べるアツクチスズメダイ *Cheiloprion labiatus* は強いなわばり性を持つ魚種として知られているが，彼らは着底後のいつ頃からなわばり行動を示すようになるのであろうか．ポリプ依存性という食性からは，かなり稚魚期の初期からなわばりを持つ行動が発現すると予想されるが，詳細は明らかになっていないようである．

サンゴ礁性魚類の群集形成に影響を及ぼす着底稚魚の個体数と死亡率の関係については，佐野（1995）は以下の三つの考え方を紹介している．
1) 加入制限説：浮遊期の死亡率が大きく常に残存環境収容力を下回っている．
2) 捕食説：成魚の環境収容力以上の着底稚魚が加入し，成魚になるまでに捕食されて残存環境収容力の範囲内に落ち着く．
3) ロッテリー説：同じ資源を利用するなわばり性魚類の場合，浮遊生活を終えた稚魚が着底するときに運良く空いた場所に恵まれた稚魚が生き残り，その後に加入してくる同種や他種個体を排除してなわばりを維持し続ける（因みにこの説は第1章13節の図1-18にでてくるLottery theoryである）．

　一方，空間構造的にはあまり制約されない沿岸の砂浜などを成育場とする魚類ではなわばり行動を示す魚種はいるのであろうか．高知大学の山岡耕作らの研究グループは，栽培漁業を展開する場合にいくら広い空間が存在していても，放流魚がなわばり行動を取れば，その場所の環境収容力が決まり無制限に放流しても意味がないとの考えに基づき，事前に漁港内や試験的実験区で予備観察を実施した後，なわばり行動の可能性を予測して愛媛県室手湾をフィールドに潜水観察を繰り返した．山岡らは1990年代から始めた観察に引き続いて2000年代に入って行った観察から，マダイとチダイの放流魚と天然魚についても興味深い結果を報告している．

　まずマダイ稚魚とチダイ稚魚が共存する場所で両種の摂食行動を詳しく観察した結果，両種で生息場所が微妙に異なることを見出すと共に，図5-16に示すような六つの探索・摂食行動を識別し，これらの内四つの摂食行動に両種間で顕著な差を見つけ，近縁種が同所的に共存できる生態的背景を明らかにした（工藤・山岡，1998）．次にマダイ稚魚とチダイ稚魚が実際になわばりを形成すること，ならびに四つのタイプの排他的行動と一つの逃避的行動を示すことを明らかにした．両種は同種のなわばり内への侵入に対して他魚

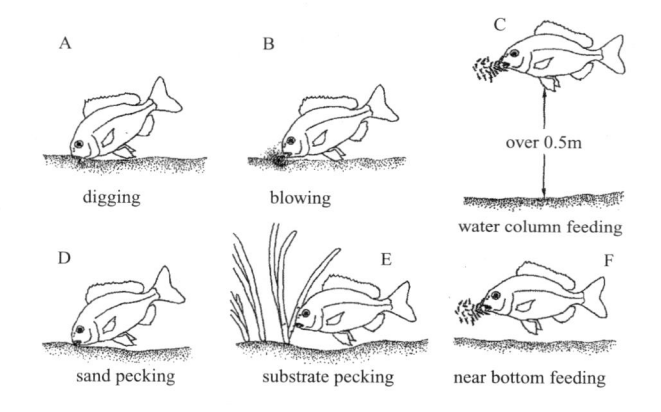

図5-16 マダイ稚魚の摂食行動に見られる六つのタイプ（工藤・山岡,
1998）．A：砂底表面すくい取り，B：砂底表面吹きつけ，C：
水中浮遊物摂食（海底より0.5m以上），D：砂底表面ついばみ，
E：付着物摂食，F：水中浮遊物摂食（海底より0.5m未満）．

種の場合よりはるかに強い排他的行動を示した．また，他魚種の中では，そ
れぞれの種ともマダイはチダイに対して，チダイはマダイに対して強い排他
的行動を示した．両種間のなわばり行動の間ではチダイはより頻繁に水中
（海底より50cm程度）に浮上してプランクトン生物を摂食する行動が見られ
た（Kudo and Yamaoka, 2004）．

　しかし，マダイ稚魚もチダイ稚魚も全ての個体がなわばり行動を取るわけ
ではなく，群らがって行動する個体も多く存在する．これら2群間で成長そ
の他に差があるのであろうか．このなわばりを形成する意義についてチダイ
稚魚が摂食した餌の中味を調べたYamaoka et al.（2003）は，なわばり個体で
はヨコエビ類やワレカラ類などの底生動物を多く食べているのに対して，群
らがり個体ではカイアシ類・尾虫類・枝角類などの動物プランクトンを食べ
ている割合が高いという顕著な差を見いだした．ここでは耳石日周輪などを
用いた成長差などの検討は行われていないが，より大型の餌を食べるなわば

り個体の成長がよいことは容易に推定できる．

　アユのなわばりについては，河川から遡上してくる個体数があるレベルを超えて著しく増えると，なわばりに侵入する者が多くなり過ぎて，なわばりを維持するコストがそれによって得られる利益を上回りなわばりは解消されるとされている．マダイの場合にもその様な現象が見られるのであろうか．このことに関して阿部・山岡（2005）は成育場への加入密度の異なる3年間（0.051 個体/m^2 ～ 0.21 個体/m^2）についてなわばり形成の長期間観察を行った結果，密度が低いほどより大きなサイズまで成長と共になわばり面積を拡大することができ，しかもその専有面積は広いことを明らかにした．このようになわばり面積と個体数密度はトレードオフ関係にあり，環境収容力にも関わる重要な生態的側面であることを示した．実際に人工管理下で集約的に育てられた飼育魚に天然魚のようななわばり行動は見られるのであろうか．放流直後のマダイ稚魚は群泳状態であったが，数日後には単独行動を取りなわばり行動を示す個体が現れだした．すでに述べたように，マダイ稚魚では横臥行動を示す個体が存在し，このようないわばある種の"個性"を持った稚魚の再捕率が高いことが報告されている（内田ほか，1993；Tsukamoto et al., 1997）が，なわばり行動の発現との間には関連は見いだされていない（工藤ほか，1999）．

　筆者の一人は 1975 年から平戸島志々伎湾で行われたマダイ稚魚調査で，マダイの個体数を計測したり，近底層のカイアシ類分布の観察などかなりの潜水観察を行ったが，マダイ稚魚がなわばり行動を示すことには気付かなかった．このことは，成育場の環境によってなわばり形成が左右される可能性とともに，その気で（ある仮説を持って）調査しないと重要な現象を見落としてしまう可能性が高いことを示唆しているようである．

第6章 食べられる（被食）

　これまでも述べたように，海産仔魚の多くでは，初期には体サイズは数mm前後と小さく，遊泳力に乏しいうえ，対捕食者反応も未発達な状態にある．したがって捕食を受けやすく，仔魚期の初期には個体数は急激に減少する．仔魚の捕食者として多くの浮遊性無脊椎動物や魚類が知られているが，魚類のなかには同時発生群の個体間の捕食や親による子（卵・仔魚）の非選択的捕食などの，共食い現象も見られる．初期減耗に関する研究の初期には，摂餌開始に失敗すれば仔魚は確実に死亡するために，飢餓による死亡がより重大と考えられていたが，飢餓による死亡は仔魚が成長するとともに急速に低下するのに対し，被食はそれぞれの大きさごとに大きな捕食者が現れ，その捕食圧は仔魚期からさらには稚魚期にも続く（図6-1：Bailey and Houde, 1989）．したがって現在では一般に被食による初期減耗がより重大であると考えられている（Bailey and Houde, 1989）．

1　仔魚を捕食する生き物

　仔魚の捕食者には，無脊椎動物としては，肉食性カイアシ類，端脚類のパラテミスト類，毛顎類（ヤムシ類），水母類，鉢クラゲ類などが知られている（図6-2：田中，1983）．一方，魚類による被食もしばしば見られる．また，定量的評価は難しいが，頭足類，特にイカ類は生物量も大きく，幼生期から仔稚魚の強力な捕食者であることが予想される．

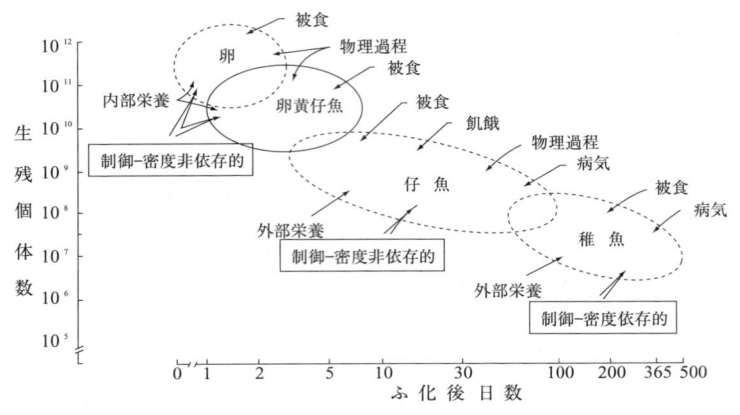

図6-1 魚類の初期生活史における減耗過程と主要な減耗要因 (Bailey and Houde, 1989).

　カイアシ類は多くの仔魚の不可欠の餌として生き残り上極めて重要な存在であるが，雑食性の大型のカイアシ類の成体や肉食性の大型カイアシ類は，逆に仔魚の捕食者として無視できない．アラスカ海域では肉食性のカイアシ類 *Euchaeta elongata* がタラ類仔魚の捕食者として重要であることが明らかにされている (Baily and Houde, 1989)．また肉食性の大型カイアシ類の *Labidocera* 属なども仔魚の捕食者としてカタクチイワシ仔魚などを捕食している例が知られている (図6-2)．

　カイアシ類のなかには，幼生期には仔魚に捕食されるが，成体になると逆に仔魚を捕食するという，"攻守逆転"の場合も存在する．仔魚の捕食者の一つである毛顎類について，瀬戸内海で面白い例が報告されている．すなわち，イカナゴ成魚の摂餌物を調べてみると，沢山の毛顎類(マントヤムシ)が出現し，さらに詳しく見るとそれらの毛顎類の中からイカナゴ仔魚がでてきたのである (浜田, 1965)．先の肉食性カイアシ類の成体といい，このイカナゴと毛顎類の例といい，海の中では"子の敵を親が討つ"といった食う—食われる関係の逆転は多くあるのではないかと考えられる．

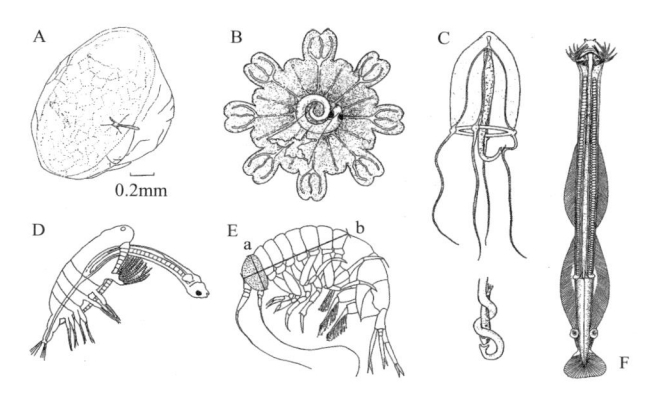

図6-2 魚卵・仔稚魚の捕食者．A：細胞内にカタクチイワシ卵を取り込んだヤコウチュウ Noctiluca scintillans　B：胃の中に仔魚を飲み込んだミズクラゲ Aurelia aurita 幼生（5mm）　C：口柄で仔魚を捕獲したサルシア属のクラゲの一種 Sarsia princeps　D：孵化後3日のカタクチイワシ仔魚を捕食している橈脚類の一種 Labidocera jollae（原図より転写）　E：ハサミウミノミ Hyperoche medusarum　F：カタヤムシ Sagitta ferox（A：Hattori, 1962；B・C：Fraser, 1969；D：Lillelund and Lasker, 1971；E：Westernhagen, 1976；F：山路，1966）

　主として冷水域に生息する浮遊性端脚類も，仔魚の捕食者としてかなり重要な位置を占めるのではないかと考えられる．東北太平洋岸の大槌湾ではイカナゴ仔魚が浮遊性端脚類のパラテミスト類に捕食されている例が確認されている（Yamashita et al., 1985b）．北洋では，この類の生物量はかなり大きく，仔魚に対する捕食圧は無視できないであろう．また，鉢クラゲ類による仔魚の捕食例も知られている．さきに触れたようにイカ類の生物量は極めて多く，1年で一生を終えるため，毎年大量の潜在的捕食者を生み出すことになり，その影響は無視できないと考えられる．

　これらの無脊椎動物捕食者のなかで，最も大きなインパクトを与えると推定される捕食者は水母類と考えられる（Möller, 1984）．中でもミズクラゲ Aurelia aurita は世界中の温帯から亜寒帯域に分布し，時には大量に増殖する

（安田徹，2008）．本種は傘長5mm前後過ぎのエフィラ幼生の段階から仔魚を食べ始め，終生動植物プランクトンを食べると推定されるとともに，仔魚が多く分布する沿岸域や内湾域を主な生息場としているので，1個体のミズクラゲが一生の間に捕食する仔魚の量は相当な数になると推定される．本種は仔魚を捕食するだけでなく，仔魚が主要な餌とするカイアシ類も大量に捕食するため，二重の意味で仔魚にとっては難敵といえる．

近年，わが国の内海や内湾域では，夏季から秋季にかけて，海底に堆積した大量の有機物が微生物に分解されることにより多くの酸素が消費されて，しばしば大規模な貧酸素水塊が形成される．実験条件下で貧酸素条件を作り，そのなかにマダイ仔魚とミズクラゲを入れて両者の行動を観察すると，マダイ仔魚の行動は著しく鈍化するのに対して，ミズクラゲは低酸素下でも元気に泳ぎ回り，その結果対照区に比べてマダイ仔魚の被食率は有意に高くなる（Shoji et al., 2005a）．

最近，世界でも最大級の体重になるエチゼンクラゲ *Nemopilema nomurai* が中国大陸沿岸の東シナ海で大発生し，成長しながら大量に日本海に来襲して各地で定置網などに入り，漁業活動に甚大な被害を与え，大きな社会問題になっているが，問題はそれだけでは収まらない．何しろあの巨体を維持する餌生物は，ミズクラゲと同じく小さなプランクトン生物なのである．エチゼンクラゲも初期にはポリプという小さな幼体として固着生活期を過ごす．その後，エフィラやメテフィラ幼生期を経てあの巨大な大きさに成長するのである（Kawahara et al., 2006；安田徹，2008）．いったい，数mmの幼生から1.5mを超えるようになるまで，どれくらいの量の動物プランクトンを食べるのであろうか．彼らに捕食される仔稚魚も膨大な数に上るであろう．日本海を北上した個体の一部は津軽海峡を越えて太平洋東北沿岸を南下し，房総半島にまで到達する．生まれた元の産卵場に帰ることはなく，冬季には死滅して沿岸各地の海底に堆積する．それらはカワハギ類などとともにヒトデ類などの格好の餌になり，莫大な数のヒトデ類を増殖させ海底生態系に一大変化をも

たらすことにもなりうる．場合によっては，稚魚成育場の消失にもつながりかねない事態が進行している．

　以上のような無脊椎動物による仔魚の捕食のほかに，魚類による捕食も無視できない．沈性卵を産む多くの魚種は，砂礫中に卵を産みつけて被食を軽減するか，親魚（多くは雄親）が卵塊を保護する．それでも，小魚にとっては格好の餌になる卵を捕食しようと親の隙を狙う．また，孵化が始まると待ってましたとばかりに激しい捕食が起きることもある．生まれて"一瞬"にして一生を終える個体も多い．一方，浮性卵の場合には大量の卵を一度に放出するので，その時多少の捕食を受けても大勢には影響しない．むしろ，分散してしまった卵への捕食圧がかなり生じることがある．それは，浮魚類のなかにはプランクトンフィーダーが多いからである．イワシ類の場合には，大型のプランクトンが比較的高密度で分布しているときには，それらを1尾ずつついばむが，小型の餌が分散的に分布しているときには，両顎を大きく開けて一定の速度で前進しプランクトンを無差別に濾し取る摂餌様式を取る．このとき，遊泳力のない卵はもとより初期の仔魚までも捕食されることになる．さらに，先述のサワラやマサバのような魚食性仔魚，あるいは稚魚になり魚食性の発現した種は，仔魚を捕食する．

　これら以外で興味深い例として，カタクチイワシの卵が動物性プランクトンとも植物性プランクトンともいわれるヤコウチュウ *Noctiluca scintillans* の体内から見つけだされる場合が知られている．ヤコウチュウは異常に繁殖すると海が赤く染まるほどの赤潮を起こすことがある．そのようなときにカタクチイワシの産卵が重なると，かなりの捕食が見られる可能性がある．ただし，このことについては，果たしてヤコウチュウの中に入っていたカタクチイワシ卵が，消化されて死滅するのかどうかも確かめられていない．思わぬ生き物が魚卵や仔魚の捕食者となりうる可能性を示唆する例として興味深い．

2 稚魚の捕食者：稚魚の天敵

　成育場に加入した稚魚の捕食者としては，エビ類，カニ類，ヨコエビ類，頭足類，魚類などが知られている．海外の知見として最も興味深いのは，北海の異体類，特にプレイス稚魚の主要な成育場である北海東岸に位置するワッデン海で明らかにされたエビジャコ類による稚魚の捕食である (van der Veer and Bergman, 1987)．一方，わが国では，稚魚の成育場での被食は，栽培漁業推進のための事前調査や放流後の追跡調査のなかで調べられた例が多い．

　ワッデン海のエビジャコ *Crangon crangon* は極めて高密度に分布している．筆者の一人が1990年代前半に視察に出かけたときには，ドイツだけでも100隻を超えるエビジャコ漁専用の漁船が存在した．オランダやベルギーの漁船を加えると数百隻にはなるという．網口8mほどのトロール網を両舷から左右に張り出し，一時間ほど曳網すると大量のエビジャコが捕獲される．それらを一定の目合いの網で濾して大型個体のみをそのまま船上で茹でて，港に持ち帰るのである．それらはそのままむき身として，または乾燥されて魚屋の店頭に並ぶ．1隻の漁船が1日に7から8曳網しても資源が枯渇しないほどの莫大な量のエビジャコがワッデン海には存在するのである．

　エビジャコ類は頭部に鋭い鉤爪のような捕食器を持つことから，容易に稚魚の捕食者になることが推定された．問題はエビ類もカニ類も，多くの無脊椎動物は口にある咀嚼器で餌生物を細かくかみ砕いてから呑み込むために，胃を調べても種類や個体数を測定することが通常困難だということである．そこで考え出されたのが，捕食されたプレイスの耳石（平衡石）を数えることにより，捕食数を推定することであった．その結果，調べたエビジャコの5％からプレイス稚魚の耳石が検出されている (van der Veer and Bergman, 1987)．

　わが国でも，ヒラメ稚魚の採集時には全国どの海域においても必ずエビジャコ類が同時に採集される．南日本や西日本では，個体数は多いが体長

5cm を超える大型の個体は少ないのに対し，北日本の東北地方や北海道では，体長 6 〜 7cm を超えるような大型のエビジャコ *Crangon affinis* が採捕される．飼育実験下では日本産のエビジャコは夜間にヒラメ稚魚を捕食することが確認されている（Seikai et al., 1993）．自然界でのエビジャコ類による稚魚の捕食は，何種類かの魚種で報告されているが，中でも仙台湾の浅海域で採集されたエビジャコ類の胃内容物は DNA をマーカーとして分析され，イシガレイ稚魚を捕食していることが確証されている（Asahida et al., 1997）．一方，アミ類が少なく小型のエビジャコ類が多く分布する瀬戸内海では，ヒラメ稚魚はエビジャコ類を逆に主食にしている場合も報告されている（Yamamoto et al., 2004）．

　鳥取県石脇地域においてヒラメ稚魚の大量放流とその後の生き残りを詳しく調べた古田（1998）は，放流後のヒラメ稚魚の減耗過程を追跡し，急激な個体数減少の約 50％は，マゴチやスズキによる捕食も部分的には関与するが，その大半はヒラメの 1 歳魚による昼間の捕食（すなわち，共食い）であることを明らかにしている．残りの 50％については，定量的に確証されたわけではないが，夜行性のカニ類ではないかと想定された．毎日行った潜水観察のなかで朝早く観察をしてみると，放流現場近くにはヒラメの頭部のみが沢山散らばっていたことから，周辺海域から放流場に来遊してその時期高密度に生息していたヒラツメガニ *Ovalipes punctatus* が有力な"犯人"ではないかと推定されたのである．

　同様の放流ヒラメ稚魚の夜間における大量被食は，佐渡島の真野湾においても観察されている．ここでの犯人はイシガニ *Charybdis japonica* であった（Sudo et al., 2008）．これらのカニ類はエビジャコと同様に咀嚼して摂餌するため，定量化は困難ではあるが，まず未知の夜行性捕食者を探索すべく，被食者の DNA を用いた犯人探しが行われた．先の仙台湾でのエビジャコによるイシガレイ稚魚の捕食とともに，若狭湾西部海域では，放流ヒラメ稚魚がカミナリイカ *Sepia lycidas* によって大量に夜間に捕食されていることが解明

図6-3 琵琶湖で採捕されたオオクチバスの胃内からでてきた餌生物(滋賀県水産課藤原公一氏提供).

されている(渡邊, 2004). また, 無脊椎動物による直接の捕食とはいえないが, 放流したヒラメ稚魚が傷ついて弱ると, 肉食性のヨコエビ類が大量に集まり一晩にして肉部はすべて食べ尽くされ, 見事な骨格標本が残されることも観察されている.

　魚類の捕食者としては, サワラ, スズキ, マトウダイ Zeus faber, コチ属, アイナメ, アサヒアナハゼ Pseudoblennius cottoides, カサゴ, クロソイ, ヒラメ, アナゴ類など多くの魚食性魚類が挙げられる. これらのなかでも, マアナゴ Conger myriaster は平戸島志々伎湾においてはマダイ稚魚の夜間の強力な捕食者であることが明らかにされている. 筌網などを用いて夜間にマアナゴを採集し胃内を調べてみると, 体長数 cm のマダイ稚魚が複数個体出現することがしばしば観察された. 筌網により採集されるマアナゴの量, 筌網

の採集効率，マアナゴによる平均捕食数とマダイ稚魚の現存量の変化などより，マアナゴの捕食による減耗は，全減耗の20数％程度に及ぶことが推定されている（Matsumiya and Imai, 1987）.

　1974年に琵琶湖で初めて確認されたオオクチバスは，10年弱の潜伏期間を経て1980年代半ばから爆発的に個体数が増え，琵琶湖固有種をはじめ多くの在来種に深刻な影響を与えている．胃内容物からは，魚類ではヨシノボリ類 Rhinogobius spp. が最も多く出現するが，琵琶湖漁業のなかで最も重要なアユ稚魚やニゴロブナ稚魚などとともに多くのスジエビ類を捕食する（図6-3）．また，琵琶湖の内湖の一つである西ノ湖と三重県の青蓮寺湖で捕食生物を比較した結果によると，前者では魚類の割合がエビ類より多かったのに対し，青蓮寺湖では，それとは逆の傾向が認められている（淀，2002）．このことは，オオクチバスはその生息環境中に多く存在する餌生物を選り好みせずに捕食していることを示唆している（高橋，2002）．

　ちなみに，琵琶湖の漁業や生態系にとってこの10年来極めて深刻な影響を与えているのは，カワウの異常な繁殖である．年間いろいろな方法を考案して1万羽前後を駆除しても，常時4万羽以上は存在し，一向に減少の兆しが見えない．カワウの食欲は著しく，1羽の捕食量は1日500gにも達するとされている．特に，コアユやその稚魚に対する捕食圧は著しく，資源の低下が危惧されている．このカワウに限らず，河口干潟域ではサギ類や多くの渡り鳥による稚魚の捕食も無視できないと思われる．トウゴロシイワシ科魚類の成魚の被食の影響を調べた研究については Takita et al. (1984) などが見られるが，仔稚魚の被食を定量評価した研究例は少ない．

3　共食いの発生と生き残り上の意味

　狭い空間での高密度な飼育環境下では，魚種によってはしばしば早期から

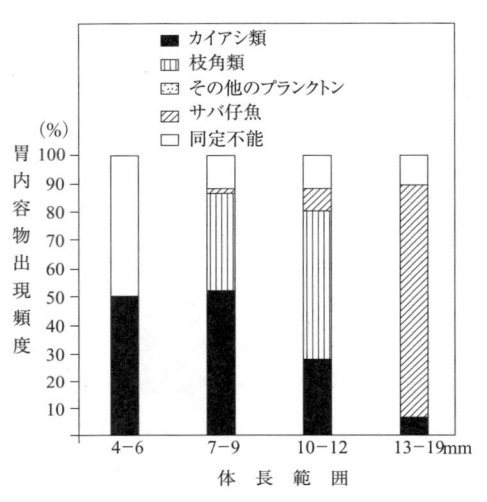

図6-4 大西洋産マサバ属仔稚魚の胃内容物組成の体長別変化（Grave, 1981）．13-19mm群の胃内容物はほとんど"とも食い"で占められる．

共食いが観察される．最も典型的な例はサワラであろう．摂餌開始期にタイミング良く餌となる仔魚を与えないとたちまち共食いが始まる．しかし，この時期の共食いは，食べる側と食べられる側の大きさがあまり変わらないため，捕食者は呑み込むことができず，被食者ともども死亡することになる．飼育環境下におけるこのような著しい共食いは，自然環境下でも起こっているのであろうか．瀬戸内海燧灘で採集されたサワラの胃内容物を調べた結果では，すでに述べたように，合計370個体ほどの被食仔魚のうちサワラはわずか4個体のみであった．自然界では，サワラどうしが遭遇する機会がほとんどないことや細長い体型のイワシ類を好んで食べる食性から，共食いはほとんど生じないのであろう．

大西洋には，日本産のマサバと同じ属の *Scomber scombrus* が分布する．両種は外観的によく似ているが，大西洋産マサバ属仔魚は太平洋産マサバに比べて魚食性が強いようである（Mendiola et al., 2008）．大西洋産マサバ属仔

魚は，仔魚期には通常の魚種と同じように動物プランクトンのカイアシ類や枝角類を捕食しているが，体長13mmから19mmの稚魚期初期の胃内容物はサバ科仔稚魚で占められる（図6-4）．これらはおそらく同じ大西洋産マサバ属仔魚と考えられている．稚魚への移行初期にどうして共食いが生じるのであろうか．大西洋産マサバ属仔魚は変態期が近づくと，日周鉛直移動が顕著になり，日没時にはそれまで（昼間）三次元的に分散していた仔稚魚が海水面下に二次元的に集中する．海水面にはしばしば収束域が形成され，そのような場所に仔稚魚が集まると同種間で共食いが生じるものと考えられる（Grave, 1981）．小型の仲間が蓄積してきたエネルギーが，同種の，より生き残る可能性の高い大型の個体に委譲されるのである．その後，本種の共食いは収まり，群を形成して回遊し始め，生き残りの可能性を高めることになる．

　浮魚類では卵を成魚が共食いする例も知られている．カリフォルニア海域に生息するカタクチイワシ属の一種は日本産のカタクチイワシと同様に楕円形の卵を海水中に放出する．産卵海域は成魚の生息域でもあるが，前述したように，多くの成魚は両顎を大きく開けて前進しながら微小なプランクトンを濾し取る摂餌様式を取る．このとき，たまたま同種の卵も捕食されることになる．環境中のカタクチイワシ属の卵の密度と成魚の胃内から検出された卵数の間には，高い相関関係が認められている（図6-5）．場合によっては自らが産んだ卵や卵黄仔魚を食べてしまうことも起こりうる（Hunter, 1981）．同様のことは日本産のカタクチイワシやマイワシでも当然起こっているものと考えられる．

　底生魚類どうしの共食いも当然起きる．代表的な例は魚食性がかなり初期から発現するヒラメに見られる．先述のように，異なった年齢間で起きると同時に同一年齢間でも共食いが生じる．ある地域におけるヒラメの産卵期間は数ヶ月にも及ぶ．それは，1個体の産卵期間が1～2ヶ月継続するとともに，大型個体が早期に産卵を行い，小型個体（若齢魚）の産卵は後期に生じる傾向にあるからである．後期の個体が着底するころには初期に着底した個

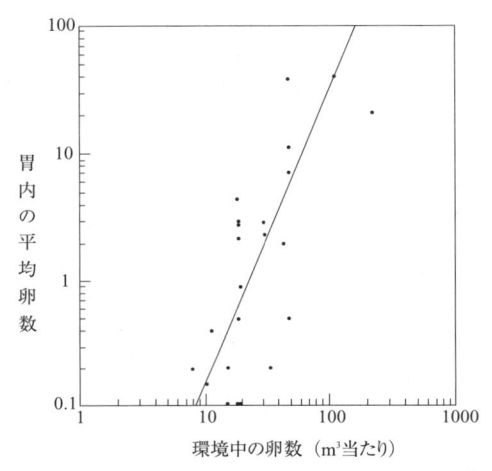

図6-5 カリフォルニア産カタクチイワシ属卵の環境中の密度と成魚の胃内から検出される同卵の数の関係 (Hunter, 1981).

体は50mm前後に達している．図6-6は，捕食されたヒラメ当歳魚と捕食者の体長関係を示したものである．ヒラメどうしでは最小の体長関係は捕食者30mmと被食者10mmの間に見られる．したがって，ヒラメ稚魚にとって最も好適なアミ類が少ない環境下では，どこの成育場も同一年齢の個体間で共食いが生じる可能性があるといえる．

先に，前年生まれの1歳魚がその年生まれのヒラメ稚魚を捕食する例を挙げたが，それは主に放流されたヒラメ稚魚に対する天然1歳魚の高い捕食圧を示したものである．こうした関係は，天然魚どうしの間でも見られている．かつて伊勢湾河口域において木曽三川の生態調査が行われ，その際，前年生まれのスズキ1歳魚が河口に集まった当歳魚を大量に捕食していることが報告されている（林，1968）．このように，魚食性魚類では，同一年齢間ならびに1歳魚と当歳魚の間で捕食—被食が生じるのはかなり一般的な傾向かも知れない．

海産魚類に比べて，淡水魚は相対的に大型の卵を産み，また孵化後の成育

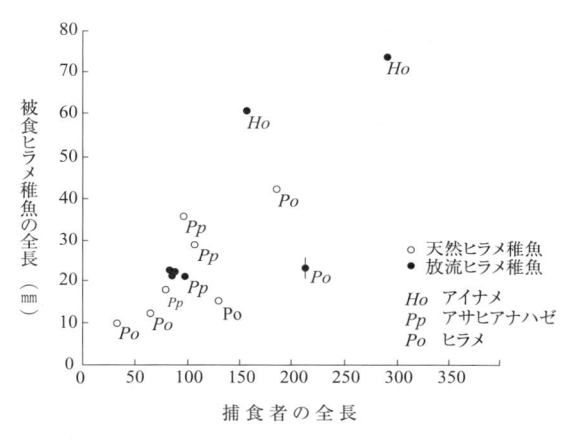

図6-6 文献に記載された魚食性魚類に捕食されたヒラメ稚魚の体長と捕食者の体長の関係.

環境も不安定であり変動性も大きく，中にはかなり初期から仔魚どうしで共食いを行う魚種も見られる．たとえば，ナマズ類の卵径は2mm近くあり，摂餌開始期の仔魚の体長は6〜7mmを超える種も多く，飼育実験下では初期から共食いが生じる．東南アジアではアフリカナマズ *Clarias gariepinus*，パテイン *Pangasius hypophthalmus*，バウン *Mystus nemurus* など食用としても重要な種が養殖されているが，これらの種ではいずれも摂餌開始期から両顎にはヒゲが発達し，それらや頭部には多数の味蕾が分布し，昼間より夜間に活発に摂餌することが知られている（瀬尾重治氏，私信）．淡水魚の仔魚にはそのような傾向が強いようである（Mukai, 2006 ほか）．摂餌開始期には体長に個体間で差が無いので盛んに噛み合いを行うが，それらは致命的とはならない場合でも，成長した段階で脊椎骨の変形などの障害となって現れる．このような噛み合いや少し成長した段階から生じる共食いが自然条件下でも生じているかどうかは，これらのナマズ類では知られていないが，餌環境が海よりは厳しくかなり密度が高い淡水の環境下では生じている可能性は高いのではないかと予想される．それは，次に述べる外洋性の魚食性魚類の場合と

同様，一種の個体群としての生き残り戦略として位置づけられる可能性がある．

　外洋性魚類では共食いの具体的な例はほとんど知られていない．たとえば，先述のように，外形的にはサワラより両顎が大きいクロマグロも，飼育条件下では摂餌開始後1週間前後から仔魚を食べ始める（魚食性が発現する）が，天然海域では，仔魚期は専らカイアシ類に依存している（魚谷ほか，1990）．しかし，その後の日周輪による解析では，稚魚期の成長は著しく（Tanaka et al., 2007），食性は魚食性に転換していると推定されている．クロマグロ稚魚は，成育する外洋で一体どのような魚類を食べているのであろうか．共食いは生じていないのであろうか．先に述べた大西洋産マサバ属やヒラメの例は，共食いは食べられた側から見れば，減耗（個体数の減少）になるが，食べた側から見れば，より生き残りの可能性の高い個体が，同種の他の個体がそれまで蓄積してきたエネルギーを継承しさらに生き残りの可能性を高めるという点で，生き残り戦略の一つとして評価できるのではないかと考えられる．

4　摂食と被食の関連

　1970年代の終わり頃までは，仔魚の減耗主要因は飢餓によるとの考えに基づく研究が主流を占めていたが，1980年代に入ると仔稚魚期を通しての主要な減耗要因は被食であるとの研究が続出し，仔稚魚の生き残りあるいは資源への加入機構に関する研究は一気に被食減耗へと"転流"した（Houde, 1987；Bailey and Houde, 1989ほか）．この転換の主な背景は，仔稚魚研究への耳石日周輪の導入による．それによって，それまで不可能であった仔稚魚の個体ごとの成長やその履歴に関する情報が得られるようになり，いつ生まれたものが生き残り，また減耗するかを生物的環境条件（餌生物，捕食者，競合者など）や物理化学的環境条件（水温，塩分，濁度，流れなど）との密接な対応

が出来るようになったからにほかならない.

　もちろんそれまでも,遊泳力の未発達な仔魚期には,捕食者から逃げることより如何に好適な餌環境に恵まれて速く成長するかが重要ではないかと予測されながらも(摂食優先の生き残り戦略),様々な諸器官が分化発達し始める変態期には環境選択性が発現すると共に,飢餓耐性も高まり,被食回避が生き残り戦略の重点にシフトするのではないかとの予測は行われていた.例えば,筆者は飼育仔魚をピペットで吸い取る際,昼間は仔魚の"集中力"が摂餌に傾いているのか簡単に吸い取れるのに対し,夜間には,活動を一切停止して水中に懸垂状態にいる仔魚を吸い取ろうとすると素早く逃避するのをしばしば経験した.摂食と被食の関係は,このように昼夜で著しく異なることが自然界でも起きていることが推定される.

　例えば,稚魚期になると,マダイ稚魚は昼間にはなわばりあるいはなわばり様行動を取り,餌の確保に努めている(Yamaoka et al., 2003；Kudoh et al. 2004)が,夜間には海底に腹鰭を広げて着底静止して被食リスクを最小化している.またヒラメ稚魚では,昼間には餌生物が捕食範囲に入るまで待ち伏せして一気に水中に浮上して捕食し素早く着底する摂餌行動を取るが(古田, 1998),夜間にはマダイ稚魚と同様に海底の砂の中に潜って静止状態で捕食者の認知を最小限にしている.

　現在では,最終的な死亡の主な原因が被食にあることに異論を唱える研究者はほとんどいないと思われるが,実際には,海の中で起きる被食には摂食状態あるいは飢餓状態が密接に関連しているのではないかと推定される.捕食者のいない飼育環境下において,ヒラメ仔魚の飢餓に耐える日数は,摂食開始期には1〜2日で,変態が終わる頃には10日前後に増加する.しかし,発育の進んだ変態期の仔魚であっても,1日の飢餓で組織学的検査による諸器官や組織の性状には飢餓の影響が現れ,核酸比も顕著に低下する(Gwak et al., 1999；Gwak and Tanaka, 2001；Tanaka et al., 2008).また,前章でも紹介したように,サワラ仔魚では1日の飢餓がその後の成長に顕著に影響して,十

分に餌を与えてもその後の成長は回復しないことが確かめられており（Shoji et al., 2002），同様の現象は熱帯産の極めて生命力が強いと考えられるナマズ類においても初期の摂餌開始の遅れはその後回復しないことが知られている（瀬尾重治氏，私信）．これらのことは，最終的な主な死亡原因は被食によるが，被食され易さには摂餌状態が不可分に結びついていると見るのが妥当と思われる．

　自然海域におけるほとんどの仔稚魚の主要な餌生物はカイアシ類であることはこれまでにも述べたとおりだが，同じ種類の同じ場所で採れるカイアシ類の栄養価は時には著しく変動することを示す知見も得られている（Davis and Olla, 1992）．仔稚魚の対捕食者反応や群形成能などの行動の発達にはDHAが極めて重要な役割を果たしていることは折りに触れて述べてきたが，天然産カイアシ類のDHA含量は大きく変動することがあり，そのことが仔魚の食べられ易さにも関わるとなると単に餌の量だけでなく質にも関心を払う必要性がある．DHAは主として植物プランクトンによって生産され，それらが食物連鎖を通じてカイアシ類に蓄積される．したがって，その量はカイアシ類が摂食する植物プランクトンの量だけでなくその質にも深く関わると言える．このように自然界では，仔魚の被食という局面の背後には多様な要因が関連していることに思いを巡らせるべきであろう．

　最後に，仔稚魚の摂餌と被食の関連を考える上でとっておきの話題を紹介しよう．それは仔稚魚にとっても，漁業者にとっても"厄介者"と考えられているクラゲ類とマアジ仔稚魚の関係である．クラゲ類はマアジを含む多くの沿岸性仔魚の強力な捕食者である．しかし，仔稚魚もやられているばかりではない．マアジは稚魚になるとクラゲ類の触手の中を外敵から身を護る隠れ家とするばかりでなく，クラゲが水を濾して集めたプランクトンをちゃっかりと失敬するのである（Masuda et al., 2008）．こうした事実は，常時現場に出て生物をよく観察してこそ初めて分かる知見であり，生理生態学や行動学の基本はやはり現場にありということを教えてくれる事実でもある．

column 5

チリメンモンスター

　ちりめんじゃこは日本人のひとつの食文化として，今も庶民の暮らしの中に根づいている．大根おろしに混ぜて柚のポン酢などをかけて賞味される．外国などに暮らしていると，帰国したときこれを食べると日本人に生まれてきて良かったと思うほどの存在である．しかしこのちりめんじゃこが一体何者かについては意外と知られていない．どこでどのようにして採られるのかなどを知る人は少ないと思われる．筆者にはこのちりめんじゃこには，ひときわ楽しい思い出がある．関西の長寿番組のひとつ「探偵ナイトスクープ」は今も続いているようである．今から十数年前のことであろうか．突然テレビ局から電話があり，北野誠探偵が「ちりめんじゃこについて，取材に行くからよろしくお願いします」とのことであった．こちらも遊び心で「良いですよ」と言ってしまった．来室の目的は，当時の局長であった上岡龍太郎の「ちりめんじゃこは小さいがあれで一人前の魚の一種である」という仮説に対して，北野探偵の「あれはある種の魚の子供である」との対立仮説のどちらが正しいかを最後に研究者に判断してもらおうとの趣向であった．本書で詳しく述べているので，読者にはどちらが正しいかは判断がつくと思われる．ヒントは言うまでもなく"変態"である．ちりめんじゃこ（仔魚）が変態してだしじゃこ（稚魚）になる．つまり，カタクチイワシが正解である．
　カタクチイワシやマイワシの仔魚は生まれたときには 3mm ほどの大きさ

であるが，カイアシ類のノープリウス幼生などを食べて1ヶ月後には20〜30mmになり，この魚群を目合いの細かい網を2艘の船が曳いて海水中から"濾し取る"のである．本書で【初期減耗】を詳しく紹介しているが，この船曳網（あるいはパッチ網とも呼ばれる）は，植物プランクトン―カイアシ類―カタクチイワシと続いてきた食物連鎖の先に待ちかまえていた巨大な口（網口）の生き物（人間）による捕食なのである．この"捕食者"は捕まえたイワシ類（カタクチイワシが一番値段が高い）をさっと釜茹でし，天日で干してちりめんじゃこにする．食べるときに注意してみると，お腹の中がオレンジ色になっているのに気づかれた方はいるであろうか．それが食べられたカイアシ類の殻に含まれているカロテノイドが熱により変色したものである．さらに詳しく見ると細長いイワシ類のシラス（仔魚）に混じってずんぐり型のマアジの仔魚や形が全く異なったイカの赤ちゃんなどいろいろな生き物が含まれていることに気づかれるであろう．

実はこの混入物探しが「チリメンモンスター」，略して"チリモン"と呼ばれ，関西で静かなブームを呼んでいる子供たちに人気の科学遊びの一種なのである．筆者らの研究室の卒業生である大阪府水産技術センターのK君も直接参加している岸和田市立きしわだ自然資料館友の会が生み出した遊びで，環境教育の素材として大変な人気を博している．そのK君やこのことに興味を持った親しい友人（関西の大学の教授やその助手の方）によると，これに参加した子供達は目を輝かせて喜々として"宝物"探しに熱中するという．そして，自然に魚や海の生き物に関する興味に留まらず，漁業や食料のことなど日常何気なく見過ごしているいろいろなことに関心を持つようになるという．さらに，付き添いで参加した両親も夢中になるらしく，家庭でも親子で夢中になって宝物を探しながら自然と親子の会話も弾むことになるようである．

第7章 学習し適応する

　魚類に限らず生物は皆環境に適応して生命活動を営んでいる．海産魚類の多くが海洋という比重の大きな海水，広い空間，短期的変動性の少ない環境を利用して海水に浮く軽くて小さな卵を多産するのも，環境への適応と考えられる．また，それぞれの魚種ごとに特定の産卵期，産卵場所，産卵様式を持つのも，子孫の生存の確率を高めるための環境への適応と考えられる．これらの長い進化の歴史のなかで獲得されてきた適応に対して，仔稚魚も生後の環境やその変動に対して適応しながら生きていると考えられる．個体発生初期過程で生じる環境への適応現象に関する研究は必ずしも進んではいないが，そのことに関連すると考えられるいくつかの知見を紹介しよう．

1　水温への適応

　シロギスの卵発生過程に関わって，飼育水温から8-16℃高い水温に15分間移行し，元の水温に戻しその後の生き残りが調べられた（Oozeki and Hirano, 1985）．この温度ショックの影響は，卵発生の段階で顕著に異なり，とりわけ胚体形成期には高水温の影響を最も強く受けることが明らかにされている（図7-1）．さらに，親魚の飼育水温と卵の高温ショックへの耐性の関係が調べられたところ，高水温下で飼育されていた親魚から産み出された卵ほど，高水温耐性も高まることが明らかにされている．このような親魚と卵の間に見られる関係が仔魚期まで継続されるかどうかは，明らかにされてい

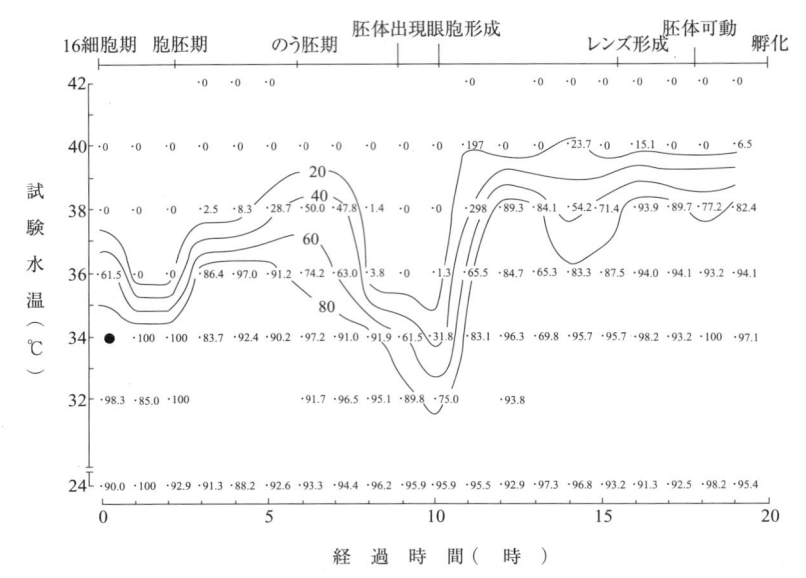

図 7-1 シロギス卵の発生過程中に飼育水温よりも 8-16℃高い水温に 15 分間浸漬した場合の生残率 (Oozeki and Hirano, 1985). 特に胚体形成期には高水温耐性が低下する.

ないが，今後の課題としては興味深い．

水温が仔稚魚の発育や成長へ及ぼす影響は，飼育環境下ではよく調べられている．一方，海の中ではどうであろうか．南　卓志は若狭湾西部海域に出現する多くの異体類の初期生活史を研究する（南，1982 ほか；Minami and Tanaka, 1993) なかで，着底時期の初期に採集される変態最終段階（南，1982）による発育ステージ H（右眼が丁度頭の頂点にまで達した仔魚）の個体の体長は季節の進行（水温の上昇）とともに 13mm 台から 9mm 台にまで低下したと報告している（前出　図 1-12）．この間の水温は 14℃台から 21℃台まで上昇した．同様のことは，京都大学舞鶴水産実験所において，いろいろな水温下で行われた飼育実験の平均水温と変態サイズの間にも認められた（図 7-2）．

常識的には，初期に大きなサイズで着底して成育場を占有し同種との競合

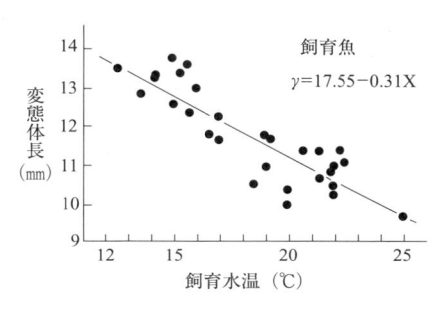

図7-2 飼育水温がヒラメ仔稚魚の変態サイズに及ぼす影響 (Minami and Tanaka, 1993).

が少ない個体の方が，後期に小さなサイズで変態して着底する個体よりその後の生き残りの確率は高いと考えられる．しかし，初期生活史全体を通して見た場合，初期の低水温下で発育した個体はより長い浮遊仔魚期を持ち，その間の積算の減耗率は，後期に高い水温下で速やかに浮遊仔魚期を経過した場合より高いと考えられる．また，水温が体サイズに与える影響が餌生物や捕食者についても生じているなら，低水温―大型着底サイズが有利なのか，高水温―小型着底サイズが有利なのかは，簡単には判断を下せない．両者はともに産まれたときの環境への一種の適応として見なせる．こうしたことは，年により成育条件が著しく異なることは常に生じるため，より多様な環境へ適応できる幅を広げて，生き残りの可能性を高めているものと考えられる．

　水温が稚魚の生理生態に及ぼす影響のなかでも特に興味深い現象は，飼育条件下では，適正水温よりかなりの高水温や低水温で飼育が行われると，遺伝的雌が機能的には雄化することである．この現象は図7-3に示すように，高水温ほどより顕著に現れる．このことはヒラメで最初に見いだされ（山本, 1995），その後，マツカワ *Verasper moseri* その他の魚種においても同様の現象が確認されている．適水温下では，雌雄の比は1対1であるのに，どうしてそれらより水温がずれると雄の割合が増えるのであろうか．果たしてこのことに適応的な意味があるのであろうか．山本（1995）によると，性比が決

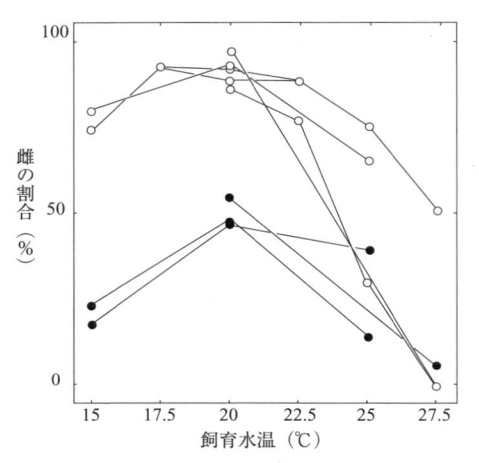

図 7-3 飼育水温がヒラメ稚魚の性に及ぼす影響に関する実験結果（山本，1995）．白丸：染色体操作により遺伝的に全雌化した実験魚，黒丸：通常に飼育した実験魚．

まる時期は変態直後（体長十数 mm）から 50mm，特に 30mm までが重要な時期であることが明らかにされている．ヒラメ稚魚の性比の判定は体長 80mm 前後まで成長すれば，生殖腺を取り出し，通常の組織切片を作成することにより可能とされている．問題は，同様のことが自然界でも起きているかどうかである．

天然海域では 80mm 前後まで成長したヒラメ稚魚を各地から数多く集めることは極めて難しいので，最終的に雌化するときに働く酵素の mRNA の発現を測定する方法（北野，1999）により，50mm 前後の稚魚を長崎県，京都府，青森県で採集し，天然稚魚でも水温によって雌雄比に差があるかどうかが調べられた（丸川，2004）．長崎でのヒラメ稚魚の成長は平均 16℃ 前後であったのに対し，青森では 23℃ 前後と顕著な差が見られた．飼育実験の結果からは，青森県で採集されたヒラメ稚魚では性比は雄に傾く可能性が高いと予想されたが，結果は，3 地点ともに性比はほぼ 1 対 1 であった．このこ

とは何を意味しているのであろうか．天然環境下では，飼育環境下とは異なり，過密やその他の物理化学的環境条件が適正であるためにストレスを受けることが少なく性の転換が生じないのか，それともそれぞれの海域の水温環境に適応して，性の分化に関わる感受性の高い水温域が異なるためであろうか．答えは未だ出ないまま興味深い課題として残されている．

日本海を鹿児島県から北海道西部の余市まで，各府県1から2ヶ所で桁網を曳網し，ヒラメ稚魚の採集を何回か繰り返した．それらの採集調査で得られた試料の耳石日周輪解析ならびに各県水産試験場や栽培漁業センターなどが実施した体長組成の推移に関する資料をもとに，体長3cmから6cmまでの稚魚期の日成長を推定し，その間の平均水温との関係を調べた．後に紹介するように，能登半島を境に北のヒラメと南のヒラメの日成長を比較すると，同じ水温帯では北のヒラメで日成長率が高いことが読みとれた（図16-2参照）．このことの解釈として，北のヒラメ，特に北海道のヒラメの産卵期は7月であり，稚魚成育場で成長できる期間が数ヶ月と限定され，11月以降の10℃以下の冷水温期には，長い冬を摂餌せずに越冬する必要に迫られるため，短期間になるべく早く成長するよう適応しているとの推定が浮かび上がった．そこで，長崎県，京都府，新潟県でできるだけ同じサイズの天然稚魚を採捕し，実験室において水温・餌の量・その他の条件を同一にして2ヶ月間の飼育が試みられた．結果は当初の予想（仮説）とは異なり，地域的に成長のポテンシャルが異なることは見られなかった．北海道のような分布の北限のヒラメを使っての実験は残されているが，現時点では，成長の南北差は餌（アミ類）環境の違いにある可能性が高いと考えられた（Tanimoto et al., unpublished）．

2 塩分への適応

　仔稚魚とはいえ，淡水あるいは海水中で生存するためには，体液浸透圧を調節する必要があり，海水の3分の1程度の浸透圧に保たれていると考えられる．たとえばサケの発眼卵を用いた研究（Kaneko et al., 1996）では，淡水中では血中浸透圧は約370mOsm/Kgである．すなわち，何らかの機構によって淡水よりも遙かに高い濃度に保たれている．この卵を海水に移行すると，卵膜と胚体の間に位置する囲卵腔では海水とほぼ等しい1000mOsm/Kgにまで上昇するが，胚の血液浸透圧は一時的に470mOsm/Kg程度にまでしか上昇しない．すなわち，こちらも何らかの機構により，環境水よりも低い浸透圧に保たれている．サケ以外では類似の研究が見当たらないが，小さな卵やその卵から孵化した仔魚でもおそらく同様だと推測できる．

　通常，魚類では鰓の塩類細胞が浸透圧調節，特にイオンの取り込みと排出に重要とされる．しかし，前述のサケ発眼卵や鰓が未発達な多くの仔魚では，どの部位が中心になって浸透圧調節を行っているのであろうか．それは卵黄膜上や体表に存在する塩類細胞と考えられている（図1-7参照）．

　ティラピアでは孵化前の胚から卵黄部分のみを切り取り，卵黄膜上の塩類細胞を観察できるヨークボール（yolk-ball）と名付けられたユニークな培養系が報告されている（Shiraishi et al., 2001；Kaneko et al., 2008）．

　このヨークボール培養系あるいは卵黄膜を用いた塩類細胞の研究から，仔魚のみならず成魚の鰓の塩類細胞の性質が詳しく明らかにされつつある（廣井，2008）．この培養系は今後，成魚の鰓を含めた魚類塩類細胞研究の中心となる可能性を秘めている．胚期・仔稚魚期に成魚と同様の機能を有する器官が，極めてシンプルな形で存在していることが，実験生物学的に興味深く強力なモデルを提供することになった好例であろう．

　仔魚は成長とともに鰓を発達させ，塩類細胞は体表から消失し，鰓弁上に

分布することはすでに述べたとおりである．鰓や体表が完成した稚魚になった後には，成魚と同様の浸透圧調節を行っていると予想できる．すなわち，塩類の吸収や排出は鰓の塩類細胞が担当し，コルチゾルやプロラクチンなどの成魚の浸透圧調節に重要とされるホルモンによって調節されている可能性が高い．

一方，仔稚魚期の淡水あるいは海水適応能力の発現時期には，魚種に特有の生態的な特徴が反映されている．スズキやヌマガレイなどは広塩性であるが，鰓の中の場所により塩類細胞の機能が異なるといわれている．すなわち，一次鰓弁上のものが海水に適応するための塩類細胞であり，二次鰓弁上のものが淡水に適応するための塩類細胞とされている．ヌマガレイは，着底直後にはすでに淡水適応能を身につけており，変態完了前後に河口内に入ることが知られている（建田，2008）．この種では海水にいる時期から二次鰓弁上に塩類細胞が見られる．また，淡水に移行する実験を行うと，二次鰓弁上の塩類細胞だけが増加する．一方，近縁な異体類であるが，淡水適応能を持たず河口奥深くには入らないイシガレイでは，塩類細胞は一次鰓弁上のみに存在する．

水の吸収に重要な消化管や排出に重要な腎臓の機能については，仔稚魚での知見が極めて少なく，今後の課題である．

水温とともに塩分は魚類にとって，最も重要で基本的な環境要素である．多くの魚類は，一生海水あるいは淡水環境に生息するが，すでに紹介した通し回遊魚のように淡水と海水の間を行き来する魚種も存在する．また，海産魚であっても，個体発生の初期，特に稚魚期の初期をかなりの低塩分環境で過ごす魚種も相当数見られる．飼育実験を通じて海産魚の仔稚魚がいつごろからどの程度の塩分に適応できるかを調べるには，成長あるいは発育ステージごとに，海水飼育母集団から何個体かの仔魚を取り出し，高塩分から低塩分までのシリーズの塩分環境へ直接移行し，24時間あるいは48時間後の生残率を求める方法がよく用いられる（Hirai et al., 1999）．

しかし，この方法は現実に仔稚魚が自然界ではほとんどありえない経験をさせていることになり，必ずしも実際の（自然界で示す）適応過程を反映していないことにもなりかねない．たとえば，スズキ仔稚魚期の成長に伴う低塩分適応能力を調べた平井（2002）は，変態を完了する前の仔魚は淡水への直接移行では全滅するのに対し，段階的に塩分を薄めていくと淡水中でも生残できることを見いだした．実際，有明海河口域では塩分 30ppt の海水域から淡水感潮域へおよそ 40 日前後をかけて遡上する（太田・日比野，2008）．この間に，前節で述べたように，淡水適応に必要な鰓の塩類細胞の発達や脳下垂体におけるプロラクチンの産生能が高まるのである．

　北太平洋には，わが国の北海道・東北地方や朝鮮半島など西部海域と，北米大陸カリフォルニア沿岸など東部海域に分かれて生息する魚類がいる．ヌマガレイはその代表的な種であり，面白いことに北米産のものは眼の位置が左右半々であるのに対し，日本産のものはほとんどが左型（ヒラメ型）である．彼らの先祖はかつて地球が温暖化していた時代に，ヨーロッパに生息しているフラウンダー *Platichthys flesus* が北極海を経由して北太平洋に分布を広げ，やがてヌマガレイに種分化して，北太平洋の東西に分かれて分布するに至ったと考えられている（Borsa et al., 1997）．本種はカレイ類では珍しい両側回遊型の生活史を持ち，海で産まれ，稚魚に変態するころには河川を遡上し始めている．本種の近縁種のイシガレイ *P. bicoloratus* は北海道にも分布しているが，その稚魚も広塩性であり，汽水域までは進入してくるが淡水域までは入り込むことはなく（そのような浸透圧調節機能を有していない），ヌマガレイと成育場を分けて生息している（Takeda, 2007）．

　魚類の個体発生に伴う低塩分耐性の発達を調べることは，未知の初期生活史を推定するうえで，重要な手がかりを得ることができる．Wada et al.（2007）は，ババガレイ，マコガレイ，イシガレイ，ホシガレイ，ヌマガレイの 5 種について，発育を追って低塩分への適応試験を行った．その結果は明瞭であり，ババガレイはほとんど低塩分に適応することができなかった

が，ヌマガレイは変態直前には淡水にも適応できた．その他の3種は上に並べた順に低塩分適応能力が高くなることが判明した．これとは別に調べられたヒラメはほぼホシガレイと同じ程度の高い低塩分適応能力を示す．これらの飼育実験結果より，Wada et al. (2007) はホシガレイ稚魚の成育場は汀線近くの低塩分化する浅海域であろうと推定し，わが国で初めて，有明海西部の島原半島干潟域で本種の稚魚を大量に採捕することに成功したのである．

3 捕食・被食への適応

　仔魚期の主要な餌生物は，ほとんどの魚種ではカイアシ類のノープリウス幼生である．それは，カイアシ類が世界中の海や湖に生息する最も普遍的な動物プランクトンだからである．海の"米粒"と呼ばれるほど大切な存在なのである．何度か述べたように，仔魚期初期の段階では遊泳能力が未発達なため仔魚は基本的には受動的に輸送され，時にはタイミング良く流れの収束域にたどり着き，そこに集められた高密度の餌生物に遭遇することも起こりうる．一方，発育が進行するとともに，仔魚の多くは日周鉛直移動を行い，その過程で餌生物の濃密な集団に遭遇する機会が増えるのではないかと考えられる．このように仔魚期の好適な餌環境への遭遇は，基本的には親魚が長い進化の歴史のなかで獲得してきた産卵戦略（産卵期，産卵場所，産卵様式その他）に大きく依存しているといえるであろう．

　この点で興味深いのは，サバ科魚類である．それらの多くが外洋に適応して，熱帯・亜熱帯域に広域的に分布範囲を広げたのに対し，サワラの仲間は沿岸域や内海に主分布域を持つ．そして，先述のように，海産魚類のなかでは摂餌開始期から食性を魚食に特化させるという極めて特異な初期生活史戦略を有している．このことにより，サワラの仔魚たちは動物プランクトンに依存した普通の仔魚に比べて，耳石日周輪の解析によると5倍以上速い成長

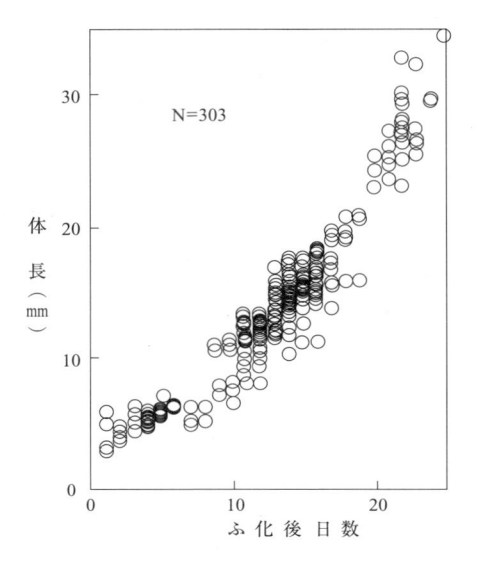

図 7-4　瀬戸内海燧灘で採集されたサワラ仔魚の耳石日周輪による成長の推定（Shoji and Tanaka, 2005b）.

能力を持ち（Shoji and Tanaka, 2005b），被食にさらされる期間を著しく短縮している（図 7-4）．サワラは，このように生き残り上極めて有利な特質を獲得した反面，もし餌になるカタクチイワシなどの仔魚が生息環境中に不足すると，常に高い代謝活性を維持し続ける必要があるため，たちまち飢餓に陥り死亡することになる（Shoji et al., 2002）．高成長の獲得と引き替えにもたらされた餓死，このトレードオフ関係にサワラはどのように対処しているのであろうか．その最も基本的な対応策は，成魚が産卵期には瀬戸内海や東シナ海などの多くの魚種が産卵する場所に来遊して，しかもできるだけ多くの仔魚が分布する可能性の高い時期に産卵期を同期させていることだ，と推定される．しかし，短期的に見ると，後述するように，サワラの産卵と他魚種の仔魚の産卵時期の間にはマッチ―ミスマッチ（第 10 章第 1 節参照）が生じ，サワラ仔魚の生き残りは大きく左右され，その結果として漁業資源への加入量

が大きく変動する．

　一方，水温や日長はじめ産卵の刺激となる季節的変化に乏しい熱帯域の魚類では，産卵は何によって影響を受け，仔稚魚の生き残りに貢献しているのであろうか．これまで調べられた熱帯性魚類の産卵は，月周期に連動しているとの報告が多い．つまり新月や満月の大潮時に産卵することが多いとされている．同じようなことが，サンゴ類の産卵のように無脊椎動物でも生じているとすれば，大潮産卵は仔魚にとっては餌になりうる幼生プランクトンに恵まれることになり，生き残りの可能性は高くなると推定される．最近の研究では，分離浮性卵を産む多くのサンゴ礁性魚類の産卵は夕刻の満潮時に，潮通しの良い礁縁で行われる（中村，2007）．このことは，浮性卵の被食を軽減するための適応と考えられる．

　上記のようなより偶然性の高い生き残りの初期過程を切り抜けて成育場へたどり着いた稚魚は，環境に多様に適応して捕食成功の可能性を高めている．先述のように，ヒラメはアミ類のみを被食リスクを最小限にして効率的に捕食するスキルを発達させている．一方，マダイは周辺の環境中に多く存在する餌生物を選り好みせずに捕食する摂食戦略を発達させている．空間的に比較的広がりを持つ海の稚魚成育場では，サンゴ礁海域などを除き，淡水域におけるアユのような典型的ななわばり行動を示す例はあまり知られていない．しかし，沿岸砂底域の生態系のカギ種と位置づけられるマダイ稚魚は，前述第 5 章第 8 節のように場所によってはなわばり行動を示す．

　有明海のスズキ稚魚の成長と生残は，筑後川河口域では低塩分汽水域に高密度に生息する大型の汽水性カイアシ類 Sinocalanus sinensis に大きく依存している．このカイアシ類は低塩分・高濁度水塊（turbidity maximum）に集中分布している．同様の現象は北米のチェサピーク湾奥部のサスケハナ川河口域においても認められ，ストライトバスやホワイトパーチ Morone americana 仔魚が高密度に分布する汽水性カイアシ類 Eurytemora affinis を摂食する生き残り上不可欠の摂餌場となっている（North and Houde, 2003）．この高濁度

水塊の形成度合いは，その年の降雨量などと密接に関連し，仔魚の生き残りを左右する（Shoji et al., 2006b）．一方，有明海のスズキでは，すべての個体が筑後川に遡上するわけではなく，湾奥部の砕波帯にも生息し（日比野，2007；太田・日比野，2008），ここでは沿岸域に普通に見られるカイアシ類を摂餌している．また，筑後川とそれほど距離的に離れていない佐賀県の六角川河口域では，年によっては，スズキ仔稚魚はカイアシ類ではなくアミ類の幼生を飽食している（木下　泉氏，私信）．

　仔魚期の被食に対する自然界での防衛策については，研究がほとんどなされていないが，先に紹介したように，ミズクラゲを捕食者にマダイ仔魚を被食者にした水槽実験では，低酸素条件下においてはマダイ仔魚の遊泳能力や外部刺激に対する反応が低下しミズクラゲにより高い割合で捕食される（Shoji et al., 2005a）ことより，正常な仔魚は外敵からの逃避能力を備えていることが推定される．このような被食回避能力は，自然界では初期の段階から捕食者の攻撃を受け，それらから回避することで，次第に高まっていくものと予測される．このことを，適当な捕食者と被食者（仔魚）を用いて実験的に検証することは，仔魚の自然界での生き残りの過程を推定するうえでも大変興味深い課題と考えられる（Masuda, 2006）．

　先に，鳥取県石脇地域で行われたヒラメ稚魚放流実験において，放流稚魚は昼間にはヒラメの1歳魚に，夜間にはおそらくヒラツメガニに大量に捕食されることを紹介した．この放流海域には多くの天然ヒラメ稚魚も共存しているにもかかわらず，捕食されるのはほとんどが放流魚なのである．このことに気付いた古田（1998）は，昼間の被食については放流魚の摂餌様式が関連するのではないかと考え，放流前にアミ類を与えて天然魚と同様の素早い捕食行動の発現を促した結果，放流直後の生残率は著しく向上することを確認した．一方，夜間のカニ類などによる被食は，天然稚魚は海底で動かず眠っている（古田晋平氏，私信）のに対し，飼育魚は夜間も動き回り（Miyazaki et al., 1997），このことが被食率を著しく高めているのではないかと推定され

る．ちなみに，魚種は異なるが，マダイ稚魚は夜間には完全に静止状態で海底に着底して眠っている．一見全く無防備に見えるこの"動き回らないこと"は稚魚が学び取ってきた夜間における最も被食リスクの少ない行動なのであろう．

　マダイ稚魚については，警戒や驚愕行動と関連した横臥行動（水槽底の縁辺などに寄り添うようにもたれかかり，胸鰭・背鰭・臀鰭を最大限に広げ，体側には6本の明瞭な褐色の横縞が現れる）が調べられている（内田ほか，1993；Yamaoka et al., 1994；Tsukamoto et al., 1997）．この行動はマダイ稚魚の成長とともにより顕在化するが，個体によってその発現状態は異なり，稚魚には個性が有ることを示す例としても興味深い．人工的に育てられたマダイ稚魚のみならず天然稚魚にも発現することから，マダイ稚魚が本来持つ驚きに対する一種の防衛策ではないかと推定されている．あらかじめ水槽実験を通じて横臥が長く続く個体（横臥群）と短時間に泳ぎだす個体（非横臥群）に分け，マダイ3歳魚を捕食者にした水槽実験を行ったところ，横臥群の被食率は非横臥群に比べて有意に低いことが確認された．同様の傾向は捕食者をブリにした場合にも認められている（山本義久氏，私信）．また，実際に自然界に両群を放流した結果も，横臥群の再捕率が有意に高く，放流後の被食を受ける確率や放流場所から逸散する確率が低いことを示している（内田ほか，1993）．

　サケ稚魚の放流に際して，あらかじめ潜在的な捕食者に遭遇する経験をさせておくと，放流後の稚魚の被食が軽減されることが知られている（Olla et al., 1994）．ヒラメ稚魚について，Hossain et al. (2002) はキンセンガニ *Matuta lunaris* を捕食者にして，砂を敷き詰めた水槽にヒラメ稚魚とキンセンガニを一晩同居させ，生き残った稚魚とそのような経験をしていない稚魚を同じ水槽に入れて，キンセンガニの捕食にさらす実験を行った．その結果，捕食者と遭遇した経験を持つ稚魚の生き残りが有意に高いことが明らかになった（図7-5）．同時に，網で仕切りをした水槽の片方にヒラメ稚魚を，他方にキンセンガニを入れ対面経験をさせたところ，それだけでも被食率が低下する

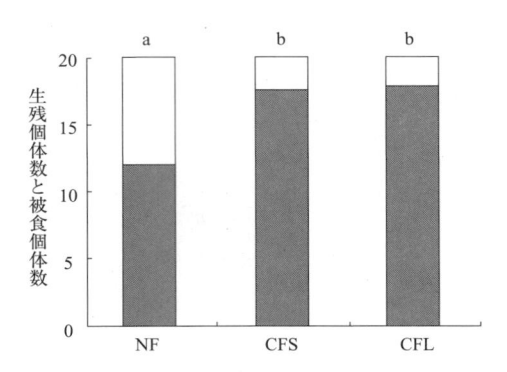

図 7-5 捕食者キンセンガニに遭遇したヒラメ稚魚の経験が被食にもたらす効果．各カラムの白色部分は 1 時間の被食実験で食べられた個体数を，黒色部分は生き残った個体数を示す．NF：遭遇未経験個体，CFS：小型キンセンガニに直接遭遇した経験個体，CFL：大型キンセンガニに壁越しに見合いをした経験個体（Hossain et al., 2002）．

ことが分かった．これらの実験は，天然魚は多様な捕食者に遭遇し，それらが捕食者であることやそれらから逃避することを学習しつつ，生残の可能性を高めていることを予測させる．

4 極限環境に生きる適応

生き物の生存の本質を見るには，いろいろな環境にどのように適応しているかを比較することが重要である．中でも，特殊な極限的な環境に生息する生き物の生き様を観察することは特に有効である．しかし，極限的な環境であるだけに簡単にフィールド調査を行うことができないとの問題がつきまとう．ここでは，海洋生物の生存にとってとりわけ厳しい環境である南極海の魚の初期生活史を飼育実験によって解明しつつある研究を紹介しよう．それは，名古屋港水族館で行われている南極魚類ダルマノトの巨大な分離浮性卵

の謎である（平野ほか，2005）.

　南極海は周囲を南極周海流に取り囲まれ固有の環境を形成しているため，生息が知られている魚類275種のうち，実に155種が南極海固有種であり，その57％に当たる89種はダルマノトが属するノトテニア亜目の魚類で占められる（岩見，1998）. ノトテニア亜目はゲンゲ亜目やワニギス亜目に近縁であり，ノトテニア科 Nototheniidae を含む8科が知られている（Nelson, 2006）. 潜水観察によると，最大体長60cm程度になるダルマノトは水深40m前後の岩棚になわばりを作り，1尾ずつ生息している.

　本種の飼育環境下における産卵は1982年に最初に行われている（White et al., 1982）が，名古屋港水族館では，1995年以降，飼育技術や卵管理法を改善して，安定して産卵から孵化までの飼育に成功している. その結果によるとダルマノトの卵は分離浮性卵であり，卵径は4.5mm前後とサケ・マス類の卵（沈性卵）に近い，浮性卵では圧倒的に巨大な卵を産むことが明らかにされている. しかも浮性卵の卵膜は通常数μm程度と極めて薄いのに対して，本種では26μmもあり，床の上などに落とすとピンポン球のように跳ね返ってくるのである（同様の経験は，筆者もヨーロッパで最もポピュラーな異体類であるプレースの卵で経験しているので，この形質は南極魚類のみの特性とはいえないと考えられる）. さらに，南極の低水温下で産卵されるため，孵化までの期間は著しく長く，水温0.5, 1.5および3.0℃でそれぞれ150, 125および100日前後を要する.

　本種の産卵期は初冬であり，水温はさらに低いと考えられ，自然界では5〜7ヶ月は卵として水中に漂っているのではないかと推定されている. 暗黒で真冬の南極海に巨大な浮性卵が半年も漂っているとは信じられないことである. しかも，一般的な温帯域から熱帯域の魚類では極めて発生が未熟な状態で孵化するのに対して，本種の孵化時にはすでに摂餌が可能なまでに諸器官は発達している（図7-6）. それは，冬の間は卵で耐え，春を迎え餌生物が増えだすころに孵化するという厳しい環境への適応なのであろう.

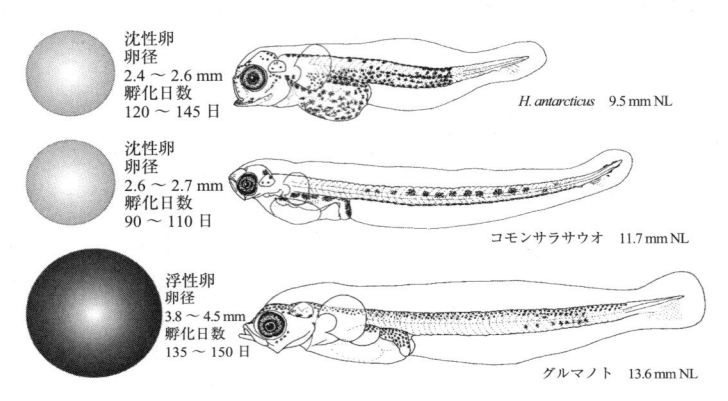

沈性卵
卵径
2.4 〜 2.6 mm
孵化日数
120 〜 145 日

H. antarcticus　9.5 mm NL

沈性卵
卵径
2.6 〜 2.7 mm
孵化日数
90 〜 110 日

コモンサラサウオ　11.7 mm NL

浮性卵
卵径
3.8 〜 4.5 mm
孵化日数
135 〜 150 日

グルマノト　13.6 mm NL

図 7-6　南極海魚類ダルマノトの孵化仔魚の形態発育状態（平野ほか，2005）．

しかし，それにしてもどうしてそのような巨大な卵を産むのであろうか．これについても名古屋港水族館では興味深い実験が行われている（平野ほか，2005）．南極海を代表する最もバイオマスの大きな生物はナンキョクオキアミ *Euphausia superba* であるが，同水族館ではいろいろな工夫を重ね本種についても継代飼育に成功しており，本種をダルマノト卵の捕食者としてその影響を調べた．ナンキョクオキアミを収容した水槽にダルマノト卵を入れると，オキアミは狂奔したように卵を抱え込み何とか食べようと1時間も"格闘"する．しかし，オキアミの切歯の幅は0.7mmであり，巨大な卵の表面に傷を付けることすらできずに，最後は諦めて放してしまう．すると待ってましたとばかりにほかのオキアミが同じことを繰り返すが，同じ結果に終わり，結局5日目以降は捕食を諦めた．

以上の実験結果より，平野ほか（2005）は，ナンキョクオキアミという大量に存在する捕食者に対抗するために，大型で卵膜の厚い分離浮性卵を産むように進化したのではないかと考察している．このような知見が得られるのは，「南極への旅」をテーマにした名古屋港水族館のような施設があるから

であり，魚類の初期生活史の解明に果たす水族館の役割の重要性が十分に理解できる．今後も新たな極限環境に適応した生態的・行動的知見の集積が大いに期待される．

5 仔魚には個性がある：個性と適応

　魚にも個性があるのであろうか．もしあるとすればそれは個体発生のいつごろから現れるのであろうか．脊椎動物のなかで最も原始的であり，しかもまだ脊椎も出来ずに"無脊椎"動物的な状態にある仔魚にも個性は発現しているのであろうか．生物学的にも大変興味深い課題であるが，魚類，特に仔稚魚ではまだあまり取り組まれたことがない新しい研究フィールドのように思われる．

　Magurran（1986）はミノー *Phoxinus phoxinus* 成魚の二つの個体群の間で，外敵である捕食者パイク *Esox lucius* の接近に対する行動の違いがあることを観察し，より捕食されにくい行動を取る個体群では，個体間でのその行動に違いが存在することを見いだした．ティラピアを実験魚に用いた釣られやすさの個体差を調べた実験結果では，最初に釣られた個体は2回目も釣られやすい傾向や野生魚では釣られやすさに個体差が見られるのに対し，飼育魚にはそのような傾向は見られないことなどが明らかにされている（米山ほか，1993；1994）．また，Snedden（2003）は孵化場育ちのニジマス *Oncorhynchus mykiss* には"personality"（人格ならぬ魚格とでもいうべきか）が認められ，それは"bold"（大胆）と"shy"（内気）として識別でき，前者は後者に比べて格段に学習能力が高いことを報告している．

　仔稚魚期における個性の発現について興味深い行動観察と実験がヒラメ仔稚魚で行われている．Sakakura and Tsukamoto（2002）は，ヒラメ仔魚が変態期に入ると体をオーム型に曲げる（Ohm-posture）個体がいることに気付いた

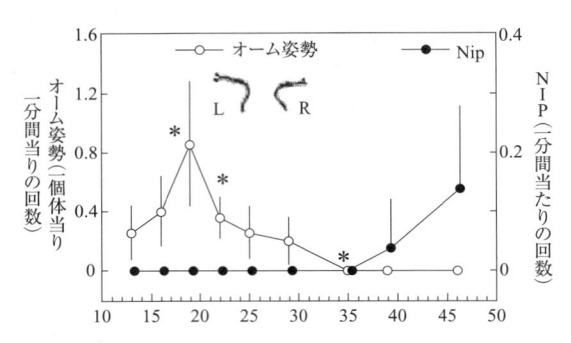

図7-7 ヒラメ仔稚魚のオーム行動に関する図と変態稚魚の攻撃性に関する実験結果（Sakakura and Tsukamoto., 2002）. Nip：他個体へのかみつき行動.

（図7-7）．従来からそのような体を曲げる行動は餌生物に狙いを定めて飛びつく摂餌の準備態勢として観察されてきたが，その行動は全く摂餌とは関係しない行動であることを確認した．このオーム姿勢は変態が完了する前には消失した．一方ヒラメは稚魚になると飼育環境下では共食い行動が発現する（Dou et al., 2000）が，この実験においても他の個体にかみつく行動が変態後に顕在化した．著者らは仔魚期のオーム姿勢と稚魚期の初期における攻撃性との間には関連があることを示唆した．このことを実証するためにSakakura (2006) は仔魚期にオーム姿勢を示した個体の耳石にALC（アリザリンコンプレキソン）標識を付け，同一水槽でオーム姿勢をとらなかった個体と同時に飼育し，変態後の攻撃行動を観察した．その結果，予想どおり仔魚期にオーム姿勢を示した個体は攻撃性が強く成長も非オーム姿勢個体より有意に良いことを示した．これらのヒラメ仔稚魚での研究は，仔魚期にも個性が発現する可能性があり，それはその後の生き残りにも大いに関係する可能性を示唆したものとして注目される．これらの個性は先天的なものであろうか，それとも飼育環境あるいは自然界では成育環境によって発現が左右されるものであろうか．

　一般に多くの海産魚類が小卵多産の繁殖戦略を取るのは，空間的にも時間

的にも可能な限り多様な環境に遭遇する機会を拡大することにより生き残りの可能性を高めるためと考えられている．一方，多産ななかにもすべての個体が生き残る可能性を持つのではなく，"選ばれた"個体のみが生き残るのではないかとの考えも出されている．このことに関して，行動の発達の側面から Fuiman and Cowan Jr. (2003) は興味深い論文を発表している．彼らはニベ科のレッドドラム *Sciaenops ocellatus* の仔魚（平均体長 7.7mm）を用いて摂餌と捕食者からの逃避についての刺激に対する潜伏性，距離，期間，速度などをスコア化し，個体間での変動を詳しく解析した．その結果，捕食者反応に関するある特定のスキル（注意深さ）について個体間での変異が存在するデータを得た．このようなスキルを備えた個体は実験魚の 1 ないし 2% とわずかな割合であった．

　多産な仔魚の生き残りのうえで行動の重要性と，上記のような行動を備えた個体が生き残る可能性を著者らは様々な角度から考察した．中でもそれらの個体が遺伝的にそのような潜在性を持って生まれてきた個体か，孵化後の経験による行動のスキルアップかが議論された．著者らはこの点については明言を避けているように思われるが，その答えを得るには天然仔魚と飼育仔魚での詳しく精密な行動の比較をすることの重要性を提起している．

　仔稚魚にも個性があるかとの問に対する現時点での答えは，あるといえるであろう．そして，そのことは極めて未熟な発達レベルから変態という著しく構造と機能の発達した段階へと飛躍を遂げる個体発生を経る過程で獲得するものであり，仔稚魚の生き残り戦略とも深く関わった興味深い今後の研究課題と考えられる．

6　仔稚魚も学習する

　先にも述べたように，微小な仔魚が厳しい自然環境の中で生き残っていく

ためには，様々な危険への経験を積み重ねて生きるためのスキルアップが不可欠だと考えられる．魚類の仔魚期における学習能力の発達に関する研究はまだほとんど行われていない．つまり，これから発展が期待される分野であるが，Nakayama et al. (2003a；2003b)，Masuda et al. (2003)，中山慎 (2008) はマサバを実験材料に，個体発生に伴う群れ行動の発現過程を調べた．

　群れ行動の発現は，隠れ家が流れ藻や流木など以外にほとんどない表層を遊泳生活する小型の浮魚類にとっては，生死に関わる極めて重要なものである．それによって捕食者につかまる確率が低くなるのは，「希釈効果」，「混乱効果」，「多眼効果」の三つによると考えられている．マサバ仔稚魚を孵化直後から飼育し，仲間と併行に泳ぐ能力（混乱効果に関連）とメンバー間で情報を伝達する能力（多眼効果に関連）が個体発生のいつごろから発現するか，ビデオ撮影をもとにその画像の解析により調べた．その結果，孵化後 14 日（体長 7.2mm）にマサバ仔魚は同調して泳ぎ始め，さらに，変態直後の孵化後 18 日 (9.6mm) に隣り合う魚とほぼ同方向に遊泳することが確認された．このことは群れ行動の初期発現は変態と連動して生じることを示している（中山慎，2008）．仲間と併行に泳ぎ始めるのは，イワシ類，ブリ，シマアジ *Pseudocaranx dentex* などにおいてもマサバと同様に変態前後であることが知られており，底魚類が砂浜域や岩礁域などの新しい環境下で新たな生活様式をとるのと同様に，浮魚類における生息環境変化への適応と考えられる．

　次に，個体間の情報伝達能力の発達が継続して調べられ，孵化後 33 日 (29.1mm) になって初めてそのことが実験的に確認された．個体間の危険についての情報の伝達は，生き残る可能性を飛躍的に高めると考えられる．一方，魚類の脳の発達に重要な働きを果たす DHA などの高度不飽和脂肪酸の欠乏した餌を食べ続けたマサバは，変態期を過ぎても仲間と併行に泳ぎ始めないことが確認されており，群れ行動の発達は脳の発達と密接に関連するものと考えられる（中山慎，2008）．また，DHA はマダイ仔魚の捕食者からの逃避行動にも関与することが知られている (Nakayama et al., 2003b)．

Makino et al. (2006) や牧野 (2008) は，イシダイ稚魚 (3cmから10cm) を用いて，まず報酬実験を行った．三つに仕切られた水槽に色を変えたボタンを設置し，イシダイ稚魚が片方のボタンの水槽を選択すると，餌がもらえるようにセットされている．体長ごとにこの実験を繰り返し，さらに，次の段階ではボタンの色を左右逆にして，稚魚の順応能力を試した．その結果，イシダイ稚魚は成長とともに高い点を獲得するが，体長7cmをピークに得点は低下した．すなわち，イシダイ稚魚は体長7cm前後が最も学習能力が高いことを示している．この実験を行った著者らは，自然海域ではイシダイは初期には流れ藻に付随した生活を送っているが，ある時点から岩礁域に生息場をシフトする生態的変化と関連するのではないかと推定している．これのモデルになる研究が，ハワイ島周辺に生息するナンヨウアゴナシ *Polydactylus sexfilis* (地元ではモイと呼ばれる) で行われ，モイ稚魚の捕食者 (サメ類) からの逃避能力に関する学習効果は，ある特定の体長範囲内で最も好成績が得られている (Masuda and Ziemann, 2003)．

　次に，同じくイシダイ稚魚を用いて，水槽内部に煉瓦や人工海藻などの構造物を入れた環境と，何も入れない環境下で稚魚を一定期間飼育し，その後両者間で対捕食者行動に違いがあるかを調べたところ，前者の"エンリッチ"環境で育った稚魚の方が高い生残率を示した．また，マダイ稚魚についても，アマモやホンダワラ類などにより変化に富んだ水槽 (エンリッチ区) と構造物を一切入れない水槽 (対照区) で30日間飼育した後，捕食者 (スズキ未成魚) に遭遇させたところ，被食割合は明らかにエンリッチ区で育てられた稚魚で低い値が確認されている (小路，2009)．これらのことは，対捕食者行動などの多様な行動は，先天的に備わったものではなく，仔稚魚が多様な環境の中で成育する過程を通じて獲得するものであることを示唆している．

　一方，サンゴ礁魚類の着底場選択は，基本的には生得的な性格が強いと考えられているが，沈性粘着卵より孵化する仔魚では，孵化前後に周辺の環境を覚え込むことにより，その性質がより強まると推定されている．たとえば，

センジュイソギンチャク *Heteractis magnifica* と共生関係にあるカクレクマノミ *Amphiprion ocellatus* をイソギンチャクを入れた水槽と入れない水槽で孵化させると，前者がより強い選好性を示すことが確認されている（Arvedlund and Nielsen, 1996）．

　魚類の行動の個体発生に関する研究は，黎明期に入ったばかりであり，いろいろな発展の可能性を含んだ研究領域である（益田，2006：2008）．学習能力や記憶力の発達は，初期減耗にも大きく関わった課題と考えられる．仔魚の脳や神経系の発達（植松，2002）と関連した，行動の個体発生に関する研究の展開が期待される．

7　日周リズム

　生物の多くは，外界の環境とは独立した体内時計を有し，それに基づく概日リズム（サーカディアンリズム）を有している．仔稚魚の生態的研究においては，観察のしやすさや夜間における観察の難しさと危険性などにより，どうしても観察データは昼間に集中する傾向にある．しかし，生死をかけた仔稚魚の生き残りの機構を解明するには，昼間の生理生態とともに夜間の生理生態的知見が不可欠である．最近では夜間における多様な生理生態的知見の集積も進みつつある．たとえば，先に仔魚の鰾は日周鉛直移動とも関連して夜間には膨れ，昼間には収縮することを述べたが，この現象は内的日周リズムとはいえない．というのは，マダイ仔魚の実験では，昼間に仔魚の飼育水槽を暗黒にすると鰾はしばらくすると膨らむからである（Kitajima et al., 1985）．

　これらに深く関係するホルモン，メラトニンやセロトニンと魚類個体発生初期における概日リズムの発現との関係を詳しく調べた研究は，ほとんどないと思われる．しかし，たとえば，膵臓起源のトリプシンやアミラーゼなど

の消化酵素は，初期には仔魚の摂餌状態によってその活性は大きく左右されるが，変態期になると摂餌とは関わらず，薄明時から急激に活性が上昇し，日没時には顕著に低下する日内変動が確認されている（川合，1995）．この変化が全明条件下や全暗条件下で生じておれば概日リズムの発現と考えられるのであるが，そのことは検証されていない．しかし，同じ消化酵素であっても胃腺から分泌されるペプシンではそのようなリズムが現れないことを考えると，膵臓酵素の分泌には概日リズムがある可能性も推定される．仔稚魚においても概日リズムの存在やそれに深く関わる行動や生態の日周変動に関する研究の進展が期待される．

　魚類の摂餌には，「朝まずめ」あるいは「夕まずめ」といわれる，日の出前後や日没前後に活発になる傾向が一般に知られている．長崎県平戸島志々伎湾においてマダイ稚魚の摂餌とその主食となるヨコエビ類の関係を調べた首藤（1998）は，100種を超えるヨコエビ類のなかでマダイ稚魚が好んで摂食するのはニッポンスガメ *Byblis japonicus* であることを見いだした．本種は棲管を作りその中に棲息する種であり，本来はマダイ稚魚には摂餌が難しい種である．しかし，このニッポンスガメは朝夕，特に夕方に生殖のために棲管から出てきて海底上を匍匐する．ここぞとばかりにマダイ稚魚はニッポンスガメを専食する結果，マダイ稚魚は夕方にピークを持つ摂餌の日周期性を示すことになる．

　仔稚魚の日周期活動の事例は，摂餌とともにその鉛直分布に見られる．飼育環境下でヒラメ前変態期仔魚（発育ステージBからD）の1分間当たりの沈降速度を詳しく調べた観察結果によると，仔魚の沈降速度は発育の進行に伴って速くなるとともに，いずれの発育ステージにおいても，昼間に速く夜間に遅いという明瞭な日周リズムが認められている（図7-8：曽・田中，未発表）．この事実は北島ら（1994）によって明らかにされたヒラメ仔魚の比重の日周変化とよく一致する．

　このような夜間における比重の軽減やその結果として生じる沈降速度の減

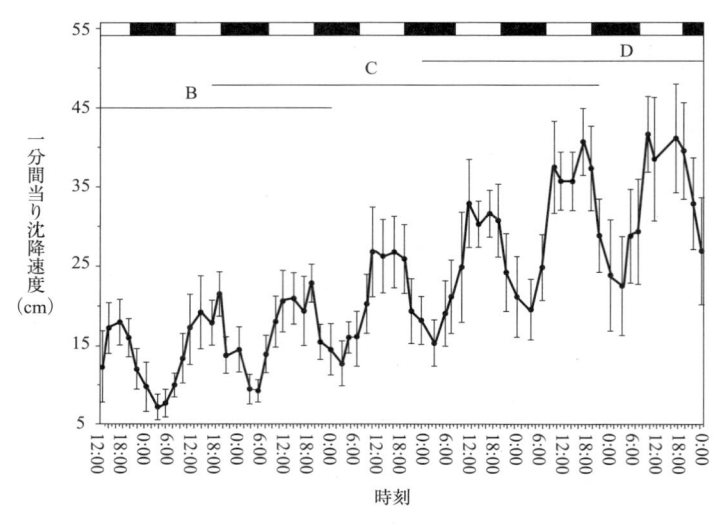

図7-8 飼育環境におけるヒラメ仔魚の発育と沈降速度(麻酔状態)の日周変化(曽・田中,未発表).B,C,Dは発育ステージ,上の白黒は昼夜を表す.

少は,次に述べる日周期的な鉛直移動と密接に関わると考えられる.すなわち,仔魚は日没時に上層に浮上し,日没とともに遊泳活動を停止して緩やかに沈降する深度調節機構をもつと推定される.一方,自然界におけるマダイやヒラメの仔魚は,環流の発達する平戸島志々伎湾口部のような場所に集積される傾向があり,通常の年では出現最盛期には口径1.3mの稚魚ネットで,濾水量1000m^{3}当たり100尾を超える仔魚が採集される.海底35mから海表面までを昼夜によって移動するような典型的な鉛直移動は認められないが,昼間には海底直上層に密集し,日没とともに全層に分散する傾向が認められる.このような傾向は,他魚種でも認められており(Yamashita et al., 1985a;Shoji et al., 1999),沿岸性魚類のかなり一般的な傾向ではないかと考えられる.

第8章 分子分析手法と仔稚魚研究

　近年急速に発展した分子分析手法は，魚類学研究においても非常に多くの成果をあげている．特にアロザイム（タンパク質多型），ミトコンドリアDNA，マイクロサテライトDNAなどをマーカーとして用いた遺伝的手法は個体群研究，系統学研究，生態学研究，行動学研究など多くの分野で盛んに用いられている．仔稚魚を対象とする場合は分析に供することのできる組織量が少な過ぎるため，アロザイム手法が主流のころは魚類初期生活史の解明を目的とした研究例はほとんどなかったが，DNAを直接調べる手法が一般化するにつれ急速に適用例が増加しつつある．ここではその方法と成果について概観する．

1　DNAによる種同定・種判別

　第2章で示されているように，多くの魚種は変態を経て成魚の形態となる．変態前の仔魚は成魚の形態とはかけ離れており，種の識別に使える形質をあまり持っていないため，調査で採集された仔魚を正確に種同定するのは相当に困難である．発育段階を追って仔魚から稚魚までのシリーズ標本を揃えたり，飼育により仔魚を得たりという方法で研究が進められてきたため，その結果をまとめた日本産稚魚図鑑（沖山編，1998）などを利用して同定することができるようになっているが，色素胞や筋節数など限られた情報から仔魚の名前を調べるにはかなりの経験が必要である．しかも，現在でも仔魚の

形態が未知であったり近縁種との明確な識別点が無かったりする種はまだ多い．第1章でも触れられているが，魚卵についてはいっそう問題が深刻である．多くの海産魚の卵は直径1mm未満の透明な球形であり，識別に使える形質がほとんどないため，多種の魚卵が出現する時期にはそれぞれを同定するのは極めて難しい．このため，調査で採集された魚卵の多くや仔魚の一部は種不明のままにされることが多く，魚類初期生活史研究の大きな障害となってきた．

近年，PCR（ポリメラーゼ連鎖反応）法などの分子遺伝学的手法が普及し，DNAを直接調べることが格段に容易となってきた．特に，ミトコンドリアDNA（mtDNA）は細胞内のコピー数が核DNAに比べてはるかに多く，さらに半数体であるため塩基配列を決定しやすいなど扱いやすい点があり，個体群構造や分子系統などを中心に魚類でも多くの研究で用いられている（西田，1999）．DNAであれば形態形質に乏しい魚卵・仔魚からでも成魚と同じだけの膨大な情報を得ることができるうえ，PCR法を用いればごく微量の組織からでも分析に十分な量に増幅することができる．

DNAによる卵・仔魚研究は，まず多くの未知サンプルのなかから特定の対象種を検出することや，数種の近縁種を互いに区別することを目的として行われた．この場合，最初に必要なのは，成魚について十分な予備的分析を行った上で，対象種内では個体変異が少なく，近縁種との間では十分な違いがある遺伝子領域を選び出すことである．mtDNAのなかでは，調節領域（D-loop），16SリボゾームRNA領域，シトクロームオキシダーゼサブユニットI領域（COI）などの変異量（進化速度）が適当であり，PCR法に用いるプライマーも多く公表されているのでよく用いられる．適切な遺伝子領域が見つかれば，卵・仔魚のサンプルからDNAを抽出，PCR増幅し，塩基配列を決定して成魚の配列情報と比較することで種同定ができる．塩基配列決定には時間と費用がかかるため，実際にはより簡便な手法として，種間の配列の違いを利用し，対象種だけが増幅されるようなプライマーを設計して狙い

の魚種を見つけ出す種特異的 PCR 法や，PCR 増幅産物の制限酵素による切断パターンで種識別を行う PCR-RFLP (restriction fragment length polymorphism) 法，異なる塩基配列を持つ種間での電気泳動度の違いを利用する PCR-SSCP (single-strand conformation polymorphism) 法などが適用されることが多い．ただし，これらの簡便手法を用いる場合は，調査対象海域で採集される様々な生物種についても予備的実験を行い，誤同定が生じないよう十分に注意する必要がある．石黒ほか (1996) および前田 (2002) は，それまで形態的には識別ができなかったヒラメ卵を DNA を用いて検出し，京都府の若狭湾西部海域においてはヒラメの仔魚が卵に先立って出現することを明らかにし，当海域のヒラメには地先で産まれる群と西方で産まれて輸送されてくる群の二つが存在することを確認した．また，産卵海域の捜索が精力的に行われてきた日本のウナギ研究においても，卵と初期仔魚の検出は形態的には不可能であるため DNA 手法を用いて行われている (塚本，2006)．Fox et al. (2005) は，アイルランド近海でのマダラ属 *Gadus morhua* の産卵場と産卵量の調査に Real-time PCR 法による卵の検出を利用している．秋本ほか (2005) は，採集サンプルの中から形態を手がかりにキンメダイ属の卵および仔魚を選び出した後に mtDNA の RFLP 分析によって種同定を行い，分布様式を明らかにしている．仔魚の同定については，主に形態的に酷似した近縁種の識別という目的で行われることが多く，北太平洋のメバル類 (Rocha-Olivares, 1998) やオーストラリアのダツ類 (Noell et al., 2001) などの研究例がある．

この数年では，mtDNA のシトクロームオキシダーゼサブユニット I 領域をあらゆる動物について塩基配列決定を行いデータベース化し，未知のサンプルもそれと照合することであたかも商品についているバーコードを読みとるかのように種同定ができるようにするという計画 (BOL：Barcode of Life. Herbert et al., 2003) が進められており，魚類についても世界中でデータの蓄積が急速に行われている．16S リボゾーム RNA 領域でも同様に多くの魚種についての分析が進んでおり，今までのように多数の未知サンプルのなかか

ら特定種を選び出したり，近縁種を見分けたりするだけではなく，種名の分からないサンプル群を本格的に分子同定するための条件が整いつつある．Pegg et al. (2006) はオーストラリアのグレートバリアリーフ海域において，多くのサンゴ礁魚類の仔魚についてシトクロムオキシダーゼサブユニット I 領域などの塩基配列決定を行い，既存のデータベースと照合することによりフエダイ類やフエフキダイ類などに同定した．DNA マイクロアレイないし DNA チップと呼ばれる新しい技術を用いて，より簡便に大量のサンプルを同定する試みも進められている（"Fish and Chips" プロジェクト）．この方法では，ガラスやシリコンなどの基盤上にあらかじめ多数種の DNA 部分配列（プローブと呼ばれる）を格子状に配置固定しておき，そこに未知サンプルの DNA をハイブリダイズさせる．蛍光法などによって格子のどの部分とハイブリダイズしたかを検出すれば，プローブ配置情報とつき合わせることで，検体がいずれの種由来のものであったかを判別することができる（Kochzius et al., 2008）．多数種についてプローブを作成し DNA マイクロアレイを準備するには多大な労力が必要となるが，一度作ってしまえばその海域での魚卵・仔魚研究に極めて強力なツールとなるのは間違いないため，今後適用例が増えるのではと予想される．

2 生態研究への応用

DNA を用いる手法は，一般的な種同定だけでなく，卵・仔稚魚に関する様々な生態的研究にも応用されている．第 6 章で詳しく紹介されているように，被食の詳細な解明は魚類の初期生活史研究の重要なテーマである．しかし，捕食者の消化管内容物を顕微鏡下で調べても，ただでさえ同定の難しい卵・仔稚魚が，捕食された後に消化が進んでいてはいっそう困難になってしまい，耳石や脊椎骨などの硬組織を手がかりとして使うことができなければ

そう簡単には分からないことが多い．さらに，エビ・カニ類など餌生物を丸飲みせずかみ砕いて摂食するタイプの捕食者では，捕食後の時間がそれほど経過していなくとも消化管内容物の同定は難しい．DNA は，原型をとどめていないようなごくわずかの組織片からでも抽出が可能なため，顕微鏡下では何か分からないようなぐちゃぐちゃの組織塊や，消化が進んでどろどろになった状態からでも前項で述べた方法を用いて同定することができる場合がある．Asahida et al. (1997) は，mtDNA を用いてエビジャコの消化管内から摂食されたイシガレイ稚魚を検出し，また Saitoh et al.(2003) は，様々な肉食動物の消化管内容物からヒラメ DNA の検出を試み，放流ヒラメ稚魚の捕食者の探索を行っている．Rosel and Kocher (2002) は，北西大西洋のジョージスバンクにおいて，サバ類や異体類を含む様々な魚種の胃内容物からマダラ属 Gadus morhua 由来の DNA を効率的に検出することに成功している．DNA 手法を用いた被食研究は非常に有効であり今後も多く適用されると思われるが，通常の方法では捕食者 1 個体が何個体の対象生物を捕食しているかまでは分からず，定量性に難があることに注意が必要である．また，被食後，消化が進むに伴い餌生物由来の DNA は断片化し減少していくため，検出限界時間を水温別や捕食者の種・サイズ別に前もって調べておくことも重要である．

　DNA 手法を用いることで初めて詳しく初期生態を調べることができた例も多くある．アユは河川内で生まれ，すぐに海域に流下して仔稚魚期をそこで過ごした後に河川に遡上する両側回遊魚であるが，琵琶湖には湖産アユと呼ばれる陸封型が生息する．湖産アユは両側回遊性アユの減少した各地の河川に盛んに放流されてきたが，両者は産卵期や塩分耐性などが異なるため，交雑した場合には資源に悪影響を与える危険性もあり，放流後の湖産アユが再生産に寄与するかどうかを調査する必要が生じた．当初は，形態的な差異はほとんどないために正確に調べることが困難であったが，mtDNA などの DNA 標識を用いれば両者を識別することが可能なため，大竹 (2005) および

岩田ほか (2007) は秋の孵化から冬季の海域生活期，翌年春の遡上期にかけて湖産アユの混合率の変化を調べた．その結果，孵化直後の流下仔魚では湖産アユ由来の仔魚が多く出現したが，海域生活期および遡上期では著しく低くなり，湖産アユ仔魚は以前より予想されていたとおり，降海直後に死滅していることが示された．その原因として，湖産アユ仔魚の高塩分耐性の低さが考えられている．

3　DNA 手法の問題点

　これまで示したように，分子分析手法，特に DNA 分析手法は魚類の初期生活史研究に極めて有効であり，今後もいっそう盛んに適用されると考えられる．しかし，いくつかの難点もある．一つには，DNA が仔稚魚サンプルの固定によく用いられるホルマリンに非常に弱いことである．ホルマリン固定サンプルでは DNA が急速に断片化してしまい，PCR 法によっても増幅することがほとんどできなくなる．これを防ぐため，DNA 分析を予定している際には調査での採集物をエタノール保存や冷凍保存しておかねばならないが，仔稚魚を現場でソーティングすることは難しいため，クラゲ類やゴミが多量に入網した場合などには大量のエタノールやドライアイスが必要となってしまう．また，エタノールや冷凍保存のサンプルは外部形態の観察には不向きであるため，ホルマリン固定用のサンプルを重複して採集しなければならないこともある．ただし，pH を調整したホルマリンであれば固定後も DNA が検出できることもあり（たとえば Garcia-Vazquez et al., 2006），調査前に固定方法を十分検討しておくべきである．

　別の問題点としては，DNA 分析が以前に比べると一般的になったとはいえ，試薬などに費用がかかり，PCR 機器など高価な設備が必要な場合も多いことがある．しかし，たとえば仔稚魚相の研究ではまず形態観察によりで

きるだけ細かくグルーピングを行ってDNA分析にかけるサンプル数を絞り込んだり，DNA分析によって初めて識別できるようになった近縁種を再度詳しく観察することで今まで見えなかったわずかな形態の差異を見いだしたりと，分子分析手法と形態分析を併用することで解決できる可能性がある．生態研究に使用する場合でも，最も費用のかかる塩基配列分析ではなく，先に紹介したような簡便法を適用したり新規に開発したりすることでコストを圧縮できる事例は多い．

4 栽培漁業と種内の個体群構造

　本章ではここまで，主に種レベルでの研究における分子分析手法について述べてきたが，種以下のレベルにおいても多様な研究が行われている．魚は分布域に一様に散らばっているのではなく，内湾性の魚は外洋に面した所にはほとんどいないとか，岩礁性の魚は砂浜が連続する所にはいないとか，いろいろなギャップによって複数のグループに分かれていることがごく普通にある．再生産時にもそのグループ分けが維持されていれば，グループ間の遺伝的交流は少なくなり，様々な分化レベルの種内個体群として分化することになる．個体群は水産学用語では系群とも呼ばれ，資源管理の単位として重要なため標識放流や，漁獲量増減の同調性などを手がかりとして古くから研究されているが，海産魚では卵・仔魚期に長期間浮遊生活を送るものが主流で，その時期に広く分散し地域間の交流につながるため，個体群間の分化度合いは比較的低いことが多いと考えられてきた．しかし，遺伝的情報を直接調べると，浮遊期を経る種でも地域個体群への分化が認められる例が多数見いだされている．アロザイム，mtDNA，マイクロサテライトDNAなどは，生物個体の適応度に関係しない中立的なマーカーであるとされており，それぞれの群内では対立遺伝子やハプロタイプの頻度がランダムに変化するた

め,個体群間の遺伝的交流が途絶えると群間で頻度差が現れることになり,それを検出することで個体群構造の研究が行われている.

　仔稚魚研究において個体群構造が重要になるのは,特に栽培漁業(第12章参照)との関係においてである.ある海域由来の種苗を別海域に放流した場合,もしその海域間で対象種の個体群が異なり,それぞれが示す生理生態的特性も異なった場合,種苗放流は対象種の適応度を下げる可能性があり資源増殖のうえではむしろ逆効果となりかねない.海域間で各個体群が異なる生理生態的特性を示す例は実際に数多く知られている.たとえば,北米のトウゴロウイワシ類 *Menidia menidia* では,分布域の北方になるほど成長速度が高い.これは,北方ほど成長に適切な水温である期間が短いための補償的作用と考えられており,counter-gradient variation と呼ばれている(Conover and Present, 1990).今まではこのような個体群間での生理生態特性の差異は,環境条件を入れ替えた飼育実験(common-garden experiment)などにより実証されていたが,現在では QTL (Quantitative Trait Loci: 量的形質座位)解析や高カバー率遺伝子発現解析(HiCEP)法などを用いることにより,適応に関わる遺伝子の差を直接調べることができるようになりつつある.魚類の野生集団におけるこの種の研究はまだ始まったばかりだが,今後非常に大きな発展が期待される分野である.

5 遺伝的多様性の減少と絶滅危惧

　栽培漁業のための人工的種苗生産においては,地域性以外にも注意すべき重要な事柄がある.それは生産過程における遺伝的多様性の減少である.自然海域においては,1ペアの親魚から産まれた数万〜数百万の卵のうち,2個体前後が成魚となって次代の再生産に関わることができるのみで,残りは特に発育の初期段階で死亡する(第1章参照).しかし,人工種苗生産では初

期減耗が起こらないため，数少ない親魚からでも放流に必要な多数の種苗を揃えることができる．このため，人工種苗は兄弟魚ばかりということになり，遺伝的な多様性は減少する．特に，人工生産魚を次代の親魚として使用する継代飼育では多様性は著しく減少する．mtDNAは半数体で組換えが無いためこの影響を特に強く受け，自然海域の野生集団では遺伝的多様性が高くほとんどすべての個体が互いに異なる塩基配列を示すのに対し，放流用の人工生産種苗では数万尾がすべて同じmtDNAを持ち遺伝的多様性がゼロであったという事例もある．多様性の低い種苗を放流すれば，耐病性が低くなるなど野生集団の資質に悪影響を与える危険性もあるため，一定の親魚数と雌雄比を確保するなど種苗生産における指針が提案されている（谷口順，2007）．

人工生産種苗の遺伝的特性が野生集団とは異なっている状態を逆に利用することも行われている．種苗放流においては，放流魚に標識を付けて放流後の種苗の移動や死亡率を推定したり，成長後の漁獲による回収率を調べたりして放流効果を判定することが重要であるが，プラスチックタグなどの外部標識やアリザリンコンプレクソンなどの耳石染色による内部標識には費用や労力の点で問題があった．人工生産種苗が野生集団とは異なる特定のmtDNA遺伝子配列やマイクロサテライトのアリル（対立遺伝子）を持つことに着目すれば，これを遺伝標識として利用し放流魚を追跡することができる．実際にヒラメでは，日本海側各県の種苗生産施設のそれぞれが特定のmtDNA配列に偏った種苗を生産しており，その特性を利用して各県で放流されたヒラメ稚魚のその後の移動が明らかにされた（藤井，2006）．遺伝標識は他の標識法とは異なって子孫まで引き継がれるという長所もあるため，放流魚が再生産に寄与することがあるのかどうか，あるとすればどの程度なのか，定量的に推定することができる可能性もある．

column 6

意外な親子関係

　本文中でも紹介されているように，顕著な変態を示す魚種では仔稚魚と成魚の形態が大きくかけ離れており，極端なものになると両者の親子関係を想像することさえ難しいような場合がある．ウナギ目の leptocephalus 幼生をはじめ，チョウチョウウオ科の tholichthys 幼生，ニザダイ科の acronurus 幼生，イットウダイ科の rhynchichthys 幼生など，仔稚魚期に特別な名称を持つグループがあるが，それらは発見当初，親との関連がわからず別種として記載されたときの学名が残ったものであり，親子関係の解明が難しかった研究史を今に残している（コラム"レプトケファルス"も参照）．分類学的に低位のグループや外洋の中・深層にすむ魚では，著しく特殊化した仔魚期形態を示す種（図 1-8b,c）や標本の採集が困難な種も多く，現在に至るまで親子関係がはっきりしないケースも残っている．最近，主に深層にすむクジラウオ目魚類で，まったく異なる形態を持ち別々の科に属するとされていた魚が，実は親子関係にあり，外見の違いは変態による極端な形態変化の結果であるという非常に興味深い研究が発表された（Johnson et al., 2009）．この論文では同時に性的二型による違いも明らかにされており，三つの異なる科とされていた魚が実は同じ科の仔魚，雄成魚，雌成魚であることが遺伝学的・形態学的データからはっきりと示されている．以下にその内容を簡単に紹介する．

　クジラウオ目のリボンイワシ科（図 a）は，体長の数倍に及ぶ極めて長い尾

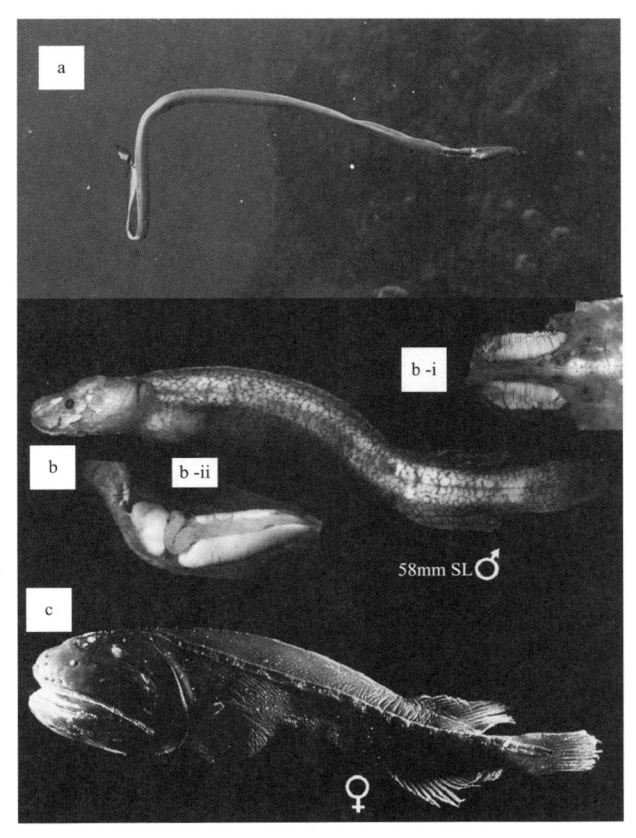

a：リボンイワシ科　体長 5.6cm 全長 81.6cm
b：ソコクジラウオ科　i は嗅覚器官を背面から見たところ　ii は肥大した肝臓と精巣
c：クジラウオ科
a は岡村・尼岡編 (1997) より, b-c は Johnson et al. (2009) より

を持ち，上向きの口でカイアシ類を捕食している．今までに 120 個体が採集されているが，その中に成熟個体は含まれていなかった．ソコクジラウオ科（図 b）は数 cm 程度と小型であり，嗅覚器官が肥大し，消化管は退縮している．今までに 65 個体しか採集例がなく，その一部について解剖により性別を調べたところでは全て雄で，雌は見つかっていなかった．クジラウオ科（図

c）は水平の大きな口と小さな目が特徴的で，600個体以上の標本が知られているが，性別を調べることができたものは全て雌であった．リボンイワシ科はほとんどの個体が200m以浅で，ソコクジラウオ科およびクジラウオ科は1000m以深で採集されている．Miya et al. (2003) が100科以上の硬骨魚類についてmtDNA全長データから系統関係を推定した際に，リボンイワシ科とクジラウオ科の間にほとんど塩基配列の差異がないと見いだしたことを受け，最近得られた新たな標本を含めた精査がこのグループについて行われた．

その結果，mtDNA全長データを用いて作成された系統樹上ではリボンイワシ科，ソコクジラウオ科，クジラウオ科がそれぞれ別個のまとまりを形成することがなく，三つの科に属する種がモザイク状の関係となった．リボンイワシ科の1種とソコクジラウオ科の1種，リボンイワシ科の別の1種とクジラウオ科の1種はほとんど同じ配列であった．また，いくつかの標本はリボンイワシ科とソコクジラウオ科，またはリボンイワシ科とクジラウオ科の中間的形態を示し，変態過程にあることが判明した．これらの結果をあわせると，この3科は実際には単一の科であり，「リボンイワシ科」とされていたものが仔魚，「ソコクジラウオ科」が成魚雄，「クジラウオ科」が成魚雌に相当することが明らかとなった．それぞれの「科」には複数の「種」が含まれているが，それら個別の対応関係の解明は今後の課題である．

海の深層は餌料の極めて少ない水域であるため，そこにすむ魚類は発育初期には浮遊仔魚として表層域の豊富な餌を利用するものが多い．変態期には最大数千mにも及ぶ鉛直移動と生態的変化を伴うため，形態的にも大きな違いを生じることになる．しかし，これほど大きな変態期の形態変化と性的二型を同時に示すグループは脊椎動物では他に例がない．

第9章 生死のドラマの背後の多様な連環

　仔稚魚研究の大きな出発点の一つは何回も述べたように，Hjort の"Critical period hypothesis"である．その後の魚類初期生活史研究の歴史は，この仮説をもとに仔稚魚の摂餌や飢餓に関する研究が主流を占めた．後にも詳しく述べるが，その一つの終着点が Lasker が提示した"Stable Ocean 説"である．モデル魚種としたカリフォルニア産カタクチイワシ属仔魚の初期餌料生物はカイアシ類ノープリウス幼生ではなく，渦鞭毛藻類の *Gymnodinium splendens* であることをまず確かめた．これは植物プランクトンの一種であることから，昼間には亜表層に濃密分布層（クロロフィル極大層）を形成し，仔魚に格好の餌場を提供する．カリフォルニア海域は陸岸沿いに北から南に風が吹くことが多く，それに伴いエクマン輸送が発達して，表層水は沖合に向かって流れる．その流れを補償するように底層から湧昇流が生じる結果，クロロフィル極大層は消滅し，仔魚の好適な摂餌場が無くなり，その生残に大きく影響する．以上のような一連の関連から，Lasker (1981) は，北西の風が卓越せず，海洋環境が穏やかな年には仔魚が生き残る率は高まり，資源への加入量は増えると結論づけた．

　このように，仔魚の生き残りや減耗はいろいろな要素の関連によって生じることが推定される．本章ではそのような視点から魚類初期生活史を眺めてみよう．

1 仔魚の生存を保障する食物連鎖

　仔稚魚の死亡が飢餓であるにせよ，被食であるにせよ，それは彼らも海や湖の中の食物連鎖を構成する一員であることによる．仔魚は，基礎生産（一次生産）として沿岸表層域で増殖する植物プランクトンを餌として増えた動物プランクトン（二次生産）を摂餌して生命を維持し，成長する．その意味では仔魚は三次生産者といえるが，仔魚自身も小魚などに捕食される場合には，カイアシ類などと同じ二次生産者的位置にいるともいえる．海洋生物学者や魚類学者には，こうした意味で仔魚を魚類プランクトン（Ichthyoplankton）とも呼ぶ者もいる．もちろん，生き残って成長していった仔魚たちは三次生産者として位置づけても問題は無い．いずれにしても仔魚の生き残りの出発点は基礎生産にあり，これらに影響を及ぼす要因は，間接的であれ仔魚の生死を分ける要因ともなりうる．

　この点では，仔魚の生き残りと思わぬ関連がある要因として，いくつかの興味深い例を挙げることができる．今では水産庁の補助事業として漁師が山に木を植える活動が全国的に進められている．このような流れを生み出したのは，宮城県気仙沼の牡蠣養殖漁師の畠山重篤を中心とする"森は海の恋人"運動の展開にある（畠山，1994；2003；2006；2008）．畠山らは，山が荒れ長い年月をかけて形成された腐葉土層を通じて海に流れ込んでいたフルボ酸鉄などの，カキの餌になる植物プランクトンを増殖させる微量元素や栄養塩類がもたらされなくなったという松永理論（松永，1993）を背景に，海の再生を願って植林を始めたのである．つまり，"広葉樹の森が牡蠣を育てる"との考えである．その後，外洋域においては，植物性プランクトンがほとんど増殖できないのは鉄分の不足によるとの考えのもとに，鉄分を海に散布する実験が行われ，そのことが実証されている（Takeda, 1998）．わが国では特に春に中国大陸から流されてくる黄砂が年々深刻化しているが，黄砂の中の鉄分

は海の中では植物プランクトンを増殖させる働きをしているのである．

　湖の例としては，北海道有珠山の大噴火が洞爺湖の生態系を大きく変えた例をあげることができる．人為的に引き起こされた酸性河川の流入により，1960年代から70年代初めにかけて湖水は強い酸性に傾き，それまで多量に漁獲されていたワカサギ類やヒメマス *Oncorhynchus nerka*（いずれも移植種）がほとんどとれなくなった．しかし，人工的中和処理と，1977年に起こった有珠山噴火のため大量の火山灰が湖中に降り注いだことによって70年代終わりには再び中性に戻った．この変化とともに湖には生物が復活し，ワカサギ類やヒメマス，さらにはサクラマス *Oncorhynchus masou masou* も再度漁獲されるようになった．また，その後の2000年の噴火後には植物プランクトンの増加が観察されたが，これは火山灰から溶出したリンや硝酸塩などの栄養塩類の効果によるものと推定されている（上田，2006）．

　火山活動による一次生産，さらには稚魚への影響は沿岸海洋でも起こっている可能性がある．カムチャッカ半島では多種のサケ・マス類が生息するが，河川や湖沼で育った稚魚は海へと降下した後，カイアシ類などを摂餌して成長し，北太平洋への回遊を行う．カムチャッカは世界でも有数の火山活動が活発な地域であるため，噴火によりもたらされた火山灰に含まれるリンなどの栄養塩が沿岸域で植物プランクトンの増殖を促し，カイアシ類の生産および稚魚の摂餌に影響を与えていることも考えられ，今後の研究が待たれる．

2　阿蘇山が生かす有明海のスズキ稚魚

　有明海は，わが国を代表する東京湾，伊勢湾，大阪湾，鹿児島湾などとほぼ同規模の内湾であり，全国一の海苔の生産を上げるとともに，わが国ではそこにだけにしか生息しない特殊な生き物（特産種）が豊富に生息する生物多様性の宝庫でもある．多くの特産種のなかで，前述のように有明海産スズ

キは，最終氷期に生み出された日本産のスズキと中国産のタイリクスズキの間に生じた交雑個体群という特異な歴史的背景を持った氷河時代の遺産である．(Yokogawa et al., 1997; 中山耕, 2002; 2008)．

　スズキはわが国周辺に生息する魚類のなかでは代表的な広塩性海産魚類であり，各地で成魚や未成魚が河川を遡上することはよく知られている（庄司ほか，2002）．有明海のスズキの生態的な最も顕著な特徴は，仔魚期の後半から川を溯り，九州最大の河川，筑後川では，稚魚期になるころには河口から15ないし16km上流の淡水感潮域まで到達することである．本種がなぜ稚魚期の初期に淡水感潮域や低塩分汽水域まで溯上するかについては，生理的にそのような淡水適応能力を発達させていること，生態的にそこには格好の餌となる大型の汽水性カイアシ類が高密度で存在することによると結論づけられている（田中，2009a）．このカイアシ類は *Sinocalanus sinensis* であり，これまた有明海特産種なのである（Hiromi and Ueda, 1987）．本種の分布域の塩分は0.1から15ppt前後までであり，特に塩分5ppt辺りまでの低塩分汽水域に集中的に分布している．体長4cm前後までのスズキ稚魚の胃内容物はほとんどこの *Sinocalanus* で占められる．本種の分布域は低塩分汽水域であると同時に，高濁度水域でもある．沿岸域に広く分布するカイアシ類の主食は植物プランクトンであるが，本種は環境中に植物プランクトンが豊富に存在するにもかかわらず，植物プランクトンの死骸や動物プランクトンの糞粒などが凝集した有機懸濁物，すなわちデトリタス（深海ではマリンスノーと呼ばれている）を摂食している（Islam and Tanaka, 2006）．高濁度水の本体はこのデトリタスなのである．

　次に問題になるのは，なぜ有明海は高密度の有機懸濁物（浮泥と呼ばれている）によって，他の海では見られないほど著しく濁っているのかである．有明海に注ぎ込む淡水量の60〜70％は筑後川から流入する．筑後川も筑後大堰より上流では水は決して濁ってはいない．この答えにも前述のサケ・マス類の例と同様に火山が深く関連している．筑後川などの源流域は阿蘇火山

台地であり,そこからは微小な火山性のシルトや粘土粒子が流れ出し,それらは海に注ぎ込む.そのとき,塩分に触れると粒子の電荷が変わり,互いに吸着してフロックを形成する.それらには植物プランクトンの死骸や動物プランクトンの糞粒などが付着し,さらには細菌や原生動物の増殖基質ともなり,有機懸濁物として激しい潮流に攪拌されても沈降することなく"浮泥"として水中に漂っている(代田,1998).

このように,有明海のスズキ稚魚の生態を探っていくと,阿蘇山にまで到達する.そして,この高濁度水が,有明海特産魚の仔稚魚期を支えているのである(田中,2009b).自然の奥深さと,仔稚魚の生残の背景には思わぬ仕組みが存在することに驚かされる.海の生物生産は,単に海の中だけのつながりで成り立っているのではなく,陸域と密接につながっているのである.これまで,ほとんどこのような視点で稚魚成育場の成り立ちを見ることはなかったが,沿岸性魚類の稚魚成育場は陸域との境界に近い浅海域に形成されるだけに,このような「森里海連環学」的視点で捉え直すことが必要であろう(京都大学フィールド科学教育研究センター編(山下,監修),2007;山下・田中(編),2008;田中,2008).

3 琵琶湖と水田

世界を代表する古代湖として多くの固有種を育んできた琵琶湖では,外来魚の繁殖のほかに,地球温暖化に伴う冬季の水温の上昇が湖水の上下混合を妨げ,その生態系に深刻な影響が出るのではないかと危惧されている.これらの変化に加えて,琵琶湖では湖岸の開発が進み,かつてはヨシ群落で縁取られた内湖がほとんど埋め立てられ,湖岸道路で琵琶湖と陸域は遮断されるに至っている.琵琶湖における稚魚成育場として欠かせないヨシ群落の減少も著しく,琵琶湖漁業は存亡の危機にあるといえる.

琵琶湖に生息する多くの魚類にとって近年における大きな環境の変化には，上記の変化や水質の悪化のほかに，田畑の圃場整備が挙げられる（藤原公一氏，私信）．かつて水田は琵琶湖の延長線上にあり，春先には田植え前の水田に多くの魚類が遡り，産卵場や稚魚成育場として利用されていた．それが圃場整備により水田と琵琶湖の間には越えられない段差が生じ，排水はコンクリートで固められた水路を通じて琵琶湖に流入するため，水田への遡上が不可能になった．琵琶湖と水田のつながりは，稲作が始まった弥生時代以来続いてきたのではないかと考えられる．それが，瞬時にして停止されてしまったのである．産卵は再生産の出発点である．外来魚の進入しない水田は格好の産卵場となるとともに，耐久卵で越冬したミジンコ類が繁殖し，仔稚魚の成育場としても重要な役割を果たしてきたと考えられる．最近では，このような現状が見直され，産卵親魚が遡上できるように水路に工夫が加えられ，水田で魚類が産卵できるような環境に改善されつつある（図9-1）．

　琵琶湖では，ニゴロブナの稚魚成育場としての水田の利用を復活させようと，田植え前の水を張った水田に1反当たり4万尾の孵化仔魚を放流し，2cm前後の稚魚に成育すると水路から琵琶湖に戻す取組も行われている．このような取組に協力した農家は，できる限り農薬や化学肥料の使用量を減らそうと環境意識が高まる．

　また，琵琶湖では，1990年代前半にヨシ群落の存在が見直され，条例が制定されて，人工造成も行われている．藤原ほか（1998）の研究により，ヨシ群落はニゴロブナの仔稚魚の生息場として不可欠であることが解明され，最近では放流効果も現れ始め，少しずつ資源の回復が見られている．しかし，ここにも新たな問題が浮上している．それは，梅雨前に行われる琵琶湖の水位の調整である．高水位の年には，事前に大量放水により水位を短期間に数十cmも低下させる．その影響で，ヨシ群落の奥で順調に育ってきたニゴロブナ仔稚魚や産卵された卵は干出死してしまう．また，冬季に行われるヨシの刈り取りに際しても，水位の低い年には"陸ヨシ"ばかりでなく，ニゴロ

図 9-1 琵琶湖の水田に遡上するために作られた水路をのぼる産卵期のナマズ（滋賀県水産課藤原公一氏提供）.

ブナ仔魚にとって重要な"水ヨシ"まで機械的に刈り取られ，春季の新生が阻害される問題も生じた（藤原ほか，1998）.

　これらの琵琶湖の魚を巡る諸問題の発生源は，行政の縦割り体制にあることは明らかである．自然は不可分につながっているのに，それを管理する人間側の組織の仕組みはそのことを全く無視した形で進められ，横への多様なつながりを基本とする自然の仕組みは分断され続けてきたのである．その結果が自然の破壊であり，海や湖では漁業の衰退となって現れている．魚たちの初期生活史を調べてきた筆者らは，稚魚たちの代弁者として，縦割りから横断思考の世界への転換を切に願う．

4 クラゲが提起する問題

　近年の世界的なクラゲの大発生は，一説によると近代的なトロール漁船や高性能の巻き網船団による世界的な乱獲により，海の生態系に大きな変化が生じた結果だとされている．Pouly et al.（1998；2001；2002）によると，海洋の生態系の高位に位置する魚類（マグロ類などの大型魚）が著しく減少し，漁獲物の平均的な食地位は確実に低下し続け，今では，トップダウン制御が効かなくなり始め，低位生物群，特に無脊椎動物が大発生する条件が著しく広がりつつあるという．さらに大規模なトロール漁船による海底の平坦化や生態系の破壊は，クラゲ類のポリプが着生する基質の拡大となり，大発生の可能性を著しく拡大しているという．

　わが国，特に日本海各地に近年連続して来襲するエチゼンクラゲ（図9-2）の発生源が，中国沿岸の東シナ海であり，これには近年急速に工業化が進む沿岸域の護岸化がポリプの着生基質となっている可能性も否定できない．広島大学の上　真一によると，東シナ海では著しい乱獲により，浮魚類の資源が激減し，クラゲの幼生への捕食圧が低下するとともに，浮魚類が食べていた動物プランクトンが余剰に存在し，クラゲの食環境が好適化したこと，そして，従来は捕食者であった浮魚類の仔魚をクラゲが捕食することにより外敵がさらに減少したことなどの生物的関係に大きな変化が生じた結果だという．さらに，この半世紀近くの間に2℃近く上昇した水温がポリプの増殖を加速させていることも大きな背景と考えられている（Kawahara et al., 2006）．もちろん，近代化を急速に進める中国の陸域からは過剰な栄養塩類が海に負荷され，沿岸域の著しい富栄養化も大きな背景と考えられる．そして，地球温暖化とも関連していると予測される中国大陸での近年における大雨の局地的な頻発化と少雨化がそれを助長していると推定される．

　かつては世界的な好漁場として海産物の重要な供給源であり，多くの魚類

図 9-2　近年日本海各地で爆発的に増えだしたエチゼンクラゲ（京都府若狭湾冠島近くで撮影（京都大学フィールド科学教育研究センター益田玲爾氏提供）．小型浮魚類が附随しているのが見られる．

の再生産の場としても極めて重要な役割を果たしてきた東シナ海は，わが国が1960年代から1970年代前半に経験した高度経済成長期をはるかに超える空間スケールと速度で進行する中国の近代化により，激しく変貌しつつある．さらに，2009年に完成が予定される三峡ダムが本格的に稼働し揚子江の水量が低下すれば，一大成育場としての東シナ海の変貌がいっそう深刻化し，日本海を含めた周辺域の海洋生態系への影響は計り知れないと危惧される．

　一方，エチゼンクラゲのように巨大ではないが，世界中に広く分布するミズクラゲの生物量は極めて大きく，その仔稚魚捕食量は積算すると膨大な値になると推定される．わが国においても瀬戸内海をはじめ，多くの内湾や沿岸域では時に大発生し，大きな漁業被害を引き起こすこともある．ミズクラ

ゲが摂餌している餌生物を探るため，炭素窒素安定同位体比を用いて，若狭湾西部海域の由良浜や舞鶴湾の奥部に出現するミズクラゲの食性が調べられた（木村ほか，未発表）．まだまだ過渡的な分析ではあったが，いずれの場所においてもミズクラゲは動物プランクトンと植物プランクトンを混食していると推定された．

　一方，益田（2006）はクラゲと稚魚の関係について，全く別の角度から面白い知見を得ている．クラゲにはマアジなどの稚魚が付随していることは，従来からよく知られていた．すでに紹介したように，これは，稚魚がクラゲを外敵からのシェルターとして利用していると考えられていた．しかし，マアジ稚魚はそれだけでなく，クラゲが集めた餌を横取りしているのである．実際に，マアジ稚魚を単独で飼育した場合とミズクラゲと一緒に飼育した場合を比較すると，後者の成長が早いことが確認されている（Masuda et al., 2008）．稚魚もなかなかしたたかである．クラゲに一方的に攻められているばかりではない，生物界の生き物どうしの興味深い関係が読みとれる．

5　連環を解きほぐす安定同位体比

　20世紀後半における仔稚魚研究の大きな節目には，一時代を築いた優れた研究者の誕生と共に，研究の質を飛躍的に高めた実験あるいは解析手法の開発があげられる．先に述べたように，飢餓減耗説主流の70年代までの研究から被食減耗説へと流れが大きく転換したのは耳石日周輪やその微量元素分析の導入であった．21世紀の初期生活史研究にはそのような研究の質を飛躍的に高めるツールはあるのであろうか．その大きな可能性を秘めているのは，炭素や窒素をはじめとした様々な元素の安定同位体比の応用であると考えられる．仔稚魚が複雑な食物網の中でどのような位置にいるか，それらは成長と共にどのように変化していくかを環境変化の動態の中で捉える上

で，なくてはならない手法と考えられるからである．

　この手法は，陸上生態系の複雑な関係を解きほぐすツールとしては，かなり以前より用いられ，わが国ではその導入に和田英太郎（現，海洋研究開発機構）が大きな貢献をした．水圏生物研究への導入では，Fry (1983) が C, N, S の安定同位体比を用いて魚類と甲殻類の回遊を推定した研究が優れた研究として評価できる．1990 年代の後半から今世紀にかけて安定同位体比の水圏生物研究への応用は著しく増加し，今では標準手法のひとつとして無くてはならないものとなっている（富永・高井編，2008）．例えば，Darnaude et al. (2004a, b) によれば，フランスローヌ川河口デルタ域において陸域起源物質（$\delta^{13}C$ の値が低い）が懸濁物質となって水深 30m 〜 50m 付近に最も高密度に堆積しており，それらは底生動物，特に多毛類の重要な餌資源となり，それをソール Solea solea（ササウシノシタ科）などの魚類が食べるという一連の食物連鎖の存在が確認されている．著者らはさらにこの事実をもとに陸域起源物質がこの海域のソールの漁獲量にも関係するとの研究を行っている．

　一方，この手法の仔稚魚研究への応用はどうであろうか．その先駆的な代表的研究としてテキサス大学海洋研究所近くの河口域へ着底するレッドドラムの着底日や着底サイズを炭素安定同位体比から詳しく調べた Herzka et al. (2000；2001；2002) の研究が注目される．彼らは，テキサス湾で生まれた仔魚が潮流に乗って狭い水路を通じ複雑な構造をした河口域に加入し適当な場所に条件が整えば着底するという過程を，主に炭素安定同位体比を用いて詳しく解析した．それは浮遊期は主にカイアシ類を摂餌しているが，着底に伴い食性が底生動物に変化するため炭素安定同位体比が有意に変化することを指標とした．フィールドサンプルの解析に先立ち飼育条件下であらかじめ炭素安定同位体比が餌を変えるとどのくらいの日数で変化するか（半減期）や変化の程度（濃縮率）を調べておき，フィールドサンプルで得られた値を補正し，着底日（図 9-3）や着底体長を推定した．

　この研究とほぼ同様の研究がわが国でも進められている．こちらは着底期

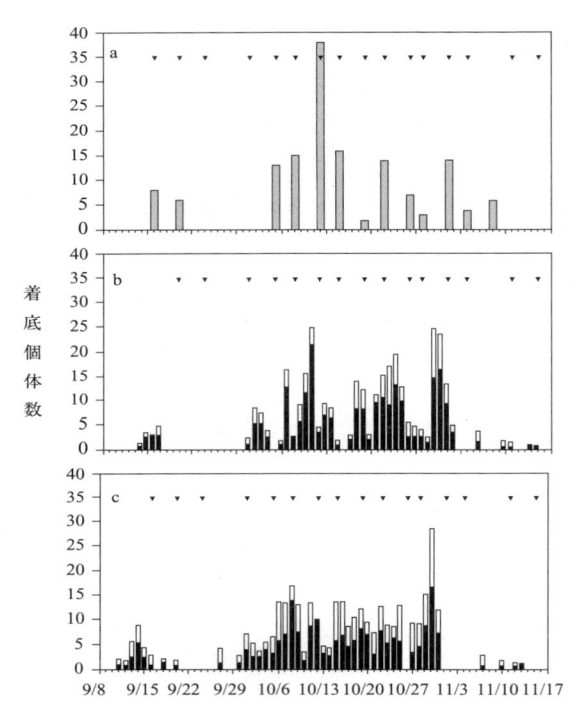

図9-3 安定同位体比によるレッドドラム仔稚魚の着底日の推定（Herzka et al., 2002）．a：体長組成から推定した着底個体　b：炭素安定同位体より推定した着底個体　c：窒素安定同位体より推定した着底個体．上部の▼は採集を行った日．

を過ぎたスズキ稚魚（当歳魚）の汽水域での回遊をその利用する餌生物の成長に伴う変化を炭素安定同位体比で調べ，これまでの耳石微量元素分析では明らかになっていなかった回遊経路の推定を行っている（Suzuki et al., 2005；2008; 鈴木・田中，2008）．また，このスズキ稚魚の回遊過程を調べていく中で初期の分布に深く関わる特殊な低塩分汽水性カイアシ類がデトリタス（懸濁有機物）を食物源にしている事実（Islam and Tanaka, 2006）が判明し，安定同位体比でその起源の推定が検討されている．

今後，沿岸海洋生態系の解明において，特に陸域起源物質の貢献を推定し，それらが仔稚魚の生存にどのように関わっているかに関する研究の展開が，大いに期待される．

第10章 変動する

　20世紀には，魚類初期生活史研究は，資源変動機構の解明という共通の目標に向かって歩んできたといえる．北米では，カリフォルニア産カタクチイワシ属，マイワシ，マアジ属の *Trachurus symmetricus*，スケトウダラ *Theragra chalcogramma*，メンハーデン *Brevoortia tyrannus*，ストライプドバス，ニシン，マダラ，カラフトシシャモ *Mallotus villosus* などを中心に，ヨーロッパでは，大西洋産マダラ属，大西洋産ニシン属，プレイス，ウシノシタ類などを中心に研究が進められてきた．

　一方，わが国では，マイワシ，カタクチイワシ，サバ類，マアジ，サンマ，ブリ，サワラ，スズキ，マグロ類，イカナゴ，ヒラメ，カレイ類，タラ類，タイ類など多くの魚種について，資源管理を目的に，その基礎となる成魚の生態や資源解析とともに，初期生活史の解明が行われてきた．これらの資源生態的研究とは別に，各地の水産実験施設や臨海研究施設では，多様な仔稚魚の地道な記載的研究も行われ，それらの成果は，1998年に沖山（編）により『日本産稚魚図鑑』として刊行されている．

　わが国における仔稚魚研究の大きな特徴の一つは，自然界でいろいろな手法で仔稚魚を採集し，季節的出現・分布・成長・移動・食性・成育場形成などの生態的情報を得るとともに，第3部でも述べる養殖漁業や栽培漁業のために開発された仔稚魚の種苗生産技術を応用して，飼育実験を通じて消化吸収・栄養・内分泌・浸透圧調節ならびにそれらに及ぼす水温や塩分などの物理化学的環境因子の影響をはじめ，多様な生理的研究が行われている点である．また，多くの多様な生活史の比較研究が可能なこともわが国の初期生活

史研究の大きな特徴の一つとなっている．

1 【初期減耗】と資源変動

　このタイトルは，魚類の初期生活史研究の主軸をなすものであり，また本書の全体を通しての基本命題でもある．海洋生物の資源変動機構については，全体像を概観した優れた本が出されている（渡邊編, 2005）．したがって，本節では，特徴的ないくつかの事例を紹介して，この課題の本質の一端に言及したい．

　Hjort (1914) の初期減耗仮説を一般化した一人は，イギリスの動物プランクトン研究者 Cushing (1975) である．彼が唱えたのが，餌生物となるカイアシ類の発生のピークと魚類の産卵期（仔魚の出現期）のピークがタイミング良く一致するか（マッチ）ずれるか（ミスマッチ）によって，仔魚の生き残りは大きく左右されという"Match-mismatch theory"である（図10-1）．この考えは，北海のようにかなり寒冷で春季にまず植物プランクトンのブルーミングが起こり，それに引き続いてカイアシ類の大発生が生じる海域において生まれた．ニシンやカレイ類などがこの大発生にうまく同調して産卵が生じた年には，仔魚の生き残り率が高まり，資源への加入量は増加し，卓越年級群を形成することになるとの考えである．

　この考えを具体的に実証した研究として，わが国では小路　淳らによる瀬戸内海におけるサワラ仔魚の生き残りに関する研究を挙げることができる．この研究では，瀬戸内海燧灘をフィールドに，サワラ仔魚の出現や分布を調べ，まず本種が摂餌開始期から魚食性であるという特異な生態的特徴を持つことを明らかにした（Shoji et al., 1997）．ついで，1995年から1999年までの5年間にわたり，サワラ仔魚の季節的出現動態とカタクチイワシを中心とする餌生物（仔魚）の季節的出現動態が調べられた．その結果この5年間で，2

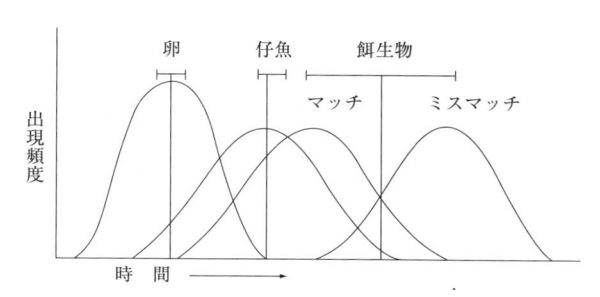

図 10-1　仔魚の生き残りに関するマッチ―ミスマッチ説の概念図（Cushing, 1975）.

年（1995年と1999年）は両者がよく一致した．一方，1996年，1997年および1998年には，餌生物の出現期がサワラ仔魚の出現期の前後どちらかにずれた．サワラ当歳魚の成長は速く，生き残った個体は1年後には体長60cm前後になり"サゴシ"として漁獲される．燧灘の南西部にある河原津漁業協同組合に水揚げされたサゴシの量を毎日調べた結果，1995年級と1999年級は他の年より有意に水揚げ量が多い（図10-2）ことが判明した．仔魚期の餌生物と資源への加入量が見事にマッチした年（1995年，1999年）とミスマッチした年（1996年，1997年，1998年）が生じたことになる（Shoji and Tanaka, 2006a）.

このマッチ―ミスマッチは，仔魚の出現期と捕食者の出現期との間にも見られる．この場合には，ミスマッチした年や地域での生き残りが良く，資源への加入量は増えることになる．この例については，第3節で詳しく述べる．このマッチ―ミスマッチ説の提案とほぼ同時期の1970年代に，カリフォルニア海域で，Hjortの仮説を実証した研究が行われた．それが"Stable Ocean Theory"と呼ばれる初期減耗説である．

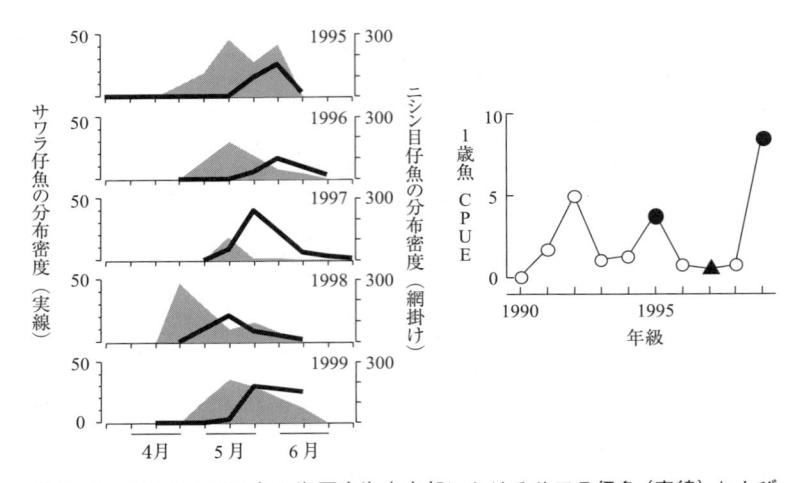

図 10-2　1995-1999 年の瀬戸内海中央部におけるサワラ仔魚（実線）および主要餌料生物（ニシン目仔魚：網掛け）の分布密度の季節変動（左図）．サワラ仔魚は翌年に 1 歳魚（サゴシ）に成長して同海域で漁獲される．ニシン目仔魚の分布密度が高くサワラ仔魚の出現ピークと季節的によく一致した 1995 および 1999 年級群では 1 歳魚としての CPUE（単位努力当たり漁獲尾数：尾 / 隻 / 日）が高かったのに対し（右図の黒丸），サワラ仔魚が高密度分布したもののニシン目仔魚の出現ピーク時期と季節的に不一致となった 1997 年級群の 1 歳魚 CPUE は低かった（右図の黒三角）（Shoji and Tanaka, 2005a, b）．

2　Stable Ocean 説

　カリフォルニア海域では，1950 年代より漁業者が漁獲収入の一部を拠出し，それをもとにイワシ類の資源変動に関する調査（CaLCOFI 計画）が長期にわたり行われてきた．この計画の中心魚種の一つがカリフォルニア産カタクチイワシ属であり，本種は，釣りの生き餌として漁業者にとっては重要な存在であった．毎年広域的な定点における卵仔魚調査が行われ，その分布域や出現期の概要が押さえられた．成長段階ごとに採集漁具を工夫し，卵から

成魚（最長7歳）までの平均的な現存量が把握され，第1章の図1-15に示したような生残曲線が描かれた（Smith, 1981）．生後50日で体長35mmの稚魚に成長するころには，産み出された卵数の1000分の1程度に個体数が減少していることが分かる．これは何年にもわたる平均的な値であり，年によっては，ここまででも生き残りが1桁増えたり，逆に減ったりすると，資源は最大100倍のスケールで変動することになる．魚類の初期減耗が資源への加入に深く関わるという考えである．その後1年を経過して成魚になるまでには，個体数はさらに10分の1前後に減少し，むしろこの間の生き残り率が，資源への加入量を決めるうえでより重要との考えもある．

　この計画の中核を務めたのがLaskerであり，同僚のHunterと共同でカタクチイワシの初期減耗機構の解明に取り組んだ．この解明に効果を発揮したのは，本種の成魚を大きな円形水槽に収容し，餌・水温・光周期などの環境条件を整え，水槽内で自然産卵させたことである．孵化した仔魚を用いて初期餌料生物を探索すると，本種の摂餌開始期の餌としてはカイアシ類の幼生は大き過ぎることを見いだすとともに，それまで誰も予想していなかった植物プランクトンの渦鞭毛藻類の一種 *Gymnodinium splendens* を摂餌することが明らかにされた．この結果は，海で採集した摂餌開始直後の仔魚についても検証された．ちなみに，この *Gymnodinium* 属は赤潮プランクトンを多く含み，当時，日本の赤潮研究者にも注目されたが，日本産のカタクチイワシその他の魚種が摂餌している事実は見いだせなかった．

　多くの植物プランクトンが，昼間にはある水深帯に高密度に集中分布し，クロロフィル極大層を形成することが知られている．本種も，海況条件が静穏なときには水深15m前後に集中分布することが明らかにされている（図10-3）．この図が，実はStable Ocean説を生み出す直接のきっかけになったものである．4月8日には水深15m前後にクロロフィル極大層（*G. splendens* による極大層であることが確認されている）が形成されていたが，9日には強風が吹き荒れ，上層部の海水は激しく上下に攪拌され，その後11日に観測し

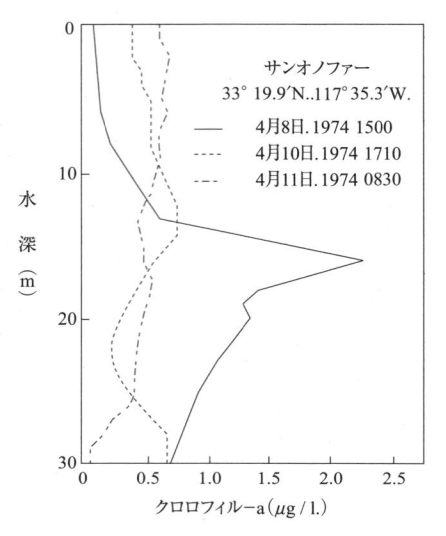

図10-3 カリフォルニア沿岸域におけるクロロフィル-a極大層と嵐による消滅．4月9日に強風が吹き荒れ上層は攪拌され，極大層は10，11日に消滅している（Lasker, 1975）．

たときには極大層は消失し，クロロフィルは海面から水深30m付近まで低い値で分散していた．静穏時のクロロフィル極大層は，摂餌開始直後のカタクチイワシ仔魚にとっては，好適な摂餌環境を提供することになり，通常摂餌開始期（卵黄吸収期）に生じる飢餓による死亡が大幅に軽減されることになる．一方，嵐の後の4月11日のような条件下では，餌の高密度集中分布は見られず（Lasker, 1975），仔魚の摂餌成功率は著しく低下すると考えられる．

その後，さらにクロロフィル極大層の形成に影響を与える海洋構造や気象条件に検討が加えられた結果，この海域では，通常陸岸沿いに南下する北西の風が卓越し，その結果エクマン輸送が発達して沖合に向かう表層流が生じる．この表層の流れが発達すると，それを補償するために海底から大陸斜面沿いに湧昇流が生じる．通常，湧昇流は底層に蓄積された栄養塩類を有光層にもたらし，基礎生産を促進するのであるが，ここでは，クロロフィル極大

層の形成を妨げ，摂餌開始期のカタクチイワシの生き残りにとっては不適な条件を生み出すことになる．以上のような一連の研究から，Laskerは Stable Ocean 説を唱えることになった．

海洋環境が平穏な年には，初期の餌となる *Gymnodinium* は集中分布するため，初期摂餌の成功確率は高くなるものの，その後の主要な餌となるカイアシ類幼生は湧昇流が発達する環境下で多くなるのではないかと考えられる．この矛盾はどのように説明されるのであろうか．その後，Lasker が所属していた NOAA（米国海洋大気局）南西水産研究所が中心となって，SARP（Sardine Anchovy Recruitment Project）と呼ばれる国際プロジェクトが展開され，各国から研究者が集まり，同じ手法で各国沿岸に生息するイワシ類の資源変動と初期減耗の関係の解明が企画された．このプロジェクトの展開を通じてこの説のいっそうの展開が期待されたが，不幸にも Lasker は間もなく病気で亡くなり，その答えはでないままである．わが国沿岸に生息するカタクチイワシやマイワシについては，この説で初期減耗と資源変動の関係を説明することはできない．それぞれの海域の環境特性やそこに生息する種によってこの課題は多様であり，すべてを一括して説明すること自体無理なことと考えられる．そのことを考慮しても，筆者には Stable Ocean 説は魚類初期生活史研究史上，画期的な成果の一つと思われる．

3 被食による【初期減耗】

魚類の初期減耗の主要因は生まれたときの周辺の摂餌環境に有るとの考えに基づく研究が 1970 年代まで主流を占めた．1980 年代に入ると，仔稚魚の栄養状態の評価手法の開発や耳石日周輪による成長軌跡の解析その他の手法の導入により，天然仔稚魚では，かれらがある程度成長した後は，飢餓は直接の減耗要因ではなさそうだとする知見が増えてきた．一方，被食の証拠を

把握する点でも，免疫学的手法の導入が試みられたり，潜在的捕食者の消化管内容物の解析が進み，飢餓よりも被食による減耗が，仔魚期と稚魚期の初期を通じて全体的にはより主要な減耗要因であるとの認識が一般的となった．

これらの初期減耗過程の主要因を Bailey and Houde (1989) はすでに紹介した図 6-1 のようにまとめている．1990 年代に入ると，被食主因説に基づく研究結果が，相次いでいろいろな魚種で報告されるようになった．近年では，第 8 章で紹介されているように被食者の DNA を用いて多様な潜在的捕食者の消化管から検出する手法も導入され (Asahida et al. 1997；渡邊，2004 ほか)，予想外の生物が仔稚魚の捕食者であることも知られている．しかし，DNA 手法に代表されるように，また無脊椎動物の捕食の場合には咀嚼摂餌のために，被食量の定量化は困難な場合が多い．

被食減耗についても，マッチ―ミスマッチ説が当てはまる．Bailey and Houde (1989) はアラスカ海域において，タラ目のシロガネダラ（ヘイク）*Merluccius productus* の産卵から稚魚初期まで，出現の動態を連続的に追跡するとともに，潜在的捕食者と推定される肉食性カイアシ類 *Euchaeta elongata*，毛顎類，クラゲ類など 10 種以上の無脊椎動物の出現動態を連続的に採集した（図 10-4）．このような調査を通じて，初期には *Euchaeta* との出現が合うと，後期にはクラゲ類との出現のタイミングが合うと，シロガネダラ仔稚魚の生き残りは低下することが明らかになった．魚類の多くは，産卵期や産卵場所に関しては，仔魚の初期の生き残りにとって都合の良い場所を選択していると推定されるが，被食に対するリスクの軽減化についてはどのように対処しているのであろうか．興味深い課題ではあるが，現時点ではこのことに詳しく言及した研究はなされていないと思われる．

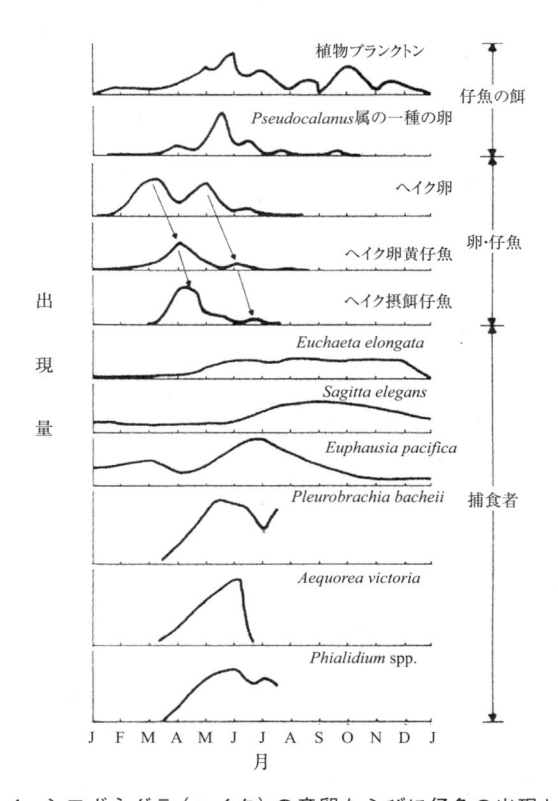

図 10-4 シロガネダラ(ヘイク)の産卵ならびに仔魚の出現と餌生物ならびに潜在的捕食者との出現の季節的変化(Bailey and Houde,1989). *Pseudocalanus*：餌となるカイアシ類, *Euchaeta elongata*：肉食性カイアシ類, *Sagitta elegans*：毛顎類, *Euphausia pacifica*：オキアミ類, *Pleurobrachia bacheli*：テマリクラゲ類, *Aequrea victoria*：オワンクラゲ類, *Phialidium* spp.：コザラクラゲ類.

4 マイワシに見る資源大変動

　魚類，特に浮性卵を産む海産魚類は，初期生活史段階の生き残りが，そのとき，その場所の環境条件に大きく左右されるため，資源への加入に大きな変動が生じると考えられてきた．海産魚類のなかで，極めて大規模で長い周期での資源変動を示すマイワシ類でも，初期減耗が資源の動向に深く関わっているのであろうか．太平洋西部海域に分布するマイワシは1970年代から1980年代にかけて大きな資源増大を示した．すなわち，1960年代までは1万t前後であった漁獲量は，1970年代に入ると急上昇し，1988年には450万tと最大値を示した後，1990年代には漁獲量は急速に減少した．このような資源の急激な増加と急激な減少は，漁業資源の変動機構を解明する格好のモデルとして，また，生物学的にも極めて興味深い課題として，水産庁が中核となった大規模な組織的研究が実施された（略称バイオコスモス計画）．

　この研究計画は，資源の回復した1980年代前半から始められたため，資源低迷期からどのような機構で資源が回復したかについては今後の課題として残されたが，資源の最盛期から減少への転化については多くの知見が得られている．資源の増大とともに多くの生態的変化が生じた．まず，産卵場が局所的な限られた場所から，黒潮流域に至る薩南海域全体に広がり（図10-5：銭谷，1998），仔稚魚は成長しながら黒潮に輸送されて北上し（Watanabe et al., 1998），黒潮続流域から道東海域に至り，豊富に存在するカイアシ類を摂餌して1歳魚となり，資源に加入する．ここで成長し成魚となると，今度は南下回遊を行い薩南海域に戻り産卵をするという大回遊を展開することになる．

　このような資源の大増大とともに，成長は次第に遅くなり，資源低水準期には1年で全長20cmを超えるまでに成長していたのが，そこまで成長するのに3年以上を要するようになり，初回産卵年齢も1〜2歳から3〜4歳へ

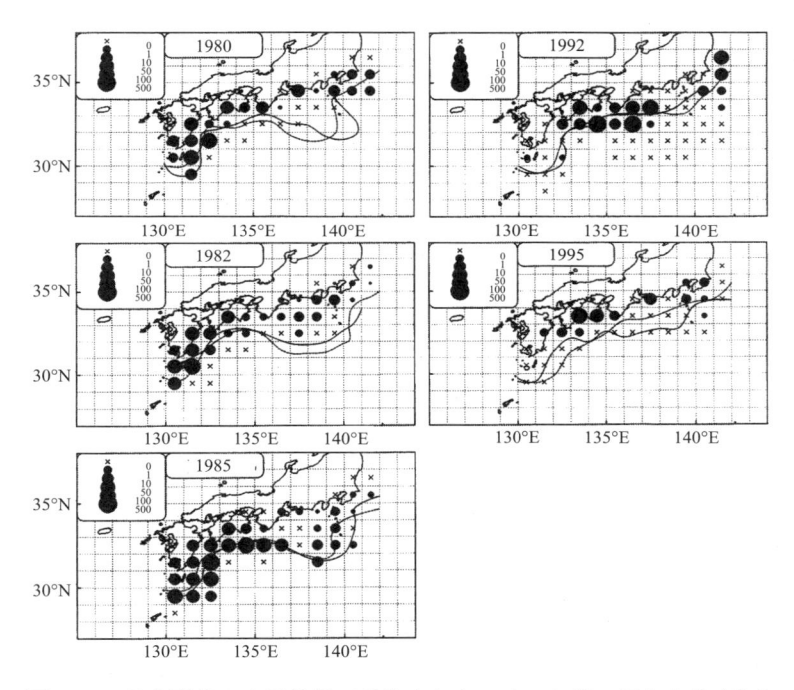

図10-5 日本列島の太平洋岸で採集されたマイワシ卵の経年変化（銭谷, 1998）.

と高齢化が進行した．分布状態もそれまでの黒潮内側域に限定されていたのが，黒潮流域からその外側の海域まで広がる（Watanabe et al., 1996）．このような著しい生態的変化を遂げながら，マイワシ資源は1988年をピークに急速な減少に転じる．1989年から1992年の4年間の産卵量は，それ以前に匹敵するレベルにあったが，それに見合う資源への加入が見られず（図10-6），年齢構成の著しい高齢化が進み，資源は急速に低下へと転じた．

このように，産卵量が多いにもかかわらず，資源への加入量が低くなるのはなぜであろうか．Watanabe et al.（1995）は，採集されたマイワシの卵と卵黄仔魚ならびに卵黄仔魚と摂餌開始期の仔魚との間には高い量的な相関関係

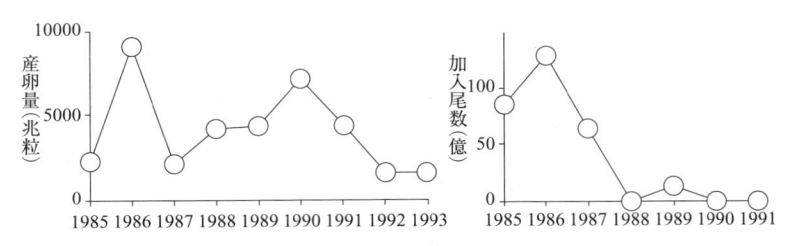

図 10-6　1985～1993 年のマイワシ太平洋系群産卵量（左）と資源への加入量（右）の変化（渡邉，1998）．1988 年から 1991 年の産卵量は高い水準にあるにもかかわらず，加入量は著しく低いレベルにある．

を認めたが，摂餌開始期の仔魚量と資源への加入量（1歳魚）との間には相関は見られず（図10-7），摂餌開始から1歳魚までの累積的減耗が資源量に反映されることを明らかにした．つまり，マイワシの加入量変動には，特定の"Critical period"は存在しないことを見いだした．資源拡大期のマイワシの産卵場は著しく拡大し，卵，卵黄仔魚，摂餌開始期の仔魚などは極めて広域的に長期にわたって出現する．この間の現存量を把握できたのは，多くの国立ならびに都道府県立の試験研究機関がそれぞれの受け持ち海域を分担し，頻度の高い広域的な採集調査が行われた結果といえる．その意味でもこの成果は，画期的なものである．

　マイワシ類は世界中の主要海域に生息している．たとえば，太平洋だけでも北部の東西に分かれて，南部においては南米大陸東部沿岸から沖合域に生息している．それらの資源変動の動向を比較してみると，ほぼ同調していることが明らかにされている．このことから，地域的な環境変化やそれぞれの種の特性によってこれらの変動が生じているというよりは，地球的規模で生じる環境変動，それらに基づく気候変動に深く関わる可能性が高いことが推定される．詳しくは後述するが，川崎　健によって1978年にレジーム・シフトという概念が提唱されたが，その後多くの海洋学者や気象学者の研究により，数十年規模で生じる地球的な海洋生態系の大きな変化がマイワシ類の資源大変動の基本的な背景であることが明らかにされている（川崎ほか編,

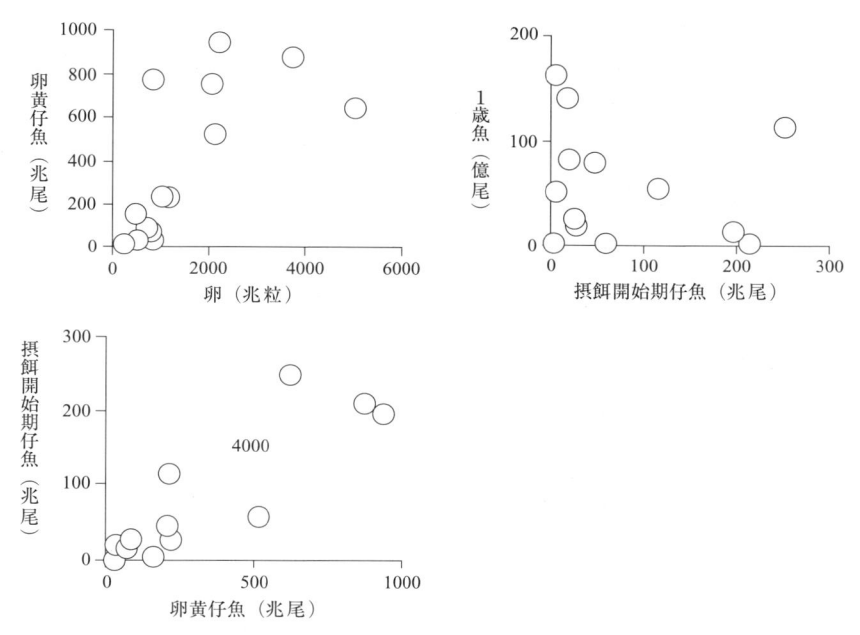

図10-7 マイワシの発育段階間にみられる量的関係（渡邊，1998）．摂餌開始期仔魚量と1歳への加入量との間に相関がみられないことを示す．

2007)．

　これまでの研究で，マイワシ資源の増大期は相対的に低水温期に当たることが知られている（渡邊・和田編，1998）．今，地球的規模で生じている環境問題のなかで温暖化が最も深刻な問題とされ，解決の道が多面的に模索されている．過去の数十年間にすでに多くの海域で0.5～1℃程度の水温の上昇が起きている．現状のままで進めば，2030年前後にくると予想される次のマイワシ資源増大期にどのような影響を及ぼすのであろうか．マイワシは，これまで長い歴史のなかで何回となく訪れた地球の温暖期を生き抜いてきた．温暖期と寒冷期（氷期）の温度差は5～6℃以上にも及ぶ．しかし，今，進行している事態は，過去の自然な地史的時間での水温変化とは異なり，彼

らの長い歴史からするとほんの一瞬の時間に生じる変化である．今後も予想される地球の人口増加を考えると，マイワシ資源の回復は極めて重要な食料資源や飼料資源を提供することが期待される．私たちは手をこまぬいて待っているだけでよいのであろうか．

5　魚種交替と【初期減耗】

　前節のマイワシのように，わが国だけの漁獲量レベルでも1万tから450万tまで大変動する魚種がいるということは，その資源縮小期にはその生態的ニッチを利用して他の浮魚類が増えることが考えられる．これは，魚種交替現象と言われ，イワシ類の間では，マイワシとカタクチイワシの間にそのような関係が顕著に見られる（Chavez et al., 2003；Takasuka et al., 2007）．また沖合域では，マイワシとマサバやマアジとの交替が生じる．この魚種交替現象も，初期生活史の動態と関連があるのであろうか．

　わが国の森林域では様々な問題が生じているが，その内のひとつが，シカ類の著しい増加現象である．それにはいろいろな原因，例えば，シカ類を食べる捕食者としてのニホンオオカミが絶滅してしまったこと，シカ類を狩る狩人が減少してしまったこと，さらには近年の地球温暖化とも関連して冬季の積雪量が減少し生き残る子鹿の量が増加したことなどが挙げられている．

　一方，海の中でもこのような特定の生き物が著しく増加する現象があることは，前節で述べたように，マイワシが50〜60年前後に及ぶ長い周期で著しく個体数を増減させることにその典型例を見ることができる．その原因は，陸上のシカのようにそれを餌にする捕食者や人間の捕食（漁獲）によるいわば"トップダウン"コントロールの結果なのであろうか．このようなマイワシの増減は北西太平洋と南東太平洋で同期的に生じていることなどより，近年では川崎が提唱したレジーム・シフト，すなわち大気-海洋-海洋生態系

から構成される地球システムの基本構造（regime）の転換（shift）によるとの考えが通説となっている（川崎ほか編，2007）．

　当然レジーム・シフトはマイワシが餌とする動植物プランクトンの量にも変動を及ぼす．わが国周辺で生じた1990年代初めからのマイワシ漁獲量の急激な減少には，まず餌となる動植物プランクトンが減少し，その結果それに依存するマイワシが減少するというボトムアップ的プロセスであったのであろうか．実際にマイワシの索餌場になっている黒潮続流域の動物プランクトンの増減は，マイワシの増減より数年遅れて生じ，さらにその増減幅もマイワシの100倍を超えるスケールに比べて極めて小さく，数倍程度とされている（杉崎，2007；斉藤，2007）．このギャップについてはよく判っていないが，動植物プランクトンの世代は短いので，そこに生息している現存量（増殖する量と被食や死亡する量との差）ではなく，実際に生産されている量を測定しないと答えは出てこないと考えられている（谷口，2007）．

　渡邊（1998）によると，マイワシが減り始めた1990年から1993年の間の産卵量はそれまでと変わらないレベルにあったが，加入量が連続して著しく低いレベルで推移したことがその後の著しい資源の減少につながったことが明らかにされている．一体この加入の失敗は何に原因したのであろうか．レジーム・シフトの低次生産への影響が生じていたのであろうか．そして，それは初期生活期の生残に影響していたのであろうか．マクロスケールでマイワシの増減は説明できても，まだその増加期や減少期の生物学的なメカニズムには未解明の点が残されているように思われる．

　ここで問題となるのは膨大な生物量を誇ったマイワシ資源が消滅すれば，当然その空白となったニッチを利用する魚類が台頭してくることになる．直接的には食性が似通ったカタクチイワシが増えることが認められている．このような魚種交替は北西太平洋ばかりでなく，南東大西洋においても同様に認められている．さらに，カタクチイワシだけがそのニッチを占有することはなく，サンマ，マアジ，マサバと続く魚種の台頭が見られる．このよ

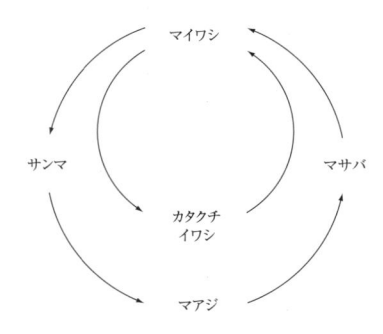

図 10-8 マイワシを鍵種とする浮魚類に見られる魚種交替の二重サイクル（川崎, 2007）.

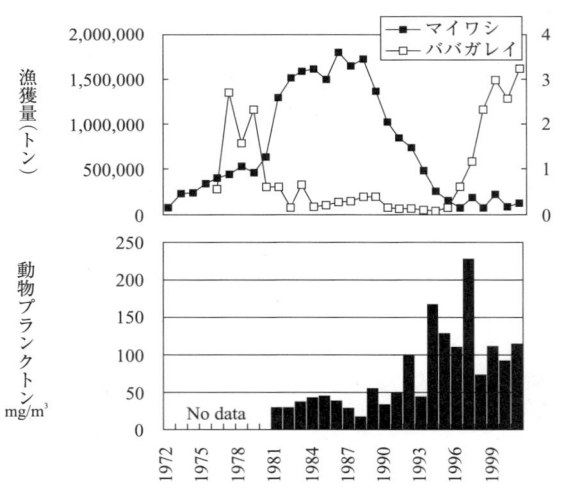

図 10-9 常磐沖海域におけるマイワシの資源変動と動物プランクトン量およびババガレイ資源変動との関係（仁平, 2007）.

うな浮魚類に見られる"魚種交替"を川崎は二重サイクルと名付け, 図10-8に示すような二つのサイクルが同時に動いていると説明している（川崎, 2007）.

これらの現象は本書で主に取り扱っている沿岸性魚類とは異なる沖合での現象であるが，筆者にはこのような現象にも【初期減耗】が深く関わる可能性があり，海洋生物学的に極めて興味深い現象と考えられる．沿岸域と沖合域とは連続的である．例えばカタクチイワシは瀬戸内海のような内海においても極めて重要な漁業資源であるととともに，サワラに代表される高位の捕食者にはなくてはならない餌生物である（Shoji et al., 1997）．実際に常磐沖ではマイワシの漁獲量の減少と逆に底魚のババガレイの漁獲量が顕著に伸びていることが明らかにされている（図10-9：仁平，2007）．全地球的なレベルで生じている現象が，沿岸生態系にどのような影響を及ぼしているか，そしてそこには沿岸性魚類の初期生活期の生き残り戦略がどのように関わっているかを調べることも，今後の重要な研究課題と位置づけられる．

第11章 限りがある：環境収容力

　海洋は，湖や川のように空間的に限りがあるわけではなく，沿岸は沖合に，沖合は外洋にと連続している．したがって，限られたスペースにどれだけの数の魚類を養えるか，すなわち環境収容力を推定するのは容易なことではない．もちろん，空間的には広大な広がりを持つとはいえ，たとえば底生魚類の場合には，底質・水深・餌生物の分布などの要素により，自ずとその生息環境は限定されるのも事実である．ここでは，沿岸性魚類の成育場における環境収容力を中心にいくつかの例を見てみよう．

1 志々伎湾におけるマダイ稚魚の例

　すでに述べたように，志々伎湾は，湾口部の水深がおよそ35m，湾口から湾奥まで約5km，湾の幅約2kmの内湾である．マダイ稚魚は初期には水深10m前後の湾奥部砂底域に生息し，この湾ではその成育場の面積は限られている．この湾でのマダイ稚魚の生態に関する調査は，1975年から1980年代後半まで，10数年にわたり続けられた．マダイは1mm足らずの浮性卵を大量に産む．北島（1978）によると，体重1kgのマダイは約200万粒の卵を，体重2kgでは1000万粒の卵を産むという．志々伎湾の湾外には多くのマダイ産卵場があり，毎年4月を中心に産卵が行われるが，仔魚の発生量は年によって著しく変化する．産卵量そのものの変動か産卵後の初期減耗の結果かは不明であるが，志々伎湾に加入する稚魚の量にも大きな変動が見られ

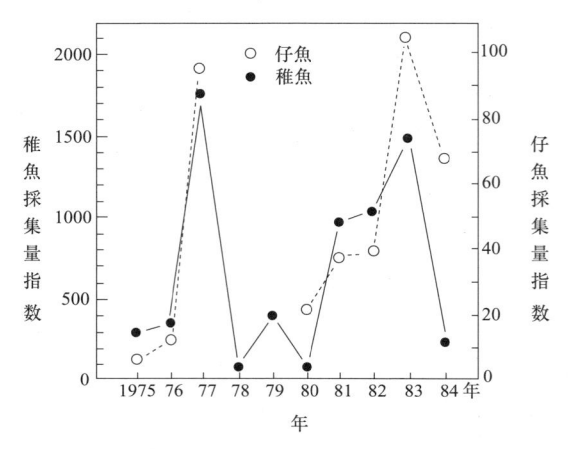

図 11-1 平戸島志々伎湾におけるマダイ仔魚および底生稚魚の出現に見られる年変動（田中，1986）．1977 年及び 1983 年が卓越して多い．

た（図 11-1）．

　1975 年から 1983 年の間では，1977 と 1983 年に特にマダイ稚魚の大量加入が見られた．これらの年には，マダイ稚魚の生態に，通常の発生量の年とは異なる多くの変化が認められた．その第一は，成長の著しい停滞である（図 11-2）．この当歳魚時の成長の停滞は，1 歳魚段階になっても引き続き認められた．成長の停滞は，成育場が過密状態になった結果，それぞれの個体への餌の配分が少なくなったことによると推定された．その証拠に，1977 年のマダイ稚魚の胃内容物は，生息密度が 10 分の 1 程度であった 1975 年と比べ，著しい違いが見られる（図 11-3）．通常の年には，体長 3cm 前後になるとマダイ稚魚の主要な餌生物は浮遊性カイアシ類から底生のヨコエビ類へと変化するが，1977 年では体長 5cm ぐらいまでカイアシ類に依存し続けた．このような過密による同一発生群の個体間の競合は分布範囲の著しい拡大としても現れ，1977 年には通常の年には利用されていなかったアマモ場やガラモ場，さらには水深 20m 前後の湾中央部の岩礁域にまで稚魚の分布が認

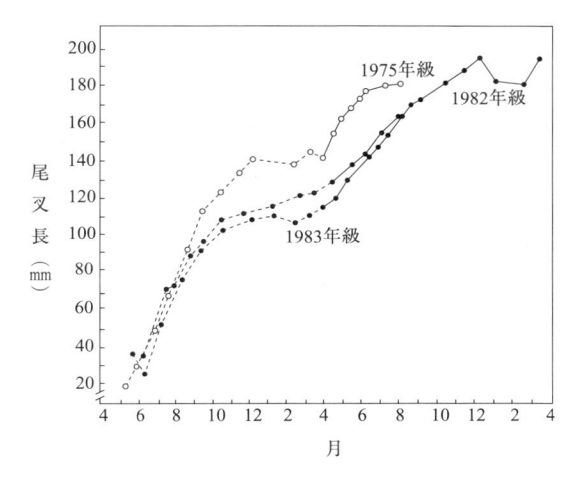

図11-2 平戸島志々伎湾におけるマダイの成長に関する年級間比較（田中，1986）．1982年級および1983年級は発生量大，1975年級は発生量少．

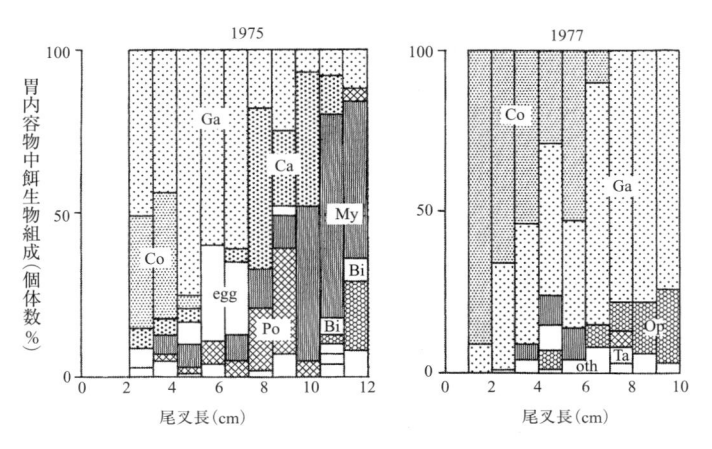

図11-3 平戸島志々伎湾におけるマダイ底生稚魚の食性の大量発生年（1977年）と少量発生年（1975年）の比較（木曽，1980を改変）．Co：カイアシ類　Ga：ヨコエビ類．

められた．

　Sudo and Azeta (1996) は，志々伎湾奥部のマダイの中心的な成育場において，マダイ稚魚に摂食されているヨコエビ類の種レベルでの分類，それらの環境中での分布，季節的出現動態，マイクロハビタットなどを詳しく調べた．その結果，マダイ稚魚は多くのヨコエビ類が棲息しているなかで，大型で埋在性のニッポンスガメを主食にしていることが明らかになった．本来水中から海底上の餌をつついて捕食するタイプのマダイ稚魚にとって，海底の中に棲管を作って入っているニッポンスガメは決して食べやすい餌ではないはずである．それにもかかわらず主食にしているのはどうしてであろうか．先に紹介したように，それは本種の日周活動に関係していたのである．本種は日没前後には繁殖活動のため，棲管を抜け出して海底直上に現れ，そのときにマダイ稚魚は本種を集中的に捕食することが分かった．

　マダイ稚魚成育場には，その他にサビハゼ *Sagamia geneionema* やヒメジ *Upeneus japonicus* などが共存しているが，体重ベースでは圧倒的にマダイの現存量が大きいことが明らかにされている．そこで，マダイ稚魚の摂食量とニッポンスガメの世代更新を解析して算出した生産量の関係を調べてみると，後者は全期間を通じて前者の 1.3 倍から 200 倍ほど多く存在することが明らかにされた (首藤，1998)．このことは全体としては，通常の年にはニッポンスガメのみでマダイ稚魚の生産を支えることができると判断されるが，当然マダイ稚魚の現存量も，ニッポンスガメの生産量も年により変動するので，マダイ稚魚を養いうる環境収容力は，厳密にはそれぞれの年ごとに求める必要があることを意味する．しかし，ニッポンスガメの生産量を精密に推定すること自体大変な労力を必要とする作業であり，現実的には簡単なことではない．

　先に，マダイ稚魚発生量は年によって大きく異なり，大発生年には成長の停滞や生息場所の拡大が生じることが確認されていると述べた．このような当歳魚期の成長の停滞は，生残には関係しないのであろうか．そこで，底曳

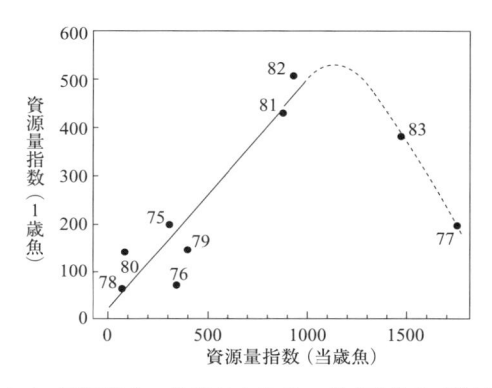

図11-4 平戸島志々伎湾におけるマダイ当歳魚(横軸)とその年級の1歳魚(縦軸)との量的関係(田中,1986).

き網で湾奥部の成育場で採捕されるマダイ稚魚の量を指数化するとともに,その年級が1年後に湾内で1歳魚として吾智網で採捕される量を指数化して,両者の関係を調べて図11-4に示した.もし,1977年や1983年のように大発生年が無ければ,両者の間には高い相関関係が存在することが結論になりかねない.しかし,両年が加わると様相は一変する.すなわち,マダイ稚魚(当歳魚)量があるレベルを超えると,成長の停滞をきたし冬季を越えることができずに,1歳魚まで生き延びられる個体数は著しく減少する可能性が高いことを示唆している.もちろん,志々伎湾は開放系であるので,湾外に移出した可能性も残されているが,湾外は潮流が速いうえ,水深が深いため1歳魚の生息環境としては適当でないと考えられる.また,ヒラメなどでは,当歳魚期に十分に成長できなかった小型個体はそのまま成育場にとどまって越冬する傾向が見られるので,マダイの場合にも同様のことがいえる可能性もある.仮に湾外に移出していたとしても,それはその年の志々伎湾の収容力を超えた結果と見なすことができる.

以上のように,毎年同じ方法で採集を積み重ねていくと,対象種の個体数

の変動や餌生物の生産量の変動との組み合わせで，当歳魚と1歳魚の間にはいろいろな関係が現れ，平均像ではあるが，その場所の環境収容力の程度が推定できるものと考えられる．志々伎湾のマダイの事例は，長期的にデータを積み重ねていくことの重要性を教えてくれている．

2 放流による環境収容力推定の試み

　マダイ稚魚よりさらに浅海の渚域を成育場とするヒラメの場合には，新潟県水産海洋研究所が1980年代の初めより稚魚発生量のモニタリング調査を継続し，それらの当歳魚が1年後に1歳魚となって板引き網漁で漁獲される量との関係が調べられている（Kato, 1997）．それによると，当歳魚の量があるレベルまでは両者間には右肩上がりの高い相関がみられるが，あるレベルを超えると当歳魚が増加しても1歳魚量には大きな変化が見られず，漸増傾向で推移する（図11-5）．したがって，この海域では，両者間の変曲点近くがヒラメ当歳魚の環境収容力の限界ではないかと推定される．しかし，このような関係は，鳥取県など西日本海域では認められず，海域の環境条件によって環境収容力の現れ方あるいは資源への加入機構が異なるのではないかと推定される．

　志々伎湾のマダイや新潟県のヒラメのように，当歳魚があるレベルに達すると翌年の加入量に変化が生じるとすれば，あるモデルフィールドで人為的に稚魚密度を制御できれば，経年的な長期の連続調査を続けなくても，その年のその場所の環境収容力を推定できる可能性がある．ヒラメは，海産魚ではマダイに次ぐ栽培漁業の対象種として，1980年代より健苗育成の試みが積み重ねられ，1990年代半ばにはマダイを凌ぐ数の種苗が全国各地で放流されるようになった．このような，外観的には天然魚と遜色のない稚魚をある特定の海域に大量に放流し，人為的に過密状態を作り，放流魚や天然魚の

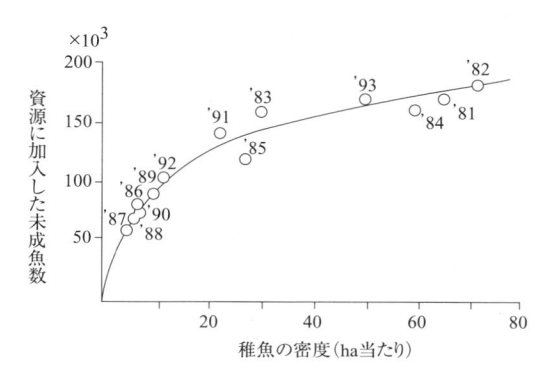

図 11-5 新潟県下における試験操業によるヒラメ稚魚発生量とその年級が資源へ加入して板引網漁で漁獲される量との関係 (Kato, 1997).

成長や摂食状態を調べることにより，およその環境収容力を推定できるのではないかと考えられた．

そこで，1998 年から 5 年間にわたり，京都大学，福井県立大学，日本栽培漁業協会 (現水産総合研究センター栽培漁業センター) 宮津事業場ならびに小浜事業場の共同実験として，若狭湾西部海域和田浜ならびに由良浜をモデルフィールドに，大規模な放流実験が実施された．まず，最初の年には，稚魚放流の時期が生残や成長に及ぼす可能性を解明する実験が行われ，餌となるアミ類が多い早期放流が良い結果をもたらすことが明らかにされた (Tanaka et al., 2006a). 次の放流サイズの影響を調べる実験では，当然のことながら当初は大型群の生残が優れると予想されたが，和田浜では，多くの種類のアミ類が棲息するものの他のヒラメ成育場で見られるような圧倒的に優占した種は存在せず，全体としてのアミ類の現存量も相対的に少なく，大型魚は放流域から速やかに沖合に移出する傾向が顕在化し，放流サイズと成長や生残との関係の解析に耐えるデータは得られなかった．

放流後の生残や成長は，放流場所の環境特性，とりわけ主要な餌となるア

ミ類の種構成や現存量に大きく影響される可能性が推定された.そこで,和田浜と,そこから西方約30kmの距離に位置する由良浜においてほぼ同時期に同サイズのヒラメ稚魚を放流して,その後の摂食状態,成長,生残などが調べられた.和田浜と由良浜の環境上の最も大きな違いは,前者には大きな川の流入は見られないのに対し,後者には一級河川の由良川が流入している点である.両者間での再捕魚に見られた最も顕著な違いは胃内容物に現れた.和田浜で再捕された稚魚の胃内容物は数種のアミ類と稚魚で占められたのに対し,由良浜で再捕された稚魚の胃内容物はほとんど単独のアミ類ナカザトハマアミ *Acanthomysis nakazatoi*（現在では *Orientomysis nakazatoi* とされている; Fukuoka and Murano, 2005）で占められた.日成長も和田浜のヒラメが0.6mm前後であったのに対し,由良浜のヒラメでは1.0mm前後と顕著な差が見られた.日本海沿岸のいろいろな地域で調べられたヒラメ稚魚の成長と胃内容物組成の間には,多種類のアミ類を摂餌している地域よりも単一のアミ類を専食している地域の方が,成長が良いという傾向と一致した.

　さらに,放流ヒラメ人工種苗が天然ヒラメ稚魚の生態に及ぼす影響が和田浜で調べられた.和田浜は幅1.5kmほどの半閉鎖的な湾であり,大きな川の流入は無い.人工種苗の放流点は,浜の一番東の海域で行われ,その後の放流ヒラメの広がりを調べた結果,西端の海域には広がらないことが確認された.そこで,放流海域（人工ヒラメの影響を受ける海域）と対照海域（人工ヒラメの影響を受けない海域）の天然ヒラメ稚魚の胃内容物の比較が行われたところ,前者では放流直後には空胃個体が高い値で出現したが,数日後にはその値は0%近くに回復した（図11-6）.また,両海域で耳石日周輪を用いて,放流前の5日間の平均日成長率と放流後の5日間の日成長率の比較が行われたが,両海域間で有意な差は認められなかった（図11-7；Tanaka et al., 2005）.

　以上の実験結果は,放流魚は放流点近くでは天然魚に一時的な影響を与えるものの,それらは成長や生残を左右するほどのものでないことを示してい

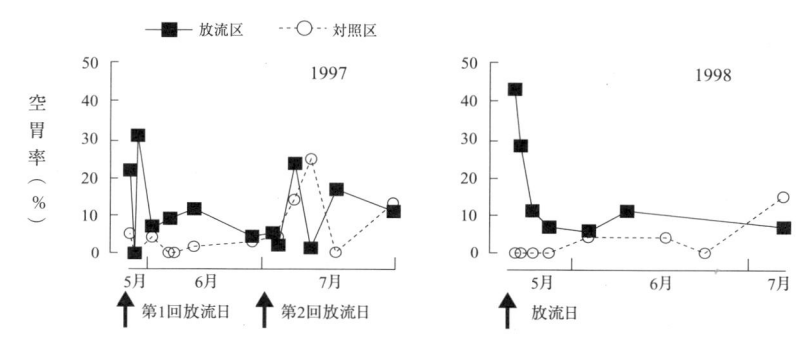

図11-6 若狭湾西部海域和田浜におけるヒラメ稚魚放流が天然ヒラメ稚魚の摂食に及ぼす影響（Tanaka et al., 2005）．放流直後に一時的に空胃率が上昇するが，短期間に回復する．

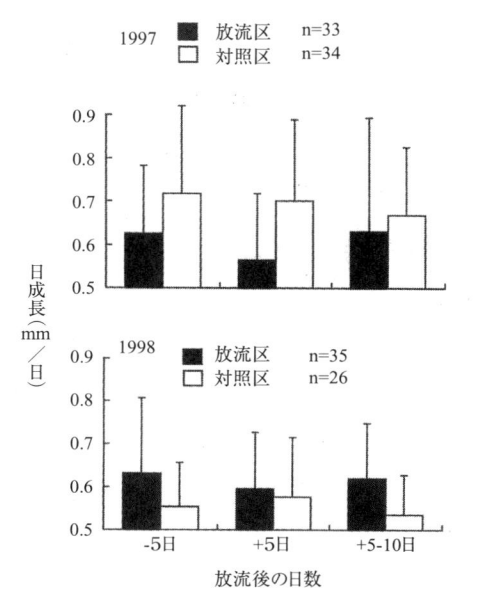

図11-7 若狭湾西部海域和田浜におけるヒラメ稚魚放流が天然ヒラメ稚魚の成長に及ぼす影響（Tanaka et al., 2005）．両者間に有意差は見られない．

る．このことは，外観的に天然魚と遜色のないヒラメ稚魚を生産したとしても，依然として天然稚魚との間には行動的・生態的に大きな違いがあり，放流後の短期間に沖合に逸散したり，外敵に捕食されるため，実際には当初の目的のような放流魚を用いて過密状態を作り，天然魚や放流魚に現れる成長の遅滞，摂食量や質の変化，分布状態の変化などより，環境収容力の推定を行うことは，現状では困難なことを示唆している．

成育場における環境収容力の推定のもう一つの可能性は，対象魚の代謝量を測定し，環境中の餌生物の生産量との比較から求める方法である（畔田，1986）．この代謝モデルによる方法では，まず対象魚の呼吸量，成長量，摂食量などを実験的に推定することになる．特に，日摂食量の推定はなるべく現場に近い環境条件下で天然魚を用いて行うとともに，現場で一定時間をおいて24時間にわたり対象魚の採集を行い，自然条件下での日摂食量を推定することが必要となる．

いずれにしても，開放的な海洋環境条件下で環境収容力を推定することは簡単なことではなく，多くの生態的基礎知見が充実して初めて可能となる極めて難しい課題だといえる．

3 サケ稚魚放流と環境収容力

本書にサケ *Oncorhynchus keta* が生態面で登場するのは初めてである．日本に生息するサケ・マス類のうちで最も生物量が多い種であり，わが国でサケといえば通常は本種をさす．サケは1900年代後半から孵化放流事業が行われ，今では北海道や東北地方の大中規模の河川では下流域で回帰してきたサケのほとんどすべてが捕獲され，人工受精を行い卵管理と稚魚飼育を行った後，放流されており，川を遡上して自然に産卵し，河川や周辺の森を豊かにする生態的機能はほとんど発揮できない状態が続いている．

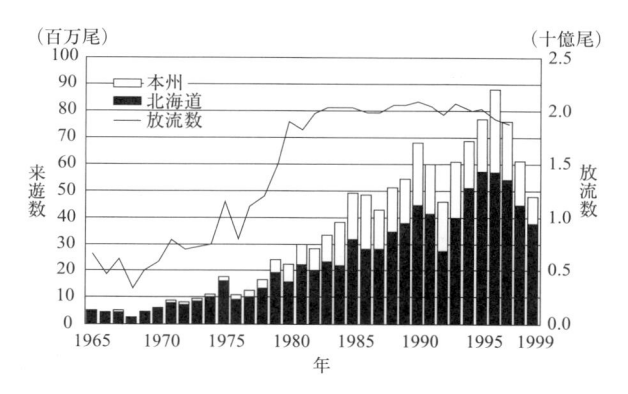

図 11-8　日本のサケの来遊数と放流数の経年変化（帰山, 2002）.

　日本に回帰するサケは，1970年代初めまで300万から500万尾であったが，1975年ころより増加し始め，1980年代には3000万から5000万尾，1990年代半ばには9000万尾近くに達している（図 11-8）．多くの重要魚介類資源が世界的に減少しているなかで，なぜサケは増えているのであろうか．当初は，その増加は人工孵化放流の技術的革新によるものと考えられていたが，1980年代後半以降，孵化放流の技術も放流数も変わっていないのに北海道に帰ってくるサケは増え続けていることから，人為的な放流事業だけでは増加の説明がつかないのである．いろいろ検討が加えられた結果，多くのサケ類が成育するベーリング海の環境収容力が増大したからだとの考えに行きついた（帰山, 2002）.

　サケ，カラフトマス Oncorhynchus gorbuscha，ベニザケ Oncorhynchus nerka の環境収容力を調べてみると，現在はその増加期にあること，ならびにその環境収容力は成育場となるベーリング海における冬季のアリューシャン低気圧と連動していることが明らかとなった（図 11-10）．この低気圧が発達すると強風が吹き，海水を活発に攪拌し，海底の豊富な栄養塩を有光層に持ち上げ，生物生産力は著しく上昇することになる．その結果，環境収容力を高め，

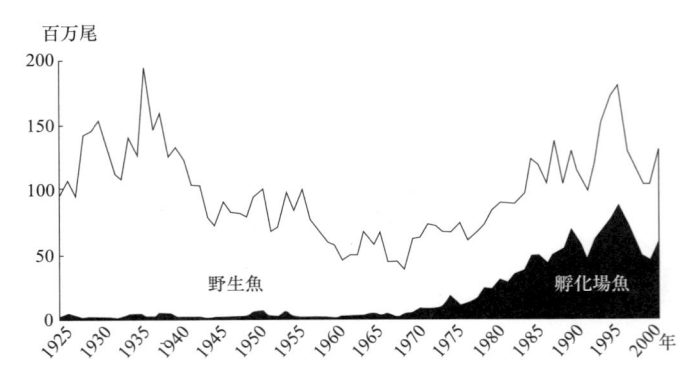

図11-9 北太平洋におけるサケの漁獲尾数の経年変化．白色部分は野生魚，黒色部分は孵化場で生産された放流魚を示す（帰山，2008）．

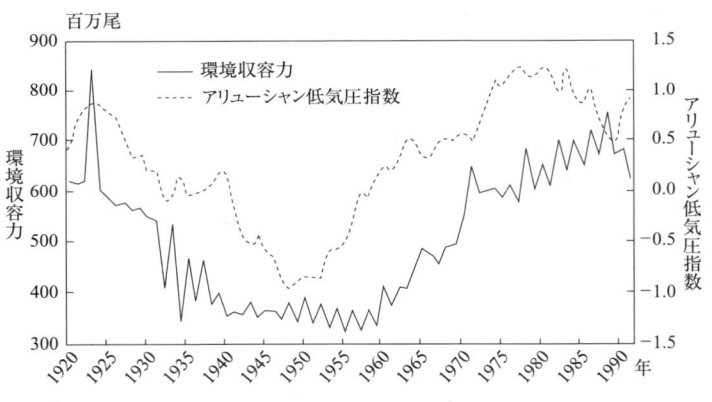

図11-10 北洋におけるアリューシャン低気圧の強さとサケ・マス類の環境収容力の経年変化（帰山，2008）．

サケ類の増産につながる．

　ある地域の環境収容力と生息数との差は残存環境収容力と呼ばれる．この残存環境収容力が少ないほど，回帰してくるサケの体サイズは小さく，平均成熟年齢も高くなる傾向が見られる．図11-9に示したように，1925年から2000年までの北太平洋におけるサケの生物量（バイオマス）は長周期的な変

動を示している.近年では孵化場魚の割合が著しく増加しているが,野生魚と孵化場魚の合計は 1930 年代と 1990 年代とでほぼ同じレベルにあることが分かる.この理由については 2, 3 の仮説が考えられているが,いずれにしても増加した孵化放流魚が密度効果を通じて野生魚に影響を及ぼしていることは確実と考えられる.

なお,わが国で年間 20 万 t 獲れるサケの 3 分の 1 は中国へ輸出され,一次加工された後,欧米へ輸出され,ヘルシー・サーモンとして好評を博している.一方,日本では有害物質が高い濃度で残留している可能性が危惧される養殖のタイセイヨウサケ *Salmo salar* がノルウェーやチリから大量(17 から 23 万 t)に輸入されているのである.この国の食料自給政策の貧困さを象徴するような事態である.ここに記した内容は,帰山(2008)の「サケから考える水産食料資源の展望」(岩波ブックレット No. 724)による.サケの初期生態などについてさらに詳しくは帰山(2002)を参照されたい.

III

人の暮らしと稚魚の叫び

第12章 魚を増やそう

　現在，私たちが住む地球上には早期に解決を迫られている困難な問題が山積している．それらのなかで，本書と特に関係の深い地球的課題は，食料問題と環境問題にほかならない．地球人口のますますの増加に加え，先進諸国の国民の健康への関心の高まりにより，魚介類の需要は増大しつつある．漁獲技術の急速な革新が進む一方，資源管理手法の立ち遅れにより深刻な乱獲状態を引き起こし，主要な漁業資源は，漁獲量の大幅な伸びを期待できないばかりか，このままでは枯渇しかねない状況に至っている．さらに，漁獲量の減産に結びつく問題として，世界の海洋，とりわけ沿岸域の破壊や汚染に拍車がかかっている．世界の総漁業生産量は全体としては増加傾向にあるが，それは漁業による漁獲量の増加によるものではなく，養殖漁業生産量の増加によるものである．

　本章では，漁業生産の増加へ向けて，現在世界的に取り組まれている養殖漁業や栽培漁業の諸問題，さらには稚魚の成育場として利用されている沿岸浅海域の惨状と稚魚の生理生態との関連について述べてみよう．そこからは稚魚の"警告"が聞こえてくる．2007年に世界を突然食料不足に陥し入れたトウモロコシのバイオエタール生産への転換は，食料の大半（カロリーベースで61％）を海外に依存し続けている日本の食料供給体制のぜい弱さを一気に露呈することとなった．稚魚達の"警告"を真剣に受け止め，まずかつての水産国の復活を目ざし，食料自給率向上への先導役を水産が務めたいものである．

1 養殖漁業の発展

　養殖漁業は魚類，甲殻類，貝類，頭足類，海藻類など様々な生物を対象に行われているが，最も多様に発達しているのは，魚類の養殖業といえる．たとえば，わが国で最も養殖生産量の多い魚種はブリ（養殖ものとして出荷される小型のものはハマチと呼ばれる）であり，全国の総養殖生産量は15万t前後である．一方，冬の日本海を南下する途中の群を，富山湾などで大敷網と呼ばれる大形定置網で漁獲する天然産のブリの総漁獲量は5万t前後に過ぎない．また，ハマチに次ぐ生産量を揚げているマダイの養殖生産量は6万t前後であるが，天然産マダイの総漁獲量は1万数千tに過ぎない．さらにウナギに至っては，ほとんどが養殖ものといって過言でない．

　これらの養殖業の基本は，一部の例外的な種を除き，本来は人工的に養成した親魚を成熟させ，受精卵を得て，それらから孵化した仔魚をある大きさまで人工管理環境下で集約的に育て，適当なサイズで種苗として出荷することにある．この初期の過程は種苗生産と呼ばれ，天然海域であれば1万分の1ぐらいの確率でしか生き残れない初期減耗過程を，大量の餌を与えるとともに，様々な工夫を加えて5cm前後の段階まで50％以上の生残率で飼育し，養殖用の種苗とする．そのためには，仔稚魚期の生理生態的知見の集積が不可欠であるが，わが国における養殖のための種苗生産技術の発展史を振り返ると，科学的基礎知見が蓄積される前に，現場の技術者が試行錯誤と経験の積み重ねのなかで発達させてきたといっても過言ではない．いろいろな種の種苗生産が実現して初めて，研究者はそれぞれの種の卵期，仔稚魚期の発育・成長や器官形成など様々な基礎的知見を得ることが可能になったといえる．しかし，今ではそのような基礎的生理生態的知見が種苗生産技術にフィードバックされ，一段高いレベルの技術的革新に貢献する事例も多く見られる

ようになっている.

たとえば，異体類では仔魚から稚魚への移行期に片方の眼が体の反対側へ移動するのと連動して体の左右非対称化という大転換が起こる．ところが，1970年代後半から1980年代にかけて，先行的に種苗生産が進められたヒラメでは，非常に高い割合で，体色異常魚が発生した．特に，有眼側の黒色素胞が欠損することによる白化個体の出現が大きな問題となった．このことに関しては，多くの試験研究機関において，餌の種類，栄養，飼育密度，照度，その他の物理化学的環境要因の関与が詳しく調べられた．最も典型的な研究事例として，ヒラメ仔魚を天然産カイアシ類で飼育すると100％正常個体になるのに対して，ブラジル産アルテミア幼生で飼育するとほぼ100％白化個体になることが示されている．両者の餌の化学的組成が詳細に比較されたが，白化を引き起こす原因となる決定的な栄養素の解明には至っていない．しかし，変態と密接に関連した白化現象が生じる機構の解明とともに，餌生物へのDHAなどの栄養強化や飼育環境の改善，良質卵の確保などあらゆる工夫がなされ，現在では有眼側の体色異常はヒラメではほぼ解消されている．

一方，無眼側には，本来無いはずの黒色素胞の塊が随所に見られる黒化現象が生じる．この現象については，変態期に生じる異常によるものと，稚魚への移行後に底質条件などにより二次的に生じるものがあることが明らかにされている．天然魚でもメイタガレイ類やウシノシタ類では無眼側に黒斑を有した魚がよく水場げされている．通常，異体類は腹側（無眼側）を上にして魚屋の店頭に並べられるため，無眼側の黒化は低価格に結びつき，その出現機構の解明と改善技術の開発が行われ，現在ではこちらもほぼ解消されている．こうしたヒラメにみられるような異常を克服し，より天然産に近い種苗を生産することは，健苗育成技術開発と呼ばれ，いろいろな魚種で種ごとに生じる多様な形態的，生理的，行動的異常を解決するための基礎的ならびに応用的研究が行われ，多くの魚種でより健全な種苗の生産が実現しつつある．

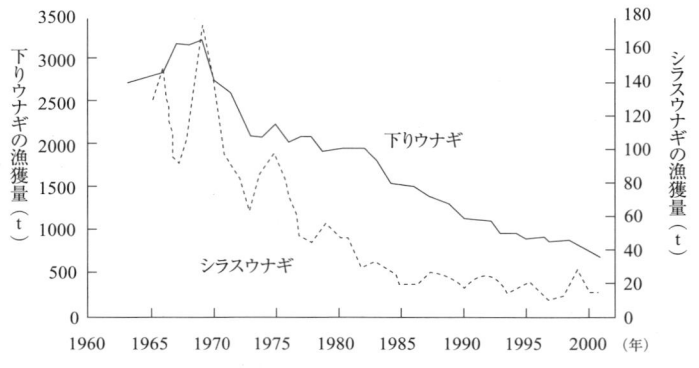

図12-1　わが国周辺におけるシラスウナギ漁獲量と下りウナギ漁獲量の経年変化（Tanaka et al., 2003）．

しかし，現在でもなお種苗を人工的に育成することができないため，天然産の稚魚を採捕し，養殖用の種苗に使っている魚種が存在する．先に述べた最も養殖生産量の多いブリも多くの種苗を天然産のモジャコ（ブリの稚魚の通称）に依存している．なかでもウナギは，その最も代表的な種である．世界中で消費するウナギの量は年間20万t前後であり，そのうち10万tはわが国で主として蒲焼きとして消費されている．これらはすべて天然種苗をもとに養殖されたものである．その結果，何がもたらされたのであろうか．種苗として冬から春先にかけて各地の川の入り口に集まってくる，シラスウナギ（稚魚に変態したばかりのウナギの子供）の漁獲量の著しい減少である（図12-1）．このままでは，天然ウナギ資源が枯渇するのではないかとの危機感から，1990年代初めから本格的な人工種苗生産の試みが進められてきた．一人の研究者のいわば執念が，難問，すなわち仔魚期（レプトケファルス期）の餌の発見に結びつき，10年を超える年月をかけて，2002年には世界で初めて飼育環境下でウナギのレプトケファルスからシラスウナギへの変態に成功した（図12-2：Tanaka et al., 2003）．前述したように，ウナギレプトケファルスの自然界での餌は未だに解明されていないため，この研究では通常の仔

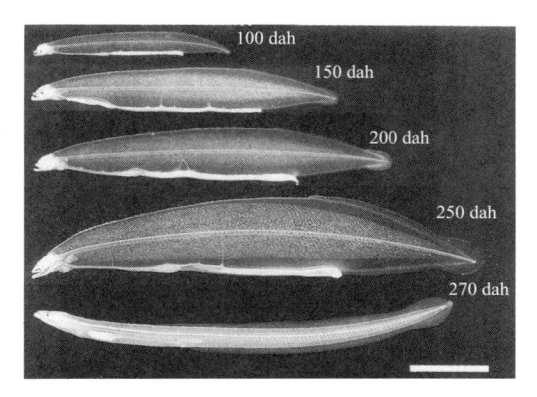

図12-2 ウナギのレプトケファルスからシラスウナギへの変態過程（Tanaka et al., 2003）.

魚とは著しく異なる餌が開発され，ほとんどの海産仔魚とは全く異なる摂餌生態が解明された（詳しくは第5章参照）．今，独立行政法人水産総合研究センターでは，本格的な大量種苗生産の試みが行われているが，長期のレプトケファルス期を持つなど他魚種には見られない特異な生理生態のため，その実現までには，まだかなりの時間がかかるものと考えられる．

このこととも関連して，日本人のウナギ好きは，思わぬ方向へと問題を広げることになった．養殖漁業の世界も，国際的な競争が著しく激しくなっている．ウナギの場合，特に中国が人件費をはじめ生産コストの低さを背景に，日本への輸出向けに大規模なウナギ養殖に乗り出したのである．問題はシラスウナギの品薄であったが，中国はヨーロッパウナギのシラスに目をつけ，フランスなどから大量の種苗を輸入し，養殖を始めたのである．その結果，今度は日本のウナギに続き，ヨーロッパウナギのシラス量が著しく減少し始め，2007年にはフランスは輸出量の制限に踏み切った．今や魚を巡る需要と供給もグローバル化の進行が著しい．日本のウナギの大量種苗生産の実現は，ヨーロッパウナギの資源保護にもつながるのである．

同様の問題は，マグロ類では最高級品のクロマグロやミナミマグロ

Thunnus maccoyii の養殖にも見られる．オーストラリアはミナミマグロ幼魚の魚群を大規模な巻網で囲みそのまま養殖施設に搬入し，そのなかで大量の餌（アジ・サバ・イカ類など）を与えて，全身トロ状態のようなマグロを養成し，それらのほとんどは日本に輸出されるのである．これと同様の蓄養方式のマグロ類の養殖は，ニシクロマグロ *Thunnus thynnus* でも盛んに行われている．特に，ニシクロマグロの最も重要な産卵場であり成育場ともなっている地中海では，競って幼魚を巻網で採捕し，数年間をかけて大量の餌を与えて大きくする．この大部分も日本への輸出用なのである．その結果，これらの天然幼魚の大量採捕が天然資源に深刻な影響を与えており，このままでは特にニシクロマグロやミナミマグロは世界の海から姿を消すのではないかとの危機感が強まり，国際的に資源管理方策が検討されニシクロマグロについては漁獲枠の削減策が取られるに至っている．

　クロマグロについても，ウナギと同様，1990 年代から 2000 年代初めにかけて人工種苗の生産技術開発が進められ，近畿大学水産研究所では，2002 年に世界で初めて実験レベルではあるが完全養殖に成功している．つまり，卵から生まれた仔稚魚が大規模な円形水槽の中で成魚まで成長成熟して，水槽内での自然産卵に成功するまでの過程がすべて人工管理下で成功したのである．クロマグロのこの完全養殖の成功が量産規模で可能となれば，天然幼魚の大量捕獲による資源への深刻な影響の軽減につながるものと大いに期待されている．とはいえ，クロマグロは外洋を大回遊する魚種であり，飼育環境下では産卵がその年の海況条件によって大きく左右され，安定な産卵がなかなか実現しないこと，仔稚魚期の共食いが激しいこと，稚魚や幼魚の異常行動の発生などによる減耗など未解決の問題が山積し，大量種苗生産への道は険しい．しかし，これまで数々の難問を克服しながら多くの魚種で大量種苗生産を実現してきたわが国の研究や経験の蓄積，基礎研究と応用研究の連携などを背景に，近い将来展望が開けるのではないかと期待されている．

　養殖漁業が盛んな東南アジアでは，今，ハタ類の種苗生産に非常な力が入

図12-3 量産規模の種苗生産が可能になったキジハタ仔稚魚((独)水産総合研究センター西海区水産研究所與世田兼三氏提供).A：孵化直後の仔魚　B：浮遊期仔魚　C：着底後間もない稚魚　D：成魚と同様の斑点を有した稚魚.

れられている．それらの多くは，富裕層が急激に増え高級魚指向が顕在化しだした中国，特に香港市場への出荷を目的としたものである．熱帯域では，種苗さえ確保されれば，出荷サイズの体重700から800gに成長させるのは短期間で実現する．しかし，いずれの種でも初期減耗が著しく，あるいは種によって雌雄のどちらかは水槽内で成熟するが，片方が成熟しないために人工受精ができないなどの理由により，人工種苗の供給は極めて限られている．そのため，ここでも天然産稚魚の乱獲が著しく，中にはシアンなどの毒物を用いた違法な採捕も後を絶たず，成育場そのものの破壊も危惧される事態に至っている．わが国では，(独)水産総合研究センター栽培漁業センターが中心となって技術開発が進められ，近年ではキジハタ，マハタ *Epinephelus septemfasciatus*，クエ *Epinephelus bruneus* の3種では，1事業所当たり20万

尾を超える種苗生産が実現している（図12-3：與世田，2006）．しかし，日本では水温が低いため出荷サイズまでに時間がかかり，また人件費などの生産コストが高く付くため，魚類養殖の高い将来性を持ったマレーシア（ボルネオ島）へ進出する企業が増えつつある．

　養殖漁業はこれまで市場価格の高い高級魚を中心に進められてきたが，進行しつつある世界的食料問題への貢献を展望すると，人々の大量の食べ残しや草類でも育つと予想される極めて生命力の強い魚種，たとえばナマズ類などの大量生産方式の開発とその基礎研究が求められる．

❷ 栽培漁業の新たな展開

　1950年代になると，瀬戸内海などでは乱獲のため漁業資源に減少の兆しが現れ始め，自然界でそれまで多くの魚が占めていた環境にゆとりが生まれている（当時は余剰生産力と呼ばれた：残存環境収容力とほぼ同じ意味である）と考えられ始めた．同時に，自然界では産み出された卵が稚魚に育つまでには0.1％あるいはそれより低い率でしか生き残れないことを根拠に，人為的にこの初期減耗期を好適な環境下で克服し，高い生残率で稚魚を生産することができれば，それらを海に放流することによって資源の回復や増産が見込めるのではないかとの考えが生まれた．これに類似した発想は，サケ・マス類の人工孵化放流事業であり，19世紀の後半から行われてきた．栽培漁業の発想については，特に余剰生産力を巡って賛否両論の活発な議論が展開されたが，まず試験的にでも実行するとの方針が決まり，1950年代には瀬戸内海栽培漁業協会が誕生し，愛媛県伯方島と香川県屋島に事業場が造られた．

　これらの事業場での最初の取組は，マダイ，カサゴ，サヨリなどをモデルに，人工種苗の大量生産技術を開発することであった．栽培漁業はわが国で発想され実施に移された，新しい形態の増殖漁業（資源培養型漁業）であり，

その基本は，大量種苗生産の開発におかれた．しかしもう一つの重要課題，すなわち，海の中に本当に余剰な"ニッチ"が存在するのかという課題は置き去りにされたままであった．まずは大量に放流種苗を生産する技術の開発が先行的に取り組まれ，中でも，最も重要な要素は初期餌料の開発であった．当時はまだシオミズツボワムシが初期餌料として好適であることが知られておらず，その培養方法も未開発であり，成熟したカキ類の放卵放精を高水温ショックで誘発しその幼生を与えたり，フジツボ類の幼生を用いたり，瀬戸内海の速い潮流を利用して天然産カイアシ類などの動物プランクトンを採集して投与するなど，様々な工夫がなされた．しかし，試験的レベルではある程度の稚魚が生産できても大量種苗生産への道は開けなかった．

1960年代には，このような仔稚魚飼育に必要な初期餌料の開発研究が進められ，その結果海産魚類の天然仔魚のほとんどは食べているはずのない，汽水性のシオミズツボワムシが，その大きさや動きから初期餌料として好適であり，極めて高密度で培養できることが明らかにされ（伊藤，1960），第一関門は解決されることになる．そして，仔魚がある程度大きくなると，観賞用の熱帯魚の初期餌料として用いられていたブラインシュリンプの乾燥耐久卵をアメリカ合衆国，ブラジル，中国などより輸入し，稚魚期初期までの餌として用いられることになった．その後，これらの餌料には仔稚魚の発育成長に不可欠な高度不飽和脂肪酸，特にDHAが欠如していることが分かり，投餌前にそれらを添加することが行われている．

瀬戸内海では，マダイの大量種苗生産が実現すると，当時の内海区水産研究所（現独立行政法人水産総合研究センター瀬戸内海区水産研究所）と共同で，天然マダイ稚魚の生態調査や人工生産マダイ稚魚の放流実験が試みられた．その後，瀬戸内海栽培漁業協会は全国規模に拡大され，日本栽培漁業協会として北海道から沖縄まで全国各海域をカバーする事業場が設置された．全国的な国の予算による14にのぼる事業場の設置に伴い，各道府県にも県営の栽培漁業センターが設置され，北から南まで，それぞれの地域に見合った魚

介類を対象に，多くの種について栽培漁業が展開されるに至った．その取り上げられた数は，魚類だけでも80種類を超えたといわれている．現実的には，栽培漁業の本格的な対象とされた海産魚種はそれほど多くはなく，ニシン・アカアマダイ *Branchiostegus japonicus*・マダイ・クロダイ・スズキ・サワラ・キジハタ・クエ・マハタ・スジアラ・ヒラメ・マツカワ・ホシガレイ・マコガレイ・イシガレイ・トラフグ *Takifugu rubripes*・メバル・クロソイなどに限られている．これらのなかで放流尾数が最も多いのはヒラメとマダイであり，それらの全国での放流尾数は毎年2500万尾前後であったが，近年では減少傾向にある．一方，その他の魚種の放流尾数は数百万尾以下と少ない．

　これらの人工種苗の放流後の生残率は極めて低く，放流後1週間以内に生残率（あるいは放流場所での居残り率）は10分の1程度に減少することが一般的である．その原因は，放流場所からの速やかな逸出，特に沖合方向への移動によることも考えられたが，多くの場合外敵による捕食であることを示す証拠が得られている．第2部でも述べたとおり，放流海域に同種の天然稚魚が多くいる場合でも，捕食されるのはほとんどが人工生産放流魚なのである．人工生産種苗と天然産稚魚との間には，一体どのような生理的・生態的・行動的差異があるのであろうか．稚魚が生き残るうえで必須の条件は捕食リスクを少なくした摂餌様式と考えられる．先のヒラメ天然稚魚の場合には，すでに紹介したように，潜砂状態から餌生物が至近距離に近づくと，速やかに浮上捕食して，素早く元の場所近くに戻り，直ぐに潜砂する（古田晋平氏，私信）．一方，人工放流魚は，水槽内では時折餌不足のときに生じる共食い以外に被食経験が無く，摂餌活動は極めて緩慢であり，水中に長く浮遊して複数のアミ類を捕食しようとする．稚魚の摂食と被食は裏返しの関係にあり，そのことを飼育環境下で学習せずに育ってきた人工放流稚魚と，そのような危険な経験を積み重ねた"1000匹に1尾"の選りすぐられたエリートとの間には，歴然とした差があるのは容易に想像される．

　栽培漁業は，世界的に資源状態が枯渇化しつつある水産資源の現状を考え

るとき，資源回復の可能性を持った手法の一つであり，4年ないし5年に一度，栽培漁業（英語では Stock enhancement と呼ばれている）の国際シンポジウムが開催されている．今まで，日本はその先陣を切ってきたが，水産庁による栽培漁業の見直しが進み，近年予算的補助も減少傾向にあり，このままではこの半世紀の間に蓄積されてきた経験や知見が無駄になる可能性があるのではないかと危惧されている．とりわけ，放流後も生き残る確率の高い行動訓練を施した稚魚の放流など，重要な課題も残されている．

　日本の栽培漁業は，大量に人工種苗を生産して稚魚を適当な場所に放流すれば成功するのではないかとの発想のもとに始められ，いろいろな工夫を加えながら進められてきたが，放流魚の生残率を高めるには，放流場所の生態的特性を把握したうえで行うべきであるという，本質的な問題が置き去りにされてきたきらいがある．特に，近年における沿岸浅海域の環境破壊や劣化は著しく，このことを放置したまま放流のみに頼っても資源の回復につながらないことは明白である．琵琶湖におけるニゴロブナ稚魚の放流と成育場としてのヨシ群落の再生の組み合わせ，さらにはかつてのような琵琶湖岸近くの水田での産卵と稚魚の成育場の組み合わせを回復する取り組みなどに見られるように，環境修復などとセットにした種苗放流の実施など，できるだけ総合的な手法の開発が必要と考えられる．

　先に述べたように，養殖漁業のための天然稚魚の大量採捕が資源に与える影響は，ウナギやマグロ類のみならず，東南アジアでは最高級魚のハタ類の場合にも顕著に見られる．特にハタ類は，ひと皿に載る姿煮が中華料理になくてはならない食材として需要が著しく伸び，供給が追いつかない状況に追い込まれている．そのため，東南アジア各国では，様々な種類のハタ類の種苗生産技術の開発が進められている．たとえば，マレーシアサバ大学ボルネオ海洋研究所の孵化場では，アカマダラハタ *Epinephelus fuscoguttatus*，タマカイ *E. lanceolatus*，チャイロマルハタ *E. coioides*，サラサハタ *Chromileptes altivelis* などのハタ類やそれらの間での交雑魚の種苗生産技術の開発が行わ

れている．いずれのケースでも孵化後1週間以内の初期減耗が著しく，稚魚期までの生残は通常数％レベル以下と，大量種苗生産のためにはまだまだ解決すべき課題が山積している．これらの技術開発が進み養殖用の種苗を人工生産魚でまかなうことができれば，天然稚魚の乱獲に歯止めがかかり，また，極端に資源水準が低下した海域では，成育場の整備とセットにした人工種苗放流による資源の回復が期待される．

　栽培漁業が今後になうべき重要な役割の一つに，稀少化した魚類の回復が位置づけられる．かつては太平洋沿岸を中心にかなり広く分布していたと思われるホシガレイは，今では東北南部，瀬戸内海西部，九州の一部に不連続的に生息し，その漁獲量は年間10t前後にまで落ち込んでいる．本種については，これまで日本の栽培漁業が歩んできた種苗生産先行型の開発の反省のうえに，産卵周期や仔稚魚の実験室での生理生態の解明，天然仔稚魚の成育場の環境特性・食性・成長，現場ケージ実験による放流適所や時期の検討（堀田ほか，2001a；Hotta et al.，2001；Wada et al.，2006；2007），徹底した市場調査などが，健苗育成とともに進められた．現在では天然ホシガレイがほとんど生息していないと考えられている岩手県宮古湾をモデルフィールドにして種苗放流実験が行われ，30から40cmに達する1歳魚から2歳魚がどんどん市場に揚がり始め，累積的な回収率は年によっては15％を超えつつある（有瀧真人氏，私信）．このような，地域特性を生かした十分な基礎的知見に根ざした稀少種の回復に果たす栽培漁業の役割は，今大きな流れとなりつつある"里海"造りとも組み合わさって今後ますます重要性を増すものと思われる．

3 環境修復：モ場や干潟の造成

　稚魚の成育場として第3章で，砂浜海岸・河口干潟域・アマモ場・ガラモ

場・マングローブ域・サンゴ礁域・ヨシ群落などを取り上げ，その役割や利用状況にについて概説すると共に問題点のいくつかについても述べた．これらの沿岸性稚魚の成育場はおしなべて陸域との境界域に存在し，人間活動の直接的ならびに間接的影響を強く受け続け，今日ではその荒廃には目を覆いたくなるような惨状が各地で見られる．このような稚魚成育場としての陸域との境界域（エコトーン）は人々の憩いの場所でもあり，すでに以前より人工干潟や渚域などの再生が試みられてきた．しかし，それらの多くは人間側の都合による工学的な手法による海岸域の改変の域を出ず，必ずしも生物達にとって，あるいはその周辺の生態系の再生にとって効果的なものではなかったように思われる．

陸域では以前より"里山"という言葉が使われ，人々が周辺の雑木林の幸を有効に利用しながら適切な手入れを行い共存してきた．人と自然の関わりの在り方が注目されてきた．これに対して沿岸浅海域でもこの数年"里海"が注目され始めている．従来型の技術論中心的な環境修復とは異なり，地域社会の参加による協同型の沿岸海域再生方策の柱的な存在として，各地で里海造りが進められつつある（松田，2008）．ここではその一例として三重県英虞湾で2003年から取り組まれてきた「英虞湾再生プロジェクト」について，稚魚成育場機能の回復との関連から紹介してみよう．

英虞湾は伊勢志摩国立公園の中にある典型的なリアス式海岸として，一見風光明媚な景観を呈している．しかし，過密な真珠養殖が長年に渡って行われてきたため海底にはヘドロが堆積し，ほとんどの入り江は堤防でせき止められ，かつては英虞湾全面積の10％にも達した干潟が今では3％にまで減少し，閉鎖性の強いこの内湾では赤潮や貧酸素水塊の発生など汚染の進行が著しい．三重県地域結集型協同研究事業「閉鎖性海域の環境創生プロジェクト」の研究系コーディネーターを務めた松田　治は陸域・海域を一体化した浅場再生を基本に，「生態系の安定性」と「物質循環の円滑さ」の回復を二本の柱に，生物生産性の低下した前浜干潟に栄養豊富な海底浚渫土を固化した物質

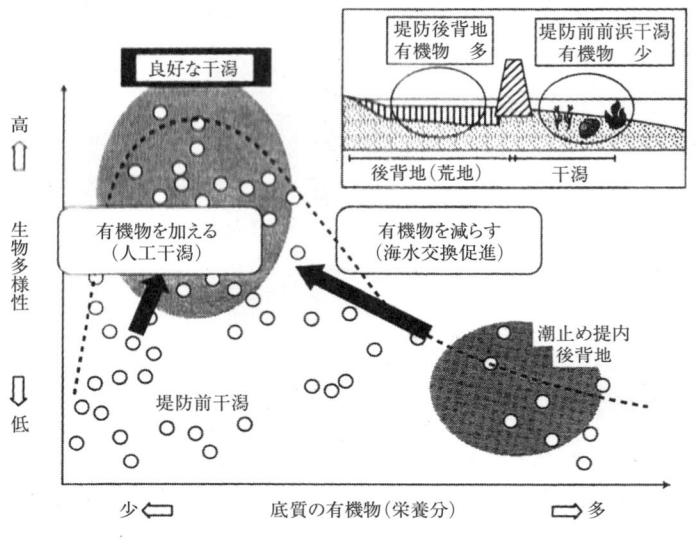

図12-4 英虞湾の干潟・藻場改善概念図（松田, 2007）.

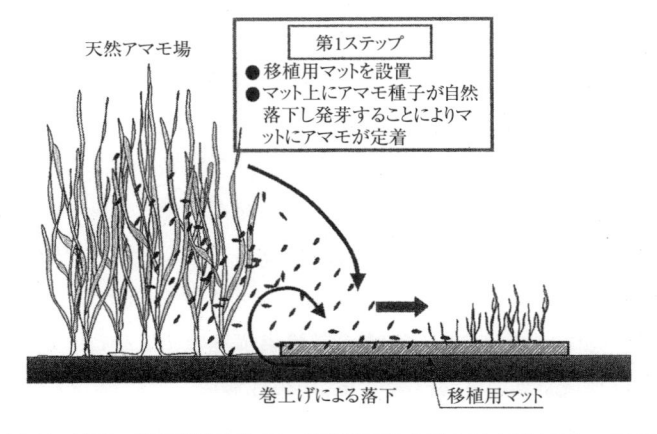

図12-5 播種・株植が不要なアマモ移植方法の概念図（前川ほか, 2008）.

を導入することによる機能回復(図12-4:松田,2007),ゾステラマットと呼ばれる誰でも利用可能な簡便な手法(図12-5:前川ほか,2008)によるアマモ場の造成を行った.さらに,新たな試みとして堤防で締め切られた入り江に満潮時には海水が流入するように工夫し,その過剰に蓄積された栄養物質を前浜に供給すると共に入り江の機能回復による陸域・海域一体化の試みを行っている(松田,2007).

英虞湾地域では,これらの試みと共に,自治体や市民グループとの協同の進展,さらには小学校の総合教育の一環としても位置づけるなど多様な広がりに努力し,里海造りに成果をあげつつある.このような里海造りによって,本来の自然と自然(陸域と海域)ならびに人と自然のつながりを取り戻し,そのことによって初めて稚魚達の成育場として浅海域が持続的に再生への道を歩むものと考えられる.

2007年,これまで食料として栽培されてきたトウモロコシなどが市場原理のままにバイオエタノールへと大量に回され,世界的な食料不足に見舞われるという異常な事態が"勃発"した.これまでともすれば食料問題と環境問題は二律背反的な関係として捉えられがちであったが,そのことのブレークスルーにもなり,しかも稚魚成育場の再生にもつながる新たな動きを紹介しよう.それは稚魚成育場としても重要な海藻モ場の再生技術の開発である.海藻は多くが一年性でその成長速度は驚くばかりである.しかし,今,日本全国で深刻な磯焼けが進行し大きな問題になっている.海藻類にはコンブ類やワカメに代表されるように重要な健康食品が含まれ,今後魚と同様に欧米各国でもその価値が見直され需要が高まる可能性が予測される.同時に熱帯雨林並みに極めて高い生物生産性は,空気中の二酸化炭素を海中に取り込むと共にそれ自身がバイオエタノールの原料にもなり得る可能性の高い極めて有用な生物資源である.

これまで磯焼け現象はウニに代表される植食動物の異常な増殖による生態的バランスの崩れが主な原因とされ,各地でダイバーによるウニの駆除が

図12-6　北海道増毛町の磯焼け海岸（左）に鉄鋼スラグと腐葉土の混合物を設置1年後に再生したコンブの海中林（右）（新日本製鉄（株）提供）．

盛んに行われてきた．しかし，一時的に回復したモ場は再び磯焼け状態に戻ることがしばしば起こり，抜本的なモ場再生技術は開発されない状態が続いていた．この問題に新たな風穴を開け始めたきっかけが，第9章でも紹介した，漁師による陸の森造りの代表として有名な"森は海の恋人"運動なのである．この運動の理論的背景となったのは，森林の腐葉土層を通り抜けたフルボ酸などの腐植質と結びついた二価の鉄イオンが一次生産（植物プランクトンや海藻の生産）に不可欠であるとの考えである．この考え方に基づき，新日本製鉄株式会社の技術開発本部が数年前より本格的に取り組み始めた鉄鋼スラグと腐植物質の混合物を椰子の繊維で作った袋に入れ夏に磯焼けの海辺に設置しておくと，翌年夏までにはその周辺にはコンブ類の森が形成され，しかも少なくとも4年はその状態が継続する（現在継続調査中）ことが確認されている（図12-6）．今，北海道から長崎県まで全国各地で実証試験が実施され，どのような環境やどのような種で効果があるかについての検討が進められている（山本ほか，2006；木曽ほか，2008；加藤ほか，2008；堤ほか，2008）．このことにさらに詳細な科学的裏付けが得られれば，環境問題と食料問題の同時的解決にも発展することが大いに期待される．もちろん，稚魚達にとっても好適な成育場が回復することになり，沿岸漁業の回復にも貢献することは言うまでもない．さらに大規模な沿岸域再生への可能性はこのよ

うな技術を有効に使いながら，日本周辺の"見えない海の森"造りへの展開である．そのための実証試験と基礎的応用的研究の推進が産・官・学・民の連携のもとに進められることを提案したい．

　この海藻モ場の再生は沿岸性魚類の産卵場の再生にも他ならないが，苦肉の策的な産卵場の再生を実施しなければならない現状にも言及しておこう．清流の女王としてわが国の河川を代表するアユに忍び寄る危機的な状態については，一般にはあまり知られていないようである．各地の河川で放流や産卵親魚の漁獲制限など様々な対策が行われているにも関わらず，全国的な漁獲量は漸減状態にありこの20年間で全国の漁獲量は半減している．特にかつては漁獲量全国一を誇った高知県では10分の1以下にまで激減し，対策に苦慮している．日本を代表する清流と呼ばれる四万十川をかかえる高知県でなぜこのような事態に至ってしまったのであろうか．この減少には様々な原因が考えられるが，その一つに産卵場の喪失があげられている．アユが生息する川の両岸はかつては多様な自然林で覆われていたが，今ではその多くが手入れを放棄されたスギやヒノキの人工林に変えられ，台風や梅雨時の大雨の度に濁水が一度に流れ，河口から数キロメートル上流の産卵場の小石をことごとく海に流してしまうのである．高知県の物部川ではそのため産卵場に適当なサイズの砂利を投入し，川底を掘り返して産卵場の造成が取り組まれている．しかし，このような方法はあくまでも対症療法であり，根本原因を取り除くものではないため，効果は一時的にならざるを得ない．根本的解決の道はあるのであろうか．後の章でも述べるように，発想を大きく転換して何十年もかかってこのような深刻な事態を生み出した現状の回復には，何十年もかけて保水力豊かな健全な森を再生する以外に抜本的な解決の道はないと言える．

column 7

ボウズガレイに魅せられて

　世界中の海には，体長 2m を超えるオヒョウのような巨大な種から体長 10cm 未満のアラメガレイのような小型魚まで，700 種近くの異体類（ヒラメ・カレイ・ウシノシタ類）が生息している．これらの中でわが国周辺のような温帯域から北洋の寒帯域には多くの有用種が分布している．一方，熱帯域にもかなりの数の種が生息しているが，そのほとんどは小型種であり，食用になる種は少ない．それらの中でひときわ異彩を放つのがボウズガレイである．それは体長 50cm にもなり肉が厚く食用にされている種であるとともに，全ての異体類の中で祖先型に最も近いとされる種であるからである．異体類と思えないほど鋭い歯を備えた大きな口，背鰭の開始点が頭部のかなり後ろから始まる特徴とともに，最も原始性を表しているのは"左ヒラメ"に"右カレイ"の法則に当てはまらない点である．つまり，ヒラメ型（右眼が移動）とカレイ型（左眼が移動）が半々なのである．眼の移動方向が固定されていないのである．ヒラメやカレイの稚魚を研究してきたものにとっては好奇心をかきたてられる存在である．

　本種は英名では Indian halibut と呼ばれ，インド洋から東南アジアおよびオーストラリア北部に生息し，各地の魚市場では普通に見られ，特に珍しい魚ではない．価格は高くなく（例えば高級魚とされるハタ類が 1kg 当たり現地価格が 1000 円前後であるのに対し，本種は 100 円程度），専門の漁業があ

左：ボウズガレイ　右：コタキナバル（マレーシア）の市場で売られているところ．右眼個体と左眼個体の両方が見える．（三輪一翔氏撮影）

　る訳ではなく，エビのトロール網などに混獲されたものが水揚げされている．しかし，本種はヒラメと同様に典型的な肉食性であり，捕獲後の処理さえ適正にすれば，刺身でもおいしく，また肉厚なために切り身の煮つけにも向いていると思われる．もっとも異体類研究者としては，本種が今のままの低価格で取引される方が乱獲による資源の枯渇が生じる心配がなく，将来にわたってこのままでいて欲しいと願っている．

　これほどおもしろい魚であるにもかかわらず，人工授精から仔魚飼育，ハイライトの変態過程の観察や変態に伴う行動や生態の変化などについて観察した報告がまだ一切見当たらないのである．わが国ではヒラメやホシガレイなど実験魚がいつでも（ヒラメでは）手に入り研究条件に圧倒的に有利な条件があるために異体類の変態機構について世界に先駆けて優れた研究が先行している．本書の著者たちもこのボウズガレイには十数年以上前からラブコールを送っていたのであるが，適当なカウンターパートが見つからず，"夢"のままで来てしまった．しかし，ようやく今その条件が整い始め，筆者らは「ボウズガレイプロジェクト」をスタートさせようとしている．近い将来，なぜヒラメでは右眼が動き，カレイでは左眼が動くかの仕組みが解明される可能性が高まりつつある．今後の展開に"乞うご期待"といった気持ちである．

第12章　魚を増やそう

第13章 天然魚と飼育魚は似て非なるもの？

　栽培漁業推進のために進められてきた人工種苗生産の目標は，常に天然稚魚に置かれてきた．自然界に放流後は天然魚と同じように海の中で成育させる放流用種苗には，そのことが強く求められてきたわけである．しかし，未だ埋められない両者の差は大きく，解決すべき課題は多く残されている．ここでは，代表的ないくつかの事例を示し，その差の意味を考えてみよう．

1　仔魚の摂食量と飼育水温

　天然仔魚と人工飼育仔魚の比較のなかで，最も大きな差の一つは摂食量の違いに見られる．第5章で述べたように，自然界で採捕された仔魚の消化管の中から出てくる餌生物の個体数は，通常，数個体前後と飼育仔魚に比べて10分の1にも満たないほど少量である．このような差が生じる原因は，天然魚では採集時に網の中で揉まれ餌を吐き出したのではないかという可能性，天然魚が食べているカイアシ類のノープリウス幼生と飼育環境下で仔魚が餌とする人工的に培養されたシオミズツボワムシの栄養価の差，飼育環境下には餌生物が極めて高密度であるため，仔魚は次々と摂餌し，十分に消化されないままに排泄される，など様々な考察が可能である．また，飼育環境下では，極めて高い仔魚密度や天然とは著しく異なった成育環境から，成長を抑制するストレスなどの負荷がかかり，大量に摂餌してもそれに見合うだけの成長が得られないことも推定される．一方，耳石日周輪を用いた成長評

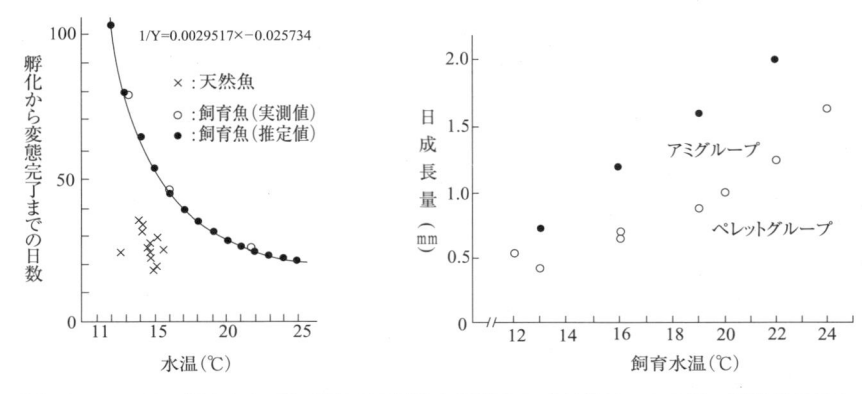

図13-1 ヒラメ仔魚ならびに稚魚の天然魚と飼育魚の成長比較．左の図：天然魚は低水温でもより早く成長する（田中，1998）　右の図：天然魚が食べている生きたアミ類を餌として与えると市販の配合餌料（ペレット）で育てた稚魚より顕著に早く成長する（Seikai et al., 1997）．

価では，通常，両者間で顕著な差は認められない（成育時の水温を考慮しない場合）．しかし，現時点ではいずれも十分に納得できる考えではなく，依然として今後に残された興味深い課題と考えられる．

　ヒラメ仔魚について，多くの飼育実験を繰り返した青海忠久（たとえば，Seikai et al., 1986；1987；青海，1997など）によると，変態完了まで飼育できる最低水温は13℃であるという．一方，若狭湾西部海域でヒラメ天然仔魚の採集を繰り返した前田（2002）は，水温11℃台以下で成長したと推定される仔魚を多数採集している．しかも，走査型電子顕微鏡（SEM）を用いた正確な日齢査定によると，天然仔魚は低水温下で成育したにもかかわらず，高水温区で育てられた飼育よりかなり成長が早いのである（図13-1）．同様の現象はマダイ仔魚でも認められている（田中，1994）．飼育環境下では，水温は成長に最も大きな影響を及ぼす物理化学的環境要因である．それにもかかわらず，低水温下で成育した天然仔魚の成長が良いのはどうしてであろうか．一つの可能性として，自然界では特に成長の良い個体のみが生き残り，ほと

んどの個体が生き残る飼育環境下とは異なるとの解釈が成り立つ．同一水温下であればこの考えは説得力を持つが，これでは，ヒラメ仔魚が13℃未満の低水温下では飼育できないことの説明にはならない．

この問題にも未だ答えが出ているわけではないが，飼育環境は水温以外に成長を阻害する要因がある，あるいは自然環境下では飼育環境にはない成育を促進する要因があるのかも知れない．また，10℃や11℃で成育する仔魚の産卵水温は同様に低水温であり，親の成熟水温が子供の水温適応範囲を規定し，両者間での差が生じる可能性も推定される．たとえば，シロギスを用いた実験では，前に述べたように産卵親魚の飼育水温によって，産まれてきた卵の高水温耐性が異なることが示されている（Oozeki and Hirano, 1985）．このことは，飼育条件下での卵や仔魚の生き残りに関わるばかりでなく，自然界での親の成熟産卵条件が卵や仔魚の環境適応に深く関わる可能性は高く，仔魚の生残機構を考えるうえで重要な視点の一つになりうるのではないかと考えられる．

❷ 大きく異なる行動特性

養殖という閉鎖環境下で人為的に魚を育てる場合には，必ずしも種苗の生理生態的特性が天然魚に似る必要はなく，過密条件下でも元気に速く成長する性質を持っておればよい．しかし，自然界に放流する人工種苗の場合には，天然魚と同様に摂餌できる能力があり，また，外敵に対する俊敏な逃避反応が求められる．第6章で述べたように，この点に関して古田（1998）は極めて興味深い実験を行った．古田晋平の研究の原点は，常にヒラメの成育場での潜水観察を行い，そこで観察した天然産のヒラメ稚魚の生態や行動を参考に，水槽内で人工種苗と天然稚魚のいろいろな行動を比較することであった．まず，最初に行った実験は，アミ類を餌にした摂餌行動の比較であった．ヒ

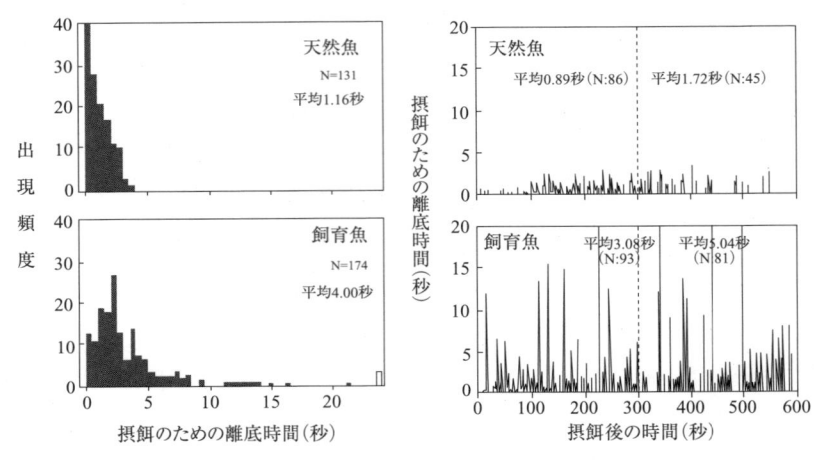

図13-2 天然ヒラメ稚魚と人工飼育ヒラメ稚魚に見られる摂餌時の離底時間の違い（古田，1998）．

ラメ天然稚魚は底層に着底し餌生物（アミ類）を認知すると，至近距離に近づくまで待ち，一気に餌生物に飛びつき，捕獲後速やかに元の場所近くに着底する．一方，この摂餌のために底を離れる"離底行動"を人工飼育ヒラメ稚魚で観察してみると，餌を見つけるや否や直ぐに底を離れ，水中を泳いで餌に近づき，捕食した後も着底せずにさらに他のアミ類を求めて水中を遊泳した後，ゆっくりと元の位置とはずいぶん離れた場所に着底する．したがって，両者の離底時間には大きな違いがみられた（図13-2）．離底時間が長いばかりでなく，元の着底場所と異なる場合には捕食者が近くにいる可能性も高くなり，危険性が増すことになる．

この実験をもとに，古田は人工種苗が放流後に短期間に数を著しく減らす原因の一つは，離底時間の違いによると考えた．すなわち，稚魚の摂餌行動は常に被食リスクを伴うものであり，人工種苗の長い"水中散歩"は捕食者には格好の捕食チャンスとなる．そこで，古田はまず放流前に水槽内で人工配合餌料から生きたアミ類に餌を切り換え，どの程度の時間で正常な摂餌行

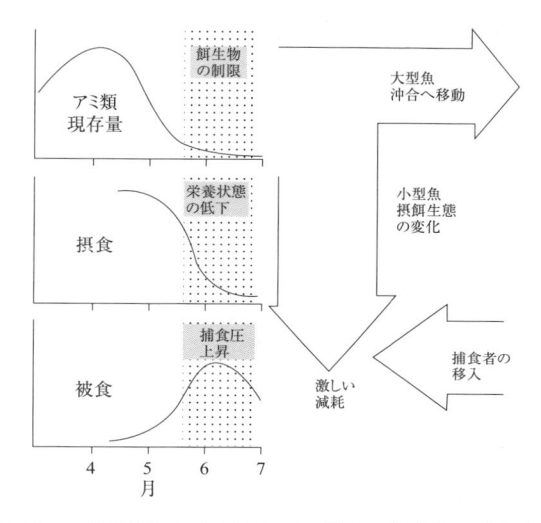

図 13-3　鳥取県下におけるヒラメ稚魚，餌生物，捕食者の季節的出現動態をもとにした減耗機構概念図（古田，1998）

動に変わるかを調べ，人工生産種苗でも1週間以内でそのような行動が発現することを見いだした．

　次に，満潮時には潮流とともに餌となるアミ類が流入する，縦横それぞれ30mの大きなコンクリートの水槽を放流する場所の近くの砂浜に作り，その中に放流前の人工種苗を放し，砂地に潜る行動やアミ類を摂餌する訓練をした後放流する実験を行った．さらに，水深10m前後の放流現場に縦横10m，高さ数mの巨大な囲い網を作り，まずその中に人工種苗を収容し，天然環境に馴致した後，網を取り除き放流することを試みた．これらの放流前行動強化訓練を加えることにより，稚魚の生残率は上昇し，それらは1歳魚や2歳魚の漁獲量に反映した．古田（1998；2008）はこれら一連の現場調査と実験的観察より摂食と被食が関連したヒラメ稚魚の生き残り機構モデルを図13-3のようにまとめている．

摂餌行動とともに，人工種苗の放流後の生残に直接影響を与える行動は，対捕食者行動である．捕食者のいない飼育環境下で育った人工種苗は，放流後捕食者に対面しても逃避行動を取ることができずに容易に捕食されてしまうと考えられる．サケ類などでは，放流前に捕食者に対面する経験を積むと，放流後の生残率が高まることが知られている（Olla et al., 1998）．
　ヒラメ稚魚では，夜間の無脊椎動物，特にカニ類による被食が放流後の減耗の主要な原因の一つと考えられた（古田，1998）．そこで，Hossain et al.（2002）は，実験条件下で捕食者遭遇をヒラメ人工稚魚に経験させその効果を調べた．捕食者には放流海域の汀線付近に多く生息するキンセンガニを用い，捕食者，被食者双方を三つのサイズクラスに分け，夕方同じ水槽に収容し，翌朝ヒラメ稚魚の生残割合を調べ，実験サイズとして適正な組み合わせを確認した．次に，捕食者キンセンガニと捕食者経験をして生き残った被食者ヒラメ稚魚を同じ水槽に収容し，1時間後に生き残ったヒラメ稚魚と，全くそのような経験をしていない人工ヒラメ稚魚を同じ水槽に入れた場合の被食度合いを調べた結果，被食経験を積んだヒラメ稚魚の生残率は有意に高かった（図7-5参照）．さらに，同じ水槽を網で仕切り，片方にはヒラメ人工種苗を入れ，もう一方にはキンセンガニを入れ，一晩捕食者との網越しの対面をさせた稚魚を用いた場合の被食率も，有意に未経験魚より低いことが明らかにされた（第7章も参照のこと）．

3 形態や質の異なる天然魚と人工飼育魚

　天然稚魚と人工飼育稚魚との間には，様々な行動的差異がいろいろな魚種で報告されているが，形態的な差異も多く知られている．それらの多くは飼育技術の未熟さや成育環境の差異に起因するものであり，その発生機構の原因解明とともに解消されてきた問題も多い．先に述べた異体類の体色異常は

ヒラメでは有眼側の白化も無眼側の黒化もほぼ解決されているが，魚種によっては未解決の状態のものも見られる．有眼側の白化は飼育環境下では成魚になるころには二次的に黒色素胞が沈着し大きな問題にならないが，そのような稚魚を自然界に放流すると目立ちやすいために，数日以内に捕食により姿を消し，当初大きな問題となった．一方，無眼側の黒化は，放流に際しては正常魚より捕食されやすいことはないため問題にはならず，成魚に成長して漁獲されたときには，放流魚である証拠として放流効果の判定に利用された．しかし，わずかの黒化も仲買人には買いたたかれるので，価格に直接関係するものとして改善が進められた．

第2章でもふれたが異体類の人工飼育魚によく発現する形態的異常は，眼の付き方が変になる，いわゆる眼位異常の出現である．この現象は，ヒラメでは稀にしか生じないが，カレイ類では高い頻度で生じる．なかには両方の眼が移動して頭の頂点でぶつかる両眼移動魚も見られる．そのような個体では興味深いことに両面無眼側の特徴を有している．異体類の個体発生初期に生じる眼の移動は，動物界でも最も特異な左右性の代表的な現象として，先にも述べたようにその移動機構が様々な角度から基礎的に調べられている．栽培漁業を進めるうえで生じた問題が，基礎生物学の進展にも大きな貢献を果たす例としても注目される．

わが国で，海産魚類を対象とした栽培漁業のパイオニア種となったマダイでは，当初脊椎の湾曲や萎縮など変形魚の出現が多発した．これらの出現は餌の栄養欠損によることが明らかにされ，問題は解決されたかに思われたが，依然として深刻な脊椎変形魚が出現し続けた．当時，同様の現象は海外でもストライプドバス，地中海産のヨーロッパスズキ *Dicentrarchus labrax* やヘダイ属 *Sparus aurata* など多くの種でも発現し，大きな問題となっていた．マダイについて調べられた結果，ほとんどの脊椎変形魚では鰾が正常に膨らまずに萎縮したままであることが判明した．そこで，鰾の形成過程が調べられた結果，摂餌開始期に胃の原基背側から鰾の原基が形成され，それは消化

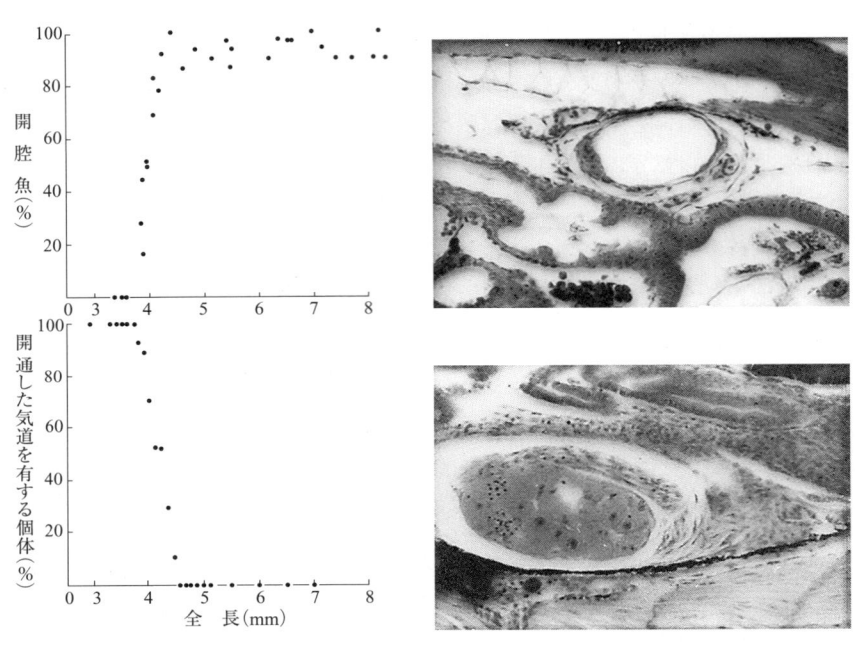

図 13-4 マダイ仔魚における気道消失期(左)と正常開腔鰾(右上)および異常未開腔鰾(右下).

管との間を気道によって結ばれる.飼育水槽の表面を流動パラフィンで覆い,空気との接触を遮断した条件下でマダイ仔魚を飼育すると,100％の割合で鰾に空気が入らない状態になることが判明した.この鰾と消化管をつなぐ気道は1週間ぐらいの間に閉塞し(図13-4：田中,未発表),この限られた時間に仔魚は水面で空気を呑み込まないと鰾は正常に開腔しないことが飼育環境下で確証された.このような初期の空気呑み込みに失敗した仔魚では鰾が膨らまないまま成長し,体の浮力調節を保つために,稚魚に成長すると,頭を上向きにした斜めの体位を取らざるを得ず,そのことが脊柱湾曲の原因となることが明らかにされた(長崎県水産試験場,1981).

同様の結果は他の多くの無管鰾魚(成魚では鰾と消化管が連絡しない魚種)でも相次いで確認された.一方,筆者の一人が100尾の天然産マダイ仔魚で

鰾の開腔状態を調べたところ，わずかに1尾で未開腔仔魚の存在が確認されたのみであった．飼育条件では，水面が激しく波立つことはなく，水深も通常2m以浅であり，遊泳力のない仔魚が水面直下に浮上して空気を呑み込むことは十分可能と考えられる．しかし，自然環境下では，飼育水槽内のように海面が穏やかなことはほとんどなく，常に波立っている．また，仔魚の分布水深帯も水面直下とは限らない．それにもかかわらず海面に浮上して空気を呑み込むことで鰾を膨らませているのであろうか．筆者にはどうしてもそのようには考えられない．海面の激しい波立ちで大小無数の気泡が海面下に存在する．自然環境下では，仔魚は，そのような微小な気泡を呑み込むことにより最初の鰾へのガスの導入を行っていると考える方が自然ではないかと思われる．

　人工生産マダイ稚魚では，胸鰭の鰭条がまっすぐではなく波状になることや，通常片側に前後二つある鼻腔が一つしかない（鼻孔隔皮欠損）ものが極めて高い割合で生じ，これらは放流魚の証拠として用いられてきた．今では，鼻腔隔壁の欠損する原因が解明されつつある．一方，トラフグを通常の配合飼料で飼育すると，フグ毒のテトロドトキシンが体内に含まれず，無毒のトラフグは不思議なことに市場価格が著しく低く，毒化の機構が調べられた．その結果，トラフグ自身がテトロドトキシンを合成するのではなく，食物連鎖を通じて外部から体内に蓄積されることが明らかになった．また，人工環境下でレプトケファルスからシラスウナギへの変態に成功した日本産のウナギにおいても，自然界では孵化からシラスウナギに変態するのに140から150日であるのに対し，人工飼育環境下では200日以上を要するなど，このように多くの魚種で，天然魚と飼育魚との間には，様々な生理・生態・形態・行動上の差異が見られる．このことは，生後の成育環境が如何に個体の生残ポテンシャルの発達に関わっているかを，強く示唆している．

　形態的差異のなかで興味深いのは，耳石日周輪の各輪紋の鮮明度の違いである．天然で採集した仔稚魚の輪紋は総じて鮮明に観察できるのに，飼育し

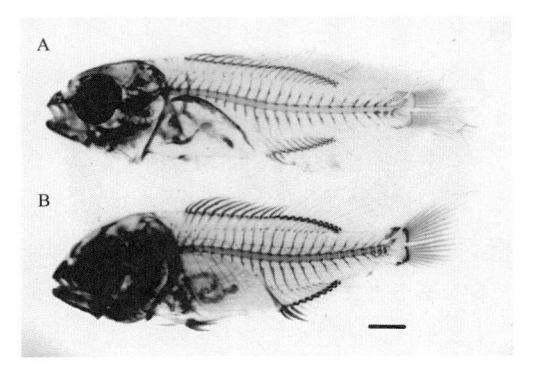

図13-5 天然マダイ稚魚（A）と飼育マダイ稚魚（B）の体型
及び化骨状態の比較（日齢はいずれも29日）．

た仔稚魚の輪紋ははるかに鮮明度が劣るのである．飼育環境は自然界に比べてはるかに劣悪（過密・狭小・雑音・照明など）であり，日周期性を乱す要素が多いからであろうか．このことは，同じ飼育仔稚魚についてもいえ，飼育条件が悪く成長や生残が良くない群の耳石日周輪は不鮮明なうえ，日周輪と思われる輪紋の間に疑似輪が形成され，実際の日齢と合わない傾向が認められる．この点では，日周輪の鮮明度は飼育条件が良かったかどうかの判断基準にもなりそうである．耳石日周輪を用いて日齢を調べた天然産マダイ仔魚と同一日齢（29日）の人工飼育マダイ初期稚魚硬軟骨二重染色標本を図13-5に示す．同一日齢にもかかわらず天然魚は体型がスマートであり，化骨程度は相対的に未発達である．一方，飼育稚魚は相対的にずんぐり形であり，化骨程度は進んでいる．

　以上のような形態的差異のほかに，天年魚と飼育魚との間には質的な差異も見いだされている．たとえば，天然で採集したブリ稚魚と飼育した人工種苗の体の中の生化学的成分を調べてみると，タウリン含量や総遊離アミノ酸含量には顕著な差が見られ（図5-5参照），いずれも天然魚で有意に高い値が得られている．天然で多くの仔稚魚が摂餌するカイアシ類やアミ類のタウリ

表 13-1 仔稚魚の各種餌料中のタウリン含量(竹内, 2003). アミ類や天然コペポーダに高い値が見られる.

(mg/100 g, 乾物換算)

ワムシ	80〜180
タウリン強化ワムシ	300〜1,250
アルテミア	600〜700
天然コペポーダ	1,200
冷凍コペポーダ	460
アミ	2,900
市販の微粒子飼料	440
低魚粉飼料(5%魚粉+5%オキアミ)	200
試験用魚粉飼料(50%魚粉)	520
クランブル飼料	380
市販飼料(直径 2.2mm)	450
市販飼料(直径 4.3mm)	460
市販飼料(直径 16mm)	440

ン含量は,ワムシや市販の飼料より圧倒的に高い値を示している(表 13-1:竹内,2003).天然海域では,餌生物は多様な植物プランクトンや動物プランクトンを摂食しており,高密度条件下で単一の植物プランクトンで育てられたワムシとの間に体内生化学成分に差異が有っても,それは当然のことと考えられる.

大第14章 地球温暖化と稚魚研究

　地球は，かつて経験したことのない極めて急激な変貌を遂げつつあり，このままではその流れはますます加速度化し，地球環境とそこに住む人類の生存に極めて深刻な影響を及ぼそうとしている（海洋出版株式会社編，2007）．いうまでもなく，この問題の被害者は，その加害者である人類ばかりではない．飽くなき生活の利便性の追求と，市場原理のままに開発を進めてきた著しい環境破壊のツケを受けるのは，この地球上に住むすべての生物なのである．海は広大であり，少々の廃棄物を流しても自然に浄化してくれるという限界を，今でははるかに超えているのである．たとえば，農林水産省や国土交通省が，国民の圧倒的反対を押し切り閉鎖を断行した結果失われた有明海諫早湾の干潟は，30万人の人々が暮らす都市の生活廃棄物を浄化する能力があると試算されていた（宮入，2006）．このように，人が一方で海の浄化能力を破壊しながら，なおかつ廃棄物を流し続けてきた海もまた，大きく様変わりしつつある．

1 水温上昇の実際とその影響

　すでに，20年以上も前から海洋の水温上昇が仔稚魚に及ぼす影響についてのワークショップがNOAA南西水産研究所で開催されるなど，地球温暖化が海の生物の個体発生初期過程に及ぼす影響への関心が持たれてきた．1990年以来3年に一度開催されている国際異体類生態学シンポジウムでは，

2008年のテーマとして地球温暖化が異体類の生態に及ぼす影響が取り上げられた．このような地球温暖化が海洋環境に与える影響についても，大気—海洋連鎖系としてすでに数多くの現状分析や将来予測が実施されている．特に，北極海など高緯度地方での影響がより顕著に現れ，グリーンランドの西方で深海に沈み込むはずの寒冷で比重の重い海水が，降水量の変化および海氷の融解による淡水の影響や，海水の高温化のために比重が軽くなる結果，沈み込みが弱くなり，数千年をかけて地球上の海洋を巡る深層大循環に影響が出るのではないかと危惧されている（IPCC, 2001）．

　地球温暖化は，果たして魚類の初期生活史にどのような影響を与える（与えている）のであろうか．日本海のこの30年間の水温の上昇と関連して，潜水観察などにより調べられた若狭湾西部海域に位置する舞鶴湾の魚類相の35年前の記録と現在の記録を比較すると，近年では明らかに南方性の魚類が増加しているという．この間の日本海の平均水温の上昇は，わずかに0.4℃に過ぎないとされているが，分布の中心は300kmほど北上している（Masuda, 2008）．仔魚については，各県水産試験場が長期にわたって定点採集を続けており，それらの試料を分析すれば，どのように組成が変化しているかが明らかになると期待される．このような長期的なデータは，その時点では直接的には漁業の発展に役に立たなくても，その蓄積はかけがえのない財産となることを示している．筆者たちが3年に一度進めてきたヒラメ稚魚全国調査においても，1990年代終わりにはヒラメ着底稚魚が宗谷岬を超えて，オホーツク海で採集されたことを経験している．

　多くの海産魚類では，海水温の上昇とともに分布域を次第に北部へ広げていると推定されるが，それに伴い産卵期，卵・仔稚魚の出現期や出現海域に変化が生じているものと考えられる．これらの沿岸域に広く分散して分布できる仔魚にとっては，問題が直ぐに顕在化することはないとしても，分布が局限されている場合にはその影響は深刻と考えられる．このことは渓流魚では特に深刻と考えられるが，海の魚の場合でも，有明海湾奥部の汽水域に限

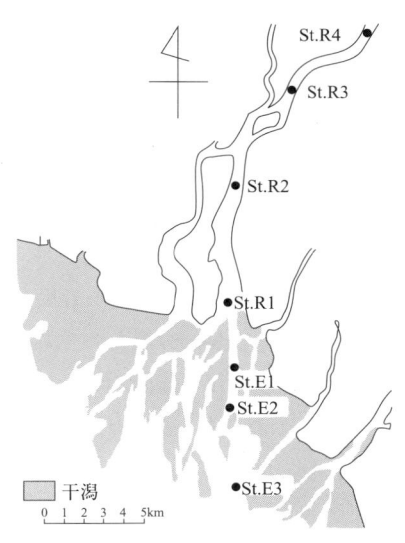

図 14-1 有明海筑後川河口域に 1980 年に設定された稚魚採集定点．毎年春季に継続的調査が行われている．

定して棲息している特産種では，高水温化しても移動するわけには行かず，その直接的ならびに間接的影響が特に懸念される．直接的影響として，仔稚魚自身の高水温環境への適応が可能かどうかという問題があり，一方では，それらに不可欠な餌生物となっている特産カイアシ類やアミ類の生産への影響である．これらの特産種は，河口上流域や淡水感潮域，さらには干潮時には干潟域を主な成育場としているため，海洋全域に比べて気温の上昇がより直接的に影響する可能性が高いと推定される．かれらを維持する大陸沿岸遺存生態系（田中，2009a）の推移を詳細にモニタリングしていくことがとりわけ重要と考えられる（図 14-1）．

　稚魚が成育場とする沿岸浅海域は，沖合に比べて気温の上昇の影響を受けやすいと考えられる．現時点で成育場の生態系にどのような変化が生じるかを予測するのは難しいが，それらは生きものと生きものの諸関係の総体であ

るため顕在化にはかなり長い時間がかかると考えれる．岩礁域に発達するモ場ではすでに温暖化と関連して深刻な影響が出始めている．わが国沿岸のガラモ場では，従来より，ウニ類による食害など様々な原因でモ場を構成する海藻類が消失し，"砂漠化"する磯焼けが大きな問題になっていた（谷口ほか編，2008）．近年ではさらに，特に西日本で南方性のアイゴなどの植食性魚類の増加や食欲の上昇による海藻の食害が顕著になり，磯焼けの進行に拍車をかけている（寺脇ほか，2007）．本来は稚魚の成育場として機能してきたガラモ場のこのような衰退は，岩礁性魚類の成魚の生息場の消失とともに，稚魚を育む場所の消失としても極めて深刻な問題と考えられる．

　このようなガラモ場の衰退とは逆に，本来亜熱帯性のサンゴ類の西日本への進出は著しく，その様子が各地から報告されている．たとえば，高知県須崎市の池の浦では，水深数 m 辺りから 10m 辺りまで，広大なイシサンゴ群落が発達し，多くのサンゴ礁性魚類の稚魚（チョウチョウウオ科のトノサマダイなど）がサンゴのポリプを餌に成育場にしていることが明らかにされつつある（山岡耕作氏，私信）．海の中でも亜熱帯化が確実に進行しているようである．このことは，本来のサンゴ類の主要な生息場であった琉球列島などの亜熱帯域では，熱帯化が進行し，高水温のためにサンゴ類が枯死して白い残骸が広がる白化現象が進行することの延長線上の出来事といえる．

　沿岸海域の環境問題のなかで，夏から秋にかけて見られる内湾や内海域の底層における貧酸素水塊の発生は，海水温の上昇に伴って，より広域的に恒常化するのではないかと危惧される．かつてドイツ北部のキール市にあるキール大学海洋研究所を訪問した際，北西に開く長細いキール湾では，南東からの強風が吹き続けると，表層の水は湾外に流出し，それに伴い下層には湾外から貧酸素水塊が一気に進入し，そこに棲息する多くの魚類，特に移動能力の小さい稚魚たちは全滅することがあるとの説明を受けた．この湾外の貧酸素水塊は，汚染が著しく進んだバルト海から流出してくるものだという．今後水温の上昇とともに，このような事態がわが国の内海や内湾に隣接する

海域でも発生する可能性は高まるのではないかと危惧される．

　現在進行中の温暖化について，気候変動に関する政府間パネル（IPCC：Intergovernmental Panel of climate changes）は，人間活動による温室効果ガスの放出によるとの結論を 2008 年に提出している．これを受けて今わが国でも二酸化炭素の放出量削減のキャンペーンや具体化策が連日報じられている．これに対して，最近この温暖化は自然現象であるとの考えが研究者から提出され，論争が激化しつつある．この点について環境考古学の創始者である国際日本文化研究センターの安田喜憲は各地の柱状サンプルより 1 年ごとに形成される「年縞」を解析し，たとえば縄紋海進期などでは急速に地球が温暖化したことを示すとともに，生態系の変化は 500 年も遅れて顕在化することを示し，注目される（安田喜，2008）．

2　ユーラシア大陸に見る陸―海系

　近年の地球温暖化の急速な進行は，アメリカ合衆国や日本をはじめとする先進諸国の責任であるとともに，中国やインドなどの"超大国"の急速な経済発展が今後その原因としてより大きな割合を占める可能性が確実視されている．わが国と隣接した中国の驚異的な経済発展は，大気中への二酸化炭素の排出にとどまらず，沿岸浅海域の著しい改変（人工護岸化や汚染水の流出）をもたらし，二重の意味で海の生きものたちに深刻な影響を与えるのではないかと危惧される．かつては，数十年に一度程度の割合で自然発生的に生じていたエチゼンクラゲの大発生が近年では恒常的に生じていることに，その代表事例を見ることができる．本種の大発生には東シナ海の過去半世紀における顕著な水温上昇が深く関わっているとされている．また，近年では地球温暖化とも関連した豪雨が中国大陸の内陸部でしばしば発生し，栄養塩などの過剰な負荷もこのクラゲの大発生に関連するともいわれている．世界最大

級のエチゼンクラゲは，先にも述べたように，ポリプから浮遊生活に移ると，成長とともにどんどん動物プランクトンを捕食し，その中には無視できない数の仔稚魚が含まれると推定される．

ユーラシア大陸と日本沿岸域，とりわけオホーツク海の生物生産は，このままでは維持できないのではないかとの危機感が高まりつつある．地球温暖化の影響は高緯度地方ほど顕著に現れ，シベリアのヤクーツク地方では，この50年間に気温は2℃前後上昇し，その結果北海道へ流れ着く流氷の量が減少しつつある．この流氷がシベリア大陸沿岸域で生成されるとき，淡水のみが凍結し，その結果比重の大きい塩水の下層への移行に伴う底層の流れが生じるが，結氷しなくなることでこの流れが弱まり，アムール川から流れ込んで海底付近に豊富に蓄積した鉄分の輸送量が減少し始めている．これまでは，この植物プランクトンの増殖の発生に不可欠な鉄分（松永，1993；Takeda，1998；武田，2002；畠山，2008）が流氷とともに大量に北海道北部のオホーツク海にもたらされ（Nishioka et al., 2007），春季の植物プランクトンの大増殖とそれに引き続くカイアシ類などのブルーミングに結びつき，仔稚魚の育成や動物プランクトン食性の浮魚類の餌として極めて重要な役割を果たしていた．

今，総合地球環境学研究所では，「アムール・オホーツクプロジェクト」が展開され，アムール川流域の広大な森林や河川沿いの湿地帯から供給される鉄がオホーツク海の豊かな生物生産や漁業生産にどのように結びついているかに関する総合研究が行われている．この研究の構想は「巨大魚付き林」（図14-2）と命名され，日本・ロシア・中国の国際共同研究として展開されている．この6年間のプロジェクトの展開中にも流域から大量の木材が伐採され，湿地の農地化や都市域への転用など森と海のつながりを脅かす事態が深刻化しつつある（白岩孝行氏，私信）．これらの流域の森林はタイガと呼ばれ，永久凍土の上に生えているが，その厚さが地球温暖化の進行とともに次第に薄くなり，森林の存立基盤を脅かしかねない事態が進行しているという．こ

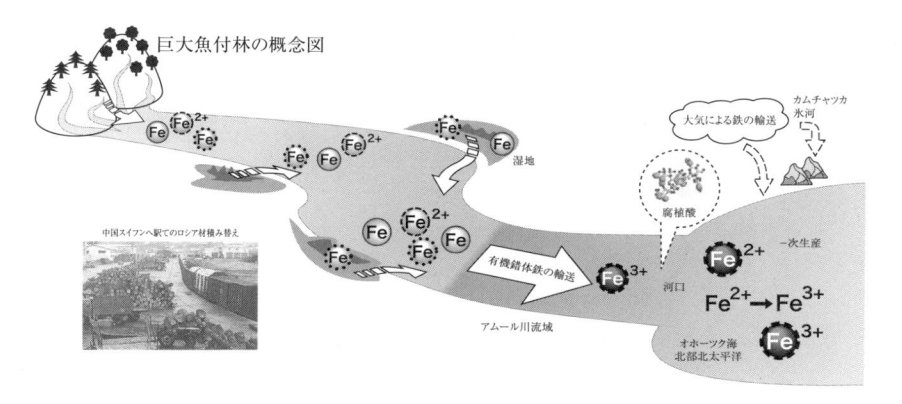

図14-2 総合地球環境学研究所アムール・オホーツクプロジェクトを示す概念図（白岩孝行氏提供）．アムール川流域の森林や湿地帯から鉄が供給され，それらが海流によってオホーツク海に輸送され基礎生産を促し，世界屈指の好漁場に結びつくとの「巨大魚付林」構想．

のような，これまでは見えてこなかった大陸と海洋の密接なつながりが，地球温暖化という急激な異変に伴い，見えつつあるようになることは皮肉なことである．

3 異体類の生態に見る

先に紹介したように，1990年より異体類をモデルに魚類の生態（加入機構）に関する国際シンポジウムが3年に一度開催されている．2008年11月にポルトガルで開催された第7回シンポジウムでは「Impacts of climate change on flatfish populations」がメインテーマに取り上げられた．筆者らはそのシンポジウムに参加することができなかったが，本節では講演要旨集からその内容を紹介することを中心に，気候変動が魚類の加入機構に及ぼす影響に関する研究の一端を眺めてみよう．

気候変動が及ぼすパターンとプロセスに関する二つの基調講演では，まず

20世紀の100年間に北東大西洋域では1.5℃の水温上昇が認められ，特に産卵前の冬季の水温が成熟や産卵期に影響を及ぼしていることが明らかにされている．しかし，研究対象となってきた異体類のほとんどは重要な漁獲対象であるため漁獲量はこの間に著しく減少し，漁獲サイズは小型化し，資源量に気候変動が及ぼすことを漁獲の影響から分離することは極めて難しいと指摘されている．一方，漁獲対象とはならない小型の異体類では，この間のレジーム・シフト（第10章5節参照）による増減がより明瞭に現れるとしている（Sims, 2008）．一方もう一人の基調講演者であるOttersen (2008)は気候変動の影響を個体・個体群・群集・生態系レベルに分けて分析し，より直接的な温暖化の影響は魚の生理を通じて現れることを指摘するとともに，生物的ならびに物理化学的環境の変化を通じてより複雑な過程を経て現れることを指摘している．これらの現れ方は主に大西洋産のニシン属やマダラ属を中心に解析されたものであるが，基本的には異体類にも適用できるとしている．それは温暖化の影響を最も顕著に受けるのは個体発生初期の浮遊生活期であり，異体類もニシンやマダラと同様に浮遊期をもつことによる．

　このほかの一般講演においても，分布の北方への広がり，仔魚期の輸送への影響，仔魚期の主要な餌生物となるカイアシ類の種構成の変化，河口域成育場においては河川水流入の量と変動パターンへの影響などが報告された．日本からも十数名の参加者が有りシンポジウムの成功に貢献したが，メインテーマの気候変動が異体類の生態に及ぼす影響に直接触れた研究は見られなかった．参加者の大半を占めたヨーロッパの研究者の発表でも10年単位の継続調査が見られる程度で，気候変動の影響を分析できる様な長期的なデータが蓄積されていないのが現状である．とりわけわが国においてもその様な長期的なモニタリング調査の必要性が痛感される．このことと関連して，わが国にはこれまで各水産試験場が何十年にもわたって実施してきた卵稚仔調査という貴重な財産がある．こうした過去に溯ってその経緯を知ることの出来る試料は極めて貴重であり，有効な活用が望まれる．

これらのシンポジウム報告から予測される，異体類の加入機構への地球温暖化の影響は，北海のような比較的高緯度の海域においては浮遊期の水温がプレイスの着底稚魚量に相関するとの研究（van der Veer and Witte, 1999）に見られるように，浮遊期の生き残りに温暖化がプラスの効果を発揮する可能性も推定される．しかし，20世紀の間に強度の漁獲圧によって資源量が著しく減少した重要魚の浮遊期にとっては，漁獲対象にはなってこなかった多くの小型魚の仔魚との間で，浮遊期における競合が激化することも予測され，単純に結論を出すことはできない．地にしっかり根を張った研究が求められる．特に，わが国では安心安全な食料の自給率向上への国民の期待を背景に，その必要性は高まる時期にあり，食料自給率向上の最も可能性の高い水産物に関わる研究分野では，目先の課題のみにとらわれず中長期的視点での研究が期待される．

　地球温暖化と並行して強まる可能性が予想される，紫外線が及ぼす魚卵や仔魚さらにはその不可欠な餌となるカイアシ類のノープリウス幼生などへの影響についても基礎的研究の蓄積が求められる（Hunter et al., 1979; Sharma et al., 2005; Fukunishi et al., 2006）．

第15章 稚魚たちの叫び

　前章で，磯焼け現象による海藻群落の消失やエチゼンクラゲの大量発生，さらには貧酸素水塊の拡大・長期化が仔稚魚の生き残りに少なからぬ影響を及ぼす可能性があることを述べた．しかし，仔稚魚の"苦難"は，これだけではおさまらない．多くの重要な魚類の成育場となる砂浜海域やその延長線上の河口・干潟域の現状はどうであろうか．"今，日本の沿岸から砂浜が消失しようとしている"（海洋政策研究所編，2005）との話題が深刻に受け止められ，マスコミでも報じられている．一体どうしてこのようなことが起こっているのであろうか．

1　砂浜の消失に戸惑う稚魚たち

　日本周辺から砂浜がどんどん消え去るのは，基本的にはほとんどの河川にダムが設置され，数十年が経過していることと深く関わると考えられる．当初，ダムは水を貯めて河川へ流入する水量の調節や発電のために造られたが，予期せぬ副作用として土砂も大量に貯め込むことになった．砂浜や干潟は"生き物"であり，常に流出と河川からの供給のバランスの上に成り立っている．長期間の砂の供給の停止によって，流出のみとなり，砂浜は消失し，海岸浸食を防ぐために大きな無数の消波ブロックが設置された無惨な風景があちこちに見受けられる．このことは，日本が誇ってきた美しい海岸の景観を損なうだけでなく，実は稚魚たちの成育場をも奪ってきたのである．

それは，物理的にそのような環境が消失することだけでは済まされない，稚魚たちにとってはさらに深刻な目に見えない事態が進行していることを意味している．沿岸浅海域がなぜ稚魚たちの成育場になっているかと問われれば，それは海の中で最も一次生産（植物プランクトンの増殖）が盛んな場所だからと答えることができる．それらは必然的に二次生産（植物プランクトンを食べてカイアシ類などの動物プランクトンが増殖）を促すことになる．それは稚魚たちの格好の餌になり，稚魚たちを育むことになる．

　それでは，なぜ沿岸浅海域でそれほど一次生産が盛んに行われるのであろうか．もちろん，海が浅いため太陽光が海底まで届き全層で光合成が行われることも理由の一つではあるが，そこには陸域から川や地下水を通じて植物プランクトンが増殖するためになくてはならない栄養塩類（窒素・炭素・リン・ケイ素など）や微量元素類がもたらされるからである．地球温暖化が世界的に問題となり，陸上の熱帯雨林の保全や植林に関心が高まっているが，豊かな栄養塩類や微量元素がもたらされる沿岸浅海域の"目に見えない広大な森林"とも呼べる植物プランクトンの活発な生産は熱帯雨林に匹敵するレベルにあり，光合成の過程で大量の二酸化炭素を吸収しているのである．そして，このような目に見えない海の森を広げるための研究が盛んに行われた結果，今，最も注目されているのが鉄である．いくら栄養塩が多くあっても植物プランクトンが利用できる形の鉄が存在しなければ増殖できないからである（Takeda, 1998；畠山, 2008）．

　この植物プランクトンにとって利用可能な酸化されていない鉄の大きな供給源は，森林の腐葉土層であり，川沿いの湿地帯などである．先に述べたダムの存在によって，その上流の森林からもたらされた鉄はダム湖の中での植物プランクトンの増殖のために使われてしまい，海には届かないのである．さらに，日本のほとんどの河川は管理に都合が良いとの理由で，直線化やコンクリート護岸化され川沿いに湿地帯はほとんど残されていない．このことは，成育場としての渚域の消失にとどまらず，稚魚たちの餌の供給源になる

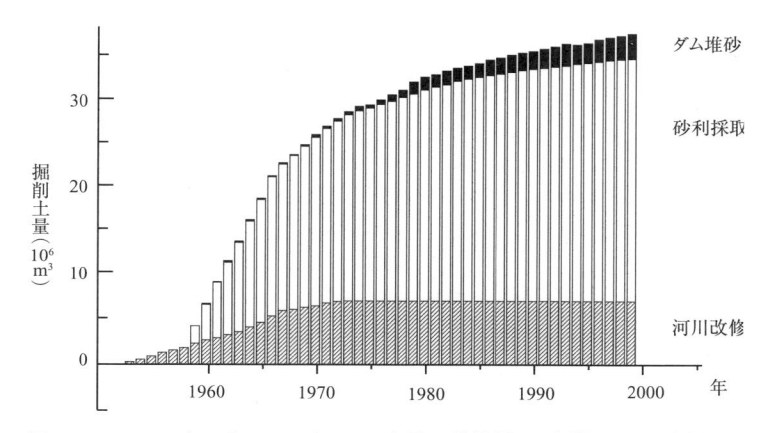

図15-1 1950年から2000年の50年間に筑後川から採掘された砂利の累積量（横山，2003）．本来なら海に流入すべき砂利が大量に採掘されたり，ダムに貯まったりしている．

べきはずの植物プランクトンが今までのように活発に増殖できない事態を進行させていると懸念される．

　砂浜や干潟の消失は，河川にダムや堰が造成されたことだけが原因ではない．図15-1は，1950年から2000年に至る半世紀の間に筑後川から建設工事のために採取された砂利の累積量の変化を示している．特に，高度経済成長期の60年代から70年代にかけて著しい量の砂利が筑後川から持ち出されている（横山，2003）．その結果，場所によっては，河底が2から3mも低下している所も多い．大雨などの際に，周辺から流入した砂もそのような川底が低下した場所に沈み，河口まで流れないことも起こりうる．高度経済成長期が終わると砂利採取量は減少したが，今なお採取は継続し，ダムに貯まる量と併せるとかなりの量の砂が海に流れないで，森川海連環系の外に持ち出されている．

　筑後川河口域では，今も春の大潮干潮時には，沖合5kmほどにわたって広大な干潟が広がるが，生きた干潟を維持し続ける砂泥の流入が著しく減少したことで，干潟の質は大きく劣化し，それは有明海の漁獲量の大半を占め

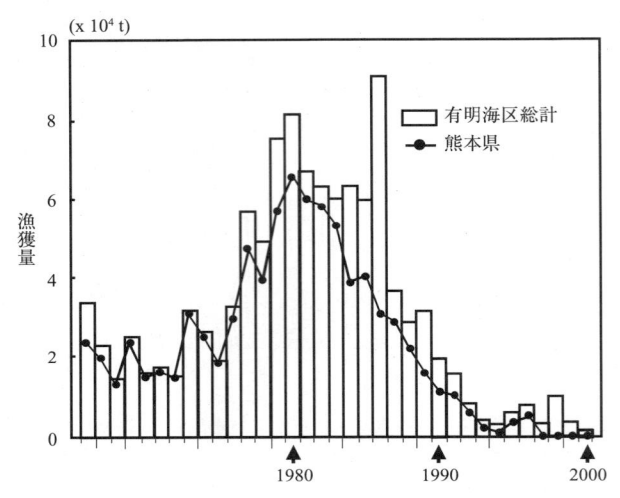

図 15-2　有明海ならびに熊本県のアサリ漁獲量の経年変化．有明海全域では 1980 年代後半からの急減が著しい（有明海漁民・市民ネットワークの資料より）．

ていたアサリの生産量の著しい減少（図 15-2）として現れている．この劇的な生産量の減少は，干潟の生物生産や浄化力の劣化の反映と考えると，直接・間接にそこに生息するすべての生き物たちにも少なからぬ影響を与えていることは，容易に推定される．干潟の劣化と仔稚魚の成長や生残に関する定量的な研究はほとんどなされていないが，今後の極めて重要な研究課題の一つと位置づけられる．

　日本海のヒラメ稚魚の生理生態に関する地理的変異を明らかにするために筆者らが実施している全国ヒラメ稚魚調査では，鹿児島県から北海道まで全沿岸域で約 24 ヶ所の定点を定めて，砂浜海岸で稚魚の採集を 3 年に一度実施してきた．太平洋側に比べて沿岸浅海域の開発が進んでいない日本海においても，前回の調査までは存在したヒラメ稚魚成育場が埋め立てられて消失しているという事態に直面させられる．日本海側に対して，太平洋側，特に大都市圏が発達する大阪湾，伊勢湾，東京湾などの湾奥部の沿岸浅海域には

かつて広大な渚域が広がり，ヒラメをはじめとする多くの海産稚魚の好適な成育場になっていた．しかし，今では湾奥部の相当広大な面積が埋め立てられ，コンクリート護岸で固められている．これらの浅海成育場は，かつてはヒラメをはじめとする海産魚の稚魚成育場として機能していたばかりでなく，日本の河川を代表するアユ仔稚魚の冬季の成育場としても重要な役割を果たしていたに違いない．

2 マングローブ河口域の荒廃

　亜熱帯域から熱帯域の海岸域に発達するマングローブ林は，稚魚成育場としても重要な役割を果たしている沿岸浅海域生態系の主要な構成要素である．しかし，ここにも，間接的ではあるが，日本が深く関わった乱開発が進められてきたことはよく知られている（村井，1988）．すなわち，マングローブ林をどんどん伐採し，そこに日本への輸出を主な目的としたエビ養殖場が造成され，それらは何年かして疲弊すると放棄され，次に隣接したマングローブ林を伐採して新たな養殖場を造成するということが繰り返されてきたのである．また，マングローブは木炭の好適な素材としても伐採されている．同時に，外海に面した水の綺麗なマングローブ林は，リゾート開発のために伐採が進められてきた．この乱開発のツケは，先のインドネシア沖で発生した巨大な地震による大津波の直撃を受け，多くの人命の犠牲という最も悲惨な形として現れた．

　筆者の一人が滞在しているマレーシアボルネオ島北西部に位置するコタキナバル市では，近年郊外へと開発が進み，ここでも広域的なマングローブ林の伐採による宅地造成が進んでいる．その結果，大雨の度に大量の濁水がマングローブ河口域に流出（図15-3）し，流れや風向きによっては，沖合の島の周りに発達しているサンゴ礁域にまで流れ着き，それらに深刻な影響を与

図15-3 宅地造成などにより伐採されたマングローブ林の河口域から流れ出す濁水（マレーシアサバ大学瀬尾重治氏提供）．マレーシアコタキナバル市郊外．

え始めている．また，それらの濁水の流入は赤潮の発生にも結びつき，沿岸海洋生態系への影響が危惧されている．マングローブ林の消失が沿岸生態系などに及ぼす影響が評価され始めている（Shinnaka et al., 2007）が，今後一層多面的な評価が求められる．

3 稚魚たちの警告

このように，埋め立て・富栄養化・捕食者の大発生・モ場の消失・磯焼け・干潟の劣化・ダム建設などに伴う砂浜の消失・川砂や海砂の採取・マン

グローブ林域の伐採・赤潮の発生・貧酸素水塊の恒常化・養殖漁業による汚染の進行など，数え挙げれば枚挙にいとまがないほどの沿岸浅海域環境の破壊が進行している．これらに加えて，淡水域ではオオクチバスやブルーギルなどの外来魚の大繁殖による被害の深刻化も無視できない影響を与えている（日本魚類学会自然保護委員会編，2002；杉山，2005）．特に，わが国では多くの固有種を擁する琵琶湖の場合，外来魚による在来固有種の大量捕食による絶滅の危機が深刻化しつつある．

　このような多くの深刻な成育場の破壊や劣化を，稚魚たちは一体どのように見ているのであろうか．筆者らには稚魚たちの懸命な"警告"が聞こえてくる．それは，"私たちだけでなく，あなたたちにも跳ね返ってくる取り返しのつかない問題なのですよ"といっているようにも聞こえる．こうした稚魚たちの"警告"に耳を傾けなくてよいのであろうか．

　沿岸性の稚魚たちの成育場は，マクロにみればいずれも陸域と海域の境界域である．従来は縦割り社会のなかでその存在の重要性が置き去りにされてきた場所なのである．近年，その重要性が"エコトーン"として見直され，ようやく脚光を浴び始めたところである．稚魚たちはそのような重要な場所の存在を訴え続けてきたに違いない．何十年も稚魚のことを知りたいといろいろなことを研究してきたのに，一番重要な稚魚たちの叫びに気が付かなかったとは，稚魚研究者を返上しなければならない．返上するのは簡単なことではあるがそれでは何の解決にもならない．稚魚たちの代弁者として，その叫びを一人でも多くの人たちに知ってもらうことが，今まずやるべきことだと痛感させられている．

第16章 稚魚研究に学ぶ

　人類とチンパンジーが分かれたのは，ほんの600万年ほど前だとされている．魚のなかで，異体類（ヒラメ・カレイ類）と呼ばれるように左右非対称に変化した特異な体型のグループが生まれたのは一体どれくらい前のことであろうか．数年前に長野県で発掘されたほぼ完全な形のヒラメの化石は現存のヒラメよりやや細長い感じを受けるが，ほとんど同じ形をしている．この化石が出てきた地層は900万年ほど前とのことである．それより遙か前に異体類は普通の魚から分化したと考えられる．一体どれほどの年月をかけてあのような形へと変化したのかは不明であるが，突然にあのような形に変化したわけではなく，過渡的な形態を経て，変化したと推定される．最近，*Nature*誌に異体類の進化に関する系統発生学的な論文が発表され，新たな関心を呼んでいる（Friedman, 2008）．その長い地史的時間の歴史が，生まれてからほんの1ヶ月ほどの間に集約されて再現（再演）していると見れば，仔稚魚期への興味が倍増されるのではないであろうか．そればかりか，個体発生的にその謎に迫ろうという興味がかき立てられる．

1　比較の重要性

　異体類の中にも，ババガレイのように変態開始から終了まで，月単位のかなり長い時間を要する種もあれば，ササウシノシタのように一晩で変態を完了するような魚種も見られる．最も原始的と言われるボウズガレイ *Psettodes erumei* から派生的な異体類までいろいろな種の変態期間を比較してみると，系統と生態的分化との関連など，新しい研究の展開が可能かもしれない．ここでは異体類を例にあげたが，より一般化すれば，仔稚魚研究においても魚種間の比較は極めて重要な視点といえる．ある特定の対象種だけを見ていたのでは，そこに見いだされた特徴が一般的なのか特殊なのかの判断がつかない．まずは近縁種間の比較を行い，さらに，分類上の位置や生理生態の違う種との比較が重要となる．

　このような比較の重要性は，単に魚種間の比較にとどまらない．ある生理生態的側面に焦点を当てた場合，時間的に比較してみること，つまり同じフィールドで同じ手法を用いて何年もデータを重ね，共通性と特殊性を見いだすことである．この時間的比較は，長期視点とも言い換えることができる．一方，空間的に比較してみること，つまりその種の分布域の中心だけでなくその周辺域（分布域の端）を含むいろいろな地点において同一年に同じ方法で調べることである．これは広域的視点と言い換えることができる．さらに，ある現象を実際に海で直接観察したり，あるいはできるだけ実際の海に似た環境を水槽中に再現して（あるいは，人為的に多様な環境を与えて）観察したり，場合によってはその中間的な手法（現場模擬実験：メソコズムあるいはエンクロージャーなどと呼ばれる）を用いるなど多面的なアプローチが必要となる．このような手法的な比較についていえば，ある現象，たとえば異体類の変態を，形態学，分類学，組織学（免疫組織化学），生態学，行動学，生理学，内分泌学，生化学，分子生物学，分子遺伝学などあらゆる可能な角度から分析することも極めて重要である．このことは，総合的視点とでも呼べるであろう．

　ここに挙げた三つの視点，すなわち，長期的視点，広域的視点そして総合的視点の重要性に気付かされたのは，いずれもこれまでの仔稚魚研究の経験によるものである（田中ほか編，2008）．まず，長期的視点についていえば，長崎県平戸島志々伎湾でのマダイ稚魚研究において，集中的に3年間継

続して得られた結果が，さらに5年，10年と調査を継続していくと全く違ったものとなり，最初の3年で描いたマダイ稚魚の生態像が大きく崩れる，という経験から生まれた．年によってマダイ稚魚の現存量は著しく変化する．また稚魚成育場の生物的・物理化学的環境諸条件も多様に変化する．マダイ稚魚はそれらに対応して毎年様々な"顔"を見せてくれる．できるだけ多様な顔を把握してこそ，初めてマダイ稚魚の生態がある程度把握できたといえるであろう．この考えがより確信に近づいたのは，京都大学舞鶴水産実験所をベースに行った若狭湾西部海域由良浜でのヒラメ稚魚調査を通じてであった．

2 長期的視点：腰を落ち着けて研究しよう

舞鶴水産実験所では，1970年代の終わりごろより異体類の仔稚魚調査が行われ，それらの成果は南 卓志（現東北大学）の異体類の初期生活史に関する一連の研究として発表されている．その後，多くの大学院生により同じフィールドでヒラメ稚魚を中心とする調査研究が続けられ，年による出現パターンの違いなどが見いだされ，80年代終わりから稚魚の着底シーズン全期（3月中旬から6月中旬）にわたる継続的な採集が現在まで行われている．このうち1989年から1999年までの季節的出現パターンを解析した前田（2002）は，出現ピークには4月下旬から5月上旬にかけて現れる前期群と5月下旬から6月上旬に現れる後期群の存在があることを認めた（図16-1）．

また，有明海筑後川河口域の7定点では，1980年以来3月と4月を中心に，口径1.3mの稚魚ネットによる採集がすでに30年間継続され，年によってスズキ仔稚魚の採集量は1曳網当たり100個体を超える年から，ここ数年のように1ないし2個体にとどまるような場合も見られる．詳しい分析はこれからである．この間筑後川には筑後大堰が建設（1985年）され，また諫早

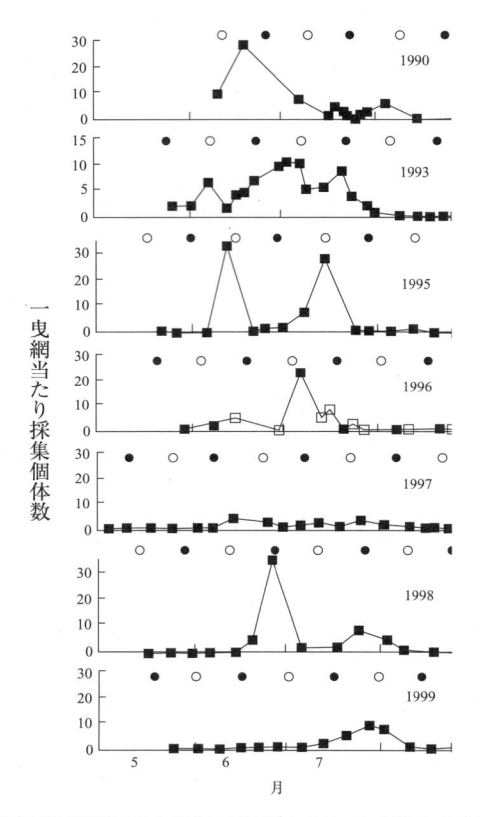

図16-1 若狭湾西部海域由良浜に出現するヒラメ稚魚の出現動態(前田,2002).1995年に典型的に見られるように二峰型を示す年が多い.

湾の閉鎖が断行される(1997年)など仔稚魚の成育にとってマイナスに働く環境改変が行われ,それらとスズキを含む特産魚仔稚魚の出現動向との関係の解析が待たれる.日本の研究の欠点として,その時々のトピックスに研究が集中(研究資金が集中)し,直ぐには論文にならないような長期的なモニタリング調査が継続されることは少ない.有明海の調査も,関係4県の水産試験場の定線観測により物理・化学的環境データの集積は行われてきたが,大

学や水産研究所などによる一部の研究（田北，2000，田北・山口編，2009；東，2000；田中，2009a; 2009b）を除き，生物学的な組織研究はほとんど行われてこなかった．しかし，2000年から2001年の冬季に起こった養殖海苔の大不作と，それが諫早湾干拓の影響だとする漁民の運動がマスコミに大きく取り上げられるに及んで，原因究明の調査への多額の研究費が付くこととなり，多くの研究者が有明海研究に携わることとなった．しかし，特に生物情報については，問題が生じる前に蓄積された基礎的知見が欠如していることにより，影響を客観的に評価することができない．ここにも，日常的な長期の継続的データの蓄積の重要性が浮かび上がっている．

3 広域的視点：分布の縁辺に注目しよう

　筆者らが広域的視点の重要性に気付かされたのは，やはり日本海におけるヒラメ稚魚調査である．日本海沿岸のほぼ中央部付近に位置する若狭湾西部海域由良浜に毎年加入してくるヒラメ稚魚には，前期群と後期群が存在することが解明されたのをきっかけに，まず福岡県から京都府までの6府県において，適当と判断される砂浜海岸でヒラメ稚魚の採集が行われ，予想されたように西部海域ほど産卵期が早いため，ヒラメ稚魚の平均体長は大きいことが判明した．同時に由良浜で採集されるヒラメ早期群の体長は鳥取県あたりの稚魚とほぼ同じであることが示され，早期群は山陰地方から輸送されてくるものと考えられた．また，背鰭の鰭条数も由良浜早期群は鳥取県産のヒラメ稚魚とほぼ同数であることが明らかとなった．

　その後，この全国ヒラメ稚魚調査の範囲は日本海全域に広げられ，鹿児島県吹上浜から北海道余市まで，24の固定定点で行われるようになった．これらの調査で得られた標本の耳石日周輪解析や，各県水産試験場などの報告集などに収められた体長組成の季節的推移から推定したヒラメ稚魚（体長3

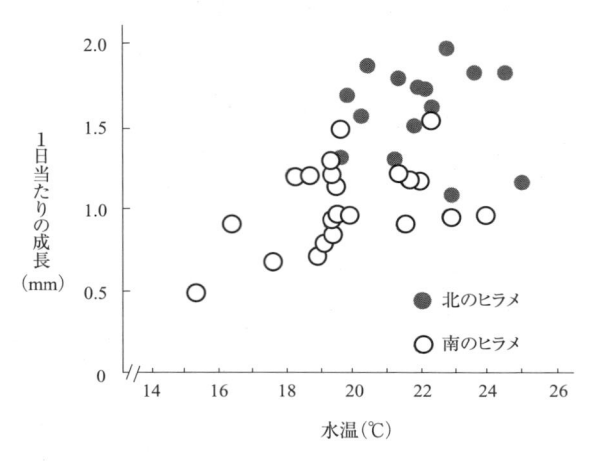

図16-2 日本海各地で採集されたヒラメ稚魚の3から6cmにおける日成長とその間の平均水温との関係（Tanaka et al., 1997）．20℃以上の同一水温下で比較すると北（能登半島以北）のヒラメの成長率が高い．

から6cm）の日成長とその間の平均水温の関係が調べられた．その結果，ヒラメ稚魚の日成長は，同じ水温範囲で比較すると北部群の成長が南部群の成長を上回ることが明らかにされた（図16-2）．また，仙台湾の蒲生干潟では，本来いるはずがない（と信じて疑わなかった）軟泥質の干潟域で，多くのヒラメ稚魚が採集されたのである．まさに青天の霹靂とはこのことをさすのかと驚嘆させられた．なぜなら，これまで全国各地の調査を通じて，ヒラメ稚魚の成育場は白砂青松といわれるような砂質海岸との思い込みが固定していたからである．思いもかけず軟泥質の場所でヒラメ稚魚が採れた要因は，満腹状態の稚魚と網の中に入った大量のアミ類から，容易に推定された．つまり食性をアミ類に特化させたヒラメ稚魚は，通常は砂浜海岸にアミ類が豊富に分布するから多く採集されるのであり，底質がたとえ軟泥であっても餌のアミ類さえ豊富であればそのような場所にも分布しうるのである．ヒラメ稚魚にとって，生き残り上最も重要な要素は，"ベッド"ではなくて"食料"であ

ることに気付かされた．

4 総合的視点：横断的視野を養おう

　総合的視点の重要性を気付かせてくれたのは，これもヒラメとスズキ稚魚である．ヒラメは典型的な変態性魚類の代表格であり，多くの研究がなされてきた．それは基礎的研究としても，また応用的研究としても，極めて興味深く，かつ重要な存在だからである．また，変態という基礎的にも応用的にも重要な個体発生上の劇的な一大転換期を持つからに違いない．前述したように，ヒラメでは，ブリやマダイに次ぐ養殖対象種として，またマダイに次ぐ栽培漁業対象種として，大量種苗生産が1970年代後半から取り組まれた．この技術開発をもとに，変態過程の生理的な研究や栄養要求などに関する生化学的な研究が行われるとともに，養殖研究所と東京大学海洋研究所の共同のもとに変態の内分泌機構に関する多くの基礎的研究が展開された（乾, 2006）．一方，これらに先行して，ヒラメ仔稚魚のフィールドにおける生態調査が行われ，形態発育史・出現期・着底場所・食性などの基本的情報の集積が進んだ．またその後，解読が困難であった耳石日周輪による成長や生き残りの過程が分析された．これらの生態調査より，ヒラメは変態期に沖合から岸近く，とりわけ河口域近くの砂浜域に着底するという接岸過程が解明された（Tanaka et al., 1989a；1989b）．この接岸回遊は，かなりの低塩分域に稚魚が着底することができる低塩分適応能力の発達に関わる研究を誘導することになる（Hiroi et al., 1998）．したがって，ヒラメの変態の生理生態は，まさに多様な学問領域の共同のうえに，初めて理解が可能になるといえる現象なのである．

　もう一つのモデルとなった魚種は有明海の湾奥部に生息するスズキ稚魚である．本種の初期生活史は，フィールドにおける出現期・成長に伴う河川溯

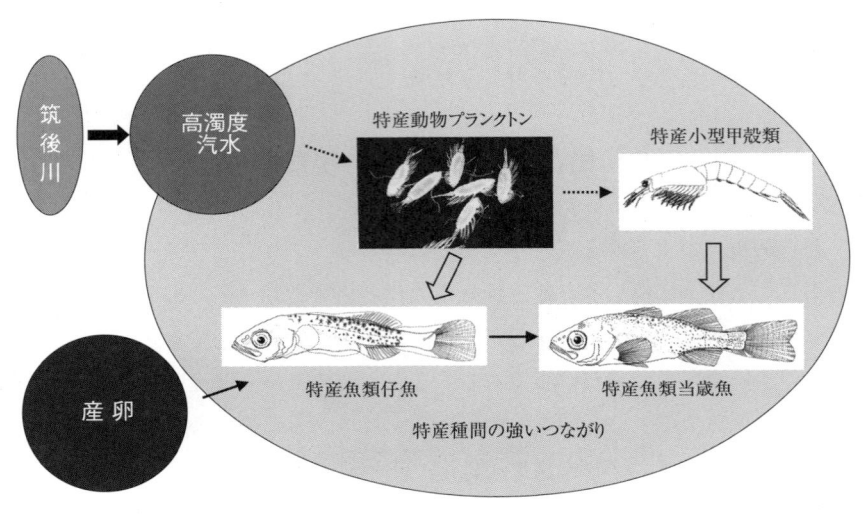

図 16-3　筑後川河口域における高濁度低塩分汽水と特産種同士の強い結びつきより成り立つ「大陸沿岸遺存生態系」模式図.

上・食性・それらを支えるカイアシ類群集・特異なカイアシ類群集の生産を支える高濁度水などの一連のつながりより明らかにされた（図16-3：田中，2009b）．これらと併行して，河川を遡上する生理的背景として甲状腺ホルモン・コルチゾル（Perez et al., 1999），プロラクチン（Tanaka et al., 2009b）などの動態が調べられるとともに，低塩分適応実験が行われ，塩類細胞の分布密度や淡水型の塩類細胞の出現などが調べられた（Hirai et al., 1999）．また，この有明海スズキに見られる特異な仔稚魚期の河川遡上生態と関連して，その起源に関する分子遺伝学的な解析が行われ，日本産のスズキと中国産のタイリクスズキの交雑個体群であることが解明されている（中山耕，2002；2008）．これらの総合的な解析は，有明海スズキの生理生態を深く掘り下げるうえで極めて重要なものとなっている．さらに，今後，少なくとも過去30年間の経年変化の解析やこれらの起源を求める中国大陸や韓国西岸への調査が広がれば，有明海スズキの初期生活史研究は，長期的視点，広域的視点ならびに

総合的視点の三拍子が揃ったモデル的研究となるであろう．

　稚魚研究が教えてくれたこれらの視点は，私たち人類が直面している地球的課題の解決にも通じるものと考えられる．現代社会はあまりに慌ただしく，中長期的視点に基づく本質的な解決の追求よりは，直ぐ明日の答えが求められる．日本の土用の丑の日のウナギの食習慣がヨーロッパウナギの資源の減少に深く関わっていることなど考えながら，蒲焼きを賞味する人などいないであろう．海洋資源に関しても，20世紀後半から，問題が起こる度にそれに直接関連する科学技術の開発でその場を凌ぐ，ということを繰り返してきた．その結果，地球環境に大きな亀裂が走るという現実に直面せざるをえなくなってしまった．総合的視点が欠如しては，この21世紀の地球的課題は解決しえないであろう．そして，何よりも人々の心から，じっくりと広く，そして全体的にものを見る生き方も，それらによって結ばれていた人と人との，また人と自然とのつながりも著しく希薄化し，殺伐たる世の中へと沈み込みつつある．稚魚たちは，このような愚かしい人類の現状をどのように見ているのであろうか．

column 8

漁師のひと言

　筆者らが所属する京都大学大学院農学研究科あるいはその関連施設の舞鶴水産実験所には 18t の緑洋丸と 5t の白波丸という 2 隻の調査船があるが，いずれも調査は日帰りでできる範囲に限られる．目的や対象生物に応じて舞鶴湾から遠く離れた場所で調査をするとなると，漁船をチャーターしなければならない．例えば，この 3 月でちょうど調査を開始して 30 年になる有明海湾奥部の筑後川下流域から河川感潮淡水域での調査にはこれまで 6 人の漁業者にお世話になってきた．幸い燈台や橋などを目的に定点を定め，慣れた大学院生が調査に加わると漁師さんは我々の動きを見て次々と機敏に船を動かしてくれる．もちろん，漁師さんが慣れるまでには意思疎通を欠き，船上作業に不慣れな初心者の頃には，もう付き合いきれないと言われたり，同じ福岡県でも博多と全く言葉の異なる柳川や大川の漁師さんが早口で地元の言葉で話をされると全く何を言っているか判らず苦労したことも数えきれない．しかし，いろいろな困難なことも，最終的にはこちら側の熱意を漁師さんが感じとってくれて，同じ海や水産業に関係する"仲間"としての意識が危機を回避してきたように思われる．ともあれ，筆者らの沿岸浅海域の調査には地元の海と生きもののことを熟知した漁師さんの協力なしには進められないことを実感し続けている．
　有明海筑後川河口域稚魚調査を始めたのは 1980 年 3 月であり，その後の

10年は30歳代に経験した「最低10年はデータを蓄積する」ことを肝に銘じて，研究費の少ない中を手弁当で3月の大潮時を中心に調査を継続した．いつも調査を終えた直後にはその間ずっと世話になっていた柳川市の漁師酒見孝彦さんの居間でおこたに入り酒をふるまわれていろいろと話を聞くことが恒例となっていた．1989年3月にちょうど10年目の調査を終え，年に1〜

筑後川調査でお世話になった漁師さん
右：酒見孝彦さんの後を継いだ酒見和美さん　左：古賀貞義さん（撮影：鈴木啓太氏）

筑後川河口域上流部の調査でお世話になった塚本辰己さん（中央）

筑後川での調査．口径1.3mの稚魚ネットを揚網するところ．

2回とは言え京都から学生最低2人とともに柳川まで来てレンタカーを借り，用船料を支払うのはなかなか厳しくなり，「これでちょうど10年になりましたので，一区切りを……」と言い出そうとした矢先に，酒見さんは「先生，海のこっでん魚のこっでん30年ばやらんば分からんとよ」と言われた．機先を制せられるとは，まさにこのことであろう．その重みのある言葉の前にのど元まで出かけていた言葉が霧散したことは言うまでもない．この春にはとうとうその30年を迎えるのである．どれだけ海のことや魚のことが分かったかは別にして感慨深いものがある．

　もうひとつの漁師のひと言は別の意味で一層衝撃的なものであった．丁度あの養殖ノリの大不作が表面化して，それは諫早湾締め切りによるものだと漁師が海上大デモンストレーションを起こし，大きな社会問題になる直前の2000年11月末のことであった．ところは福岡県柳川市柳川市民ホールであった．中部筑後漁業協同組合創立25周年記念事業において，鹿児島大学理学部の佐藤正典氏や長崎大学田北　徹氏が中心となって，有明海再生の願いを込めて書かれた『有明海の生きものたち：干潟・河口域の生物多様性』(佐藤編，2000)の出版記念を兼ねてシンポジウムが行われた．各演者の講演が終わった後の参加者から意見を聞く時のことであった．有明海がかつての"宝の海"から"瀕死の海"へと変わりつつあることへの懸念について意見表明が行われたあと，一人の漁師がこう言った．「あんたら研究者は有明海の生きものを調べて本を書けば満足じゃろうが，わしらはこげんに漁が少のうなっては首をつるしかなか．なんとかわしらが生きられる道を教えてくれ」もちろん壇上の私を含む全ての演者には答える術はなかった．

　この時，有明海調査に関わっていて，一緒にシンポジウムに来ていた4名の大学院生にとっても一生忘れることのできないひと言であったに違いない．1000人の会場の外にあふれた1000人，合計2000名の参加者の共通の声として迫ってきた．今も決して忘れることはない．そして，この二つの漁師のひと言に支えられて，有明海筑後川稚魚調査を体力と気力が続く限り，35年，40年と継続して行きたいと願っている．

第17章 仔稚魚研究と森里海連環学

20世紀後半の著しい科学技術の進歩は，目覚ましい速度で私たちの生活に利便性を与えてくれた．一方，市場原理に基づく経済のグローバル化は，地域の特色や文化を次第に消滅させ，人と自然や自然と自然の不可分の結びつきを分断し続けてきた．21世紀こそこのような流れを元に戻そうとの努力が各地域で誕生しつつあるが，まだまだ地球規模の奔流に歯止めをかける展望を開くところまでには至っていない．しかし，これまで教育研究の分野でさえ縦割りであった現状を打破して，新たな統合学問を創生する動きも見られ始めている．その代表的なものが，2003年に京都大学で生まれた森里海連環学である（田中，2008）．

1 森の豊かな恵みの重要性

日本は，世界的にも稀な森と海に恵まれた国であり，本来は森の豊かな恵みを受けて，豊かな海が維持されてきた．しかし，流域に（特に河口域）に多くの人々が密集し，森と海をつなぐ川を直線化し三面をコンクリートで固めて（排）水路と変え，生活と産業の廃棄物を海に流し続け，森と海の本来的なつながりはすっかり分断されてしまった．この森と海とつながりを取り戻し，人々の心につながりの価値観の重要性を回復させようとする文理融合の統合学問領域の立ち上げである．このような新たな学問領域を作る必要性を海の側から提案したのは，実は稚魚研究の成果からであるといえる．筆者

の一人は，大学院入学以来40数年にわたりほとんど稚魚一筋に研究を続け，多くの知見を得ることができた．中でも，稚魚への移行期に生じる接岸回遊の"発見"は，陸域と海域の境界に当たる沿岸浅海域が特別に重要な役割を果たしていることを想起させることになった．

しかし，多くの仔稚魚についての生理生態的知見がようやく蓄積された現時点では，すでにそれらの稚魚たちが成育する沿岸浅海域は著しく破壊され，環境が悪化してしまっているのである．あるとき，歴然としたこの"ギャップ"に愕然とした．一体自分の稚魚研究は何だったのかとの思いにさいなまれた．稚魚の生理生態が解明されたときには，その稚魚たちの棲む場所が危機的状態になっているのを解決するにはどうすればよいかとの思いが募った．そんなとき，偶然にも大学の組織再編の波のなかで，森の教育研究施設（演習林）と海の教育研究施設（臨海実験所・水産実験所）を統合し，新たな全学共同利用の教育研究施設を発足させる役割が回ってきた．そして，2003年4月に京都大学フィールド科学教育研究センターが発足した．この新たな森と海の施設の統合は，両者をつなぐ新たな教育研究領域の創生の必要性に迫られ，先行する社会的運動"森は海の恋人"（畠山，1994）などを参考に，新たな統合学問領域として森里海連環学の誕生となった（京都大学フィールド科学教育研究センター編（山下，監修），2007；田中，2008）．

海，特に浅海域，中でも閉鎖的な海の環境の変化は著しい（たとえば，山本・古谷編，2007）．そして，これら沿岸浅海域の修復は海に直接関わる機関や人々のなかだけでは解決できない状態に至っていることが明白となってきた．"稚魚成育場の再生は森の再生"からといった取組こそ必要となったことに気付かされたのである．例えば，第9章でも述べたように，亜寒帯域では，火山の噴火によりもたらされる火山灰に含まれるリンや硝酸塩等の栄養塩が植物プランクトンから動物プランクトンへとつながる生産を促し，川から海に降り北太平洋へと旅立つサケ・マス類の稚魚の成育を支えている可能性がある．一方，熱帯・亜熱帯域では，例えば世界最大級の保礁であるグレー

トバリアリーフのようにサンゴ礁が発達して高い生産力を示し，多種の稚魚たちを育んでいるが，サンゴ礁は栄養塩類の増減や土砂の流入，水温変化等の影響を受けやすい脆弱な系であると考えられ，健全なサンゴ礁の維持には陸域，特に森林域と河川の保全が不可欠と予想される．

　このような陸域，特に森林域と沿岸浅海域との不可分のつながりは，私たちがこれまで意識してこなかっただけで，どこにでもあるに違いない．こうした本来自然が持つ絶妙のつながりの発掘はこの森里海連環学の一つの大きな目的である．しかし，それであれば，森と海をつなぐのは川であり，「森川海連環学」でもよさそうである．なぜ，"川"ではなく"里"なのであろうか．それは，この新しい学問の目指すところの違いに由来する．自然科学的興味だけであれば（それだけでも十分に興味深いのだが），森の生態系がいかにして海の生態系につながっているかを解明すればよいことになる．しかし，その仕組みが分かっただけで，稚魚たちの育つ環境は再生されるであろうか．森と海の深いつながりを分断したのはほかならぬ私たち人間なのである．その人間の考え方（価値観）が変わらない限り，稚魚たちの成育場の再生はありえないのである．森と海の間をつなぐ川の流域には人々が集中する．わが国の三大都市圏はすべて大きな川の河口域近くに発達している．ここでは，「里」を極めて広い意味で人々の集まる所といった意味で用いている．森里海連環学の最終目的は，里に暮らす人々の価値観をつながりを大事にする方向に変えつつ，総合的に森と海のつながりを解明し，地域の再生から海の再生を実現しようとするものである．

　森と海のつながりは，北海道や東北など北の地域では，より直接的で分かりやすい．たとえば，北海道西部の流呈2km弱の小河川，濃昼川をモデルに，年間を通じて落葉量をはじめ海に流れ込む栄養塩などの測定が行われた（Kochi et al., 2007；櫻井・柳井，2008；長坂・川内，2008）．このうち，著しい量の落ち葉が分解されずに海まで流れ，河口近くには落ち葉溜まりとして堆積する．それらをまず利用するのは，ヨコエビ類の一種のトンガリキタヨコ

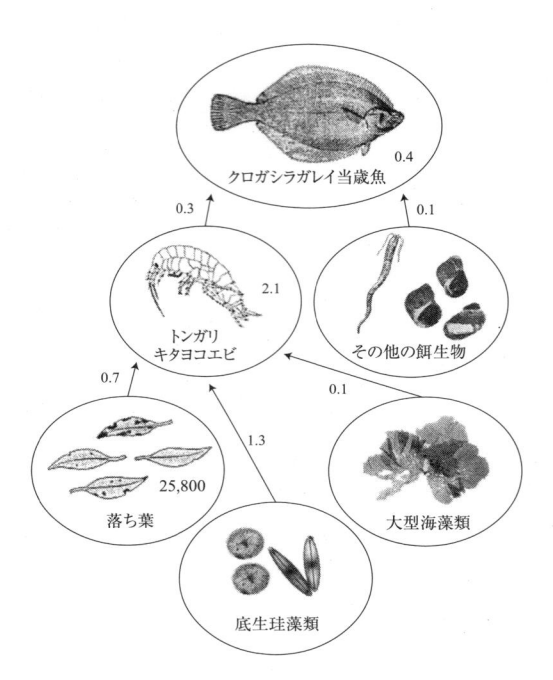

図17-1 河畔林の落葉からクロガシラガレイ当歳魚に至る食物連鎖の有機物の流れ．数値は g-C/m^2/年（櫻井・柳井，2008）．

エビ *Anisogammarus pugettensis* である．そして，これらはクロガシラガレイ *Pleuronectes schrenki* 稚魚の重要な餌として利用される（図17-1）．

　このような森の海に果たす直接的な事例はまだほとんど知られていないが，近年，鉄が海の基礎生産に極めて重要な役割を果たしていることが注目され，外洋域での鉄の散布による植物プランクトンの増殖試験や黄砂に含まれる鉄の役割などが調べられている．先の"森は海の恋人"運動の理論的背景は，広葉樹の落葉により長い年月をかけて形成された腐葉土層を通った雨水がフルボ酸鉄を含み，河口域に運ばれて植物性プランクトンや海藻の生産を促進するとの松永理論（松永，1993）による．最近，新たに発刊された，森は海の恋人運動の先導者である畠山重篤の『鉄が地球温暖化を防ぐ』には，

前述したように，鉄鋼スラグと腐植物質の混合物を袋に詰め，磯やけの海の中に設置しておくと，半年も経たない間に昆布などの海藻が繁茂してくることが紹介されている（畠山，2008）．この実験は今全国各地で行われ，いろいろな海藻類でも同様の効果があることが実証されれば，ガラモ場の再生に大きく貢献することが期待されている．これは，稚魚の成育場の回復にとどまらず，炭酸ガスの吸収を促進し，地球温暖化の防止にもつながるといえる．

2 森里海連環学から見た新たな課題

　前に，ヒラメ稚魚が渚域や河口域を成育場とするのは，そこには餌となる多くのアミ類が生息するからであることを述べた．そしてこのアミ類は森からの恵みを含んだ淡水の影響のある場所で増殖していることが推定される．もし，このような過程が存在するとすれば，ヒラメ稚魚もまた森の恵みを受けて成育するといえる．日本海側を代表する白神山地の豊かなブナ林の存在は，日本海の存在を抜きにしては説明できない．つまり，大陸から日本海をわたってくる大気はその過程で対馬暖流から蒸発する水分を十分に含み，日本の脊梁山脈に当たり，多くの雨や雪を降らすからである．そして，豊かに育った森は腐葉土層を形成し，そこに降った雨は腐葉土層を通り，川や地下水を通じて海に流入し，植物プランクトンや動物プランクトン・アミ類などの生産に貢献していると推定される．富山湾に流入する淡水の実に30％は地下水を通じており，しかもそれらの水は標高1200m前後のブナ林帯に起源する（張，2003）．

　従来のように，森と海を別々に研究するやり方からは，決して"ブナ林がヒラメ稚魚を育む"といった発想はでてこないであろう．古く江戸時代から海辺に暮らす漁師たちは，海岸近くに迫った広葉樹や照葉樹の森を魚付き林として護り続けてきた．魚付き林の効用に関する科学的裏付けはまだ本格的

にはなされていないが，この森里海連環学の重要なテーマになりそうである．森からの栄養塩類などの海への供給が沿岸浅海域を豊かにし続けてきたことを，漁師たちは経験的に知っていたのであろう．そして，魚付き林は稚魚の成育環境としても重要な働きをしていることが予想される．

　今，全国的に沿岸漁業の漁獲量は減少し続けている．このような漁獲量の減少は，海だけでなく琵琶湖などの淡水域でも同様に進行している．たとえば，日本を代表する淡水魚を1種挙げて下さいと問われれば，私も含め多くの人はアユを挙げるのではないかと思われる．このアユの全国の漁獲量はこの20年間に2万tから1万t以下に減少している．特に，かつては全国一の漁獲量を誇った高知県では，2200t前後から200tを下回るまでに激減している．前述のように，このアユは通し回遊魚であり，秋から初春の半年間は海で育つ．つまりアユの仔稚魚期を過ごす場所は海なのである．最近の研究（高橋・東，2006）では，これまであまりよく分かっていなかった海でのアユの生態（初期生活史）が次第に明らかにされつつある．孵化後一晩にして河口域にたどり着いたアユ仔魚は，海岸線からせいぜい2km程度の川の"臭い"のする（淡水の影響を受けた）浅海域に生息する．サケのように自分の生まれた川の臭いを覚えていて元の川に戻る機構はないと考えられているが，浅海域にとどまりあまり広がらない結果，河口域の地形にもよるが50%程度の確率で生まれた川に遡上するようである．

　この日本の淡水魚の女王とも呼べるアユと森里海連環学の間にはどのようなことが想定されるであろうか．一つは半年にも及ぶ沿岸浅海域での仔稚魚時代には，砂浜海岸の消失，海岸線に張り巡らされた道路による陸域と海域との分断，その代表例として魚付き林の消失，川の流域に住む多くの人々の生活や農業を含む生産活動の終末産物の流入その他による海での生活環境の劣化など，物理的な要因による生残率の低下がまず考えられる．そして，森からの栄養塩や微量元素の流入低下による沿岸浅海域の食物連鎖系の弱体化が，生物学的な背景にあるのではないかと推定される．

一方，川に帰ってからはどんな問題があるのであろうか．もともと日本の川はかなり急勾配であり，岸辺には木々が生い茂っていたと考えられる．今も木々が生い茂っているために見た目にはそれほど変わっていないように思えるが，実はその中味は著しく変わってしまっているのである．つまり，かつてのいろいろな樹種から構成されていた河畔林はほとんどがスギやヒノキなどの針葉樹にとって代わられてしまっているのである．川を遡上するアユたちにとって魚付き林とも見なされる河畔の木々が広域にわたってスギやヒノキに変わってしまった．しかも林業の衰退による手入れのされない，昼なお暗く，昆虫や鳥などの生き物の気配のしない不自然な状態がアユの生活に影響を与えていないであろうか．直接的な影響としては，下草や低灌木の生えない手入れのされていない人工林からは，大雨の度に表土が流出し清流を好むアユの生息に悪影響を与えていることは確かであろう．このようなことがもっと劇的に生じると土砂崩壊を引き起こし，アユの生息環境そのものを破壊してしまうことになる．第12章3節でも紹介したように，近年，台風の襲来がより遅くまで続く傾向があるなかで問題となりつつあるのは，保水力のない人工林に降った雨が一気に河川に流れ込み，下流域のアユの産卵床として不可欠な砂礫をことごとく海まで流してしまうことである．

　このような自然災害的な影響ばかりでなく，日常的にも森の存在やその質はアユの生活に大きな影響を与えていると考えられる．アユの河川での餌は岩の表面に繁茂した付着珪藻である．体を一瞬横向きにして櫛状の歯で見事にそぎとって摂餌する．森の豊かな水の恵みが河口域の基礎生産に大きな影響を与えることを先に述べたが，海までたどり着く前に，まずはこのアユの餌となる付着珪藻類の増殖に森からでる水が大きく関わっていると考えられる．多様な樹種で構成された森から経常的にしみ出してくる水と，単一の人工林の表土を滑るように間欠的に出てくる水では，どちらが付着珪藻の繁殖に効果的かは歴然としている．しかし，残念なことに，このような人工林やその荒廃がアユに及ぼす研究は行われていない．このような発想自体がこれ

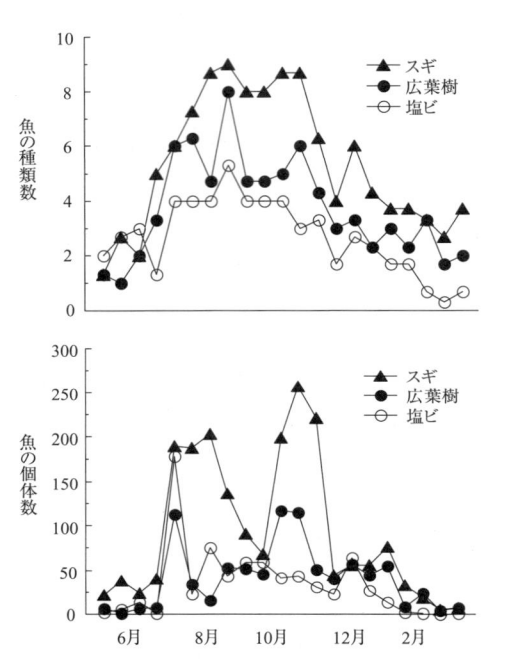

図17-2 舞鶴水産実験所沖に沈めた各種間伐材に集まる魚類の種数と個体数の季節的変化 (Masuda et al., 2009). 最初の一年間の結果を示す. 現在まで4年間にわたり月2回の潜水観察が継続されている.

までの"縦割り"科学の状況からは生まれてこなかったのである.

森の"効用"を直接調べる実験の一つとして, 京都府美山町にある京都大学フィールド科学研究センター芦生研究林から切り出した, スギ（間伐材）, 数種の広葉樹および塩ビパイプで作った人工魚礁を舞鶴水産実験所の側の水深8m前後の泥底に設置し, そこに集まる魚類について毎月2回の潜水観察により, 蝟集状態（種数・個体数など）を計測する研究が4年間にわたって行われている (Masuda et al., 2009). その結果, 季節的にそれらを利用する魚類は大きく変化（夏に多く, 冬に少ない：図17-2）したが, スギで作った人工魚礁が, 種数, 個体数ともに最も蝟集効果が高いことが明らかになった. そ

れは，スギが表面から水棲無脊椎動物などにより食べられ，凹凸が多くでき，付着生物が多く付くことと関連すると考えられた．沿岸浅海域の稚魚成育場の減少や劣化が進行する現状を考えると，間伐材を利用したこのような小規模木製人工魚礁は稚魚成育場としても利用できる可能性が高く，今後の利用が期待される．しかも，木製魚礁であるため，いずれは分解されて自然のサイクルのなかに戻っていき，環境に負荷をかけることが少ないとも考えられるのである．以上のような個別の重要な課題をいくつもあげることができるが，最も基本的で長期的な取り組みは豊かな森林を再生して広大な海の"目に見えない森"を復活させることである．海の見えない森とはこれまでに述べたように植物プランクトン生産力の回復である．このことなしに稚魚達は"幸福"になれないし，漁業生産の向上もあり得ないのである（Pauly and Christensen, 1995）．

3 マングローブ林再生の教訓

4年前にインドネシア沖で起きた巨大な地震に伴う大津波の経験から，マングローブ林の役割が改めて見直され，東南アジアをはじめ世界各地で今まで以上に造成活動が進められている．中でも，アラブ首長国連邦海岸砂漠での取組は特に興味深い．当地でもかつてはヒルギダマシ *Avicennia marina* のマングローブ林が海岸線域を埋め尽くしていたが，造船資材，燃料（薪炭），ラクダの餌などに利用するために伐採が進み，容易に近づくことのできない島の周辺以外では壊滅状態となり，広大な海岸地帯がほとんど生き物の生息しない海岸砂漠地帯と化した．

その砂漠化した海岸域にマングローブ林を再生する取り組みが20年以上前から行われてきた．しかし，苗や実をいろいろ工夫して植えても失敗の連続であった．この再生プロジェクトに加わった一人の日本人，玉栄茂康は

図17-3　アラブ首長国連邦の海岸砂漠に魚類養殖と組み合わせて再生したマングローブ林（玉栄茂康氏提供）．

　ティラピアの養殖池の周りだけにマングローブが茂っていることにヒントを得て，初期には年間5cmほどにしか生育しなかった人工マングローブ林の周りの水路を網で仕切ってクロダイの1種の養殖を始めた．そうしたところ，その周辺に植えたヒルギダマシの年間の生育は19cmにもなり，水域にはウミヒルモ類などの海草モ場や海藻モ場が形成され，動植物相は一気に多様性を増した（図17-3）．魚類の養殖により水路の海水は栄養塩を蓄えそれらが周辺の砂地までしみ出し，マングローブの生育に効果を発揮したと考えられる（玉栄，2004；2008）．そして，そこにはクロダイ類・フエダイ類・ボラ類・コチ・コトヒキなど多くの稚魚たちが集まりだしたのである．森の形成が稚魚の成育場となる典型的な事例としても注目される．

　このような事例から，今後森里海連環学的な視点で稚魚の成育場再生を見ていくと，いろいろな事実が明らかにされるのではないかと期待される．そのような動きが沿岸浅海域全体の成育場機能の回復に結びつき，稚魚達に"幸せ"がもたらされることを期待したい．

column 9

マングローブ林が取り持つ不思議な縁

　筆者の一人は現在マレーシアサバ大学の客員教授としてボルネオ島北西部のコタキナバル市内に在住している．ボルネオ島即ち未開のジャングルのイメージが強いのであろう．多くの皆さんからは，「マラリヤやデング熱は大丈夫ですか」と心配していただく．あるいは，いろいろなつながりがお有りなのになぜマレーシア（あるいはコタキナバル）ですか」とたずねられる．前の質問に対しては「人口50万人の大都市ですよ」と言うと「ボルネオ島にそんな都会があるのですか」と答えが返ってくる．後者については全くの偶然の産物であるので少し詳しい説明が必要である．

　ヒラメ・カレイ類の研究者の多くは「どうして個体発生の初期に片方の眼が移動して反対側に移るのであろうか？」に関心を持つ．これには二つのアプローチが考えられる．一つは系統発生的なアプローチであり，通常の魚から異体類型へ移行した根拠となる形態的な特徴（化石も含め）や遺伝的関連性から推定する．もう一つのアプローチは個体発生的アプローチである．体の両側に眼がある異体類の祖先となった魚種から異体類への進化の過程が個体発生初期の約1か月に濃縮されて"再演"されるのである（つまり，生まれた時には体の両側にあった眼が一月もすると反対側に移動するのである）．

　この研究のカウンターパートを探し始めて十数年が経過した．候補に挙がった試験研究機関はいずれも"帯に短しタスキに長し"であった．そのよ

うな時，思わぬ偶然に巡り会うことになった．同じ農学研究科の中の森林科学専攻の修士課程2年の院生が私の研究室に相談に訪れた．そのSさんは学部生の時代にコタキナバルを訪れ，その魅力に取りつかれてしまった．彼女の研究室の研究目標は森林と人間の関係学であり，マングローブ林の上に堀立小屋を建てマレーシアの建設現場を支えるフィリピンなどからの不法移民のことが気になっていたのであろうか．養殖漁業の出発点となる種苗生産に有効なカイアシ類がマングローブ河口域には豊富にいることを知り，そこで暮らす経済的には豊かでない人たちがそれらをタモ網などを用いて採集し，養殖漁業（種苗生産業者）に売れば人々の暮らしにささやかな貢献ができるとのシナリオを描いた．そして，そのための実験ができる研究施設をインターネットで調べたところ，コタキナバル市郊外にマレーシアサバ大学ボルネオ海洋研究所養殖部門があることに辿りついた．しかもその責任者は日本人であるという幸運にも恵まれた．

ここまで準備を進めた彼女が"ハッ"と気がついたのは自分は森林科学の学生であり，魚の仔魚も餌となるカイアシ類を見たこともない．仔魚の育て方やカイアシ類の採集方法ももちろんわからない．そこで担任の指導教授に相談に行ったところ，田中教授に聞きに行きなさいとのことになったのである．それが修士2年目の5月，そして6月はじめから9月はじめまでの3か月間，観光ビザで単身サバ大に押しかけ，そちらの大学院生に手伝ってもらい，データを取り修士論文をまとめた．ともあれ，彼女のバイタリティーに驚かされるとともにコタキナバルとマレーシアサバ大学を強く印象づけられた．彼女の帰国後の報告でそこの責任者は学生の指導に大変熱心な瀬尾重治助教授（現在は教授）であり，たくさんのまじめで研究熱心な大学院生がいることを知った．さらに幸運なことに市場にはボウズガレイがいつも水揚げされているとのことであった．稚魚のかけがえのない成育場として重要な役割を担っているマングローブを一度しっかり見てみたいと考えていた筆者には偶然の貴重な贈り物となった．その贈り主は，今フィリピンで植林のボランティア活動に参加していると聞く．

あとがき

　魚類の仔稚魚研究の本道は，今なお"Recruitment"（加入）であることには間違いない．この"加入"というタームには二つの意味が含まれる．生態学的には，生後1，2ヶ月のプランクトン幼生としての浮遊仔魚期を終えて，稚魚への移行，すなわち変態とともにそれぞれの種に固有の成育場に生息場を移すことをいう場合が多い．浮魚類では，群をなして群泳し始める時期を加入といえるのではないであろうか．一方，資源学的には，稚魚がさらに成長して漁獲対象になることを加入と呼んでいる．本書では，基本的には前者の立場で加入を捉え，話を進めてきた．多くの魚種の加入に至るまでの過程には，様々な生き残りに関わるドラマの展開があり，同じ舞台であっても毎年舞台装置（環境）が変わることにより，主役である仔稚魚が演ずるパフォーマンスは著しく異なる．ここに仔稚魚研究の難しさが有り，同時に追究しても追究してもつきない魅力が潜んでいる．

　本書では，私たちの，十分ではない設備や備品条件のもとでも人海戦術で調査が可能な沿岸性の魚類を対象として取り組んできた研究を中心に紹介してきた．したがって，その内容も，外洋性の魚種の場合とは当然異なると思われるし，膨大な資源量が推定されている中深層性魚類（マイクロネクトン）の生活史戦略も，沿岸性魚類のそれとは異なった様相を示すとも考えられる．さらに，深海性魚類の初期生活史はどのようになっているのであろうか．興味は尽きない．そのようななか，本書の姉妹編と位置づけた各論編は，思い切って『稚魚学』と名付けることにした．本書は，当初それに対して総論編としてまとめるつもりで取り組み始めたが，体系的な稚魚学総論となると，ここに取り上げた内容だけでは不十分であり，稚魚の分類や形態に関する諸情報なども網羅する必要がある．そこで，本書では小卵多産の繁殖戦略の結

果生じる初期の著しい減耗圧に対して，仔稚魚がどのような戦略で生き残りを図っているのか，特に魚類の個体発生上，成熟とともに最も大きなできごとと位置づけられる変態に焦点を当て，標記の題名としたわけである．現時点で，稚魚学などおこがましいと異論を唱えられる研究者の方も当然おられることと思われる．実は，稚魚学という言葉はわが国の仔稚魚研究の礎を築かれた水戸　敏博士が「検証の魚学」(1996) の中で今後のこの分野の発展への期待を込めて使われているのである．筆者らがまとめたこれら 2 冊の本が果して水戸博士の期待に応えるものであるかについては読者の判断にお任せしたい．本書と前著が問題提起となり，稚魚学を巡る議論が巻き上がり，仔稚魚研究がいっそう発展するきっかけになれば幸いである．

　本書を執筆し始めた昨年 5 月ごろより，金融という架空世界のもろさが現実の物となるとともに，それほど遠くない将来，このままでは食料自給率が 40%（カロリーベース）を大幅に下回る事態に至るのではないかと予想されるわが国の現状の改善が極めて大きな課題になることが明白となってきた．このような事態の顕在化のなかで，21 世紀の仔稚魚研究はどのような目的で何を対象に行われるべきであろうか．仔稚魚研究が直接関係する食料問題と環境問題とは密接に関連している．たとえば，磯焼けで減少しつつあるモ場の回復や造成は，稚魚成育場の拡大にとどまらず，CO_2 の削減にも寄与することになる．干潟の回復や造成は，河口域成育場機能の回復につながるだけでなく，環境浄化機能の向上にも貢献する．このような稚魚の生き残りに関わるいろいろな側面は，実は私たち人類自身の明日に直接関わるのである．このような縦横のつながりを十分に意識した取組が求められる．

　一方，研究あるいは科学は，人々に新たな夢や希望，そしてロマンを与える存在でもある．実用や応用ばかりが先行するようでは，科学が本来持つ純粋な役割がそこなわれかねない．正直にいえば，研究を目指すほとんどの人たち（当然筆者らも含めて）は，純粋に研究が好きだから敢えて困難をいとわず取り組めるのである．稚魚研究も，やりたいことをその目的がどうのこう

のといわずにまずは自由奔放にやれる状況にあって欲しいが，そのためには現実に突きつけられた課題の解決も不可欠，というジレンマに落ち入るのである．

最近，科学技術の革新が21世紀の地球的課題の解決に必要不可欠だとの世論作りが先行しているように感じられる．しかも，科学技術のうち，科学の影は次第に薄まり，技術ばかりが拡大し続けているように感じるのは筆者達だけであろうか．稚魚研究などあまり先端技術の革新には関係しない世界には陽が当たらなくなることがないよう願いたい．折しも，日本人として初めて海洋生物を素材としてノーベル化学賞に輝いた下村　脩博士の研究は，私たち海の生き物の世界で生きる研究者に大きな勇気を与えてくれることとなった．稚魚研究からもいずれそのような巨人が現れることを願わずにはいられない．

最後に，稚魚たちは私たちが忘れかけている自然のすばらしさを思い出させてくれる大切な存在であり，病める日本と世界の人々の心の治療にも，多様な環境教育を通じて将来貢献しうる存在でもあることを強調したい．コラム欄で「チリメンモンスター」を紹介したが，筆者らも是非この科学遊びを広めたいと願っている．

本書の出版に際しましては，以下に紹介させていただく多くの皆様方から，文献の紹介や写真の提供をはじめ，多大な御協力をいただきました．東京大学海洋研究所塚本勝巳教授・渡邊良朗教授，東京大学武田重信准教授，東京海洋大学竹内俊郎教授・芳賀　穣助教，聖マリアンナ大学廣井準也講師，上智大学竹内真理博士，北海道大学帰山雅秀教授・上田　宏教授，東北大学鈴木　徹教授，高知大学山岡耕作教授・中村洋平助教，広島大学小路　淳准教授，国際農林水産業研究センター田中勝久博士，独立行政法人水産総合研究センター有瀧真人博士・黒川忠英博士・木村　量博士・田中秀樹博士・首藤宏幸博士・山田勝雅博士・田中庸介博士・八谷光介博士・與世田兼三博士，大阪府水産技術センター日下部敬之氏，名古屋港水族館松田　乾氏，愛

媛県平田智法・同しおり氏，UAEアブダビ首長国連邦環境省海洋環境調査センター玉栄茂康博士，マレーシアサバ大学瀬尾重治教授，京都大学山下洋教授・益田玲爾准教授・鈴木啓太氏・三輪一翔氏，これらの皆様の御協力無しには本書の出版は実現に至らなかったと思われます．また京都大学大学院農学研究科海洋生物増殖学分野黒河七菜子氏には困難な編集作業に多大な御協力をいただきました．著者一同心よりお礼申し上げます．

　本書の企画の段階から終始一貫して著者らが気付かない様々な点についての適切な御指摘と激励をいただきました京都大学学術出版会鈴木哲也氏に深く感謝申し上げます．

　なお，本書の出版に当たりましては，京都大学教育研究振興財団より田川正朋に対し，平成20年度学術研究書刊行助成をいただきましたことを記して，深謝の意を表します．

平成21年3月
著者一同

参照文献

阿部文彦,山岡耕作(2005)「マダイ稚魚の天然海域における個体数密度となわばりサイズの関係」『日本水産学会誌』71:601-610.

秋元清治,瀬崎啓次郎,三谷 勇,渡部終五(2005)「ミトコンドリア 16S rRNA 遺伝子判別法によるキンメダイ卵および仔魚の同定と伊豆諸島周辺海域における分布様式」『日本水産学会誌』71:205-211.

Alvarez MDC (1998) Factors affecting digestive function of Japanese flounder, *Paralichthys olivaceus*, larvae and early juveniles. MS Thesis, Graduate School of Agriculture, Kyoto University, Japan.

Alvarez MDC, Dominguez RP, Tanaka M. (2006) Digestive capacity, growth and social stress in newly-metamorphosed Japanese flounder (*Paralichthys olivaceus*). *Environ. Biol. Fish.*, 77: 133-140.

Amaoka K (1970) Studies on the larvae and juveniles of the sinistral flounders-I. *Taeniopsetta ocellata* (Gunther). *Jap. J. Ichthyol.*, 17: 95-104.

有瀧真人(1995)「カレイ類の変態と形態異常」『月刊海洋』306:732-739.

有瀧真人(2008)「異体類における形態異常の発現機序解明とその防除技術の開発」『日本水産学会誌』74:772-775.

有瀧真人,太田健吾,堀田又治,田川正朋,田中 克(2004)「異なる飼育水温がホシガレイ仔魚の発育と変態に関連した形態異常の出現に及ぼす影響」『日本水産学会誌』70:8-15.

Arvedlund M, Nielsen LE (1996) Do the anemonefish *Amphiprion ocellaris* (Pisces: Pomacentridae) imprint themselves to their host sea anemone *Heteractis magnifica* (Anthozoa: Actinidae)? *Ethology*, 102: 197-211.

Asahida T, Yamashita Y, Kobayashi T (1997) Identification of consumed stone flounder, *Kareius bicoloratus*, from the stomach contents of sand shrimp, *Crangon affinis*, using mitochondorial DNA analysis. *J. Exp. Mar. Biol. Ecol.*, 217: 153-163.

畔田正格(1986)「成育場における環境収容力の検討」『マダイの資源培養技術 水産学シリーズ59』,田中 克,松宮義晴編,91-105,恒星社厚生閣.

東 幹夫(2000)「諫早湾干拓事業の影響」『有明海の生きものたち:干潟・河口域の生物多様性』,佐藤正典編,320-337,海游舎.

馬場玲子(1997)「ムギツクの托卵戦略」『魚類の繁殖戦略2』,桑村哲生,中嶋康裕編,157-182,海游舎.

Bailey KM, Houde ED (1989) Predation on eggs and larvae pf marine fishes and the recruitment problem. *Adv. Mar. Biol.*, 25: 1–83.

Balon EK (ed.) (1985) Early life history of fishes: New developmental, ecological and evolutionary perspectives, 280, Dordrecht: Dr W. Junk Publishers.

Beck MW, Heck KL Jr., Able KW, Childers DL, Eggleston DB, Gillanders BM, Harpern B, Haya CG, Hoshino K, Minello TJ, Orth RJ, Sheridan PF, Weinstein MP (2001) The identification, conservation, and management of estuarine and marine nurseries for fish and invertebrates. *BioScience*, 51: 633–641.

Blaxter JHS (1988) Pattern and variety in development. In Fish Physiology vol. 11, Hoar WS and Randall DJ (ed.), 1058, New York: Academic Press.

Blaxter JHS, Hempel G (1963) The influence of egg size on herring larvae (*Clupea harengus* L.). *J. Cons. Int. Explor. Mer*, 28: 211–240.

Blaxter JHS, Danielsen D, Mokness E, Qiestad V (1983) Description of the early development of the halibut *Hippoglossus hippoglossus* and attempts to rear the larvae past first feeding. *Mar. Biol.*, 73: 99–107.

Borsa P, Blanguer A, Berrebi P (1997) Genetic structures of flounders *Platichthys flesus* and *P. stellatus* at different geographic scales. *Mar. Biol.*, 129: 233–246.

Brooks S, Tyler CR, Sumpter JP (1997) Egg quality in fish: what makes a good egg? *Rev.Fish Biol. Fisher.*, 7: 387–416.

Brown CL, Doroshov SI, Nunez JM, Hadley C, Vaneenennaam J, Nishioka RS, and Bern HA (1988) Maternal triiodothyronine injections cause increases in swimbladder inflation and survival rates in larval striped bass, *Morone saxatilis*. *J. Exp. Zool.*, 248: 168–176.

Buckley LJ (1980) Changes in ribonucleic acid, deoxyribonucleic acid, and protein content during ontogenesis in winter flounder *Pseudopleuronectes americana*, and effect of starvation. *Fish. Bull., U.S.*, 77: 703–708.

Burke JS, Tanaka M, Seikai T (1995) Influence of light and salinity on the behaviour of larval Japanese flounder (*Paralichthys olivaceus*) and implications for inshore migration. *Neth. J. Sea Res.*, 34: 59–69.

Burke JS, Ueno M, Tanaka Y, Walsh H, Maeda T, Kinoshita I, Seikai T, Hoss DE, Tanaka M (1998) The influence of environmental factors on early life history patterns of flounders. *J. Sea Res.*, 40: 19–32.

Cahu C, Infante JZ, Takeuchi T (2003) Nutritional components affecting skeletal development o fish larvae. *Aquaculture*, 227: 245–258.

カール・ジンマー（渡邊政隆訳）(2000)『水辺で起きた大進化』早川書房.

Chaves FP, Ryan J, Luch-Cota SE, Nilguen M (2003) From anchovies to sardines and back:

Maltidecadal change in the Pacific Ocean. *Science*, 299: 217−221.

Chong CL, Senoo S (2008) Egg and larval development of a new hybrid tiger grouper *Epinephelus fuscoguttatus* x giant grouper *E. lanceolatus*. *Aquaculture Science*, in press.

張　勁（2003）「陸と海がつながる自然の循環系」『日本海学の新世紀3　循環する海と森』，小泉　格編，243−258，角川書店．

Chong VC (2008) Mangroves-fisheries linkages-The Malaysian perspective. *Bull. Mar. Sci.*, 80: 755−772.

Clemmesen CM (1993) Improvements in the fluorimetric determination of the RNA and DNA content of individual marine fish larvae. *Mar. Ecol. Prog. Ser.*, 100: 177−183.

Conover DO Present TMC (1990) Countergradient variation in growth rate: compensation for length of the growing season among Atlantic silversides from different latitudes. *Oecologia*, 83: 316−324.

Creutzberg F (1961) On the orientation of migrating elvers (*Anguilla vulgaris* Turt.) in a tidal area. *Neth. J. Sea Res.*, 1: 257−338.

Cushing DH (1975) Marine ecology and fisheries, Cambridge University Press.

Cushing DH (1990) Plankton production and year-class strength in fish populations: an update of the match / mismatch hypothesis. *Adv. Mar. Biol.*, 26: 150−293.

Dahlgren CP, Kellison GT, Adams AJ, Gillandes BM, Kendall MS, Layman CA, Ley JA, Nagelkerken I, Serafy JE (2006) Marine nurseries and effective juvenile habitats: concepts and applications. *Mar. Ecol. Prog. Ser.*, 312: 291−295.

Davis MW, Olla BL (1992) Comparison of growth, behavior and lipid concentrations of walleye pollock *Theragra chalcogramma* larvae fed lipid-enriched, lipid-deficient and field collected prey. *Mar. Ecol. Prog. Ser.*, 90: 23−30.

de Jesus EG, Hirano T, and Inui Y (1993) Flounder metamorphosis: its regulation by various hormones. *Fish Physiol. Biochem.*, 11: 323−328.

Doherty PJ (1987) Light-traps: selective but useful devices for quantifying the distributions and abundances of larval fishes. *Bull. Mar. Sci.*, 41: 423−431.

Dou S, Masuda R, Tsukamoto K (2000) Cannibalism in Japanese flounder juvenile, *Paralichthys olivaceus*, reared under controlled condition. *Aquaculture*, 182: 149−159.

Dou S, Masuda R, Tanaka M, Tsukamoto K (2003) Identification of factors affecting the growth and survival of the settling Japanese flounder larvae, *Paralichthys olivaceus*. *Aquaculture*, 218: 309−327.

Dou S, Masuda R, Tanaka M, Tsukamoto K (2004) Size hierarchies affecting the social interactions and growth of juvenile Japanese flounder, *Paralichthys olivaceus*. *Aquaculture*, 233: 237−249.

Dou S, Masuda R, Tanaka M, Tsukamoto K (2005) Effects of temperature and delayed initial feeding on the survival and growth of Japanese flounder larvae. *J. Fish Biol.*, 66: 362−377.

Essner JJ, Amack JD, Nyholm MK, Harris EB, Yost HJ (2005) Kupffer's vesicle is a ciliated organ of asymmetry in the zebrafish embryo that initiates left-right development of the brain, heart and gut. *Development*, 132: 1247−1260.

Evans BI, Fernald RD (1990) Metamorphosis and fish vision. *J. Neurobiology*, 21: 1037−1052.

Fisher R (2005) Swimming speeds of larval coral reef fishes: impacts on self-recruitment and dispersal. *Mar. Ecol. Prog. Ser.*, 285: 223−232.

Fonds M, Tanaka M, van der Veer H (1995) Feeding and growth of juvenile Japanese flounder *Paralichthys olivaceus* in relation to temperature and food supply. *Neth. J. Sea Res.*, 34: 111−118.

Fox CJ, Taylor MI, Pereyra R, Villasana MI, Rico C (2005) TaqMan DNA technology confirms likely overestimation of cod (*Gadus morhua* L.) egg abundance in the Irish Sea: implications for the assessment of the cod stock and mapping of spawning areas using egg-based methods. *Mol. Ecol.*, 14: 879−884.

Fraser JH (1969) Experimental feeding of some medusae and chaetognatha. *J. Fish. Res. Board Can.*, 26: 1743−1762.

Friedman M (2008) The evolutionary origin of flatfish asymmetry. *Nature*, 454: 209−212.

Fry B (1983) Fish and shrimp migrations in the northern Gulf of Mexico analyzed using stable C, N, and S isotope ratios. *Fish. Bull.*, 81: 789−801.

Fuiman LA, Cowan JH, Jr. (2003) Behavior and recruitment success in fish larvae: Repeatability and covariation of survival skills. *Ecology*, 84: 53−67.

Fujii A, Iwamoto A, Tanaka M (2009) Extremely precocious development of the digestive system and enzyme activities of early larval-stage in the Japanese Spanish mackerel *Scomberomorus niphonius*. *Can. J. Fish. Aquat. Sci.* (submitted)

藤井徹生（2006）「開放性海域におけるヒラメ放流魚の移動および産卵群への加入過程の定量的評価」『水産総合研究センター研究報告』別冊第5号：143-146.

藤原公一，臼杵崇広，根本守仁（1998）「ニゴロブナ資源を育む場としてのヨシ群落の重要性とその管理のあり方」『琵琶湖研究所所報』16：86-93.

Fukuhara O (1986) Morphological and functional development of Japanese flounder in early life stage. *Nippon Suisan Gakkaishi*, 52: 81−91.

福永辰広，石橋矩久，三橋直人（1982）「サワラの採卵および種苗生産」『栽培技研』11：29-48.

Fukunishi Y, Masuda R, Yamashita Y (2006) Ontogeny of tolerance to and avoidance of ultraviolet radiation in red sea bream *Pagrus major* and black sea bream *Acanthopagrus schlegelii*. *Fish. Sci.*, 72: 356−363.

Fukuoka K, Murano M (2005) A revision of East Asian *Acanthomysis* (Crustacea: Mysida: Mysidae) and redefinition of *Orientomysis*, with description of a new species. *J. Na.l Hist.*, 39: 657–709.

古田晋平（1998）「鳥取県におけるヒラメ人工放流技術の開発に関する行動・生態学的研究」『鳥取県水産試験場報告』35：1–76.

古田晋平（2008）「ヒラメ稚魚の行動生態と栽培漁業」『稚魚学―多様な生理生態を探る』，田中　克，田川正朋，中山耕至編，316–324，生物研究社.

Garcia-Vazquez E, Alvarez P, Lopes P, Karaiskou N, Perez J, Teia A, Martinez JL, Gomes L, Triantaphyllidis C (2006) PCR-SSCP of the 16S rRNA gene, a simple methodology for species identification of fish eggs and larvae. *Sci. Mar.*, 70 (Suppl. 2) : 13–21.

Gillanders BM, Able KW, Brown JA, Eggleston DB, Sheridan PF (2003) Evidence of connectivity between juvenile and adult habitats for mobile marine fauna: an implication component of nurseries. *Mar. Ecol. Prog. Ser.*, 247: 281–295.

後藤常夫，首藤宏幸，冨山　実，田中　克（1989）「志々伎湾におけるヒラメ稚仔魚の着底時期」『日本水産学会誌』55：9–16.

Grave H (1981) Food and feeding of mackerel larvae and early juveniles in the North sea. *Rapp. P.-v. Reun. int. Explor. Mer*, 178: 454–459.

Gross MR (1987) Evolution of diadromy in fishes. *Amer. Fish. Soc. Symp.*, 1: 14–25.

Gwak WS, Seikai T, Tanaka M (1999) Evaluation of starvation status of laboratory-reared Japanese flounder *Paralichthys olivaceus* larvae and juveniles based on morphological and histological characteristics. *Fish. Sci.*, 65: 339–346.

Gwak WS, Tanaka M (2001) Developmental change in RNA：DNA ratios of fed and starved laboratory-reared Japanese flounder larvae and juveniles, and its application to assessment of nutritional condition for wild fish. *J. Fish Biol.*, 59: 902–915.

Gwak WS, Tsusaki T, Tanaka M (2003) Nutritional condition, as evaluated by RNA/DNA ratios, of hatchery-reared Japanese flounder from hatch to release. *Aquaculture*, 219: 503–514.

浜田尚雄（1965）「マントヤムシ *Sagitta crassa* Tokioka とイカナゴ親魚および稚仔の食物関係（予報）」『兵庫県立水産試験場報告別刷』3：1–6.

原田靖子（2008）「幼形成熟魚シロウオの生理機構」『稚魚学―多様な生理生態を探る』，田中　克，田川正朋，中山耕至編，174–180，生物研究社.

Hashimoto H, Lobagliati M, Ahamad M, Muraoka O, Kurokawa T, Hibi M, Suzuki T (2004) The Cerberus / Dan-family protein Charon is a negative regulator of Nodal signaling during left-right patterning in zebrafish. *Development*, 131: 1741–1753.

Hashimoto H, Aritaki M, Uozumi K, Uozumi S, Kurokawa T, Suzuki T (2007) Embryogenesis and expression profiles of *charon* and Nodal-pathway genes in sinistral (*Paralichthys olivaceus*) and dextral (*Verasper variegatus*) flounders. *Zool. Sci.*, 24: 137-146.

畠山重篤（1994）『森は海の恋人』北斗出版.

畠山重篤（2003）『日本〈汽水〉紀行 「森は海の恋人」の世界を尋ねて』文藝春秋.

畠山重篤（2006）『牡蛎礼讃』文春新書 542, 文藝春秋.

畠山重篤（2008）『鉄が地球温暖化を防ぐ』文藝春秋.

Hattori S (1962) Predatory activity of *Noctiluca* on anchovy eggs. *Bull. Tokai Reg. Fish. Res. Lab.*, 9: 211-220.

Hayase S, Ichikawa T, Tanaka K (1999) Preliminary report on stable isotope ratio analysis for samples from Matang mangrove brackish water ecosystems. *JARQ*, 33: 215-221.

林　勇夫 (1968)「河口域におけるスズキの食性について」,『木曽三川河口資源調査報告』51: 859-870.

Hebert PDN, Cywinska A, Ball SL, deWaard JR (2003) Biological identifications through DNA barcodes. *Proc. Royal Soc. London B*, 270: 313-321.

Heck KL, Jr, Hays G, Orth RJ (2003) Critical evaluation of the nursery role hypothesis for seagrass meadows. *Mar. Ecol. Prog. Ser.*, 253: 123-136.

Herzka SZ, Holt GJ (2000) Changes in isotopic composition of red drum (*Sciaenops ocellatus*) larvae in response to dietary shifts: Potential application to settlement studies. *Can. J. Fish. Aquat. Sci.*, 57: 137-147.

Herzka SZ, Holt SA, Holt GJ (2001) Documenting the settlement history of individual fish larvae using stable isotope ratios: model development and validation. *J. Exp. Mar. Biol. Ecol.,* 265: 49-74.

Herzka SZ, Holt SA, Holt GJ (2002) Characterization of settlement patterns of red drum *Sciaenops ocellatus* larvae to estuarine nursery habitat: a stable isotope approach. *Mar. Ecol. Prog. Ser.*, 226: 143-156.

日比野　学（2007）「有明海湾奥前浜干潟汀線域の魚類成育場としての意義」『海洋と生物』168：61-68.

Hibino, M, Ohta T, Isoda T, Nakayama K, Tanaka M（2007）Distribution of Japanese temperate bass, *Lateolabrax japonicus*, eggs and pelagic larvae in Ariake Bay. *Ichthyol. Res.*, 54: 367-373.

平井明夫（2003）『魚の卵のはなし　ベルソーブックス 017』成山堂書店.

平井慈恵（2002）「浸透圧調節生理」『スズキと生物多様性―水産資源生物学の新展開　水産学シリーズ 131』, 田中　克, 木下　泉編, 103-113, 恒星社厚生閣.

Hirai N, Tagawa M, Kaneko T, Seikai T, Tanaka M (1999) Distributional changes in branchial chloride cells during freshwater adaptation in Japanese sea bass *Lateolabrax japonicus*. *Zool. Sci.*, 16: 43-49.

平野保男, 松田 乾, 猿渡敏郎 (2005)「南極海の冬を生き抜く知恵—南極魚類ダルマノトの巨大浮遊卵」, 猿渡敏郎編『魚類環境生態学入門』東海大学出版会, 198-222.

廣井準也 (2008)「魚の浸透圧調節の謎に挑む」『稚魚学—多様な生理生態を探る』, 田中 克, 田川正朋, 中山耕至編, 52-57, 生物研究社.

Hiroi J, Kaneko T, Seikai T, Tanaka M (1998) Developmental sequence of chloride cells in the body skin and gills of Japanese flounder (*Paralichthys olivaceus*) larvae. *Zool. Sci.*, 15: 455-460.

Hiroi J, Maruyama K, Kawazu K, Kaneko T, Ohtani-Kaneko R, Yasumasu S (2004) Structure and developmental expression of hatching enzyme genes of the Japanese eel *Anguilla japonica*: an aspect of the evolution of fish hatching enzyme gene. *Dev. Genes Evol.*, 214: 176-184.

Hiromi J, Ueda H (1987) Planktonic calanoid copepod *Sinocalanus sinensis* (Centropagidae) from estuaries of Ariake-kai, Japan, with preliminary notes on the mode of introduction from China. *Proc. Japan. Soc. System. Zool.*, 35: 19-26.

Hjort J (1914) Fluctuations in the great fisheries of northern Europe viewed in the light of the biological research. *Rapp. P-v. Reun. Cons. Int. Explor. Mer*, 29: 1-228.

北海道大学北方生物圏フィールド科学センター編 (2006)『フィールド科学への招待』三共出版.

Hossain MAR, Tanaka M, Masuda R (2002) Predator-prey interaction between hatchery-reared Japanese flounder juvenile, *Paralichthys olivaceus*, and sandy shore crab, *Matuta lunaris*: daily rhythms, anti-predator conditioning and starvation. *J. Exp. Mar. Biol. Ecol.*, 267: 1-14.

Hossain MAR, Tagawa M, Masuda R, Tanaka M (2003) Changes in growth performance and proximate composition in Japanese flounder during metamorphosis. *J. Fish Biol.*, 63: 1283-1294.

Hotta Y, Aritaki M, Tagawa M, Tanaka M (2001) Changes in tissue thyroid hormone levels of metamorphosing spotted halibut *Verasper variegatus* reared at different temperatures. *Fish. Sci.*, 67: 1119-1124.

堀田又治, 有瀧真人, 太田健吾, 田川正朋, 田中 克 (2001)「ホシガレイの仔稚魚期における消化系の発達と変態関連ホルモンの動態」『日本水産学会誌』67: 40-48.

Houde E (1987) Fish early life dynamics and recruitment variability. *Am. Fish. Soc. Symp.*, 2: 17-29.

Houde ED (2008) Emerging from Hjort's shadow. *J. Northw. Fish. Sci.*, 41: 53-70.

Hunter JR (1981) Feeding ecology and predation of marine fish larvae. In Lasker (ed.) Marine Fish Larvae, 33-77, Seattle and London, University of Washignton Press,.

Hunter JR, Taylor H, Moser HG (1979) Effect of ultraviolet irradiation on eggs and larvae of the northern anchovy, *Engraulis mordax*, and the Pacific mackerel, *Scomber japonicus*, during the embryonic stage. *Photochem. Photobiol.*, 29: 325-338.

飯野浩太郎（2008）「アリアケヒメシラウオとアリアケシラウオの初期生活史比較」『稚魚学—多様な生理生態を探る』，田中　克，田川正朋，中山耕至編，181-187，生物研究社．

池原宏二（2001）「流れ藻につく稚魚たち」『稚魚の自然史—千変万化の魚類学』，千田哲資，南　卓志，木下　泉編，222-238，北海道大学図書刊行会．

Ikewaki Y, Tanaka M (1993) Feeding habits of Japanese flounder (*Paralichthys olivaceus*) larvae in the western part of Wakasa Bay, the Japan Sea. *Nippon Suisan Gakkaishi*, 59(6): 951-956.

稲本　正（2003）『えりもの春—木を植えた漁師達の50年の闘い』小学館．

乾　靖夫（2006）『魚の変態の謎を解く　ベルソーブックス025』成山堂書店．

IPCC (2001) *Climate Change 2001: Synthesis Report. A Contribution of Working Groups I, II, and III to the Third Assessment Report of the Intergovernmental Panel on Climate Change* [Watson, R.T. and the Core Writing Team (eds.)]. Cambridge University Press, Cambridge,United Kingdom, and New York, NY, USA.

石黒直哉，木下　泉，西田　睦（1996）「DNA分析によるヒラメ浮遊卵の識別　魚卵識別への新しいアプローチ」『平成8年度日本水産学会春季大会講演要旨集』：93．

Islam MDS, Tanaka M (2005) Nutritional condition, starvation status and growth of early juvenile Japanese sea bass (*Lateolabrax japonicus*) related top prey distribution and feeding in the nursery ground. *J. Exp. Mar. Biol. Ecol.*, 323: 172-183.

Islam MDS, Tanaka M (2006) Spatial and variability in nursery functions along a temperate estuarine gradient: role of detrital versus algal trophic pathways. *Can. J. Fish. Aquat. Sci.*, 63: 1848-1864.

Islam MDS, Hibino M, Tanaka M (2007) Tidal and diurnal variations in larval fish abundance in an estuarine inlet in Ariake bay, Japan: Implication for selection for selective tidal stream transport. *Ecol. Res.*, 22: 165-171.

伊藤　隆（1960）「輪虫の海水培養と保存について」『三重大紀要』3：189-206．

Iwai T (1964) Feeding and ciliary conveying mechanisms in larvae of salmonoid fish, *Plecoglossus altivelis* Temminck and Schlegel. *Physiol. Ecol.*, 12: 38-44.

Iwai T (1967a) Structure and development of lateral line cupulae in teleost larvae. In Cahn (ed.), *Lateral Line Detectors*, 22-44, Bloomington, Indiana University Press.

Iwai T (1967b) The comparative study of the digestive tract of teleost larvae-II. Ciliated cells of the gut epithelium in pond smelt larvae. *Bull. Jap. Soc. Sci. Fish.*, 33: 1116-1119.

Iwai T (1969) Fine structure of gut epithelial cells of larval and juvenile carp during absorption of fat and protein. *Arch. Histol. Japan.*, 30: 183-199.

岩井　保（2005）『魚学入門』恒星社厚生閣．

Iwai T, Tanaka M (1968a) The comparative study of the digestive tract of teleost larvae-Ⅲ. Epithelial cells in the posterior gut of halfbeak larvae. *Bull. Jap. Soc. Sci. Fish.*, 34: 44-48.

Iwai T, Tanaka M (1968b) The comparative study of the digestive tract of teleost larvae-Ⅳ. Absorption of fat by the gut of halfbeak larvae. *Bull. Jap. Soc. Sci. Fish.*, 34: 871-875.

岩見哲夫（1998）「南極海域に生息する魚類の適応・進化」『海洋と生物』20：180-189.

Johnson GD, Paxton JR, Sutton TT, Satoh TP, Sado T, Nishida M, Miya M (2009) Deep-sea mystery solved: astonishing larval transformations and extreme sexual dimorphism unite three fish families. *Biol. Lett.*

Jackson, Rowden AA, Attrill MJ, Bossey SJ, Jones MB (2001) The importance of sea grass beds as a habitat for fishery species. *Oceanogr. Mar. Biol. : Annu. Rev.*, 39: 269-303.

岩田祐士，武島弘彦，田子泰彦，渡辺勝敏，井口恵一朗，西田　睦（2007）「ミトコンドリア SNP 標識で追跡した放流琵琶湖産アユの行方」『日本水産学会誌』73：278-283.

海洋政策研究所編（2005）『消えた砂浜―九十九里浜五十年の変遷』.

海洋出版株式会社編（2007）「地球温暖化―いま何が起こっているか」『月刊海洋』46：160.

Kaji T, Tanaka M, Takahashi Y, Oka M, Ishibashi N (1996) Preliminary observations on development of Pacific bluefin tuna *Thunnus thynnus* (Scombridae) larvae reared in the laboratory, with special reference to the digestive system. *Mar. Freshwater Res.*, 47: 261-269.

Kaji T, Kodama M, Arai H, Tagawa M, Tanaka M (2002) Precocious development of the digestive system in relation to early appearance of piscivory in striped bonito *Sarda orientalis* larvae. *Fish. Sci.*, 68: 1212-1218.

Kamisaka Y, Totland G K, Tagawa M, Kurokawa T, Suzuki T, Tanaka M, Ronnestad I (2001) Ontogeny of cholecystokinin-immunoreactive cells in the digestive tract of Atlantic halibut, *Hippoglossus hippoglossus*, larvae. *Gen. Comp. Endocrinol.*, 123: 31-37.

Kamisaka Y, Kaji T, Masuma S, Tezuka N, Kurokawa T, Suzuki T, Totland GK, Ronnedstad I, Tagawa M, Tanaka M (2002) Ontogeny of cholecystokinin-immunoreactive cells in the digestive tract of bluefin tuna, *Thunnus thynnus*, larvae. *Sarsia*, 87: 258-262.

Kamisaka Y, Fujii Y, Yamamoto S, Kurokawa T, Ronnestad I, Totland G K, Tagawa M, Tanaka M (2003) Distribution of cholecystokinin-immunoreactive cells in the digestive tract of the larval teleost, ayu, *Plecoglossus altivelis*. *Gen. Comp. Endocrinol.*, 134: 116-121.

Kamisaka Y, Drivenes O, Kurokawa T, Tagawa M, Ronnestad I, Tanaka M, Helvik JV (2005) Cholecystokinin mRNA in Atlantic herring, *Clupea harengus*-molecular cloning, characterization, and distribution in the digestive tract during the early life stages. *Peptides*, 26: 385-393.

Kanazawa A, Teshima S, Koshio S, Fukunaga T (1990) Effects of soybean peptides on the Japanese flounder, *Paralichthys olivaceus*. *Abstract of JSFS Autumn Meeting*, Tokyo.

Kaneko T, Hasegawa S, Takagi Y, Tagawa M, Hirano T (1996) Hypoosmoregulatory ability of eyedstage embryo of chum salmon. *Mar. Biol.*, 122: 165–170.

Kaneko T, Watanabe S, Lee KM (2008) Functional morphology of mitochondrion-rich cells in euryhaline and stenohaline teleosts. *Aqua-BioSci. Monogr.*, 1: 1–62.

Kathiresan K, Bingham BL (2001) Biology of mangroves and mangrove ecosystem. *Adv. Mar. Biol.*, 40: 81–251.

Kato K (1997) Study on resources ecology, management and aquaculture of Japanese flounder *Paralichthys olivaceus* off coast of Niigata prefecture. *Bull. Natl. Res. Inst. Aquacult.*, Suppl. 2: 105–111.

加藤敏朗，相本道宏，三木　理，中川雅夫（2008）「製鋼スラグ等の海域施肥試験における海域 Fe 濃度分布に関する検討―転炉系製鋼スラグ等を用いた藻場造成技術開発(2)」『第 20 回海洋工学シンポジウム講演要旨』，5–8.

川口眞理（2008）「真骨魚類ふ化酵素遺伝子の進化―ふ化酵素遺伝子の系統依存的イントロン消失進化とふ化酵素の環境適応」『上智大学紀要』1–21.

Kawaguchi M, Yasumasu S, Hiroi J, Naruse K, Inoue M, Iuchi I (2006) Evolution of teleostean hatching enzyme genes and their paralogous genes. *Dev. Genes Evol.*, 216: 769–784.

Kawahara M, Uye S, Ohtsu K, Iizumi H (2006) Unusual population explosion of the giant jellyfish *Nemopilema nomurai* (Scyphozoa: Rizostomeae) in East Asian waters. *Mar. Ecol. Prog. Ser.*, 307: 161–173.

川合真一郎（1995）「仔稚魚の消化吸収から見た栄養」『魚介類幼生の栄養要求と餌料の栄養強化　栽培漁業基礎技術体系化事業基礎理論コーステキスト集― XIV』，1–36，日本栽培漁業協会.

川崎　健（2007）「レジーム・シフト理論に基づく小型浮魚資源の管理」『レジーム・シフト―気候変動と生物資源管理』，川崎　健，花輪公雄，谷口　旭，二平　章編，101–111，成山堂書店.

川崎　健，花輪公雄，谷口　旭，二平　章（編）（2007）『レジーム・シフト―気候変動と生物資源管理』成山堂書店.

Kendall Jr. AW, Ahlstrom EH, Moser HG (1984) Early life history stages of fishes and their characters. In Moser HG, Richardson WJ, Cohen DM, Fahay MP, Kendall Jr. AW (eds.), *Ontogeny and Systematics of Fishes*, 11–22, Amer. Soc. Ichthyol. Herpetol., Spec. Pub. No.1.

Kerr JG (1990) The external features in the development of *Lepidosiren paradoxa*. *Fitz Philos Trans R Soc London, Ser B.*, 192: 299–300.

Kimura R, Tagawa M, Tanaka M, Hirano T (1992) Developmental changes in tissue thyroid hormone levels of red sea bream *Pagrus major*. *Nippon Suisan Gakkaishi*, 58: 975.

Kimura R, Watanabe Y, Zenitani H (2000) Nutritional condition of first-feeding larvae of Japanese sardine in the coastal and oceanic waters along the Kuroshio Current. *ICES J. Mar. Sci.*, 57:

240-248.

Kingsford MJ (2001) Diel patterns of abundance of presettlement reef fishes and pelagic larvae on a coral reef. *Mar. Biol.*, 138: 853-867.

Kinoshita I, Fujita S, Takahasi T, Azuma K (1988) Occurrence of larval and juvenile Japanese snook, *Lates japonicus* in the Shimannto estuary. *Jpn. J. Ichthyol.*, 34: 462-467.

木下　泉（2001）「アカメ稚魚を求めて」『稚魚の自然史—千変万化の魚類学』，千田哲資，南　卓志，木下　泉編，171-193，北海道大学図書刊行会．

Kinoshita I, Tanaka M (1990) Differentiated spatial distribution of larvae and juveniles of the two sparids, red and black sea bream, in Shijiki Bay. *Nippon Suisan Gakkaishi*, 56: 1807-1813.

木曽克裕（1980）「平戸島志志伎湾におけるマダイ当歳魚個体群の摂餌生態— I. 成長に伴う餌料の変化とその年変動」『西海研研報』54：291-306．

木曽英滋，堤　直人，渋谷正信，中川雅夫（2008）「海域施肥時のコンブなどの生育に関する実海域実験—転炉系製鋼スラグ等を用いた藻場造成技術開発（1）」『第20回海洋工学シンポジウム講演要旨』：1-4．

Kitajima C, Tsukashima Y, Tanaka M (1985) The voluminal changes of swim bladder of larval red sea bream *Pagrus major*. *Bull. Jap. Soc. Sci. Fish.*, 51: 759-764.

北島　力（1978）「マダイの採卵と稚魚の量産に関する研究」『長崎県水産試験場論文集』5：1-92．

北島　力，山根康幸，松井誠一（1994）「ヒラメ仔稚魚の発育に伴う比重の変化」『日本水産学会誌』60：617-623．

北野　健（1999）『ヒラメの性分化に関するアロマターゼ遺伝子の発現に関する研究』，熊本大学大学院自然科学研究科博士論文．

帰山雅秀（2002）『最新のサケ学　ベルソーブックス011』成山堂書店．

帰山雅秀（2008）「サケから考える水産食料資源の展望」『北海道から見る地球温暖化　岩波ブックレット724』，大崎　満，帰山雅秀，中野渡拓也，山中康裕，吉田文和編，11-25，岩波書店．

Kochi K, Sakurai I, Yanai S (2007) Role of forest-origin coarse particulate organic matter for the brackish water amphipod *Anisogammarus pugettensis*. *Bull. Jpn. Soc. Fish. Oceangr.*, 7: 255-262.

Kochzius M, Nolte M, Weber H, Silkenbeumer N, Hjorleifsdottir S, Hreggvidsson GO, Marteinsson V, Kappel K, Planes S, Tinti F, Magoulas A, Garcia Vazquez E, Turan C, Hervet C, Campo Falgueras D, Antoniou A, Landi M, Blohm D (2008) DNA microarrays for identifying fishes. *Mar. Biotechnol.*, 10: 207-217.

Koh ICC, Raehana MSS, Senoo S (2008) Egg and larval development of a new hybrid orange-spotted grouper *Epinephelus coioides* x tiger grouper *E. fuscoguttatus*. *Aquaculture Science*,

56: 441-451.

国分秀樹，高山百合子（2008）「英虞湾―新たな里海再生　干潟の特徴と再生実験」『海洋と生物』30：303-314.

工藤孝也，山岡耕作（1998）「天然マダイおよびチダイ稚魚のなわばり形成場所と摂食行動」『日本水産学会誌』64：16-25.

工藤孝也，末友浩一，山岡耕作（1999）「愛媛県室手湾における天然マダイ稚魚と人工種苗マダイの分布と行動」『日本水産学会誌』65：230-240.

Kudoh T, Yamaoka K (2004) Territorial behavior in juvenile red sea bream *Pagrus major* and crimson sea bream *Evynnis japonica*. *Fish. Sci.*, 70: 241-246.

Kurokawa T, Suzuki T (1995) Structure of the exocrine pancreas of flounder (*Paralichthys olivaceus*): immunological localization of zymogen granules in the digestive tract using anti-trypsinogen antibody. *J. Fish Biol.*, 46: 292-301.

Kurokawa T, Suzuki T (1996) Formation of the diffuse pancreas and the development of digestive enzyme synthesis in larvae of the Japanese flounder *Paralichthys olivaceus*. *Aquaculture*, 141: 267-276.

Kurokawa T, Suzuki T, Andoh T (2000) Development of cholecystokinin and pancreatic polypeptide endocrine systems during the larval stage of Japanese flounder, *Paralichthys olivaceus*. *Gen. Comp. Endocrinol.*, 120: 8-16.

Kurokawa T, Suzuki T (2002) Development of neuropeptide Y-related peptides in the digestive organs during the larval stage of Japanese flounder, *Paralichthys olivaceus*. *Gen. Comp. Endocrinol.*, 126: 30-38.

Kurokawa T, Suzuki T, Hashimoto H (2003) Identification of gastrin and multiple cholecystkinin genes in teleosts. *Peptides*, 24: 227-235.

Kurokawa T, Pedersen BH (2003) The digestive system of eel larvae. In Aida K, Tsukamoto T, Yamauchi K (eds.), *Eel Biology*, 435-444, Tokyo, Springer-Verlag.

黒木洋明，片山知史（2005）「黒潮を介した大回遊　どこからどこまで行くのだろう？謎の多い「ノレソレ」の生態」『海の生物資源　海洋生命系のダイナミクス』，224-243，東海大学出版会.

京都大学フィールド科学教育研究センター編（山下　洋監修）（2007）『森里海連環学　森から海までの統合的管理を目指して』京都大学学術出版会.

Lasker R (1975) Field criteria of survival of anchovy larvae: the relation between inshore chlorophyll maximum layers and successful first feeding. *Fish. Bull.*, 73: 453-462.

Lasker R (1981) The role of stable ocean in larval fish survival and subsequent recruitment. In Lasker (ed.) *Marine Fish Larvae,* 79-87, Seattle and London, University of Washington Press.

Last JM (1980) The food of twenty species of fish larvae in the eastern English Channel and southern North Sea. *Fish. Res. Tech. Rep.*, 60: 1-44.

Leis JM (2006) Are larvae of demersal fishes plankton or nekton? *Advances in Marine Biology*, 51: 57-141.

Leis JM, Carson- Ewart BM (1999) *In situ* swimming and settlement behaviour of larvae of an Indo-Pacific coral-reef fish, the coral trout *Plectropomus leopardus* (Pisces: Serranidae), *Mar. Biol.*, 134: 51-64.

Leis JM, McCormick MI (2002) The biology, behavior, and ecology of the pelagic, larval stage of coral reef fishes. In *Coral Reef Fishes,* San Diego, Sale PE(ed.), 171-199, Academic Press.

Leis JM, Carson-Ewart BM (2003) Orientation of pelagic larvae of coral-reef fishes in the ocean. *Mar. Ecol. Prog. Ser.*, 252: 239-253.

Lillelund K, Lasker R (1971) Laboratory studies of predation by marine copepods on fish larvae. Fish. Bull., 69: 655-667.

前田経雄(2002)『若狭湾西部海域におけるヒラメ仔稚魚の加入機構に関する研究』，京都大学大学院農学研究科博士論文.

前川行幸，倉島　彰，森田晃央，上野成三，高山百合子，大松秀史，清水浩視，濱田　稔，中西嘉人，橋爪不二夫，山本有子(2008)「英虞湾―新たな里海創生　アマモ場の特徴と再生技術」『海洋と生物』30：316-327.

Magurran AE (1986) Predator inspection behaviour in minnow shoals: differences between populations and individuals. *Behav. Ecol. Sociobiol.*, 19: 267-273.

牧野弘奈(2008)「学習能力の発達をイシダイ稚魚にみる」『稚魚学―多様な生理生態を探る』，田中　克，田川正朋，中山耕至編，316-324，生物研究社.

Makino H, Masuda R, Tanaka M (2006) Ontogenetic changes of learning capacity under reward conditioning in striped knifejaw *Oplegnathus fasciatus* juveniles. *Fish. Sci.*, 72: 1177-1182.

Mann DA, Casper BM, Boyle S, Tricas TC (2007) On the attraction of larval fishes to reef sounds. *Mar. Ecol. Prog. Ser.*, 338: 307-310.

丸川祐理子(2004)『日本海における稚魚の性比の地理的変異― RT-PCR 法による解析』，京都大学大学院農学研究科応用生物科学専攻修士論文.

益田玲爾(2006)『魚の心をさぐる　ベルソーブックス 026』成山堂書店.

益田玲爾(2008)「稚魚の心理を読む」『稚魚学―多様な生理生態を探る』，田中　克，田川正朋，中山耕至編，346-351，生物研究社.

Masuda R (2006) Ontogeny of anti-predator behavior in hatchery-reared jack mackerel *Trachurus japonicus* larvae and juveniles: patchiness formation, swimming capability, and interaction with jellyfish. *Fish. Sci.*, 72: 1225-1235.

Masuda R, Takeuchi T, Tsukamoto K, Ishizaki Y, Kanematsu M, Imaizumi K (1998) Critical involvement of dietary docosahexanoeic acid in the ontogeny of schooling behaviour in the yellowtail. *J. Fish Biol.*, 53: 471-484.

Masuda R, Takeuchi T, Sato H, Shimizu K, Imaizumi K (1999) Incorporation of dietary docosahexaenoic acid into the central nervous system of the yellowtail *Seriola quinqueradiata*. *Brain Behav. Evol.*, 53: 173-179.

Masuda R (2008) Seasonal and interannual variation of subtidal fish assemblages in Wakasa Bay with reference to the warming trend in the Sea of Japan. *Env. Biol. Fish.*, 82: 387-399.

Masuda R, Shoji J, Nakayama S, Tanaka M (2003) Development of schooling behavior in Spanish mackerel *Scomberomorus niphonius* during early ontogeny. *Fish. Sci.*, 69: 772-776.

Masuda R, Ziemann DA (2003) Vulnerability of Pacific threadfin juveniles to predation by bluefin travelly and hammerhead shark: size dependent mortality and handling stress. *Aquaculture*, 217: 249-257.

Masuda R, Yamashita Y, Matsuyama M (2008) Jack mackerel *Trachurus japonicus* juveniles use jellyfish for predator avoidance and as a prey collector. *Fish. Sci.*, 74: 282-290.

Masuda R, Shiba M, Yamashita Y, Ueno M, Kai Y, Nakanishi A, Torikoshi M, Tanaka M (2009) Artificial fish reef made of cedar tree attracts more fish than those made of broadleaf trees or PVC pipes. *Fish. Bull.* (submitted)

松田克洋（2006）『キジハタの日周行動と季節移動』，京都大学大学院農学研究科修士論文．

松田　治（2007）「英虞湾再生プロジェクトの展開と将来展望」『閉鎖性海域の環境再生　水産学シリーズ156』，山本民次，古谷　研編，139-160，恒星社厚生閣．

松田　治（2008）「英虞湾―新たな里海再生　里海の考え方にもとづいた海域の再生方策」『海洋と生物』30：314-315．

Matsumiya Y, Imai M (1987) Ecology and abundance of conger eel *Conger myriaster* in Shijiki Bay, Hirado Island. *Nippon Suisan Gakkaishi*, 53: 2127-2131.

松永勝彦（1993）『森が消えれば海も死ぬ―陸と海を結ぶ生態学』講談社．

Matsuoka M (1987) Development of the skeletal muscles in the red sea bream. *Bull. Seikai Reg. Fish. Res. Lab.*, 65: 1-114.

松岡正信（2001）「天然マダイ仔稚魚の鼻孔隔皮形成過程」『Nippon Suisan Gakkaishi』67：896-897．

松岡正信（2004）「カンパチ，イサキ，キジハタおよびヒラメにおける鼻孔隔皮欠損の出現状況」『水産増殖』52：307-311．

McCormick MI, Makey L, Dufour V (2002) Comparative study of metamorphosis in tropical reef fishes. *Mar. Biol.*, 141: 841-853.

Mendiola, D, Yamashita Y, Matsuyama M, Alvarez P, Tanaka M (2008) *Scomber japonicus* H. is a better candidate species for juvenile production activities than *Scomber scombrus*, L. *Aquaculture Research*, 39: 1122-1127.

南 卓志（1982）「ヒラメの初期生活史」『日本水産学会誌』48：1581-1588.

Minami T, Tanaka M (1993) Life cycles in flatfish from the Northwestern Pacific, with particular reference to their early life histories. *Neth J. Sea Res*., 29: 35-48.

水戸 敏（1996）「卵と仔稚魚その多様性」『検証の魚学—魚に魅せられて』，落合 明，本間義治，水戸 敏，林 知夫編，155-221，ミドリ書房．

Miwa S, Inui Y (1991) Thyroid hormones stimulates the shift of erythrocyte populations during metamorphosis of the flounder. *J. Exp. Zool.*, 259: 222-228.

Miwa S, Yamano K, Inui Y (1992) Thyroid hormone stimulates gastric development in flounder larvae during metamorphosis. *J. Exp. Zool.*, 261: 424-430.

三浦正幸（1971）「北海道春ニシンの消滅と内陸森林」，『グリーンエイジ』21：36-42.

宮入興一（2006）「諫早湾干拓事業における費用対効果分析の基本的問題点」『市民による諫早湾干拓「時のアセス」2006—水門開放を求めて』，66-91.

Miya M, Takeshima H, Endo H, Ishiguro NB, Inoue JG, Mukai T, Satoh TP, Yamaguchi M, Kawaguchi A, Mabuchi K, Shirai SM, Nishida M (2003) Major patterns of higher teleostean phylogenies: a new perspective based on 100 complete mitochondrial DNA sequences. *Mol. Phylogen. Evol.*, 26: 121-138.

Miyazaki T, Masuda R, Furuta S, Tsukamoto K (1997) Laboratory observation on the nocturnal activity of hatchery-reared juvenile Japanese flounder *Paralichthys olivaceus*. *Fish. Sci.*, 63: 205-210.

望岡典隆（2001）「ウナギ目レプトケパルス消化管の謎」『稚魚の自然史—千変万化の魚類学』，千田哲資，南 卓志，木下 泉編，85-98. 北海道大学図書刊行会.

Mochioka K, Iwamizu M (1996) Diet of anguilloid larvae: leptocephalus feed selectivity larvacean houses and fecal pellets. *Mar. Biol.*, 125: 447-452.

Moller H (1984) Reduction of a larval herring population of jellyfish predator. *Science*, 224: 621-62.

Montgomery JC, Tolimicri N, Haine OS (2001) Active habitat selection by pre-settlement reef fishes. *Fish Fisheries*, 2: 261-277.

向井幸則（2008）「サラサハタ仔魚期の感覚器官の発達」『稚魚学—多様な生理生態を探る』，田中 克，田川正朋，中山耕至編，211-217，生物研究社.

Mukai Y (2006) Role of free neuromasts in larval feeding of willow shiner *Gnathopogon elongatus caerulescens* Teleostei, Cyprinidae. *Fish. Sci.*, 72: 705-709.

Mukai Y, Chai LL, Shaleh SRM, Senoo S (2007) Structure and development of free neuromasts in barramundi, *Lates calcarifer* (Bloch). *Zool. Sci.*, 24: 829-835.

Mumby PJ, Edwarda AJ, Arias-Gonzalez JE, Lindeman KC, Blackwell PG, Gall A, Gorczynska MI, Harborne AR, Pescod CL, Renken H, Wabnitz CCC, Llewellyn G (2004) Mangrove enhance the biomass of coral reef fish communities in the Caribbean. *Nature*, 427: 533-536.

村井吉敬（1988）『エビと日本人　岩波新書20』岩波書店.

Myrberg AA, Fuiman LA (2002) The sensory world of coral reef fishes. In Sale PF (ed), Coral Reef Fishes. Dynamics and Diversity in a Complex Ecosystem, San Diego, Academic Press, pp. 123-148.

中坊徹次編 (2000)　『日本産魚類検索　全種の同定　第2版』東海大学出版会.

長坂晶子，川内香織（2008）「河川沿岸域への森林有機物の供給過程」『森川海のつながりと河口・沿岸域の生物生産　水産学シリーズ157』，山下　洋，田中　克編，59-73，恒星社厚生閣.

長崎県水産試験場（1981）「マダイ人工種苗の脊柱屈曲の原因究明と防除に関する研究—II」『昭和55年度健苗育成技術開発事業報告書』，1-17.

中村光男（2008）『ヒラメの左右非対称な体色を形成する各種色素胞の発現過程』京都大学大学院農学研究科応用生物科学専攻修士論文.

中村洋平（2007）「サンゴ礁魚類浮遊仔魚の着底場選択機構」『Sessile Organisms』24：111-119.

Nakamura Y, Horinouchi M, Shibuno T, Tanaka Y, Miyajima T, Koike I, Kurokura H, Sano M (2008) Evidence of ontogenetic migration from mangroves to coral reefs by black tail snapper *Lutjanus fulvus*: stable isotope approach. *Mar. Ecol. Prog. Ser.*, 355: 257-266.

Nakamura Y, Tsuchiya M (2008) Spatial and temporal patterns of seagrass habitat use by fishes at the Ryukyu islands, Japan. *Estuar. Coast. Shelf Sci.*, 76: 345-356.

中山耕至（2002）「有明海個体群の内部構造」『スズキと生物多様性—水産資源生物学の新展開　水産学シリーズ131』，田中　克，木下　泉編，127-139，恒星社厚生閣.

中山耕至（2008）「稚魚の遺伝的分析で示された有明海スズキの個体群構造」『稚魚学—多様な生理生態を探る』，田中　克，田川正朋，中山耕至編，287-294，生物研究社.

中山慎之介（2008）「マサバの群れ行動の個体発生」『稚魚学—多様な生理生態を探る』，田中　克，田川正朋，中山耕至編，325-331，生物研究社.

Nakayama S, Masuda R, Shoji J, Takeuchi T, Tanaka M (2003a) Effect of prey items on the development of schooling behavior in chub mackerel *Scomber japonicus* in the laboratory. *Fish. Sci.*, 69: 670-676.

Nakayama S, Masuda R, Takeuchi T, Tanaka M (2003b) Effects of highly unsaturated fatty acids on escape ability from moon jellyfishs *Aurelia aurita* in red sea bream *Pagrus major* larvae. *Fish. Sci.*, 69: 903-909.

Nakayama S, Masuda R, Tanaka M (2007) Onsets of schooling behavior and social transmission in chub mackerel *Scomber japonicus*. *Behavior. Ecol. Sociol.*, 61: 1383-1391.

二平　章（2007）「レジーム・シフトと底魚資源」『レジーム・シフト—気候変動と生物資

源管理』，川崎　健，花輪公雄，谷口　旭，二平　章編，157-173，成山堂書店．

日本魚類学会自然保護委員会編（2002）『川と湖沼の侵略者ブラックバス—その生態学と生態系への影響』恒星社厚生閣．

西田　睦（1999）「自然史研究における分子的アプローチ」松浦啓一，宮　正樹編著『魚の自然史—水中の進化学』，99-116，北海道大学図書刊行会．

Nishioka J, Ono T, Saito H, Nakatsuka T, Takeda S, Yoshimura T, Suzuki K, Kuma K, Nakabayashi S, Tsumune D, Mitsudera H, Johnson WK, Tsuda A (2007): Iron supply to the western subarctic Pacific: Importance of iron export from the Sea of Okhotsk. *Journal of Geophysical Research*, 112, C10012, doi:10.1029/2006JC004055.

Nelson JS (2006) *Fishes of the world, fourth edition*, Wiley.

Noell CJ, Donnellan S, Foster R, Haigh L (2001) Molecular discrimination of garfish *Hyporhamphus* (Beloniformes) larvae in southern Australian waters. *Mar. Biotechnol.*, 3: 509-51.

乃一哲久，Subiyanto，平田郁夫（2006）「九州西岸の砂浜海岸におけるホシガレイ着底仔稚魚の出現と食性」『日本水産学会誌』72：366-373．

North EW, Houde ED (2003) Linking ETM physics, zooplankton prey, and fish early-life histories to striped bass *Morone saxsatilis* and white perch *M. Americana* recruitment. *Mar. Ecol. Prog. Ser.*, 260: 219-236.

O'Connell CP (1980) Percentage of starving northern anchovy, *Engraulis mordax*, larvae in the sea as estimated by histological methods. *Fish. Bull. U.S.*, 78: 475-489.

太田太郎，日比野　学（2008）「有明海のスズキの初期生態を探る」『稚魚学—多様な生理生態を探る』，田中　克，田川正朋，中山耕至編，277-286，生物研究社．

岡村　収，尼岡邦夫編・監修（1997）『山渓カラー名鑑　日本の海水魚』山と渓谷社．

Okiyama M (1990) Contrast in reproductive style between two species of sandfishes (Family Trichodontidae). *Fish. Bull. U.S.*, 88：543-549.

沖山宗雄編（1998）『日本産稚魚図鑑』東海大学出版会．

沖山宗雄（2001）「前稚魚の意味論：稚魚研究を始める人に」『稚魚の自然史—千変万化の魚類学』，千田哲資，南　卓志，木下　泉編，241-257，北海道大学図書刊行会．

沖山宗雄，上柳昭治（1977）「イソマグロ　*Gymmnosarda unicolor* (RUPPEL) の仔稚魚」『遠洋水研報』15：35-49．

Olla BL, Davis MW, Ryer CH (1994) Behavioral deficits in hatchery-reared fish: potential effects on survival following release. *Aquacult. Fish. Manage.*, 25: 19-34.

Olla BL, Davis MW, Ryer CH (1998) Understanding how the hatchery Pacific salmon into marine ecosystems. *Aquaculture*, 98: 173-183.

Ooi AL, Chong VC, Hanamura Y, Konishi Y (2007) Occurrence and recruitment of fish larvae in

Matang mangrove estuary, Malaysia. *JIRCAS Working Report*, 56: 1−6.

大美博昭（2002）「若狭湾由良川河口域における仔稚魚の生態」『スズキと生物多様性―水産資源生物学の新展開　水産学シリーズ131』，44−53，恒星社厚生閣．

大島泰雄（1954）「藻場と稚魚の繁殖保護について」『水産学の概観』，121−181，日本水産学会編．

大内康敬（1986）「幼魚の生態とその漁業」『マダイの資源培養技術　水産学シリーズ59』，田中　克，松宮義晴編，75−90，恒星社厚生閣．

Oczeki Y, Hirano R (1985) Effects temperature changes on the development of eggs of the Japanse whiting *Sillago japonica* Temminck et Schlegel. *Bull Jap. Soc. Sci. Fish.*, 51: 557−572.

Oozeki Y, Ishii T, Hirano R (1989) Histological study of the effects of starvation of reared and wild caught larval stone flounder, *Kareius bicoloratus*. *Mar. Biol.*, 100: 269−275.

大竹二雄（2005）「海域におけるアユ仔稚魚の生態特性の解明」『水産総合研究センター研究報告』別冊第5号：179−185．

Cttersen G (2008) Impacts of climate change on flatfish populations: processes of change. *Abstract book of the 7th International Flatfish Symposium*, p.23.

小沢貴和，河合一彦，魚谷逸郎（1991）「数量化Ⅰ類によるマサバ仔魚の消化管内容物解析」『日本水産学会誌』57：1241−1245．

Pannella G (1971) Fish otoliths: Daily growth layers and periodic patterns. *Science*, 173: 1124−1127.

Pauly D, Christensen V (1995) Primary production required to sustain global fisheries. *Nature*, 374: 255−257.

Pauly D, Christensen V, Darsgaard J, Froese R, Torres F Jr. (1998) Fishing down marine food webs. *Science*, 279: 860−863.

Pauly D, Tyedmers P, Froese R, Liu LY (2001) Fishing down and farming up the food web. *Conserv. Biol. Pract.*, 2: 25.

Pauly D, Christensen V, Guenette S, Pitcher TJ, Sumila UR, Walters CJ, Watson R, Zeller D (2002) Towards sustainability in world fisheries. *Nature*, 418: 689−695.

Pegg CG, Sinclair B, Briskey L, Aspden WJ (2006) MtDNA barcode identification of fish larvae in the southern great barrier reef, Australia. *Sci. Mar.*, 70(Suppl. 2): 7−12.

Perez R, Tagawa M, Seikai T, Hirai N, Takahashi Y, Tanaka M (1999) Developmental changes in tissue thyroid hormones and cortisol in Japanese sea bass *Lateolabrax japonicus* larvae and juveniles. *Fish. Sci.*, 65: 91−97.

Rocha-Olivares A (1998) Multiplex haplotype-specific PCR: a new approach for species identification of the early life stages of rockfishes of the species-rich genus *Sebastes* Cuvier. *J. Exp. Marine Biol. Ecol.*, 231: 279−290.

Rombough P (2007) The functional ontogeny of the teleost gill: Which comes first, gas or ion exchange? *Comp. Biochem. Physiol. A*, 148: 732-742.

Ronnestad I, Dominguez RP, Tanaka M (2000) Ontogeny of digestive tract functionality in Japanese flounder, *Paralichthys olivaceus* studied by *in vivo* microinjection: pH and assimilation of free amino acids. *Fish Phisiol. Biochem.*, 22: 225-235.

Rosel PE, Kocher TD (2002) DNA-based identification of larval cod in stomach contents of predatory fishes. *J. Exp. Marine Biol. Ecol.*, 267: 75-88.

Saitoh K, Takagaki M, Yamashita Y (2003) Detection of Japanese flounder-specific DNA from gut contents of potential predators in the field. *Fish. Sci.*, 69: 473-477.

齋藤宏明 (2007)「北太平洋の栄養塩変動と生態系レジーム・シフト」『レジーム・シフト―気候変動と生物資源管理』，川崎　健，花輪公雄，谷口　旭，二平　章編，79-89，成山堂書店．

Sakakura Y (2006) Larval fish can be predictable indicator for the quality of Japanese flounder seedlings for release. *Aquaculture*, 257: 316-320.

Sakakura Y, Tsukamoto K (2002) Onset and development of aggressive behavior in the early life stage of Japanese flounder. *Fish. Sci.*, 68: 854-861.

櫻井　泉，柳井清治 (2008)「カレイ未成魚による森林有機物の利用」『森川海のつながりと河口，沿岸域の生物生産　水産学シリーズ157』，山下　洋，田中　克編，74-88，恒星社厚生閣．

Sale PF, Ferrell DJ (1988) Feeding survivorship of juvenile coral reef fishes. *Coral Reefs*, 7: 117-124.

佐野光彦 (1995)「サンゴ礁魚類の多種共存にかかわる造礁サンゴの役割」『サンゴ礁―生物が造った生物の楽園』，西平守孝，酒井一彦，佐野光彦，土屋　誠，向井　宏著，81-118，平凡社．

佐野光彦，中村洋平，渋野拓郎，堀之内正博 (2008)「熱帯地方の海草藻場やマングローブ水域は多くの魚類の成育場か」『日本水産学会誌』74：93-96．

佐藤正典編 (2000)『有明海の生きものたち―干潟・河口域の生物多様性』海游舎，396．

Sato T (1986) A brood parasitic catfish of mouthbrooding cichlid fishes in Lake Tanganyika. *Nature*, 323: 58-59.

佐藤　哲 (1993)「口の中は本当に安全か？―托卵するナマズ」，川那部浩哉監修，堀　道雄編『タンガニイカ湖の魚たち　多様性の謎を探る』平凡社，170-180．

Satoh K, Tanaka Y, Iwahashi M (2008) Variations in the instantaneous mortality rate between larval patches of Pacific bluefin tuna *Thunnus orientalis* in the Pacific Ocean. *Fish. Res.*, 89: 248-256.

Schmidt, J (1925) The breeding places of the eel. *Ann. Rep. Smithonian Inst.* : 279-316.

Seikai T (1985) Influence of feeding periods of Brazilian Artemia during larval development of hatchery-reared flounder *Paralichthy olivaceus* on the appearance of albinism. *Bull. Jap. Soc. Sci. Fish.*, 51: 521-527.

青海忠久（1991）ヒラメ幼魚の無眼側の着色に及ぼす光照射，有眼側の体色，および供試魚の由来の影響．水産増殖 39, 173-180.

青海忠久（1997）「体色異常発現機構」『ヒラメの生物学と資源培養　水産学シリーズ 112』，南　卓志，田中　克編，63-73，恒星社厚生閣．

Seikai T, Tanangonan JB, Tanaka M (1986) Temperature influence on larval growth and metamorphosis of the Japanese flounder *Paralichthys olivaceus* in the laboratory. *Bull. Jap. Soc. Sci. Fish.*, 52: 977-982.

Seikai T, Shimozaki M, Watanabe T (1987) Estimation of larval stage determining the appearance of albinism in hatchery-reared juvenile flounder *Paralichthys olivaceus*. *Nippon Suisan Gakkaishi*, 53: 1107-1114.

Seikai T, Kinoshita I, Tanaka M (1993) Predation by crangonid shrimp on juvenile flounder under laboratory conditions. *Nippon Suisan Gakkaishi*, 59: 321-326.

Seikai T, Takeuchi T, Park GS (1997) Comparison of growth, feed efficiency, and chemical composition of juvenile flounder fed live mysids and formula feed under laboratory conditions. *Fish. Sci.*, 63: 520-526.

征矢野　清（2005）「魚類の繁殖と月周リズム—カンモンハタの生殖周期と月の関係」『アクアネット』2005.10：26-29.

Senta T, Kinoshita I (1985) Larval and juvenile fishes occurring in surf zones of western Japan. *Trans. Am. Fish. Soc.*, 114: 609-618.

千田哲資，木下　泉，南　卓志（編）（1998）『砂浜海岸における仔稚魚の生物学　水産学シリーズ 116』恒星社厚生閣．

Sharma JG, Masuda R, Tanaka M (2005) Ultrastructural study of skin and eye of UV-B irradiated ayu *Plecoglossus altivelis*. *J. Fish Biol.*, 67: 1646-1652.

Shibuno T, Nakamura Y, Horinouchi M, Sano M (2008) Habitat use patterns of fishes across the mangrove-seagrass-coral reef seascape at Ishigaki Island, southern Japan. *Ichthyol. Res.*, 55: 218-237.

Shinnaka T, Sano M, Ikejima K, Tongnuui P, Horinouchi M, Kurokura H (2007) Effects of mangrove deforestation on fish assemblage at Pak Phanang bay, southern Thailand. *Fish. Sci.*, 73: 862-870.

Shiraishi K, Hiroi J, Kaneko T, Matsuda M, Hirano T, and Mori T (2001) *In vitro* effects of environmental salinity and cortisol on chloride cell differentiation in embryos of mozambique tilapia, *Oreochromis mossambicus*, measured using a newly developed 'yolk-ball' incubation

system. *J. Exp. Biol.*, 204: 1883-1888.
代田昭彦（1998）「ニゴリの生成機構と生態学的意義（総説）」『海洋生物環境研究所』.
小路　淳（2008）「マサバの柔軟な初期摂食戦略」『稚魚学―多様な生理生態を探る』，田中　克，田川正朋，中山耕至編，316-324，生物研究社.
小路　淳（2009）『も場と魚―魚類生産学入門　ベルソーブックス 032』成山堂書店.
Shoji J, Kishida T, Tanaka M (1997) Piscivorous habits of Spanish mackerel larvae in the Seto Inland Sea. *Fish. Sci.*, 63: 388-392.
Shoji J, Maehara T, Tanaka M (1999) Diel vertical movement of feeding rhythm of Japanese Spanish mackerel larvae in the central Seto Inland Sea. *Fish., Sci.*, 65: 726-730.
Shoji J, Aoyama M, Fujimoto H, Iwamoto A, Tanaka M (2002) Susceptibility to starvation by piscivorous Japanese Spanish mackerel *Scomberomorus niphonius* (Scombridae) larvae at first feeding. *Fish. Sci.*, 68: 59-64.
Shoji J, Tanaka M (2005a) Distribution, feeding condition and growth of Japanese Spanish mackerel (*Scomberomorus niphonius*) larvae in the Seto Inland Sea. *Fish. Bull.*, 103, 371-379.
Shoji J, Tanaka M (2005b) Larval growth and mortality of Japanese Spanish mackerel *Scomberomorus niphonius* in the central Seto Inland Sea, Japan. *J. Mal. Biol. Ass. U. K.*, 85: 1253-1261.
Shoji J, Yamashita Y, Masuda R, Tanaka M (2005a) Predation on fish larvae by moon jellyfish *Aurelia aurita* under low dissolved oxygen concentration. *Fish. Sci.*, 71: 748-753.
Shoji J, Masuda R, Yamashita Y, Tanaka M (2005b) Effect of low dissolved oxygen concentrations on behavior and predation rates on red sea bream *Pagrus major* larvae by the jellyfish *Aurelia aurita* and by juvenile Spanish mackerel *Scomberomorus niphonius*. *Mar. Biol.*, 147: 863-868.
Shoji J, Tanaka M (2006a) Growth-selective survival in piscivorous larvae of Japanese Spanish mackerel *Scomberomorus niphonius*: early selection and significance of ichthyoplankton prey supply. *Mar. Ecol. Prog. Ser.*, 321: 245-254.
Shoji J, Tanaka M (2006b) Influence of spring river flow on the recruitment of Japanese seaperch *Lateolabrax japonicus* into the Chikugo estuary Japan. *Sci. Mar.*, 70: 159-164.
Shoji J, Sakiyama K, Hori M, Yoshida G, Hamaguchi M (2007) Seagrass habitat reduces vulnerability of red sea bream *Pagrus major* juveniles to piscivorous fish predator. *Fish. Sci.*, 73: 1281-1285.
庄司紀彦，佐藤圭介，尾崎真澄（2002）「資源の分布と利用実態」『スズキと生物多様性―水産資源生物学の新展開　水産学シリーズ 131』，田中　克，木下　泉編，9-20，恒星社厚生閣.
Simpson SD, Meekan MG, McCauley RD, Jeffs A (2004) Attraction of settlement-stage coral reef fishes to reef noise. *Mar. Ecol. Prog. Ser.*, 276: 263-268.

Sims D (2008) 100 days to 100 years: Short and long term resposnses of flatfish to sea temperature change. *Abstract of 7th International Flatfish Symposium.*

Smith PE (1981) Fisheries on coastal pelagic schooling fish. In *Marine Fish Larvae*, Seattle and London, Lasker R (ed.), 1-31, University of Washington Press.

Sneddon LU (2003) The bold and the shy: individual differences in rainbow trout. *J. Fish Biol.*, 62: 971-975.

Srivastava AS, Kurokawa T, Suzuki T (2002) mRNA expression of pancreatic enzyme precursors and estimation of protein digestibility in first feeding larvae of the Japanese flounder, *Paralichthys olivaceus. Comp. Biochem. Physiol., Part A*, 132: 629-635.

首藤宏幸（1998）『志々伎湾におけるマダイ若魚のヨコエビ類に対する選択的捕食とその捕食圧』，京都大学大学院農学研究科博士論文.

Sudo H, Azeta M (1996) Life history and production of the amphipod *Byblis japonicus* Dahl (Gammaridea: Ampeliscidae) in a warm temperate zone habitat, Shijiki Bay, Japan. *J. Exp. Mar. Biol. Ecol.*, 198: 203-222.

首藤宏幸，田中　克（2008）「マダイ稚魚と餌生物たち」『稚魚学―多様な生理生態を探る』，田中　克，田川正朋，中山耕至編，12-22，生物研究社.

Sudo H, Kajihara N, Fujii T (2008) Predation by the swimming crab *Charibdis japonica* and piscivorous fishes: a major mortality factor in hatchery-reared juvenile Japanese flounder *Paralichthys olivaceus* released in Mano Bay, Sado Island, Japan. *Fish. Res.*, 89: 49-56.

杉崎宏哉（2007）「水産研究所動物プランクトン長期データから読み取れるレジーム・シフト」『レジーム・シフト―気候変動と生物資源管理』，川崎　健，花輪公雄，谷口　旭，二平　章編，91-99，成山堂書店.

杉山秀樹（2005）『オオクチバス駆除最前線』無明舎出版.

Suzuki KW, Kasai A, Nakayama K, Tanaka M (2005) Differential isotopic enrichment and half-life among tissues in Japanese temperate bass (*Lateolabrax japonicus*) juveniles: implications for analyzing migration. *Can. J. Fish. Aquat. Sci.*, 62: 671-678.

Suzuki KW, Kasai A, Ohta T, Nakayama K, Tanaka M (2008) Migration of Japanese temperate bass (*Lateolabrax japonicus*) juveniles within the Chikugo River estuary revealed by delta 13C analysis. *Mar. Ecol. Prog. Ser.*, 358: 245-256.

鈴木啓太，田中　克（2008）「有明海河口域におけるスズキの初期回遊生態」『安定同位体スコープで覗く海洋生物の生態―アサリからクジラまで　水産学シリーズ159』，富永　修，高井則之編，124-136，恒星社厚生閣.

鈴木　徹，有瀧真人，宇治　督，橋本寿史（2007）「左ヒラメに右カレイの謎に迫る」『化学と生物』45：511-515.

Tachihara K, El-Zibdeh MK, Ishimatsu A, Tagawa M (1997) Improved seed production of goldstriped amberjack, *Seriola lalandi* by injection of triiodothyronine (T3) to broodstock fish. *J. World Aquaculture Soc.*, 28: 34-44.

Tagawa M (1996) Current understanding of the presence of hormones in fish eggs. In *Survival strategy in early life stages of marine resources*. Watanabe T, Oozeki Y, Yamashita Y (eds.), 27-38. Rotterdam: Aa Balkema.

田川正朋（2005）「異体類の変態」『海の生物資源』渡邊良朗編, 102-119, 東海大学出版会.

Tagawa M, Hirano T (1991) Effects of thyroid hormone deficiency in eggs on early development of the medaka, *Oryzias latipes*. *J. Exp. Zool.*, 257: 360-366.

高橋勇夫, 東　健作（2006）『ここまでわかったアユの本』築地書館.

高橋清孝（2002）「オオクチバスによる魚類群集への影響—伊豆沼・内沼を中心に」『川と湖沼の侵略者ブラックバス—その生物学と生態系への影響』, 日本魚類学会自然保護委員会編, 47-59, 恒星社厚生閣.

Takasuka A, Aoki I, Mitani I (2003) Evidence of growth-selective predation on larval Japanese anchovy *Engraulis japonicus* in Sagami bay. *Mar. Ecol. Prog. Ser.*, 252: 223-238.

Takasuka A, Oozeki Y, Aoki I (2007) Optimal growth temperature hypothesis: why do anchovy flourish and sardine collapse or vice versa under the same ocean regime? *Can. J. Fish. Aquat. Sci.*, 64: 768-776.

Takeda S (1998) Influence of iron availability on nutrient consumption ratio of diatoms in oceanic waters. *Nature*, 393: 774-777.

武田重信, 西岡　純（2001）「海洋における鉄の存在状態」『月刊海洋』号外 No.25：83-89.

武田重信（2002）「鉄供給による植物プランクトンの栄養利用の制御」『日本プランクトン学会』49：21-26.

Takeda Y (2007) Growth and development of starry flounder and their congeneric species during the early life history in relation to freshwater ingress. PhD thesis, School of Agriculture, Kyoto University.

建田夕帆（2008）「川を溯るヌマガレイの生理生態」『稚魚学—多様な生理生態を探る』, 田中　克, 田川正朋, 中山耕至編, 115-121, 生物研究社.

竹野功璽, 霞矢　護, 宮島俊明（2001）「標識放流結果から見た若狭湾西部海域産ヒラメの分布・移動」『日本水産学会誌』67：807-813.

竹内俊郎（2001）「魚介類幼生の栄養要求と餌料の栄養強化」『栽培漁業基礎技術体系化事業基礎理論コーステキスト集・XIV』, 1-32, 日本栽培漁業協会.

Takeuchi T (2001) A review of feed development for early life stages of marine finfish in Japan. *Aquaculture*, 200: 203-222.

竹内俊郎（2002）「栄養要求に関する基礎理論」『魚介類幼生の栄養要求と餌料の栄養条件

栽培漁業技術体系化事業基礎理論コーステキスト集』，1-32，社団法人日本栽培漁業協会.
竹内俊郎（2003）「ペプチド・アミノ酸」『養殖魚の健全性に及ぼす微量栄養素　水産学シリーズ137』，中川平介，佐藤　実編，54-68，恒星社厚生閣.
竹内俊郎（2008）「タウリン」『養殖』，92-95，緑書房.
多紀保彦ほか編（1999）『食材魚貝大百科1』平凡社.
田北　徹（2000）「魚類」『有明海の生きものたち―干潟・河口域の生物多様性』，佐藤正典編，213-252，海游舎.
Takita T, Middaugh DP, Dean JM (1984) Predation of a spawning atherinid fish, *Menidia menidia*, by avian and aquatic predators. *Jap. J. Ecol.*, 34: 431-437.
田北　徹，山口敦子編（2009）『干潟の海に生きる魚たち―有明海の豊かさと危機』東海大学出版会.
玉栄茂康（2004）『ヒルギダマシ植林による砂漠沿岸緑化に関する研究』京都大学大学院農学研究科博士論文.
玉栄茂康（2008）「マングローブ植林による砂漠沿岸生物環境の改善」『森川海のつながりと河口・沿岸域の生物生産　水産学シリーズ157』，山下　洋，田中　克編，130-142，恒星社厚生閣.
Tanaka H, Kagawa H, Ohta H (2001) Production of leptocephali of Japanese eel (*Anguilla japonica*) in captivity, *Aquaculture*, 201: 51-60.
Tanaka H, Kagawa H, Ohta H, Unuma T, Nomura K (2003) The first production of glass eel in captivity : fish reproductive physiology facilitates great progress in aquaculture. *Fish Physiol. Biochem.*, 28: 493-497.
Tanaka K, Choo PS (2000) Influences of nutrient outwelling from the mangrove swamp on the distribution of phytoplankton in the Matang mangrove estuary, Malaysia. *J. Oceanogr.*, 56: 69-78.
田中　克（1972a）「仔魚の消化系の構造と機能に関する研究―Ⅳ．摂餌にともなう腸前部および中部上皮の変化と脂肪の吸収」『魚類学雑誌』19：15-25.
田中　克（1972b）「仔魚の消化系の構造と機能に関する研究―Ⅴ．後部腸管上皮層の変化と蛋白質の摂取」『魚類学雑誌』19：172-180.
Tanaka M (1973) Studies on the structure and function of the digestive system of teleost larvae. Ph.D Thesis, Kyoto University.
田中　克（1975）「消化器官」『稚魚の摂餌と発育』，日本水産学会編，1-23，恒星社厚生閣.
田中　克（1983）「海産仔魚の摂餌と生残Ⅷ 被捕食（1）」『海洋と生物』28：344-351.
Tanaka M (1985) Factors affecting the inshore migration of pelagic larval and demersal juvenile red sea bream *Pagrus major* to a nursery ground. *Trans. Am. Fish. Soc.*, 114: 471-477.

田中　克（1986）「稚仔魚の生態」『マダイの資源培養技術　水産学シリーズ 59』, 田中　克, 松宮義晴編, 59-74, 恒星社厚生閣.

田中　克（1991）「接岸回遊の機構とその意義」『魚類の初期発育　水産学シリーズ 83』, 田中　克編, 119-132, 恒星社厚生閣.

田中　克（1994）「飼育魚と天然魚の比較」『放流魚の健苗育成技術　水産学シリーズ 93』, 北島　力編, 19-30, 恒星社厚生閣.

田中　克（1998）「ヒラメ仔稚魚の発育と生理生態」『平成 10 年度栽培漁業技術研修事業基礎理論コース　仔稚魚シリーズ No. 9』, 49, 水産庁・日本栽培漁業協会.

田中　克（2005）「フィールドに学ぶマクロ生物学の魅力」『海洋と生物』157：139-147.

田中　克（2008）『森里海連環学への道』旬報社.

田中　克（2009a）「有明海特産魚：氷河期の大陸からの贈りもの」『有明海干潟の生きものたち』, 田北　徹, 山口敦子編, 東海大学出版会, 印刷中.

田中　克（2009b）「河川感潮域で育つ有明海の魚たち」『有明海干潟の生きものたち』, 田北　徹, 山口敦子編, 東海大学出版会, 印刷中.

Tanaka M, Ueda H, Azeta M (1987a) Near-bottom copepod aggregations around the nursery ground of the juvenile red sea bream in Shijiki bay. *Nippon Suisan Gakkaishi*, 53: 1537-1544.

Tanaka M, Ueda H, Azeta M (1987b) Significance of near-bottom copepod aggregations as food resources for the juvenile red sea bream in Shijiki Bay. *Nippon Suisan Gakkaishi*, 53: 1545-1552.

Tanaka M, Goto T, Tomiyama M, Sudo H (1989a) Immigration, settlement and mortality of flounder (*Paralichthys olivaceus*) larvae and juveniles in a nursery ground, Shijiki Bay, Japan. *Neth. J. Sea Res.*, 24: 57-67.

Tanaka M, Goto T, Tomiyama M, Sudo H, Azuma M (1989b) Lunar-phased immigration and settlement of metamorphosing Japanese flounder larvae into the nearshore nursery ground. *Rapp. P-v. Reun. Cons. Int. Explor. Mer*,191: 303-310.

Tanaka M, Tanangonan JB, Tagawa M, de Jesus EG, Nishida H, Isaka M, Kimura R, Hirano T (1995) Development of the pituitary, thyroid and interrenal glands and applications of endocrinology to the improved rearing of marine fish larvae. *Aquaculture*, 135: 111-126.

Tanaka M, Kawai S, Seikai T, Burke JS (1996a) Development of the digestive organ system in Japanese flounder in relation to metamorphosis and settlement. *Mar. Fresh. Behav. Physiol.*, 28: 19-31.

Tanaka M, Kaji T, Nakamura Y (1996b) Developmental strategy of scombrid larvae: High growth potential related to food habits and precocious digestive system development. In *Survival strategies in early life stages of marine resources*. Watanabe T, Oozeki Y, Yamashita Y (eds.), 125-139, Rotterdam: Aa Balkma.

Tanaka M, Ohkawa T, Maeda T, Kinoshita I, Seikai T, Nishida M (1997) Ecological diversities and stock structure of the flounder in the Sea of Japan in relation to stock enhancement. *Bull. Natl. Res. Inst. Aquacult.*, Suppl., 3: 77-85.

田中　克，曽　朝曙（1998）「幼生の接岸と着底機構」『砂浜海岸における仔稚魚の生物学　水産学シリーズ116』，千田哲資，木下　泉，南　卓志編，100-112，恒星社厚生閣．

田中　克，田川正朋，中山耕至編（2008）『稚魚学―多様な生理生態を探る』生物研究社．

Tanaka M, Goto T, Tane S, Ueno M, Fujii T, Sudo H, Koshiishi Y, Hirota Y (2009a) Regional differences in the feeding and growth of juvenile Japanese flounder (*Paralichthys olivaceus*) among three nurseries along the Sea of Japan. *J. Sea Res.* (submitted)

Tanaka M, Yokouchi S, Hirai N, Nakayama K (2009b) Prolactin involvement in low salinity adaptation in river-ascending Japanese temperate bass *Lateolabrax japonicus*. *Mar. Biol.* (submitted)

Tanaka Y, Yamaguchi H, Gwak WS, Tominaga O, Tsusaki T, Tanaka M (2005) Influence of mass release of hatchery-reared Japanese flounder on the feeding and growth of wild juveniles in a nursery ground in the Japan Sea. *J. Exp. Mar. Biol. Ecol.*, 314: 137-147.

Tanaka Y, Yamaguchi H, Tominaga O, Tsusaki T, Tanaka M (2006) Relationships between release season and feeding performance of hatchery-reared Japanese flounder *Paralichthys olivaceus*: *In situ* release experiment in coastal area of Wakasa Bay, Sea of Japan. *J. Exp. Mar. Biol. Ecol.*, 330: 511-520.

Tanaka Y, Mohri M, Yamada H (2007) Distribution, growth and hatch date of juvenile Pacific bluefin tuna *Thunnus orientalis* in the coast area of the Sea of Japan. *Fish. Sci.*, 73: 534-542.

Tanaka Y, Satoh K, Yamada H, Takebe T, Nikaido H, Shiozawa S (2008) Assessment of the nutritional status of field-caught larval Pacific bluefin tuna by RNA/DNA ratio based on starvation experiment of hatchery-reared fish. *J. Exp. Mar. Biol. Ecol.*, 354: 56-64.

種　鎮矢（1994）『由良川河口域におけるヒラメ稚魚の摂餌生態』，京都大学大学院農学研究科水産学専攻修士論文．

谷口　旭（2007）「低次生産にみられるレジーム・シフトの特色」『レジーム・シフト―気候変動と生物資源管理』，川崎　健，花輪公雄，谷口　旭，二平　章編，63-68，成山堂書店．

谷口和也，吾妻行雄，嵯峨直恒編（2008）『磯焼けの科学と修復技術　水産学シリーズ160』恒星社厚生閣．

谷口順彦（2007）「魚類集団の遺伝的多様性の保全と利用に関する研究」『日本水産学会誌』73：408-420．

寺脇利信，吉村　拓，桑原久実（2007）「温暖化による藻場環境の変化」，海洋出版株式会社編『月刊海洋』46号：46-54．

Theilacker GH (1986) Starvation-induced mortality of young sea-caught jack mackerel, *Trachurus symmetricus*, determined with histological and morphological methods. *Fish. Bull.*, 84: 1-17.

富永　修，高井則之（編）(2008)『安定同位体スコープで覗く海洋生物の生態——アサリからクジラまで　水産学シリーズ159』恒星社厚生閣．

Trijuno DD (2000) Studies on the development and metamorphosis of coral trout *Plectropomus leopardus* under rearing experiment. PhD thesis, School of Agriculture, Kyoto University.

Tsukamoto K (1992) Discovery of the spawning area for Japanese eel. *Nature*, 356: 789-791.

Tsukamoto K (2006) Spawning of eels near a seamount. *Nature*, 439: 929.

塚本勝巳（2006）「ウナギ回遊生態の解明」『日本水産学会誌』72：350-356．

塚本勝巳（2008）「ウナギ資源の現状と保全」，海洋科学株式会社編『月刊海洋』号外48号：5-9．

Tsukamoto, Masuda R, Kuwada H, Uchida K (1997) Quality of fish for release: Behavioral approach. *Bull. Natl. Res. Aquacult.*, Suppl. 3: 93-99.

堤　直人，加藤敏朗，本村泰三，中川雅夫（2008）「海域施肥時のコンブ等の生育に及ぼす施肥原料成分の影響に関する水槽実験結果——転炉系製鋼スラグ等を用いた藻場造成技術開発（3）」『第20回海洋工学シンポジウム講演要旨』，1-5．

Überscher B (1988) Determination of the nutritional condition of individual marine fish larvae by analyzing their proteolytic enzyme activities with highly sensitive fluorescence. *Meeresforsch.*, 32: 144-154.

内田和男，桑田　博，塚本勝巳（1993）「マダイの種苗と横臥行動」『日本水産学会誌』59：991-999．

内田恵太郎（1963）「魚類の変態」『脊椎動物発生学』，久米又三編，115-122，培風館．

内田喜隆（2005）「四万十川の怪魚アカメの生活史」『海洋と生物』156：24-29．

内田喜隆（2008）「アカメの生活史」『稚魚学——多様な生理生態を探る』，田中　克，田川正朋，中山耕至編，308-314，生物研究社．

Ueda H, Kuwahara A, Tanaka M, Azeta M (1983) Underwater observation on copepod swarms in temperate and subtropical waters. *Mar. Ecol. Prog. Ser.*, 11: 165-171.

上田　宏（2001）「サケ，川へ帰る」『魚のエピソード——魚類の多様性生物学』，尼岡邦夫編，101-116，東海大学出版会．

上田　宏（2006）「洞爺湖の湖水環境変化と魚類資源変動」『フィールド科学への招待』，北海道大学北方生物圏フィールド科学センター編，86-89，三共出版．

植松一眞（2002）「神経系」『魚類生理学の基礎』，會田勝美編，28-44，恒星社厚生閣．

魚谷逸朗（1973）「カタクチその他イワシ類シラスの鰾と生態について」『日本水産学会誌』39：867-876．

魚谷逸朗，斉藤　勉，平沼勝男，西川康夫（1990）「北西太平洋産クロマグロ *Thunnus*

thynnus 仔魚の食性」『日本水産学会誌』56：713-717.
van der Veer HW, Bergman MJN (1987) Predation by crustaceans on newly settled 0-group plaice *Pleuronectes platessa* in the western Wadden Sea. *Mar. Ecol.*, 35: 203-215.
van der Veer HW, Witte JIJ (1999) Year-class strength of plaice *Pleuronectes platessa* in the Southern Bight of the North Sea: a validation and analysis of the inverse relationship with seawater temperature. *Mar. Ecol. Prog. Ser.*, 184: 245-257.
Wada T, Mitsunaga N, Suzuki H, Yamashita Y, Tanaka M (2006) Growth and habitat of spotted halibut *Verasper variegatus* in the shallow coastal nursery area, Shimabara Peninsula in Ariake Bay, Japan. *Fish. Sci.*, 72: 603-611.
Wada, T, Aritaki M, Yamashita Y, Tanaka M (2007) Comparison of low-salinity adaptability and morphological development during the early life history of five pleuronectid flatfishes, and implications for migration and recruitment to their nurseries. *J. Sea Res.*, 58: 241-254.
渡邉　薫（2004）『若狭湾砂浜域におけるヒラメ稚魚の夜行性捕食者の探索』京都大学大学院農学研究科応用生物科学専攻修士論文.
渡邊良朗（1998）「仔魚の成長と生残」『マイワシの資源変動と生態変化　水産学シリーズ120』，渡邊良朗，和田時夫編，74-83，恒星社厚生閣.
渡邊良朗（編）(2005)「海の生物資源―生命は海でどう変動しているか」『海洋生命系のダイナミクス4』東海大学出版会.
渡邊良朗，和田時夫（編）(1998)『マイワシの資源変動と生態変化　水産学シリーズ120』恒星社厚生閣.
Watanabe Y (1982) Intracellular digestion of horseradish peroxidase by the intestinal cells of teleost larvae and juveniles. *Bull. Jap. Soc. Sci. Fish.*, 48: 37-42.
Watanabe Y (1984) An ultrastructural study of intracellular digestion of horseradish peroxidase by the rectal epithelium cells in larvae of a freshwater cottid fish *Cottus nozawae. Bull. Jap. Soc. Sci. Fish.*, 50: 409-416.
Watanabe Y, Zenitani H, Kimura R (1995) Population decline of the Japanese sardine *Sardinops melanostictus* owing to recruitment failures. *Can. J. Fish. Aqiat. Sci.*, 52: 1609-1616.
Watanabe Y, Zenitani H, Kimura R (1996) Offshore expansion of spawning of the Japanese sardine, *Sardinops melanostictus*, and its implication for egg and larval survival. *Can. J. Fish. Aquat. Sci.*, 53: 55-61.
Watanabe Y, Saito H (1998) Feeding and growth of early juvenile Japanese sardines in the Pacific waters off central Japan. *J. Fish Biol.*, 52: 519-533.
Westernhagen HV (1976) Some aspects of the biology of the hyperiid amphipod *Hyperoche medusarum. Helgolander wiss. Meeresunters.*, 28: 43-50.
White MG, North AW, Twelves EL, Jones S (1982) Early development of *Nototenia neglecta* from

the Scotia sea. *Antarctic Cybium*, 61: 43-51.
Witting DA, Able KW (1993) Effects of body size on probability of predation for juvenile summer and winter flounder based on laboratory experiments, *Fish. Bull.*, 91: 577-581.
Witting DA, Able KW (1995) Predation by sevenspine bay shrimp *Crangon septemspinosa* on winter flounder *Pleuronectes americanus* during settlement: laboratory observations. *Mar. Ecol. Prog. Ser.*, 123: 23-31.
Wright KJ, Higgs DM, Belanger AJ, Leis JM (2005) Auditory and olfactory abilities of pre-settlement larvae and post-settlement juveniles of a coral reef damselfish (Pisces: Pomacentridae). *Mar. Biol.*, 147: 1425-1434.
山路　勇（1966）『日本海洋プランクトン図鑑』保育社.
山本栄一（1995）「ヒラメの人為的性統御とクローン集団作出に関する研究」『鳥取水試報告』34：1-145.
Yamamoto M, Makino H, Kobayashi J, Tominaga O (2004) Food organisms and feeding habits of larval and juvenile Japanese flounder *Paralichthys olivaceus* at Ohama Beach in Hiuchi-Nada, the central Seto Inland Sea, Japan. *Fish. Sci.* 70: 1098-1105.
山本光夫, 濱砂信之, 福嶋正巳, 沖田伸介, 堀家茂一, 木曽英滋, 渋谷正信, 定方正毅（2006）「スラグと腐植物質による磯焼け回復技術に関する研究」『日本エネルギー学会誌』85：971-978.
山本章造, 杉野博之, 中力健治, 増成伸文（2005）「暗期の飼育環境下におけるマコガレイ仔稚魚の摂餌」『水産増殖』53：383-389.
山本民次, 古谷　研編（2007）『閉鎖性海域の環境再生　水産学シリーズ 156』恒星社厚生閣, 163.
山野恵祐（1997）「変態機構」『ヒラメの生物学と資源培養　水産学シリーズ 112』, 南卓志, 田中克編, 74-82, 恒星社厚生閣.
Yamaoka K, Yamamoto E, Taniguchi N (1994) Tilting behaviour and its learning in juvenile red sea bream, *Pagrus major*. *Bull. Mar. Sci. Fish.*, 14: 63-72.
Yamaoka K, Sasaki M, Kudoh T, Kanda M (2003) Differences in food composition between territorial and aggressive juvenile crimson sea bream *Evynnis japonica*. *Fish. Sci.*, 69: 50-57.
Yamashita Y, Kitagawa D, Aoyama T (1985a) Diel vertical migration and feeding rhythm of the larvae of the Japanese sand-eel *Ammodytes personatus*. *Bull. Japan. Soc. Sci. Fish.*, 51: 1-5.
Yamashita Y, Kitagawa D, Aoyama T (1985b) A field study of predation of the hyperiid amphipod *Parathemisto japonica* on larvae of the Japanese sand eel *Ammodytes personatus*. *Bull. Japan. Soc. Sci. Fish.*, 51: 1599-1607.
Yamashita Y, Aoyama T (1986) Starvation resistance of larvae of the Japanese sand eel *Ammodytes personatus*. *Bull. Japan. Soc. Sci. Fish.*, 52: 635-639.

Yamashita Y, Otake T, Yamada H (2000) Relative contributions from exposed inshore and estuarine nursery grounds to the recruitment of stone flounder estimated using otolith Sr: Ca ratios. *Fish. Oceanogr.*, 9: 328–342.

山下　洋，朝日田　卓（2005）「魚類仔稚魚の捕食者としてのベントス」『ベントスと漁業　水産学シリーズ144』，林　勇夫，中尾　繁編，62–74，恒星社厚生閣．

山下　洋，田中　克（編）（2008）『森川海のつながりと河口・沿岸域の生物生産　水産学シリーズ157』恒星社厚生閣．

安田　徹（2008）『エチゼンクラゲとミズクラゲ―その正体と対策　ベルソーブックス030』成山堂書店．

安田喜憲（2008）「生命文明の時代を築く新たなサイエンスを求めて」『続く世代に何を渡すのか―ゆたかさ・環境・科学技術―』，武田計測先端知財団編，57–83，ケイ・ディー・ネオブック．

安増茂樹，井内一郎，山上健次郎（1990）「孵化」『メダカの生物学』，江上信雄，山上健次郎，嶋昭紘編，93–108，東京大学出版会．

淀　太我（2002）「日本の湖におけるオオクチバスの生活史」『川と湖沼の侵略者ブラックバス―その生物学と生態系への影響』，日本魚類学会自然保護委員会編，31–45，恒星社厚生閣．

Yokogawa K, Taniguchi N, Seki S (1997) Morphological and genetic characteristics of sea bass, *Lateolabrax japonicus* from the Ariake Sea, Japan. *Ichthyol. Res.*, 44: 51–60.

横山勝英（2003）「陸域からの土砂流失―筑後川における流砂現況の変動」『日本海洋土木学会講演要旨集』：11–14．

米山兼二郎，八木昇一，川村軍三（1993）「テイラピア *Tilapia mossambica* の釣られ易さの個体差」『日本水産学会誌』58：1867–1872．

米山兼二郎，松岡達郎，川村軍三（1994）「テイラピアの野生魚と養殖魚の釣られ易さの個体差」『日本水産学会誌』60：599–603．

與世田兼三（2006）「ハタ類3種（ヤイトハタ *Epinephelus malabaricus*，キジハタ *Epinephelus akaara*，スジアラ *Plectropomus leopardus*）の初期減耗要因の解明に関する研究」京都大学大学院農学研究科博士論文．

Yoseda K, Yamamoto K, Asami K, Chimura M, Hashimoto K, Kosaka S (2008) Influence of light intensity on feeding, growth, and early survival of leopard grouper (*Plectropomus leopardus*) larvae under mass-scale rearing conditions. *Aquaculture*, 259: 55–62.

Youson JH (1988) First metamorphosis. In *Fish Physiology* vol. 11, Hoar WS and DJ Randall (eds.), 135–196, New York: Academic Press.

銭谷　弘（1998）「産卵期と産卵場」『マイワシの資源変動と生態変化』渡邊良朗，和田時夫編，65–74，恒星社厚生閣．

索引（事項・地名／生物名）

■事項・地名

CCK　163-164 →コレシストキニン
Critical Period Hypothesis　37-38, 40, 110
DHA　21, 69, 147, 151, 186, 208, 275, 281 →高度不飽和脂肪酸
EPA　21, 147, 151 →高度不飽和脂肪酸
Food supply 説　98
Integrated Process（Stage Duration）説　39
Lottery 説　39, 168
LTER（Long Term Ecological Research）　76
match-mismatch 説　39
mtDNA　213-215, 217, 219, 221, 224
nodal　66-67
pitx2　66-67
PNR（Point of No Return）　20, 145-146
Refuge 説　98
Stable Ocean 説　39, 225, 242-243, 245
visual day feeder　160

英虞湾　285
アマモ場　73, 76, 82-83, 89-94, 96, 104, 258, 284, 287 →成育場
アムール・オホーツクプロジェクト　310-311
アムール川　310-311
アラスカ海域　172, 246
有明海　10, 75, 83, 108, 165, 196, 227, 305, 317, 325
　有明海特産種　84, 228
アリューシャン低気圧　267-268
安定同位体比　99, 234-236
生き残り戦略／生き残り機構　29, 42, 54, 58, 89, 113, 184-185, 207, 255, 297 →生残
諫早湾　305, 325, 327, 334
胃腺　51, 155-156, 159, 164, 211
磯焼け　96, 114, 287-288, 308, 315, 320
一次的変態（真性または一次的変態）　47 →変態

遺伝標識　221
魚付き林　95, 103, 310, 339-341
鰓　51, 115, 210, 299-301
鱗　49-50, 65, 68, 126
栄養塩　82-83, 98, 226-227, 232, 244, 267, 309, 316, 336-337, 340, 344
栄養強化　21, 69, 141, 275
栄養状態　137, 164-166, 245
栄養要求　148, 151, 329
エクマン輸送　225, 244
エネルギー収支　140
鉛直移動　53, 115-116, 212, 224
鉛直分布　25, 57, 211
エンリッチ　209
塩類細胞　22, 194-196, 330
横臥行動　54, 170, 201
黄色素胞　49
大阪湾　133
オーム姿勢　206
オホーツク海　114, 306, 310-311

概日リズム　210-211
海水適応　63, 195 →淡水適応
海中林　94-96, 288
外部栄養　21, 26-27, 137, 144-145, 152
回遊　3, 9, 107-110, 115, 117, 124, 181, 227, 235-236, 248, 278
　降河回遊　107-110
　死滅回遊　113-114
　接岸回遊　35, 53, 56-57, 61, 71, 101, 112, 116-119, 121, 123-124, 329, 336
　通し回遊　108-110, 195, 340
　両側回遊　15, 108-109, 196, 217
　溯河回遊　9, 107-110
外来魚　10-11, 105, 229-230, 321
核酸比　39, 164-165, 185

381

学習（能力） 35, 145, 189, 202, 205, 207-210, 282
河口・干潟域 15, 82, 108, 179, 196, 235, 284, 307, 315, 325, 335 →成育場
化骨 48, 53, 151, 302 →骨化
餓死 147, 198
加入 37, 74, 85, 114, 168, 198, 225, 240, 257, 327
　加入機構 39, 311, 313
ガラモ場 47, 73, 82, 90-91, 94-96, 126, 258, 284, 308, 339 →成育場
カリフォルニア海域 15, 36, 94, 181, 225, 241-242
環境修復 283-285
環境収容力 168, 170, 257, 260, 262-263, 266-268, 280
間接発生 26-27, 43-45, 47
完全養殖 278
乾燥サメ卵 141
桿体 51, 57
キール湾 308
飢餓 29, 35, 142, 146, 164-167, 171, 184-185, 198, 225-226, 244-246
　飢餓減耗説 234
鰭条 19, 23, 49, 63, 301, 327 →鰭
汽水域 16, 84, 110, 196, 199, 228, 236, 306
基礎生産 83, 98, 226, 244, 311, 338, 341
北赤道海流 112
逆位個体 67, 299
驚愕行動 49, 201
魚種交替 252-254
魚食性 54, 88, 143-144, 157-158, 175, 178, 180-184, 240
巨大魚付林構想 311 →アムール・オホーツクプロジェクト
魚類プランクトン 226
屈曲期 45 →発育段階
クッパー氏胞 12
グレートバリアリーフ海域 216, 337
黒潮 112
クロロフィル極大層 225, 243-244
群形成 35, 52, 186
蛍光標識 106
形態異常（魚） 64, 66, 68-70, 151
　白化 66, 68-70, 275, 299, 308
　二次黒化 69-70
　脊柱湾曲 300

脊椎変形魚 299
　鼻孔隔皮欠損 70, 301
　両面有色 66, 68-70
原口 12
健苗育成 262, 275, 284
減耗要因 39, 172, 184, 245-246
減耗率 164, 191
広塩性 195-196
降河回遊（魚） 107-110 →回遊
後屈曲期 45 →発育段階
交雑個体群 228, 330
甲状腺ホルモン 18-19, 45-46, 48, 55-56, 62-64, 66-67, 74-75, 138, 156, 330
高濁度水 83, 100, 199-200, 228-229, 330
　高濁度水域 228
行動強化 297
行動訓練 283 →学習
高度不飽和脂肪酸 21, 137, 151, 208, 281
　DHA 21, 69, 147, 151, 186, 208, 275, 281
　EPA 21, 147, 151
口内保育 11, 42
黒色素胞 49
個性 170, 201, 205-207
個体群構造 214, 219-220
古代湖 104, 229
個体発生 11, 43, 45, 117, 137, 189, 299, 305, 323, 345
骨化 51 →化骨
コホート 33
固有種 105, 179, 203, 229, 321
コルチコステロイド 16
コルチゾル 19, 63, 166, 195, 330 →海水適応
コレシストキニン 163 → CCK

サーフネット 76
栽培漁業 61, 69, 79, 137, 168, 176, 193, 219-220, 239, 262-263, 273, 279-284, 293, 299, 329
砕波帯 86, 200
細胞外消化 155, 160
細胞内消化 155, 160
相模湾 34
里海 284-285
左右性決定遺伝子 12

索引（事項・地名／生物名）

382

左右非対称性　66
サルガッソー海　113
サンゴ礁域　76, 82, 97, 101-104, 112, 126, 131, 167, 285, 319 →成育場
残存環境収容力　168, 268 →環境収容力
紫外線　24, 313
仔魚　21
　　仔魚から稚魚への移行　27 →変態
　　仔魚膜　14, 19, 48-49, 145 →膜鰭
資源変動（機構）　37-38, 239-240, 242, 245, 248, 250, 254
志々伎湾　36-37, 71-72, 82-83, 88, 91, 116, 119-121, 123, 170, 178, 211-212, 257-262, 324
耳石　32-35, 85, 106, 176, 206, 216, 221
　　耳石日周輪　32-33, 39, 71, 169, 184, 193, 197-198, 234, 245, 264, 293, 301-302, 327, 329
　　耳石微量元素　236
実験生態学的手法　105
死滅回遊　113-114 →回遊，無効分散
シャーク湾　90
ジャイアントラーバ　29
雌雄比　192, 221
種苗生産　20, 64, 68, 77-78, 91, 137, 147, 220-221, 239, 274-281, 283-284, 329, 346
消化管ホルモン　162-164
小卵多産　27, 35, 58, 206
初回摂餌　144, 146-147
初期減耗　3, 110, 137, 171, 210, 240, 257, 274
　　初期減耗率　113
　　初期減耗機構　243
初期生活史　3, 45, 110, 144, 172, 190, 213, 225, 239, 306, 325, 340
食物連鎖　93, 186, 188, 226, 235, 301, 338, 340
食料問題　273, 280, 287-288
神経棘　51
人工魚礁　342-343
人工孵化放流　267
　　人工孵化放流事業　280
深層大循環　306
浸透圧調節　9, 22, 30, 84-85, 118, 194-196, 239
錐体　51 →桿体
砂浜海岸　57, 71, 82, 85-88, 90, 284, 318, 327-328, 340 →成育場
成育場　35, 58, 81, 112, 168, 175, 190, 229, 239, 257, 273, 295, 307, 315, 325, 336 →アマモ場，河口・干潟域，ガラモ場，サンゴ礁域，砂浜海岸，マングローブ域，ヨシ群落
生残 →生き残り戦略
　　生残機構　295
　　生残曲線　36, 243
　　生残戦略　7, 81, 89
　　生残率　7, 19, 29, 103, 106, 190, 195, 200, 209, 274, 280, 282, 297-298, 340
生産量　91, 98, 260, 262, 266, 273-274, 276, 318
生態系　96, 114, 174, 179, 199, 227, 250, 285, 307, 319, 337
　　生態系サービス　91
成長履歴　32-33
脊索　22, 45-46, 48, 51, 151
脊髄　22, 51
脊柱湾曲　300 →形態異常
脊椎　7, 48, 82, 115, 138, 171, 199, 216, 232, 298, 343
　　脊椎の骨化　27, 45-46, 51, 126, 156
　　脊椎変形魚　299 →形態異常
接岸回遊　35, 53, 56-57, 61, 71, 101, 112, 116-119, 121, 123-124, 329, 336 →回遊
接岸着底機構　112, 124
赤血球　52
摂餌／摂食
　　摂餌開始期　32, 43, 137, 180, 197, 240, 299
　　摂餌成功率　145, 244
　　摂餌生態　57, 96
　　摂食戦略　88, 199
瀬戸内海　33, 38, 90-91, 133, 143, 172, 177, 180, 198, 233, 240, 242, 255, 280-281, 284
前屈曲期　45 →発育段階
仙台湾　85, 133
選択的潮汐輸送　53, 119-121
前稚魚　47
双錐体　51
溯河回遊（魚）　9, 107-110 →回遊
側線　49-50

胎生　3, 5, 16, 45
対捕食者行動　209, 298
大卵少産　4, 15
タウリン　149-150, 152, 302-303
托卵　11, 41

多産多死　7
タスマニア島沿岸　94
淡水適応　63, 195-196, 228, 329 →低塩分適応能力
チェサピーク湾　199
チオウレア　62
地球温暖化　76, 114, 229, 232, 252, 305-306, 309-311, 313, 316, 338-339
稚魚網　24-25, 37, 120, 325
筑後川　84, 111, 199-200, 228, 307, 317, 325, 330, 332, 334
チモーゲン顆粒　153
着底減耗　71-74, 167
着底行動　52, 126
直接発生　26-27, 45, 157
チロキシン　48, 62, 149 →甲状腺ホルモン
沈性卵　5-6, 10, 12-15, 20, 26, 32, 94, 124-125, 145-146, 175, 203
低塩分適応能力　196-197, 329 →淡水適応
テキサス湾　235
デトリタス　82, 99, 141, 228, 236
　デトリタス食物連鎖　94, 99
東京湾　133
逃避行動　298
通し回遊　108-110, 195, 340 →回遊
特産種　34, 84, 108, 227, 307, 330
土佐湾　132-133
トップダウン制御　232
共食い　54, 88, 116, 143, 171, 177, 179-184, 206, 278, 282
富山湾　274

内耳　12, 32
内部栄養　21, 137, 144
内分泌（調節）機構　61-62, 329
流れ藻　94, 208-209
渚域　57, 86, 129-130, 262, 285, 316, 319, 339
なわばり行動　167-170, 199
虹色素胞　49
二次黒化　69-70 →形態異常
二次変態　47 →変態
日周リズム　161, 210-211
　日周鉛直移動　115-116, 121, 181, 197, 210
　日周鉛直分布　25, 116 →鉛直分布

日周輪　32-34, 184, 302
ニューストン　24, 46, 82
ネオテニー　→幼形成熟
年級群　38, 240, 242

バイオコスモス計画　17, 37, 248
バイオロギング　115
胚体　12, 14-15, 189-190, 194
胚盤　12
白色素胞　49
発育ステージ　45, 53, 120, 190, 195, 211-212
発育段階　44-45, 157, 213, 251
白化　66, 68-70, 275, 299, 308 →形態異常
バルト海　308
繁殖戦略　27, 35, 58, 113, 206
燧灘　38, 143, 180, 198, 240-241
東シナ海　133, 174, 198, 232-233, 309
鼻孔隔皮欠損　70, 301 →形態異常
被食　3, 53, 83, 116, 138, 171, 197, 216, 226, 245, 282, 297
　被食圧　11, 83, 103
　被食経験　282, 298
　被食減耗　73, 184, 246
　被食者　73, 177, 180, 182, 200, 246, 298
　被食–捕食関係　73
　被食防衛　7
　被食リスク　54, 83, 185, 199, 201, 296
　被食率　174, 200-201, 298
微量元素　33, 82-83, 226, 234, 316, 340
鰭の形成　48
貧酸素水塊　174, 285, 308, 315, 321
孵化酵素（腺）　12, 15-16
孵化放流事業　266
浮性卵　5-6, 9, 12-15, 19, 21, 32, 81, 101, 124, 137, 145, 147, 167, 175, 199, 202-204, 248, 257
浮泥　228
浮遊仔魚　56-58, 123-124, 191, 224
浮遊稚魚　47, 102, 126
浮遊適応（形質）　23, 49
プランクトンネット　17, 26, 122
フルボ酸鉄　226, 338
プロジェネシス　75
プロラクチン　16, 63, 65, 195-196, 330 →淡水

適応
分子分析手法　213, 218–219
ベーリング海　267
ペプシノーゲン　51, 155
ヘモグロビン　52
変態　6, 43, 81, 108, 138, 181, 190, 213, 275, 294, 323
　　一次的変態　47
　　二次変態　47
報酬実験　209
捕食
　　捕食圧　29, 33, 73, 146, 171, 173, 175, 179, 182, 232
　　捕食者　7, 53, 81, 128, 171, 191, 216, 232, 241, 296, 320
　　捕食者経験　298
ポリプ　103–104, 167, 174, 232, 308, 310

マイクロサテライト DNA　213, 219
マウスブルーダー　42 →口内保育
膜鰭　14, 49 →仔魚膜
マッチ　ミスマッチ説　39, 241, 246 → match-mismatch 説
マリアナ海域　107
マングローブ域　82, 97–100, 104, 131, 285, 319–321, 343–346 →成育場
ミトコンドリア DNA → mtDNA
宮古湾　284
無効分散→死滅回遊
眼の黒化　19, 145
免疫組織化学　51, 153, 324
網膜　13, 51, 57, 145, 151

森里海連環学　229, 335–337, 339–340, 344

有管鰾魚　115
有機懸濁物　228–229
湧昇流　225, 244–245
幽門垂　51, 152, 155–157
遊離感丘　14, 50
幼形成熟　43, 74–75
葉上動物　92–93
ヨシ群落　82, 104–106, 229–230, 283, 285 → 成育場

ライトトラップ　76, 124–125
卵黄仔魚（期）　18–22, 35–37, 45, 111–112, 147, 153–154, 157–158, 160, 164, 181, 249–250
乱獲　273
卵生　3, 5, 13
卵保護　10–12
離底行動　296
離底時間　296
両側回遊（魚）　15, 108–109, 196, 217 →回遊
両面有色　66, 68–70 →形態異常
レジーム・シフト　250, 252–253, 312
レプトケファルス　112–113, 132–133, 141, 222, 276–277, 301
ロッテリー説→ Lottery 説

若狭湾　31, 58, 71–72, 95, 111, 165, 177, 190, 215, 233–234, 263, 265, 294, 306, 325–327
ワッデン海　73, 176

■生物名索引

アイゴ　94, 96–97, 114, 124, 148, 308
アイナメ　9, 15, 46–48, 81, 94, 96, 120, 178
アカアマダイ　282
アカマダラハタ　283
アカメ　93
アサヒアナハゼ　178
アフリカナマズ　183
アマゴ　16

アミ類　57, 73, 87–89, 127–128, 149–150, 177, 182, 193, 199–200, 247, 263–264, 282, 294–297, 302–303, 307, 328, 339
アメリカウナギ　112
アユ　15, 26, 34, 74, 108–109, 141, 148, 163–164, 167, 170, 179, 199, 217–218, 289, 319, 340–341
アラメ　90, 94, 290

アリアケシラウオ　109, 111
アリアケヒメシラウオ　111
イカナゴ　20, 172-173, 239
イシガレイ　85, 177, 195-196, 217, 282
イシダイ　94, 96, 209
渦鞭毛藻類　115-116, 225, 243
ウナギ　16, 43-44, 76, 107, 112, 115, 132-133, 141, 215, 222, 274, 276-278, 283, 301, 331
エゾハタハタ　15
エチゼンクラゲ　174, 232-233, 309-310, 315
エツ　10, 34, 108-109
エビジャコ　176-177, 217
オオクチバス　10, 105, 178-179, 321
オニオコゼ　94
オヤニラミ　42
カイアシ類　21, 57, 82, 109, 138, 171, 197, 223, 225, 240, 258, 275, 307, 316, 330, 346
カクレクマノミ　210
カサゴ　4, 96, 142, 178, 280
カタクチイワシ　3, 18, 34-35, 43-44, 57, 75, 88, 100, 108, 115, 132, 143, 172-173, 175, 181, 187-188, 198, 239-240, 243-245, 252-253, 255
カタクチイワシ属　36, 116, 225, 239, 242
カマキリ　108
カラフトシシャモ　239
カラフトマス　267
キジハタ　23, 96, 279, 282
キハダ　143, 157
クエ　279, 282
クサフグ　13
クジメ　15, 46-47, 81
クロガシラガレイ　338
クロソイ　5
クロダイ　57, 89, 92, 282, 344
クロマグロ　6, 43-44, 59, 75, 82, 110-111, 115, 143, 148, 157, 163-165, 184, 277-278
コクチバス　10
コノシロ　57
サクラマス　227
サケ　18, 107, 124, 194, 201, 266-269, 340
ササウシノシタ　51, 82, 235, 323
サビハゼ　260
サヨリ　9, 94, 280
サラサハタ　13, 283

サワラ　33-34, 38, 54, 142-144, 146, 154, 157-158, 160-161, 175, 178, 180, 184-185, 197-198, 239-242, 255, 282
サンマ　9, 94, 239, 253
シオミズツボワムシ　21, 69, 137-138, 147, 281, 293
枝角類　105, 137, 169, 181
シクリッド類　41
シマアジ　208
シラウオ　74-75, 111
シロウオ　74-75, 108
シロギス　6, 189-190
スケトウダラ　239
スジアラ　20, 46-47, 50, 126, 147, 282
スズキ　6-7, 18, 34, 56, 63, 83, 89, 92, 94, 109, 111, 153, 165, 177-178, 182, 195-196, 199-200, 209, 227-229, 236, 239, 282, 299, 325-326, 329-330
ストライプドバス　9, 19, 239, 299
ゼブラフィッシュ　16
ソール　235
ターボット　51
タイセイヨウサケ　269
タツノオトシゴ　10
ダフニア　137
タマカイ　283
ダルマノド　15, 202-204
チチブ　109
チャイロマルハタ　283
チリメンハナヤサイ　126
トウアカクマノミ　125
トウヨシノボリ　109
トラフグ　282, 301
ドンコ　42
ナカザトハマアミ（ニホンハマアミ）　264
ナシフグ　84
ナンヨウアゴナシ　209
ニゴロブナ　105-106, 179, 230, 283
ニザダイ　97, 114, 222
ニシクロマグロ　278
ニジマス　205
ヌマガレイ　66, 195-197
ネンブツダイ　11
バウン　183
ハオコゼ　93

ハガツオ　157-158
ハクレン　10
ハタハタ　14
パテイン　183
ババガレイ　66, 196, 254-255, 323
ハマフエフキ　126
バラマンディー　14, 93
ヒイラギ　84
尾虫類　57, 138, 141, 169
ヒメジ　260
ヒメマス　227
ヒラマサ　19
ヒラメ　5-8, 12, 19-20, 22-23, 28-31, 44, 49, 51-58, 62-63, 66-73, 86-89, 94, 102-103, 114-116, 119-122, 127-129, 138, 140, 146, 148-149, 154, 159, 161-166, 176-178, 181-185, 191-193, 196-197, 199-202, 205-206, 211-212, 215, 217, 221, 239, 261-266, 275, 282, 290-291, 294-299, 306, 318-319, 323, 325-329, 339, 345
ヒルギダマシ　343-344
ブルーギル　11, 105, 321
プレイス　83, 239, 313
ベニザケ　267
ホシガレイ　63, 66-67, 69, 83, 129-130, 160, 196-197, 282, 284, 291
ホワイトパーチ　10, 199
マアジ　94, 138, 186-188, 234, 239, 252-253
マアナゴ　132-133, 141, 178-179
マイワシ　17, 37, 82, 132, 165, 181, 187, 239, 245, 248-255
マコガレイ　57, 196, 282
マサバ　54, 143-144, 154, 157-158, 175, 180, 208, 252-253
マサバ属　180-182, 184
マダイ　6, 12, 19, 32-33, 36-37, 44, 49, 54, 56-57, 82-83, 86-89, 91-92, 96, 103, 115, 121-122, 126-129, 142, 148-152, 168-170, 174, 178-179, 185, 199-201, 209-212, 257-262, 274, 280-282, 294, 299-302, 308, 324-325, 329
マツカワ　191, 282
マトウダイ　178
マハタ　279, 282
ミスジリュウキュウスズメダイ　102
ミナミマグロ　277-278
ミノー　205
ムギツク　42
メジナ　94, 96
メダイ　94-95, 101, 124-126, 167
メダカ　16, 19
メバル　4, 92-93, 96, 120, 282
メンハーデン　239
ヤエヤマアイノコイワシ　99
ヤマノカミ　109
ヨーロッパウナギ　112-113, 117, 119, 277, 331
ヨコエビ類　82, 88, 92, 96, 129, 169, 176, 178, 211, 258-260, 337
レッドドラム　207, 235-236
ワレカラ類　92, 96, 169

著者紹介

田中　克（たなか　まさる）

京都大学名誉教授．農学博士
NPO法人 森は海の恋人 理事・副代表，NPO法人 ものづくり生命文明機構 理事．マレーシアサバ大学持続農学研究科客員教授．
1943年滋賀県大津市生まれ．コタキナバル市在住．
京都大学大学院農学研究科ならびに（元）水産庁西海区水産研究所に在学・在職した四十数年にわたり，主に日本海のヒラメ・マダイならびに有明海のスズキ仔稚魚の初期生活史研究に従事．この研究から沿岸浅海域と陸域，特に森林生態系との不可分のつながりを実感し，2003年京都大学フィールド科学教育研究センターの設置とともに「森里海連環学」を提唱，自然再生の教育研究に取り組んでいる．
主な著書
『魚類学 下』（分担執筆　恒星社厚生閣，1998），『森川海のつながりと河口・沿岸域の生物生産　水産学シリーズ157』（分担編著　恒星社厚生閣，2008），『森里海連環学への道』（旬報社，2008），『稚魚学　多様な生理生態を探る』（分担執筆・共編　生物研究社，2008），『有明海干潟の生きものたち』（分担執筆　東海大学出版会，2009）など．

田川正朋（たがわ　まさとも）

京都大学フィールド科学教育研究センター准教授
1962年大阪府生まれ．東京大学理学研究科・動物学専攻博士課程修了，理学博士．
東京大学海洋研究所助手，米国ロードアイランド大学客員研究員，京都大学農学部助手・助教授を経て，2003年より現職．専門は魚類生理学，特に魚類の卵から稚魚になるまでのホルモンの役割について研究を行っている．ヒラメ・カレイ類の変態に見られる体の左右が異なった色・形へと変化する仕組みや，アユやスズキなどの仔稚魚が川から海へ，海から川へと塩分差を克服して生きる仕組み，未受精卵中に含まれる母親由来のホルモンの役割などを，現在の主要な研究テーマとしている．日本水産学会奨励賞受賞．
主な著書
『魚類の初期発育』（分担執筆　恒星社厚生閣，1991），『海の生物資源　生命は海でどう変動しているか』（分担執筆　東海大学出版会，2005），『ホルモンハンドブック新訂eBook版』（分担執筆　南江堂，2007）．

中山耕至（なかやま　こうじ）

京都大学フィールド科学教育研究センター助教
1971年生まれ．京都大学農学研究科博士課程修了，博士（農学）．
専門は魚類の集団遺伝学，系統学．水産動物の資源管理や増殖のための基礎情報として，種内の集団構造や種間の系統関係をミトコンドリアや核のDNAマーカー等を用いて研究している．
主な著書
『魚の科学事典』（分担執筆　朝倉書店，2005），『稚魚学　多様な生理生態を探る』（分担執筆・共編　生物研究社，2008）．

稚魚 生残と変態の生理生態学
©M. Tanaka, M. Tagawa, K. Nakayama 2009

2009年3月30日　初版第一刷発行

著　者	田　中　　　克
	田　川　正　朋
	中　山　耕　至
発行人	加　藤　重　樹

発行所　京都大学学術出版会
　　　　京都市左京区吉田河原町15-9
　　　　京　大　会　館　内（〒606-8305）
　　　　電　話（075）761-6182
　　　　F A X（075）761-6190
　　　　U R L　http://www.kyoto-up.or.jp
　　　　振　替　01000-8-64677

ISBN978-4-87698-774-0

印刷・製本　㈱クイックス東京
装幀　鷺草デザイン事務所
定価はカバーに表示してあります

Printed in Japan